"十四五"职业教育国家规划教材

新编高等数学

（理工类）（第九版）

微课版

新世纪高职高专教材编审委员会 组编
主　编　刘　严
副主编　林洪生　刘颖华
　　　　曹帅雷　丁　李
主　审　董文雷

大连理工大学出版社

图书在版编目(CIP)数据

新编高等数学.理工类/刘严主编. -- 9版. -- 大连：大连理工大学出版社，2021.9(2025.7重印)
新世纪高职高专数学类课程规划教材
ISBN 978-7-5685-3140-5

Ⅰ.①新… Ⅱ.①刘… Ⅲ.①高等数学－高等职业教育－教材 Ⅳ.①O13

中国版本图书馆 CIP 数据核字(2021)第 158430 号

大连理工大学出版社出版

地址：大连市软件园路 80 号　邮政编码：116023
营销中心：0411-84707410　84708842　邮购及零售：0411-84706041
E-mail:dutp@dutp.cn　URL:https://www.dutp.cn
大连永盛印业有限公司印刷　　大连理工大学出版社发行

幅面尺寸：185mm×260mm　　印张：18　　字数：484 千字
2001 年 8 月第 1 版　　　　　　　　　2021 年 9 月第 9 版
2025 年 7 月第 8 次印刷

责任编辑：赵　部　程砚芳　　　　　责任校对：刘俊如
封面设计：张　莹

ISBN 978-7-5685-3140-5　　　　　　　　　定　价：55.00 元

本书如有印装质量问题，请与我社营销中心联系更换。

前言

《新编高等数学（理工类）》（第九版）是"十四五"职业教育国家规划教材、"十三五"职业教育国家规划教材、"十二五"职业教育国家规划教材、普通高等教育"十一五"国家级规划教材，获 2005—2006 年度辽宁省优秀图书畅销奖、2009 年度辽宁省精品教材、2014 年度辽宁省教学成果二等奖，也是新世纪高职高专教材编审委员会组编的数学类课程规划教材之一。

《新编高等数学（理工类）》（第九版）是以教育部《高职高专教育高等数学课程教学基本要求》为编写标准，以教育部《高等职业学校数学课程教学大纲》为指导，按照"加强基础、培养能力、重视应用"的方针编写而成的。编者根据高职高专教育理工科学生的实际要求及相关课程的设置次序，对传统的教学内容在结构和内容上做了合理调整，使之更适合高等数学课程的教学理念和教学内容的改革趋势。

本教材前八版经过诸多一线教师及各用书单位的努力，基本上实现了特色与适应程度的把握。本次修订努力吸收各个相关高职高专院校的改进意见，在内容结构、适应程度及编写质量方面做了进一步的修订完善。本教材主要特色如下：

1. 选材精当，重点突出，更好地服务后续课程。

本教材在编写过程中，力求贯彻"能用、会用、够用"的原则，删去传统教材中难而繁的内容，保留了高职高专教育理工科最基本的内容，满足高职高专院校的最低限度。同时，为加强专业特色，做好与专业课程的衔接工作，体现基础课程为专业课程服务的特点，增添了在以往传统教材中没有的同时又是必需的知识内容，尤其是精选了一批工程类学科领域中的应用型例题和习题，使教材适合理工类各专业的需要。

2. 基础性、严谨性、实用性、可读性和谐统一，围绕高职教育的培养目标编写。

本教材在不影响教材系统性和严谨性的前提下，淡化数学的抽象化色彩，强调数学的方法和技巧，注重培养学生的数学思维能力，注重提高学生的数学素质。从学生熟悉的问题入手，引入实例，培养学生"用已知解决未知"的能力，着力于学生思考、分析和解决问题能力的培养。

3. 采用传统章、节、目的形式,分模块讲解,不同模块呈现方式不同。

教材根据内容可划分为极限与连续、导数与微分、函数的积分、微分方程、空间解析几何与向量代数、无穷级数6个模块。针对极限与连续、导数与微分、空间解析几何与向量代数3个模块主体采用数形结合的思想,图文并茂、生动形象的将知识点呈现给学生。对于函数的积分、微分方程、无穷级数3个模块,从应用的角度出发,循序渐进,由浅入深,采用案例式的方法将知识点呈现给学生。并充分利用数学软件的强大辅助功能,使呈现方式更加形象。

4. 提高学生科学素养,体悟做人做事道理。

教材结合高等数学课程的知识点,潜移默化地融入二十大精神。例如,极限体现了科学家追求卓越的工匠精神,连续提示我们要坚持不懈,导数蕴含了量变到质变的过程,最值告诉我们要有大局观,等等。教材以培养学生的科学素质为目的,注重培养学生的数学思维能力,帮助学生掌握数学思想方法,树立科学的世界观、人生观、价值观。

本教材第一章至第九章为基础模块部分,第十章至第十二章为专业特色模块部分(带有**号的章节)。基础模块部分按照80学时设计;专业特色模块部分各教学单位可根据不同专业需求,作为选修内容呈现给学生。标有*号的内容需要另加学时,各教学单位可在内容上适当删减。本教材由沈阳工程学院刘严担任主编,沈阳工程学院林洪生、河北石油职业技术大学刘颖华、运城职业技术大学曹帅雷、淮北职业技术学院丁李担任副主编,石家庄职业技术学院王凤莉参与了教材部分内容的编写工作。具体分工如下:第一章由王凤莉编写,第二章由刘颖华编写,第三章至第七章由林洪生编写,第八章、第九章由刘严编写,第十章、第十一章由曹帅雷编写,第十二章由丁李编写。书中习题答案及附录部分由本教材编者共同完成。书中配套微课由河北石油职业技术大学刘颖华、杨红梅共同制作。刘严负责全书的总纂和定稿工作。石家庄铁路职业技术学院董文雷审阅了全部书稿并提出了宝贵意见。

在编写本教材的过程中,编者参考、引用和改编了国内外出版物中的相关资料以及网络资源,在此表示深深的谢意!相关著作权人看到本教材后,请与出版社联系,出版社将按照相关法律的规定支付稿酬。

尽管我们在《新编高等数学(理工类)》(第九版)的特色建设方面做出了许多努力,但由于我们水平有限,书中难免有不妥之处,希望各教学单位和读者在使用本教材的过程中给予关注,并将意见及时反馈给我们,以便下次修订时改进。

编 者

所有意见和建议请发往:dutpgz@163.com
欢迎访问职教数字化服务平台:https://www.dutp.cn/sve/
联系电话:0411-84706672　84706581

目录

第一章　函数、极限与连续 ········ 1
  第一节　函　数 ········ 1
    习题1-1 ········ 7
  第二节　极　限 ········ 8
    习题1-2 ········ 12
  第三节　极限的运算 ········ 13
    习题1-3 ········ 17
  第四节　无穷小与无穷大 ········ 18
    习题1-4 ········ 21
  第五节　函数的连续性 ········ 22
    习题1-5 ········ 27
  *第六节　应用与实践 ········ 28
  本章知识结构图 ········ 30

第二章　导数与微分 ········ 31
  第一节　导数的概念 ········ 31
    习题2-1 ········ 37
  第二节　初等函数的求导法则 ········ 38
    习题2-2 ········ 42
  第三节　隐函数及参数方程确定的函数的求导法则 ········ 43
    习题2-3 ········ 47
  第四节　函数的微分 ········ 48
    习题2-4 ········ 51
  第五节　微分的应用 ········ 52
    习题2-5 ········ 54
  *第六节　应用与实践 ········ 54
  本章知识结构图 ········ 56

第三章　导数的应用 ········ 57
  第一节　洛必达法则 ········ 57
    习题3-1 ········ 60
  第二节　函数的单调性和极值 ········ 61
    习题3-2 ········ 67
  第三节　函数图像的描绘 ········ 68

　　　　习题 3-3 ⋯⋯⋯⋯⋯⋯⋯⋯⋯⋯⋯⋯⋯⋯⋯⋯⋯⋯⋯⋯⋯⋯⋯⋯⋯⋯⋯⋯⋯⋯⋯⋯ 72
　　*第四节　应用与实践 ⋯⋯⋯⋯⋯⋯⋯⋯⋯⋯⋯⋯⋯⋯⋯⋯⋯⋯⋯⋯⋯⋯⋯⋯⋯⋯ 73
　　本章知识结构图 ⋯⋯⋯⋯⋯⋯⋯⋯⋯⋯⋯⋯⋯⋯⋯⋯⋯⋯⋯⋯⋯⋯⋯⋯⋯⋯⋯⋯ 75

第四章　不定积分 ⋯⋯⋯⋯⋯⋯⋯⋯⋯⋯⋯⋯⋯⋯⋯⋯⋯⋯⋯⋯⋯⋯⋯⋯⋯⋯⋯⋯ 76
　　第一节　不定积分的概念与性质 ⋯⋯⋯⋯⋯⋯⋯⋯⋯⋯⋯⋯⋯⋯⋯⋯⋯⋯⋯⋯⋯ 76
　　　　习题 4-1 ⋯⋯⋯⋯⋯⋯⋯⋯⋯⋯⋯⋯⋯⋯⋯⋯⋯⋯⋯⋯⋯⋯⋯⋯⋯⋯⋯⋯⋯⋯ 79
　　第二节　不定积分的基本公式和直接积分法 ⋯⋯⋯⋯⋯⋯⋯⋯⋯⋯⋯⋯⋯⋯⋯ 80
　　　　习题 4-2 ⋯⋯⋯⋯⋯⋯⋯⋯⋯⋯⋯⋯⋯⋯⋯⋯⋯⋯⋯⋯⋯⋯⋯⋯⋯⋯⋯⋯⋯⋯ 82
　　第三节　换元积分法 ⋯⋯⋯⋯⋯⋯⋯⋯⋯⋯⋯⋯⋯⋯⋯⋯⋯⋯⋯⋯⋯⋯⋯⋯⋯⋯ 83
　　　　习题 4-3 ⋯⋯⋯⋯⋯⋯⋯⋯⋯⋯⋯⋯⋯⋯⋯⋯⋯⋯⋯⋯⋯⋯⋯⋯⋯⋯⋯⋯⋯⋯ 89
　　第四节　分部积分法 ⋯⋯⋯⋯⋯⋯⋯⋯⋯⋯⋯⋯⋯⋯⋯⋯⋯⋯⋯⋯⋯⋯⋯⋯⋯⋯ 90
　　　　习题 4-4 ⋯⋯⋯⋯⋯⋯⋯⋯⋯⋯⋯⋯⋯⋯⋯⋯⋯⋯⋯⋯⋯⋯⋯⋯⋯⋯⋯⋯⋯⋯ 92
　　第五节　积分表的使用方法 ⋯⋯⋯⋯⋯⋯⋯⋯⋯⋯⋯⋯⋯⋯⋯⋯⋯⋯⋯⋯⋯⋯⋯ 92
　　　　习题 4-5 ⋯⋯⋯⋯⋯⋯⋯⋯⋯⋯⋯⋯⋯⋯⋯⋯⋯⋯⋯⋯⋯⋯⋯⋯⋯⋯⋯⋯⋯⋯ 94
　　*第六节　应用与实践 ⋯⋯⋯⋯⋯⋯⋯⋯⋯⋯⋯⋯⋯⋯⋯⋯⋯⋯⋯⋯⋯⋯⋯⋯⋯⋯ 94
　　本章知识结构图 ⋯⋯⋯⋯⋯⋯⋯⋯⋯⋯⋯⋯⋯⋯⋯⋯⋯⋯⋯⋯⋯⋯⋯⋯⋯⋯⋯⋯ 97

第五章　定积分 ⋯⋯⋯⋯⋯⋯⋯⋯⋯⋯⋯⋯⋯⋯⋯⋯⋯⋯⋯⋯⋯⋯⋯⋯⋯⋯⋯⋯⋯⋯ 98
　　第一节　定积分的概念与性质 ⋯⋯⋯⋯⋯⋯⋯⋯⋯⋯⋯⋯⋯⋯⋯⋯⋯⋯⋯⋯⋯⋯ 98
　　　　习题 5-1 ⋯⋯⋯⋯⋯⋯⋯⋯⋯⋯⋯⋯⋯⋯⋯⋯⋯⋯⋯⋯⋯⋯⋯⋯⋯⋯⋯⋯⋯ 102
　　第二节　牛顿-莱布尼茨公式 ⋯⋯⋯⋯⋯⋯⋯⋯⋯⋯⋯⋯⋯⋯⋯⋯⋯⋯⋯⋯⋯⋯ 103
　　　　习题 5-2 ⋯⋯⋯⋯⋯⋯⋯⋯⋯⋯⋯⋯⋯⋯⋯⋯⋯⋯⋯⋯⋯⋯⋯⋯⋯⋯⋯⋯⋯ 106
　　第三节　定积分的换元积分法与分部积分法 ⋯⋯⋯⋯⋯⋯⋯⋯⋯⋯⋯⋯⋯⋯ 106
　　　　习题 5-3 ⋯⋯⋯⋯⋯⋯⋯⋯⋯⋯⋯⋯⋯⋯⋯⋯⋯⋯⋯⋯⋯⋯⋯⋯⋯⋯⋯⋯⋯ 109
　　第四节　广义积分 ⋯⋯⋯⋯⋯⋯⋯⋯⋯⋯⋯⋯⋯⋯⋯⋯⋯⋯⋯⋯⋯⋯⋯⋯⋯⋯ 110
　　　　习题 5-4 ⋯⋯⋯⋯⋯⋯⋯⋯⋯⋯⋯⋯⋯⋯⋯⋯⋯⋯⋯⋯⋯⋯⋯⋯⋯⋯⋯⋯⋯ 113
　　*第五节　应用与实践 ⋯⋯⋯⋯⋯⋯⋯⋯⋯⋯⋯⋯⋯⋯⋯⋯⋯⋯⋯⋯⋯⋯⋯⋯⋯ 113
　　本章知识结构图 ⋯⋯⋯⋯⋯⋯⋯⋯⋯⋯⋯⋯⋯⋯⋯⋯⋯⋯⋯⋯⋯⋯⋯⋯⋯⋯⋯ 117

第六章　定积分的应用 ⋯⋯⋯⋯⋯⋯⋯⋯⋯⋯⋯⋯⋯⋯⋯⋯⋯⋯⋯⋯⋯⋯⋯⋯⋯⋯ 118
　　第一节　定积分的微元法 ⋯⋯⋯⋯⋯⋯⋯⋯⋯⋯⋯⋯⋯⋯⋯⋯⋯⋯⋯⋯⋯⋯⋯ 118
　　第二节　定积分在实际问题中的应用 ⋯⋯⋯⋯⋯⋯⋯⋯⋯⋯⋯⋯⋯⋯⋯⋯⋯ 119
　　　　习题 6-2 ⋯⋯⋯⋯⋯⋯⋯⋯⋯⋯⋯⋯⋯⋯⋯⋯⋯⋯⋯⋯⋯⋯⋯⋯⋯⋯⋯⋯⋯ 129
　　本章知识结构图 ⋯⋯⋯⋯⋯⋯⋯⋯⋯⋯⋯⋯⋯⋯⋯⋯⋯⋯⋯⋯⋯⋯⋯⋯⋯⋯⋯ 133

第七章　空间解析几何与向量代数 ⋯⋯⋯⋯⋯⋯⋯⋯⋯⋯⋯⋯⋯⋯⋯⋯⋯⋯⋯⋯ 134
　　第一节　空间直角坐标系 ⋯⋯⋯⋯⋯⋯⋯⋯⋯⋯⋯⋯⋯⋯⋯⋯⋯⋯⋯⋯⋯⋯⋯ 134
　　　　习题 7-1 ⋯⋯⋯⋯⋯⋯⋯⋯⋯⋯⋯⋯⋯⋯⋯⋯⋯⋯⋯⋯⋯⋯⋯⋯⋯⋯⋯⋯⋯ 135
　　第二节　向量及其线性运算 ⋯⋯⋯⋯⋯⋯⋯⋯⋯⋯⋯⋯⋯⋯⋯⋯⋯⋯⋯⋯⋯⋯ 136
　　　　习题 7-2 ⋯⋯⋯⋯⋯⋯⋯⋯⋯⋯⋯⋯⋯⋯⋯⋯⋯⋯⋯⋯⋯⋯⋯⋯⋯⋯⋯⋯⋯ 138
　　第三节　向量的坐标 ⋯⋯⋯⋯⋯⋯⋯⋯⋯⋯⋯⋯⋯⋯⋯⋯⋯⋯⋯⋯⋯⋯⋯⋯⋯ 138
　　　　习题 7-3 ⋯⋯⋯⋯⋯⋯⋯⋯⋯⋯⋯⋯⋯⋯⋯⋯⋯⋯⋯⋯⋯⋯⋯⋯⋯⋯⋯⋯⋯ 140

第四节　向量的数量积和向量积	141
习题 7-4	144
第五节　平面及其方程	145
习题 7-5	149
第六节　空间直线及其方程	150
习题 7-6	154
第七节　常见曲面的方程及图形	155
习题 7-7	159
*第八节　应用与实践	160
本章知识结构图	162

第八章　多元函数微分法及其应用 163

第一节　多元函数	163
习题 8-1	167
第二节　偏导数	167
习题 8-2	171
第三节　全微分及其应用	171
习题 8-3	174
第四节　多元复合函数微分法	174
习题 8-4	178
第五节　偏导数的应用	179
习题 8-5	186
*第六节　应用与实践	186
本章知识结构图	189

第九章　二重积分 190

第一节　二重积分的概念	190
习题 9-1	192
第二节　二重积分的计算	193
习题 9-2	197
第三节　二重积分的应用	198
习题 9-3	202
*第四节　应用与实践	203
本章知识结构图	204

**第十章　常微分方程 205

第一节　微分方程的一般概念	205
习题 10-1	207
第二节　一阶微分方程	208
习题 10-2	213
第三节　几类特殊的高阶方程	214
习题 10-3	216

第四节　二阶线性微分方程⋯⋯⋯⋯⋯⋯⋯⋯⋯⋯⋯⋯⋯⋯⋯⋯⋯⋯⋯⋯⋯⋯⋯ 217
　　　　习题 10-4 ⋯⋯⋯⋯⋯⋯⋯⋯⋯⋯⋯⋯⋯⋯⋯⋯⋯⋯⋯⋯⋯⋯⋯⋯⋯⋯⋯⋯⋯ 223
　*第五节　应用与实践⋯⋯⋯⋯⋯⋯⋯⋯⋯⋯⋯⋯⋯⋯⋯⋯⋯⋯⋯⋯⋯⋯⋯⋯⋯⋯ 224
　　求微分方程通解流程图⋯⋯⋯⋯⋯⋯⋯⋯⋯⋯⋯⋯⋯⋯⋯⋯⋯⋯⋯⋯⋯⋯⋯⋯ 228
　　本章知识结构图⋯⋯⋯⋯⋯⋯⋯⋯⋯⋯⋯⋯⋯⋯⋯⋯⋯⋯⋯⋯⋯⋯⋯⋯⋯⋯⋯ 229

**第十一章　曲线积分⋯⋯⋯⋯⋯⋯⋯⋯⋯⋯⋯⋯⋯⋯⋯⋯⋯⋯⋯⋯⋯⋯⋯⋯⋯⋯⋯ 230
　　第一节　对弧长的曲线积分⋯⋯⋯⋯⋯⋯⋯⋯⋯⋯⋯⋯⋯⋯⋯⋯⋯⋯⋯⋯⋯⋯ 230
　　　　习题 11-1 ⋯⋯⋯⋯⋯⋯⋯⋯⋯⋯⋯⋯⋯⋯⋯⋯⋯⋯⋯⋯⋯⋯⋯⋯⋯⋯⋯⋯⋯ 233
　　第二节　对坐标的曲线积分⋯⋯⋯⋯⋯⋯⋯⋯⋯⋯⋯⋯⋯⋯⋯⋯⋯⋯⋯⋯⋯⋯ 233
　　　　习题 11-2 ⋯⋯⋯⋯⋯⋯⋯⋯⋯⋯⋯⋯⋯⋯⋯⋯⋯⋯⋯⋯⋯⋯⋯⋯⋯⋯⋯⋯⋯ 239
　*第三节　应用与实践⋯⋯⋯⋯⋯⋯⋯⋯⋯⋯⋯⋯⋯⋯⋯⋯⋯⋯⋯⋯⋯⋯⋯⋯⋯⋯ 240
　　本章知识结构图⋯⋯⋯⋯⋯⋯⋯⋯⋯⋯⋯⋯⋯⋯⋯⋯⋯⋯⋯⋯⋯⋯⋯⋯⋯⋯⋯ 242

**第十二章　无穷级数⋯⋯⋯⋯⋯⋯⋯⋯⋯⋯⋯⋯⋯⋯⋯⋯⋯⋯⋯⋯⋯⋯⋯⋯⋯⋯⋯ 243
　　第一节　常数项级数的概念和性质⋯⋯⋯⋯⋯⋯⋯⋯⋯⋯⋯⋯⋯⋯⋯⋯⋯⋯⋯ 243
　　　　习题 12-1 ⋯⋯⋯⋯⋯⋯⋯⋯⋯⋯⋯⋯⋯⋯⋯⋯⋯⋯⋯⋯⋯⋯⋯⋯⋯⋯⋯⋯⋯ 246
　　第二节　常数项级数审敛法⋯⋯⋯⋯⋯⋯⋯⋯⋯⋯⋯⋯⋯⋯⋯⋯⋯⋯⋯⋯⋯⋯ 247
　　　　习题 12-2 ⋯⋯⋯⋯⋯⋯⋯⋯⋯⋯⋯⋯⋯⋯⋯⋯⋯⋯⋯⋯⋯⋯⋯⋯⋯⋯⋯⋯⋯ 251
　　第三节　幂级数⋯⋯⋯⋯⋯⋯⋯⋯⋯⋯⋯⋯⋯⋯⋯⋯⋯⋯⋯⋯⋯⋯⋯⋯⋯⋯⋯ 252
　　　　习题 12-3 ⋯⋯⋯⋯⋯⋯⋯⋯⋯⋯⋯⋯⋯⋯⋯⋯⋯⋯⋯⋯⋯⋯⋯⋯⋯⋯⋯⋯⋯ 256
　　第四节　函数展开成幂级数⋯⋯⋯⋯⋯⋯⋯⋯⋯⋯⋯⋯⋯⋯⋯⋯⋯⋯⋯⋯⋯⋯ 256
　　　　习题 12-4 ⋯⋯⋯⋯⋯⋯⋯⋯⋯⋯⋯⋯⋯⋯⋯⋯⋯⋯⋯⋯⋯⋯⋯⋯⋯⋯⋯⋯⋯ 260
　　第五节　傅立叶级数⋯⋯⋯⋯⋯⋯⋯⋯⋯⋯⋯⋯⋯⋯⋯⋯⋯⋯⋯⋯⋯⋯⋯⋯⋯ 261
　　　　习题 12-5 ⋯⋯⋯⋯⋯⋯⋯⋯⋯⋯⋯⋯⋯⋯⋯⋯⋯⋯⋯⋯⋯⋯⋯⋯⋯⋯⋯⋯⋯ 267
　*第六节　应用与实践⋯⋯⋯⋯⋯⋯⋯⋯⋯⋯⋯⋯⋯⋯⋯⋯⋯⋯⋯⋯⋯⋯⋯⋯⋯⋯ 268
　　本章知识结构图⋯⋯⋯⋯⋯⋯⋯⋯⋯⋯⋯⋯⋯⋯⋯⋯⋯⋯⋯⋯⋯⋯⋯⋯⋯⋯⋯ 270

附　录⋯⋯⋯⋯⋯⋯⋯⋯⋯⋯⋯⋯⋯⋯⋯⋯⋯⋯⋯⋯⋯⋯⋯⋯⋯⋯⋯⋯⋯⋯⋯⋯⋯ 272
　　附录Ⅰ　积分表⋯⋯⋯⋯⋯⋯⋯⋯⋯⋯⋯⋯⋯⋯⋯⋯⋯⋯⋯⋯⋯⋯⋯⋯⋯⋯⋯ 272
　　附录Ⅱ　初等数学常用公式⋯⋯⋯⋯⋯⋯⋯⋯⋯⋯⋯⋯⋯⋯⋯⋯⋯⋯⋯⋯⋯⋯ 278
　　附录Ⅲ　数学建模简介⋯⋯⋯⋯⋯⋯⋯⋯⋯⋯⋯⋯⋯⋯⋯⋯⋯⋯⋯⋯⋯⋯⋯⋯ 279

第一章 函数、极限与连续

函数是客观世界中量与量之间相依关系的一种数学抽象.高等数学的主要研究对象是函数,研究问题的基本工具是极限.本章将介绍函数、极限与连续的基本概念,以及它们的一些重要性质.

第一节 函 数

一、函数的概念

1.函数的定义

【例 1】 某物体以 10 m/s 的速度做匀速直线运动,则该物体走过的路程 S 和时间 t 有关系:$S=10t(0 \leqslant t<+\infty)$,对变量 t 和 S,当 t 在 $[0,+\infty)$ 内任取一定值 t_0,S 都有唯一确定的值 $S_0=10t_0$ 与之对应.变量 t 与 S 之间的这种对应关系,即是函数概念的实质.

定义 1 设有两个变量 x 和 y,如果在集合 D 内每取定一个数值 x,按照对应法则 f,都有唯一确定的数值 y 与之对应,则称 y 为定义在 D 上关于 x 的函数,记作 $y=f(x)$.其中,x 叫作自变量,y 叫作因变量,D 叫作函数的定义域.

当 x 取数值 $x_0 \in D$ 时,与 x_0 对应的 y 的数值称为函数 $y=f(x)$ 在点 x_0 处的函数值,记作 $f(x_0)$.当 x 遍取 D 的各个数值时,对应的函数值的全体组成的数集
$$W=\{y|y=f(x), x \in D\}$$
称为函数的值域.

2.函数的两个要素

定义域 D 与对应法则 f 唯一确定函数 $y=f(x)$,故定义域与对应法则称为函数的两个要素.如果函数的两个要素相同,那么它们就是相同的函数,否则,就是不同的函数.

函数 $y=f(x)$ 的对应法则 f 也可用 φ, h, g, F 等表示,相应的函数就记作 $\varphi(x)$,$h(x), g(x), F(x)$.

在实际问题中,函数的定义域是根据问题的实际意义确定的.若不考虑函数的实际意义,而抽象地研究用解析式表达的函数,则规定函数的定义域是使解析式有意义的一切实数值.

通常求函数的定义域应**注意**:(1)当函数是多项式时,定义域为 $(-\infty, +\infty)$;(2)分式函数的分母不能为零;(3)偶次根式的被开方式必须大于或等于零;(4)对数函数的真数必须大于零;(5)反正弦函数与反余弦函数的定义域为 $[-1,1]$;(6)如果函数表达式中含有上述几种函

数,则应取各部分定义域的交集.

【例2】 判断下列函数是否是相同的函数.

(1) $y=1$ 与 $y=\dfrac{x}{x}$ 　　　　　　(2) $y=|x|$ 与 $y=\sqrt{x^2}$

(3) $y=\ln 2x$ 与 $y=\ln 2 \cdot \ln x$

解 (1)函数 $y=1$ 的定义域为 $(-\infty,+\infty)$,而函数 $y=\dfrac{x}{x}$ 的定义域为 $(-\infty,0)\cup(0,+\infty)$,故不是同一函数.

(2)两个函数的定义域与对应法则都相同,故是同一函数.

(3)函数 $y=\ln 2x$ 与 $y=\ln 2 \cdot \ln x$ 的定义域都是 $(0,+\infty)$,但对应法则不同,故不是同一函数.

【例3】 求下列函数的定义域.

(1) $y=x^2-2x+3$ 　　　　　　(2) $y=\sqrt{x+3}-\dfrac{1}{x^2-1}$

(3) $y=\dfrac{1}{\ln(1-x)}$ 　　　　　　(4) $y=\sqrt{x^2-4}+\arcsin\dfrac{x}{2}$

解 (1)函数 $y=x^2-2x+3$ 为多项式函数,当 x 取任何实数时,y 都有唯一确定的值与之对应,故所求函数的定义域为 $(-\infty,+\infty)$.

(2)若使 $\sqrt{x+3}$ 有意义,需 $x+3\geqslant 0$,即 $x\geqslant -3$,若使 $\dfrac{1}{x^2-1}$ 有意义,需 $x^2-1\neq 0$,即 $x\neq \pm 1$,所以函数的定义域为 $[-3,-1)\cup(-1,1)\cup(1,+\infty)$.

(3)若使 $\dfrac{1}{\ln(1-x)}$ 有意义,需 $1-x>0$ 且 $\ln(1-x)\neq 0$,即 $x<1$ 且 $x\neq 0$,所以函数的定义域为 $(-\infty,0)\cup(0,1)$.

(4)若使 $\sqrt{x^2-4}$ 有意义,需 $x^2-4\geqslant 0$,即 $x\geqslant 2$ 或 $x\leqslant -2$,若使 $\arcsin\dfrac{x}{2}$ 有意义,需 $\left|\dfrac{x}{2}\right|\leqslant 1$,即 $-2\leqslant x\leqslant 2$,所以函数的定义域为 $\{x|x=\pm 2\}$.

3. 函数的表示法

函数的表示法有解析法、图示法以及表格法等.

【例4】 设有容积为 $10\ \text{m}^3$ 的无盖圆柱形桶,其底用铜制,侧壁用铁制.已知铜价为铁价的 5 倍,试建立做此桶所需费用与桶的底面半径 r 之间的函数关系.

解 设铁价为 k,铜价为 $5k$,所需费用为 y,桶的容积为 V,侧壁高为 h

由容积与底面半径及高的关系,有 $V=\pi r^2 h$,则 $h=\dfrac{V}{\pi r^2}$,侧面积为 $2\pi r h=2\pi r\dfrac{V}{\pi r^2}=\dfrac{2V}{r}$,又知 $V=10\ \text{m}^3$,得侧面积为 $\dfrac{20}{r}$,故所需费用与桶的底面半径 r 之间的函数关系为

$$y=\dfrac{20k}{r}+5\pi r^2 k$$

【例5】 火车站收取行李费的规定如下:当行李不超过 50 千克时,按基本运费计算,如从上海到某地每千克收 0.20 元.当超过 50 千克时,超重部分按每千克 0.30 元收费.试求上海到该地的行李费 y(元)与重量 x(千克)之间的函数关系式,并画出该函数的图像.

解 当 $x\in[0,50]$ 时,$y=0.2x$;当 $x\in(50,+\infty)$ 时,$y=0.2\times 50+0.3(x-50)=0.3x-$

5，所求函数（图 1-1）为

$$y = \begin{cases} 0.2x, & 0 \leq x \leq 50 \\ 0.3x - 5, & x > 50 \end{cases}$$

像这样在自变量的不同变化范围内，对应法则用不同式子来表示的函数，叫作分段函数．

【例6】 设有分段函数

$$f(x) = \begin{cases} x - 1, & -1 < x \leq 0 \\ x^2, & 0 < x \leq 1 \\ 3 - x, & 1 < x \leq 2 \end{cases}$$

(1) 画出函数的图像；
(2) 求此函数的定义域；
(3) 求 $f\left(-\dfrac{1}{2}\right), f(0), f\left(\dfrac{1}{2}\right), f(1), f\left(\dfrac{3}{2}\right)$ 的值．

解 (1) 函数图像如图 1-2 所示；
(2) 函数的定义域为 $(-1, 2]$；
(3) $f\left(-\dfrac{1}{2}\right) = -\dfrac{3}{2}, f(0) = -1, f\left(\dfrac{1}{2}\right) = \dfrac{1}{4}, f(1) = 1,$
$f\left(\dfrac{3}{2}\right) = \dfrac{3}{2}.$

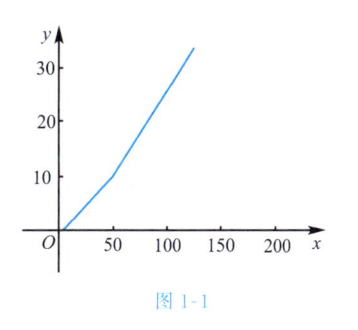

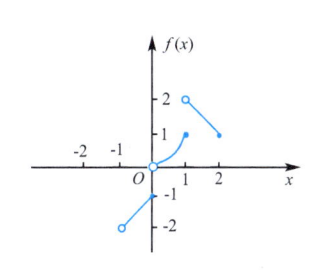

图 1-1

图 1-2

二、函数的几种性质

设函数 $f(x)$ 在某区间 I 内有定义．

1. 奇偶性

设 I 为关于原点对称的区间，若对于任意的 $x \in I$，都有 $f(-x) = f(x)$，则 $f(x)$ 叫作偶函数；若 $f(-x) = -f(x)$，则 $f(x)$ 叫作奇函数．奇函数的图像关于原点对称，如图 1-3 所示；偶函数的图像关于 y 轴对称，如图 1-4 所示．

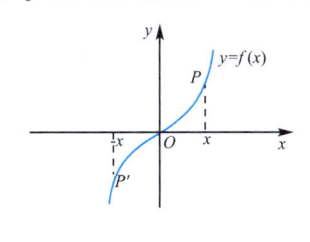

图 1-3

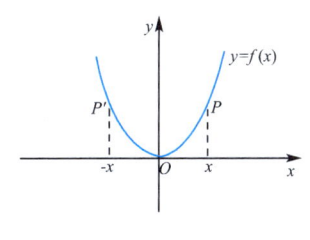

图 1-4

例如，$y = x^3$ 在区间 $(-\infty, +\infty)$ 内是奇函数，$y = x^4 + 1$ 在区间 $(-\infty, +\infty)$ 内是偶函数．有的函数既不是奇函数也不是偶函数，如 $y = \sin x + \cos x$ 在区间 $(-\infty, +\infty)$ 内是非奇非偶函数．

2. 单调性

若对于区间 I 内任意两点 x_1, x_2，当 $x_1 < x_2$ 时，有 $f(x_1) < f(x_2)$，则称 $f(x)$ 在 I 上单调增加，区间 I 称为单调增区间；若 $f(x_1) > f(x_2)$，则称 $f(x)$ 在 I 上单调减少，区间 I 称为单调减区间．单调增区间或单调减区间统称为单调区间．在单调增区间内，函数图像随着 x 的增大而上升，如图 1-5 所示;在单调减区间内,函数图像随着 x 的增大而下降,如图 1-6 所示.

例如,$y=x^2$ 在区间 $[0,+\infty)$ 内是单调增加的,在区间 $(-\infty,0]$ 内是单调减少的,在区间 $(-\infty,+\infty)$ 内函数 $y=x^2$ 不是单调函数.

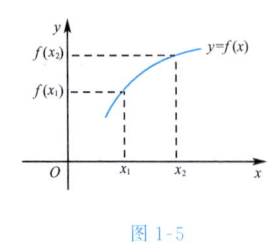

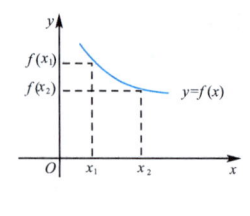

图 1-5

图 1-6

3. 周期性

若存在不为零的数 T,使得对于任意的 $x\in I$,都有 $x+T\in I$,且 $f(x+T)=f(x)$,则称 $f(x)$ 为周期函数,其中 T 叫作函数的周期,通常周期函数的周期是指它的最小正周期.

例如,$y=\sin x$,$y=\cos x$ 都是以 2π 为周期的周期函数;$y=\tan x$,$y=\cot x$ 都是以 π 为周期的周期函数.

4. 有界性

若存在正数 M,使得在区间 I 上恒有 $|f(x)|\leqslant M$,则称 $f(x)$ 在 I 上有界,否则称 $f(x)$ 在 I 上无界. 例如:$y=\sin x$,存在 1 使 $|\sin x|\leqslant 1$,进而 $y=\sin x$ 在 $(-\infty,+\infty)$ 内有界.

三、反函数

定义 2 设函数 $y=f(x)$ 的定义域为 D,值域为 W. 如果对于任一数值 $y\in W$,在 D 中都有唯一确定的值 x,使 $f(x)=y$,则得到一个以 y 为自变量,x 为因变量的新的函数,这个新的函数叫作函数 $y=f(x)$ 的反函数,记作 $x=f^{-1}(y)$,其定义域为 W,值域为 D.

由于人们习惯于用 x 表示自变量,用 y 表示因变量,因此我们将函数 $y=f(x)$ 的反函数 $x=f^{-1}(y)$ 用 $y=f^{-1}(x)$ 表示. $y=f(x)$ 与 $y=f^{-1}(x)$ 的图像关于直线 $y=x$ 对称,如图 1-7 所示.

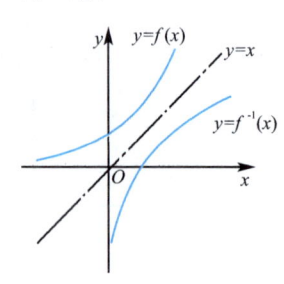

图 1-7

四、初等函数

1. 基本初等函数及其性质

(1) 幂函数　　　$y=x^\mu$　（μ 为常数）

(2) 指数函数　　$y=a^x$　（$a>0,a\neq 1,a$ 为常数）

(3) 对数函数　　$y=\log_a x$　（$a>0,a\neq 1,a$ 为常数）

(4) 三角函数　　$y=\sin x$, $y=\cos x$, $y=\tan x$, $y=\cot x$, $y=\sec x$, $y=\csc x$

(5) 反三角函数　$y=\arcsin x$, $y=\arccos x$, $y=\arctan x$, $y=\operatorname{arccot} x$

以上五类函数统称为基本初等函数,常用的基本初等函数的定义域、值域、图像和性质见表 1-1.

表 1-1

函　数	定义域和值域	图　像	性　质
幂函数 $y=x^\mu$			当 $\mu>0$ 时,函数在第一象限单调增 当 $\mu<0$ 时,函数在第一象限单调减
指数函数 $y=a^x$ $(a>0,a\neq 1)$	$x\in(-\infty,+\infty)$ $y\in(0,+\infty)$		过点 $(0,1)$ 当 $a>1$ 时,单调增 当 $0<a<1$ 时,单调减
对数函数 $y=\log_a x$ $(a>0,a\neq 1)$	$x\in(0,+\infty)$ $y\in(-\infty,+\infty)$		过点 $(1,0)$ 当 $a>1$ 时,单调增 当 $0<a<1$ 时,单调减
三角函数 正弦函数 $y=\sin x$	$x\in(-\infty,+\infty)$ $y\in[-1,1]$		奇函数,周期为 2π,有界 在 $\left[2k\pi-\dfrac{\pi}{2},2k\pi+\dfrac{\pi}{2}\right]$ $(k\in\mathbf{Z})$ 单调增 在 $\left[2k\pi+\dfrac{\pi}{2},2k\pi+\dfrac{3\pi}{2}\right]$ $(k\in\mathbf{Z})$ 单调减
三角函数 余弦函数 $y=\cos x$	$x\in(-\infty,+\infty)$ $y\in[-1,1]$		偶函数,周期为 2π,有界 在 $[2k\pi,2k\pi+\pi]$ $(k\in\mathbf{Z})$ 单调减 在 $[2k\pi-\pi,2k\pi]$ $(k\in\mathbf{Z})$ 单调增
三角函数 正切函数 $y=\tan x$	$x\neq k\pi+\dfrac{\pi}{2}(k\in\mathbf{Z})$ $y\in(-\infty,+\infty)$		奇函数,周期为 π 在 $\left(k\pi-\dfrac{\pi}{2},k\pi+\dfrac{\pi}{2}\right)$ $(k\in\mathbf{Z})$ 单调增
三角函数 余切函数 $y=\cot x$	$x\neq k\pi(k\in\mathbf{Z})$ $y\in(-\infty,+\infty)$		奇函数,周期为 π 在 $(k\pi,(k+1)\pi)$ $(k\in\mathbf{Z})$ 单调减

（续表）

函　数	定义域和值域	图　像	性　质
反正弦函数 $y=\arcsin x$	$x\in[-1,1]$ $y\in\left[-\dfrac{\pi}{2},\dfrac{\pi}{2}\right]$		奇函数，有界 单调增
反余弦函数 $y=\arccos x$	$x\in[-1,1]$ $y\in[0,\pi]$		有界 单调减
反正切函数 $y=\arctan x$	$x\in(-\infty,+\infty)$ $y\in\left(-\dfrac{\pi}{2},\dfrac{\pi}{2}\right)$		奇函数，有界 单调增
反余切函数 $y=\text{arccot } x$	$x\in(-\infty,+\infty)$ $y\in(0,\pi)$		有界 单调减

（左侧纵向标注：反三角函数）

2. 复合函数

先看一个例子，设 $y=\sqrt{u}$，而 $u=1+x^2$，以 $1+x^2$ 代替 $\sqrt{u}$ 中的 u，得 $y=\sqrt{1+x^2}$，我们称它为由 $y=\sqrt{u}$，$u=1+x^2$ 复合而成的复合函数．

定义 3　设 $y=f(u)$，而 $u=\varphi(x)$，且函数 $\varphi(x)$ 的值域全部或部分包含在函数 $f(u)$ 的定义域内，那么 y 通过 u 的联系成为 x 的函数，我们把 y 叫作 x 的复合函数，记作 $y=f[\varphi(x)]$，其中 u 叫作中间变量．这种运算又称为函数的复合运算．

【例 7】　试求由函数 $y=u^3$，$u=\tan x$ 复合而成的函数．

解　将 $u=\tan x$ 代入 $y=u^3$ 中，即得所求复合函数 $y=\tan^3 x$．

有时，一个复合函数可能由三个或更多的函数复合而成．例如，由函数 $y=2^u$，$u=\sin v$ 和 $v=x^2+1$ 可以复合成函数 $y=2^{\sin(x^2+1)}$，其中 u 和 v 都是中间变量．

【例 8】　指出下列复合函数的结构．

(1) $y=\cos^2 x$　　(2) $y=\sqrt{\cot\dfrac{x}{2}}$　　(3) $y=e^{\sin\sqrt{x-1}}$

解　(1) $y=u^2$，$u=\cos x$；

(2) $y=\sqrt{u}$，$u=\cot v$，$v=\dfrac{x}{2}$；

(3) $y=e^u$，$u=\sin v$，$v=\sqrt{\omega}$，$\omega=x-1$．

3. 初等函数

由基本初等函数及常数经过有限次四则运算和有限次复合构成的,并且可用一个数学式子表示的函数,称为初等函数.

例如,$y=\sqrt{\ln 5x}-3^x$,$y=\dfrac{\sqrt[3]{3x}+\tan 5x}{x^3\sin x-2^{-x}}$都是初等函数. 今后我们所讨论的函数,绝大多数都是初等函数.

上述函数分类总结如下:

$$\text{函数}\begin{cases}\text{初等函数}\begin{cases}\text{简单函数}\\\text{复合函数}\end{cases}\\\text{非初等函数}\end{cases}$$

熟练掌握函数的四则运算及复合运算,有助于后续知识的学习.

习题 1-1

▶ A 组

1. 判断下列各组函数是否相同?并说明理由.

   (1) $f(x)=x$, $g(x)=\sqrt{x^2}$　　　(2) $f(x)=\lg x^2$, $g(x)=2\lg x$

2. 求下列函数的定义域.

   (1) $y=\sqrt{3x+2}$　　　(2) $y=\sqrt{x+2}+\dfrac{1}{1-x^2}$

   (3) $y=\ln x^2$　　　(4) $y=\sqrt{x^2-4}+\lg(x-2)$

3. 判断下列函数的奇偶性.

   (1) $y=x^3-2x$　　　(2) $y=x^2(1-x^2)$

   (3) $y=\tan x$　　　(4) $y=x^2+x^3+1$

4. 指出下列函数的周期.

   (1) $y=\sin 3x$　　　(2) $y=1+\cos \pi x$

   (3) $y=\dfrac{1}{3}\tan x$

5. 指出下列复合函数的结构.

   (1) $y=3^{\sin x}$　　　(2) $y=\sqrt[3]{5x-1}$

   (3) $y=\sin^2 5x$　　　(4) $y=\cos\sqrt{2x+1}$

   (5) $y=\ln(\sin e^{x+1})$　　　(6) $y=e^{\sin\frac{1}{x}}$

6. 求出由所给函数复合而成的函数.

   (1) $y=u^2$,　$u=\sin x$　　　(2) $y=\sin u$,　$u=2x$

   (3) $y=e^u$,　$u=\sin v$,　$v=x^2+1$　　　(4) $y=\lg u$,　$u=3^v$,　$v=\sin x$

7. 用铁皮做一个容积为 V 的圆柱形罐头筒,试将它的表面积表示为底半径的函数,并求其定义域.

8. 一物体做直线运动,已知阻力的大小与物体的运动速度成正比,但方向相反,当物体以 4 m/s 的速度运动时,阻力为 2 N,试建立阻力与速度之间的函数关系.

9. 中国与部分亚洲邻近国家(朝鲜、日本、韩国等)国际航空信函的资费标准是 20 克以内

(含 20 克)邮资 5 元,超过 20 克超过的部分每 10 克(不足 10 克按 10 克计算)收取 1 元,试求邮资 y 与信函重量 x 的函数关系式.

B 组

1. 求下列函数的定义域.

   (1) $y = \lg\sin x$ 　　　　　　　　　　(2) $y = \arccos(x-3)$

   (3) $y = \begin{cases} x+2, & x<0 \\ 1, & x=0 \\ x^2, & x>0 \end{cases}$

2. 设 $f(t) = 2t^2 + \dfrac{2}{t^2} + \dfrac{5}{t} + 5t$,证明:$f(t) = f\left(\dfrac{1}{t}\right)$.

3. 指出下列复合函数的结构.

   (1) $y = (3-x)^{50}$ 　　　　　　　　　　(2) $y = a^{\sin(3x^2-1)}$

   (3) $y = \log_a \tan(x+1)$ 　　　　　　　(4) $y = \arccos[\ln(x^2-1)]$

4. 若 $f(x) = (x-1)^2, g(x) = \dfrac{1}{x+1}$,求:

   (1) $f[g(x)]$ 　　　(2) $g[f(x)]$ 　　　(3) $f(x^2)$ 　　　(4) $g(x-1)$

5. 设一防空洞的截面是在矩形上加半圆形(图 1-8),整个周长为 15 m,试把截面积表示为矩形底边长的函数.

6. 已知一物体与地面的摩擦系数是 μ,重量是 P.设有一与水平方向成 α 角的拉力 F,使物体从静止开始移动,如图 1-9 所示.求物体开始移动时拉力 F 与角 α 之间的函数关系式.

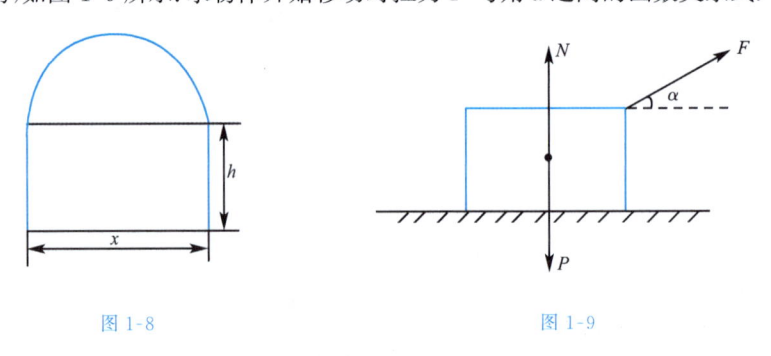

图 1-8　　　　　　　　　　　　　　图 1-9

第二节　极　限

一、数列的极限

1. 数列的概念

自变量为正整数的函数(整标函数)$u_n = f(n)(n=1,2,3,\cdots)$,其函数值按自变量 n 由小到大排成一列数

$$u_1, u_2, u_3, \cdots, u_n, \cdots$$

这列数叫作数列,简记为 $\{u_n\}$.数列中的每一个数叫作数列的项,第 n 项 u_n 叫作数列的通项或

一般项.

2. 数列的极限

考察以下三个数列：

(1) $\{u_n\} = \left\{\dfrac{1}{n}\right\}$，即数列 $1, \dfrac{1}{2}, \dfrac{1}{3}, \cdots, \dfrac{1}{n}, \cdots$

(2) $\{u_n\} = \left\{\dfrac{1+(-1)^n}{2}\right\}$，即数列 $0, 1, 0, 1, \cdots$

(3) $\{u_n\} = \left\{\dfrac{(-1)^n}{n}\right\}$，即数列 $-1, \dfrac{1}{2}, -\dfrac{1}{3}, \cdots, \dfrac{(-1)^n}{n}, \cdots$

观察上述例子可以发现，当 n 无限增大时，数列(1)和(3)的各项呈现出确定的变化趋势，即无限趋近于常数零，而数列(2)的各项在 0 和 1 两数中变动，不趋近于一个确定的常数.

定义 1 对于数列 $\{u_n\}$，如果 n 无限增大时，通项 u_n 无限接近于某个确定的常数 A，则称该数列以 A 为极限，或称数列 $\{u_n\}$ 收敛于 A，记为 $\lim\limits_{n\to\infty} u_n = A$ 或 $u_n \to A(n \to \infty)$.

若数列 $\{u_n\}$ 没有极限，则称该数列发散.

【例 1】 观察下列数列的极限.

(1) $\{u_n\} = \{C\}$（C 为常数）　　(2) $\{u_n\} = \left\{\dfrac{n}{n+1}\right\}$

(3) $\{u_n\} = \left\{\dfrac{1}{2^n}\right\}$　　(4) $\{u_n\} = \{(-1)^{n+1}\}$

解 观察数列在 $n \to \infty$ 时的变化趋势，得

(1) $\lim\limits_{n\to\infty} C = C$；

(2) $\lim\limits_{n\to\infty} \dfrac{n}{n+1} = 1$；

(3) $\lim\limits_{n\to\infty} \dfrac{1}{2^n} = 0$；

(4) $\lim\limits_{n\to\infty} (-1)^{n+1}$ 不存在.

如果数列 $\{u_n\}$ 对于每一个正整数 n，都有 $u_{n+1} > u_n$，则称数列 $\{u_n\}$ 为单调递增数列. 类似地，如果数列 $\{u_n\}$ 对于每一个正整数 n，都有 $u_{n+1} < u_n$，则称数列 $\{u_n\}$ 为单调递减数列. 如果对于数列 $\{u_n\}$，存在一个正的常数 M，使得对于每一项 u_n，都有 $|u_n| \leqslant M$，则称数列 $\{u_n\}$ 为有界数列.

我们给出下面的定理：

定理 1 （单调有界定理）单调有界数列必有极限.

3. 数列极限的性质

性质 1 （有界性）若 $\lim\limits_{n\to\infty} u_n$ 存在，则 $\{u_n\}$ 必为有界数列.

性质 2 （夹逼准则）对于数列 $\{u_n\}\{v_n\}\{w_n\}$，若满足 $u_n \leqslant v_n \leqslant w_n$，且 $\lim\limits_{n\to\infty} u_n = \lim\limits_{n\to\infty} w_n = A$，则 $\lim\limits_{n\to\infty} v_n = A$.

二、函数的极限

对于函数 $y = f(x)$，函数 y 随着自变量 x 的变化而变化. 为方便起见，我们规定：当 x 无限增大时，用记号 $x \to +\infty$ 表示；当 x 无限减小时，用记号 $x \to -\infty$ 表示；当 $|x|$ 无限增大时，用

记号 $x\to\infty$ 表示. 当 x 从 x_0 的左右两侧无限接近于 x_0 时, 用记号 $x\to x_0$ 表示; 当 x 从 x_0 的右侧无限接近于 x_0 时, 用记号 $x\to x_0^+$ 表示; 当 x 从 x_0 的左侧无限接近于 x_0 时, 用记号 $x\to x_0^-$ 表示.

1. $x\to\infty$ 时函数 $f(x)$ 的极限

【例 2】 考察当 $x\to\infty$ 时函数 $y=\dfrac{1}{x}$ 的变化趋势.

解 如图 1-10 所示, 当 $x\to\infty$ (包括 $x\to+\infty, x\to-\infty$) 时, 函数趋向于确定的常数 0.

定义 2 设函数 $f(x)$ 在 $|x|$ 大于某一正数时有定义. 如果 $|x|$ 无限增大时, 函数 $f(x)$ 无限趋近于确定的常数 A, 则称 A 为 $x\to\infty$ 时函数 $f(x)$ 的极限, 记作

$$\lim_{x\to\infty}f(x)=A \text{ 或 } f(x)\to A(x\to\infty)$$

若只当 $x\to+\infty$ (或 $x\to-\infty$) 时, 函数无限趋近于一个确定的常数 A, 则称 A 为函数 $f(x)$ 当 $x\to+\infty$ (或 $x\to-\infty$) 时的极限, 记为

$$\lim_{x\to+\infty}f(x)=A(\text{或}\lim_{x\to-\infty}f(x)=A)$$

定理 2 $\lim\limits_{x\to\infty}f(x)=A$ 的充要条件是 $\lim\limits_{x\to+\infty}f(x)=\lim\limits_{x\to-\infty}f(x)=A$.

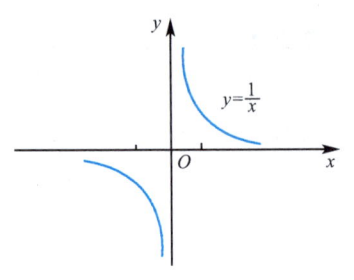

图 1-10

【例 3】 观察下列函数的图像(图 1-11), 并填空.

(1) $\lim\limits_{x\to(\ )}e^x=0$ (2) $\lim\limits_{x\to+\infty}e^{-x}=(\quad)$

(3) $\lim\limits_{x\to(\ )}\arctan x=\dfrac{\pi}{2}$ (4) $\lim\limits_{x\to-\infty}\arctan x=(\quad)$

解 从图 1-11 可以看出:

(1) $\lim\limits_{x\to-\infty}e^x=0$ (2) $\lim\limits_{x\to+\infty}e^{-x}=0$

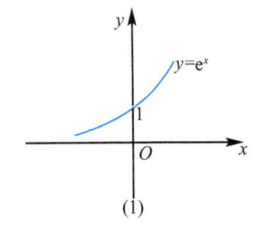

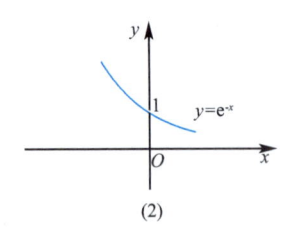

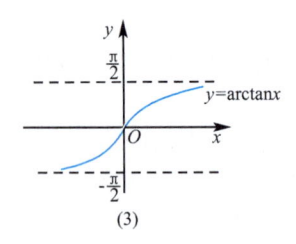

(3) $\lim\limits_{x\to+\infty}\arctan x=\dfrac{\pi}{2}$ (4) $\lim\limits_{x\to-\infty}\arctan x=-\dfrac{\pi}{2}$

图 1-11

2. $x\to x_0$ 时函数 $f(x)$ 的极限

先介绍邻域的概念: 设 δ 是某个正数, 称开区间 $(x_0-\delta, x_0+\delta)$ 为以 x_0 为中心, 以 δ 为半径的邻域, 简称为点 x_0 的邻域, 记为 $U(x_0,\delta)$. 称区间 $(x_0-\delta,x_0)\cup(x_0,x_0+\delta)$ 为点 x_0 的去心邻域 (图 1-12), 记为 $U(\hat{x}_0,\delta)$.

图 1-12

【例 4】 考察当 $x \to 1$ 时,函数 $y = \dfrac{x^2-1}{x-1}$ 的变化趋势.

解 当 $x \neq 1$ 时,函数 $y = \dfrac{x^2-1}{x-1} = x+1$,由图 1-13 可见,当 $x \to 1$ 时,$y \to 2$.

定义 3 设函数 $f(x)$ 在 x_0 的某一去心邻域 $U(\hat{x}_0, \delta)$ 内有定义,当自变量 x 在 $U(\hat{x}_0, \delta)$ 内无限趋近于 x_0 时,相应的函数值无限趋近于确定的常数 A,则称 A 为 $x \to x_0$ 时函数 $f(x)$ 的极限,记作 $\lim\limits_{x \to x_0} f(x) = A$ 或 $f(x) \to A(x \to x_0)$.

由例 4 可知,$f(x)$ 在 x_0 处的极限是否存在与其在 x_0 处是否有定义无关.

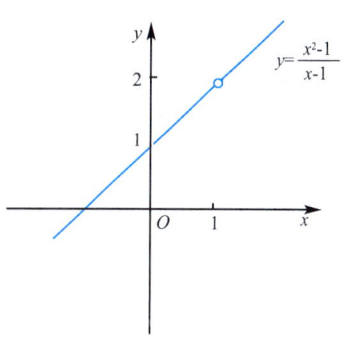

上面讨论了 $x \to x_0$ 时函数 $f(x)$ 的极限,对于 $x \to x_0^+$(x 从 x_0 的右侧趋近于 x_0)或 $x \to x_0^-$(x 从 x_0 的左侧趋近于 x_0)时的情形,有如下定义:

定义 4 如果 $x \to x_0^+$($x \to x_0^-$)时,函数 $f(x)$ 无限趋近于一个确定的常数 A,则称 A 为 x 趋近于 x_0 时函数的右(左)极限,记作

$$\lim_{x \to x_0^+} f(x) = A \left(\lim_{x \to x_0^-} f(x) = A\right)$$

或

$$f(x_0^+) = A (f(x_0^-) = A).$$

定理 3 $\lim\limits_{x \to x_0} f(x) = A$ 的充要条件是 $\lim\limits_{x \to x_0^+} f(x) = \lim\limits_{x \to x_0^-} f(x) = A$.

图 1-13

【例 5】 求极限 $\lim C$ 和 $\lim x$.

解 因为常数函数 $y = C$ 无论 x 取何值恒为常数 C,所以 $\lim\limits_{x \to x_0} C = C$.

因为函数 $y = x$ 的函数值与自变量相等,所以 $\lim\limits_{x \to x_0} x = x_0$.

【例 6】 求极限 $\lim\limits_{x \to 0} \sin x$ 和 $\lim\limits_{x \to 0} \cos x$.

解 观察函数 $y = \sin x$ 及 $y = \cos x$ 的图像,得 $\lim\limits_{x \to 0} \sin x = 0$,$\lim\limits_{x \to 0} \cos x = 1$.

【例 7】 设 $f(x) = \begin{cases} -x, & x < 0 \\ 1, & x = 0 \\ x, & x > 0 \end{cases}$,画出该函数的图像,并讨论 $\lim\limits_{x \to 0^+} f(x)$,$\lim\limits_{x \to 0^-} f(x)$,$\lim\limits_{x \to 0} f(x)$ 是否存在.

解 $f(x)$ 的图像如图 1-14 所示,可以看出

$$\lim_{x \to 0^+} f(x) = 0,\ \lim_{x \to 0^-} f(x) = 0$$

由定理 3 可得

$$\lim_{x \to 0} f(x) = 0$$

图 1-14

【例 8】 设 $f(x) = \begin{cases} x-1, & x < 0 \\ 0, & x = 0 \\ x+1, & x > 0 \end{cases}$,画出该函数的图像,并讨论 $\lim\limits_{x \to 0^+} f(x)$,$\lim\limits_{x \to 0^-} f(x)$,$\lim\limits_{x \to 0} f(x)$ 是否存在.

解 $f(x)$ 的图像如图 1-15 所示,可以看出

$$\lim_{x \to 0^+} f(x) = 1$$
$$\lim_{x \to 0^-} f(x) = -1$$

因为左极限和右极限存在但不相等,所以由定理 3 知 $\lim_{x \to 0} f(x)$ 不存在. 当函数 $f(x)$ 在点 x_0 的左、右两侧对应法则不同时,常用定理 3 判断 $\lim_{x \to x_0} f(x)$ 是否存在.

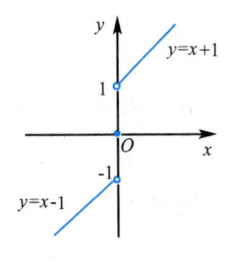

图 1-15

定理 4 (夹逼定理) 若 $f(x)$ 在 x_0 的某个空心邻域内有定义,且在该邻域内有 $h(x) \leqslant f(x) \leqslant g(x)$,且 $\lim_{x \to x_0} h(x) = \lim_{x \to x_0} g(x) = A$,则 $\lim_{x \to x_0} f(x) = A$.

注意 (1) $x \to x_0^-, x \to x_0^+, x \to \infty, x \to -\infty, x \to +\infty$ 的情形上述结论也成立.
(2) A 为 $\pm \infty$ 时,结论仍然成立.

【例 9】 证明 $\lim_{n \to \infty} \sqrt{1 + \frac{1}{n}} = 1$.

证明 因为 $1 < \sqrt{1 + \frac{1}{n}} < 1 + \frac{1}{n}$,而 $\lim_{n \to \infty} 1 = 1$,$\lim_{n \to \infty} \left(1 + \frac{1}{n}\right) = 1$.

所以由夹逼定理知 $\lim_{n \to \infty} \sqrt{1 + \frac{1}{n}} = 1$.

习题 1-2

A 组

1. 观察下列数列的变化趋势,写出它们的极限.

(1) $\{u_n\} = \left\{(-1)^n \frac{1}{n}\right\}$ (2) $\{u_n\} = \left\{2 + \frac{1}{n^2}\right\}$

(3) $\{u_n\} = \left\{\frac{n-1}{n+1}\right\}$ (4) $\{u_n\} = \left\{1 - \frac{1}{10^n}\right\}$

2. 设函数 $f(x) = \begin{cases} x^2, & x > 0 \\ x, & x \leqslant 0 \end{cases}$,

(1) 做出函数 $f(x)$ 的图像;
(2) 求 $\lim_{x \to 0^+} f(x)$ 及 $\lim_{x \to 0^-} f(x)$;
(3) $x \to 0$ 时,$f(x)$ 的极限存在吗?

3. 设函数 $f(x) = \begin{cases} 4x, & -1 < x < 1 \\ 4, & x = 1 \\ 4x^2, & 1 < x < 2 \end{cases}$,求 $\lim_{x \to 0} f(x), \lim_{x \to 1} f(x), \lim_{x \to \frac{3}{2}} f(x)$.

4. 设函数 $f(x) = \begin{cases} 2x-1, & x < 0 \\ 0, & x = 0 \\ x+2, & x > 0 \end{cases}$,做出这个函数的图像,并求 $\lim_{x \to 0^+} f(x), \lim_{x \to 0^-} f(x), \lim_{x \to 0} f(x)$.

5. 设函数 $f(x) = \begin{cases} 2x, & 0 \leqslant x < 1 \\ 3-x, & 1 < x \leqslant 2 \end{cases}$,求 $\lim_{x \to 1^+} f(x), \lim_{x \to 1^-} f(x), \lim_{x \to 1} f(x)$.

▶ B组

1. 证明函数 $f(x)=\begin{cases} x^2+1, & x<1 \\ 1, & x=1 \\ -1, & x>1 \end{cases}$ 在 $x \to 1$ 时极限不存在.

2. 设函数 $f(x)=\dfrac{|x|}{x}$，求 $f(x)$ 在 $x=0$ 处的左、右极限，并讨论 $f(x)$ 在 $x=0$ 处的极限是否存在.

3. 证明：$\lim\limits_{n \to +\infty}\left(\dfrac{1}{\sqrt{n^2+1}}+\cdots+\dfrac{1}{\sqrt{n^2+n}}\right)=1$.

课程思政

"割圆术"，"割之弥细，所失弥少，割之又割，以至于不可割，则与圆周合体而无所失矣."极限的概念体现了科学家凡事追求卓越完美的工匠精神，提示我们要不忘初心，牢记使命，砥砺前行；无限接近，方得始终.

第三节 极限的运算

一、极限的四则运算

设 $\lim f(x)$ 及 $\lim g(x)$ 都存在，则有

法则 1 $\lim[f(x) \pm g(x)] = \lim f(x) \pm \lim g(x)$.

法则 2 $\lim[f(x) \cdot g(x)] = \lim f(x) \cdot \lim g(x)$.

推论 1 $\lim[cf(x)] = c\lim f(x)$ （c 为常数）.

推论 2 $\lim[f(x)]^n = [\lim f(x)]^n$.

法则 3 $\lim \dfrac{f(x)}{g(x)} = \dfrac{\lim f(x)}{\lim g(x)}$ （$\lim g(x) \neq 0$）.

注意 (1) 对 $x \to x_0, x \to \infty$ 等情形，上述法则都成立.

(2) 对于数列极限，法则也成立.

(3) 法则 1 和法则 2 均可推广至有限个函数的情形.

二、极限运算举例

【例 1】 求 $\lim\limits_{x \to 4}(x^2-3x+1)$.

解 $\lim\limits_{x \to 4}(x^2-3x+1) = \lim\limits_{x \to 4}x^2 - \lim\limits_{x \to 4}3x + \lim\limits_{x \to 4}1 = 5$.

【例 2】 求 $\lim\limits_{x \to 2}\dfrac{x^3-2}{x^2-5x+3}$.

解 $\lim\limits_{x \to 2}\dfrac{x^3-2}{x^2-5x+3} = \dfrac{\lim\limits_{x \to 2}(x^3-2)}{\lim\limits_{x \to 2}(x^2-5x+3)} = -2$.

【例3】 求 $\lim\limits_{x \to 3}\dfrac{x-3}{x^2-9}$.

解 当 $x \to 3$ 时,分子及分母的极限都是零,在 $x \to 3$ 时,其公因子 $x-3 \ne 0$,故可约去.

$$\lim_{x \to 3}\frac{x-3}{x^2-9} = \lim_{x \to 3}\frac{1}{x+3} = \frac{\lim\limits_{x \to 3}1}{\lim\limits_{x \to 3}(x+3)} = \frac{1}{6}$$

【例4】 求 $\lim\limits_{x \to \infty}\dfrac{3x^3+4x^2-1}{4x^3-x^2+3}$.

解 分子、分母同时除以 x^3,得

$$\lim_{x \to \infty}\frac{3x^3+4x^2-1}{4x^3-x^2+3} = \lim_{x \to \infty}\frac{3+\dfrac{4}{x}-\dfrac{1}{x^3}}{4-\dfrac{1}{x}+\dfrac{3}{x^3}} = \frac{3}{4}$$

【例5】 求极限 $\lim\limits_{x \to \infty}\dfrac{x^2-4x+5}{2x^3+x+1}$.

解 分子、分母同时除以 x^3,得

$$\lim_{x \to \infty}\frac{x^2-4x+5}{2x^3+x+1} = \lim_{x \to \infty}\frac{\dfrac{1}{x}-\dfrac{4}{x^2}+\dfrac{5}{x^3}}{2+\dfrac{1}{x^2}+\dfrac{1}{x^3}} = 0$$

【例6】 求极限 $\lim\limits_{x \to \infty}\dfrac{x^3+3x+1}{3x^2-x-1}$.

解 分子、分母同时除以 x^3,得

$$\lim_{x \to \infty}\frac{x^3+3x+1}{3x^2-x-1} = \lim_{x \to \infty}\frac{1+\dfrac{3}{x^2}+\dfrac{1}{x^3}}{\dfrac{3}{x}-\dfrac{1}{x^2}-\dfrac{1}{x^3}} = \infty$$

根据例4~例6,可得如下结果

$$\lim_{x \to \infty}\frac{a_0 x^n + a_1 x^{n-1} + \cdots + a_n}{b_0 x^m + b_1 x^{m-1} + \cdots + b_m} = \begin{cases} \infty, & \text{当 } m < n \\ \dfrac{a_0}{b_0}, & \text{当 } m = n \\ 0, & \text{当 } m > n \end{cases} \quad (a_0 \ne 0, b_0 \ne 0)$$

【例7】 求 $\lim\limits_{x \to 1}\left(\dfrac{3}{1-x^3} - \dfrac{1}{1-x}\right)$.

解 当 $x \to 1$ 时,上式两项极限均不存在,可先通分,再求极限.

$$\lim_{x \to 1}\left(\frac{3}{1-x^3} - \frac{1}{1-x}\right) = \lim_{x \to 1}\frac{3-(1+x+x^2)}{(1-x)(1+x+x^2)} = \lim_{x \to 1}\frac{(2+x)(1-x)}{(1-x)(1+x+x^2)}$$
$$= \lim_{x \to 1}\frac{2+x}{1+x+x^2} = 1$$

三、两个重要极限

1. $\lim\limits_{x \to 0}\dfrac{\sin x}{x} = 1$

函数 $\dfrac{\sin x}{x}$ 的定义域为 $x \ne 0$ 的全体实数,当 $x \to 0$ 时,我们列出数值表(表1-2),观察其变化趋势.

表 1-2

x(弧度)	±1.00	±0.100	±0.010	±0.001	⋯
$\dfrac{\sin x}{x}$	0.84147098	0.99833417	0.99998334	0.99999984	⋯

由表 1-2 可知,当 $x \to 0$ 时,$\dfrac{\sin x}{x} \to 1$. 根据极限的定义有

$$\lim_{x \to 0} \frac{\sin x}{x} = 1$$

重要极限一

【例 8】 求下列函数的极限.

(1) $\lim\limits_{x \to 0} \dfrac{\sin 2x}{x}$ (2) $\lim\limits_{x \to \infty} x \sin \dfrac{1}{x}$

解 (1) $\lim\limits_{x \to 0} \dfrac{\sin 2x}{x} = 2 \cdot \lim\limits_{2x \to 0} \dfrac{\sin 2x}{2x} = 2 \cdot 1 = 2$;

(2) $\lim\limits_{x \to \infty} x \sin \dfrac{1}{x} = \lim\limits_{x \to \infty} \dfrac{\sin \dfrac{1}{x}}{\dfrac{1}{x}} = \lim\limits_{\frac{1}{x} \to 0} \dfrac{\sin \dfrac{1}{x}}{\dfrac{1}{x}} = 1$.

【例 9】 求 $\lim\limits_{x \to 0} \dfrac{\sin ax}{\sin bx} (a \neq 0, b \neq 0)$.

解 $\lim\limits_{x \to 0} \dfrac{\sin ax}{\sin bx} = \dfrac{a}{b} \cdot \lim\limits_{x \to 0} \left(\dfrac{bx}{ax} \cdot \dfrac{\sin ax}{\sin bx} \right) = \dfrac{a}{b} \cdot \lim\limits_{x \to 0} \left(\dfrac{\sin ax}{ax} \cdot \dfrac{bx}{\sin bx} \right)$

$= \dfrac{a}{b} \cdot \lim\limits_{x \to 0} \dfrac{\sin ax}{ax} \cdot \lim\limits_{x \to 0} \dfrac{bx}{\sin bx} = \dfrac{a}{b} \cdot 1 \cdot 1 = \dfrac{a}{b}$.

这个结果可以作为公式使用:

$$\lim_{x \to 0} \frac{\sin ax}{\sin bx} = \frac{a}{b}$$

【例 10】 求 $\lim\limits_{x \to 0} \dfrac{\arcsin x}{x}$.

解 令 $t = \arcsin x, x = \sin t$,则

$$\lim_{x \to 0} \frac{\arcsin x}{x} = \lim_{t \to 0} \frac{t}{\sin t} = \lim_{t \to 0} \frac{1}{\dfrac{\sin t}{t}} = 1$$

推广: $\lim\limits_{\square \to 0} \dfrac{\sin \square}{\square} \overset{\frac{0}{0}}{=\!=\!=} 1$.

2. $\lim\limits_{x \to \infty} \left(1 + \dfrac{1}{x}\right)^x = e$

当 $x \to \infty$ 时,我们列出 $\left(1 + \dfrac{1}{x}\right)^x$ 的数值(表 1-3),观察其变化趋势.

表 1-3

x	⋯	10	100	1000	10000	100000	⋯
$\left(1 + \dfrac{1}{x}\right)^x$	⋯	2.59374	2.70481	2.71692	2.71815	2.71827	⋯
x	⋯	−10	−100	−1000	−10000	−100000	⋯
$\left(1 + \dfrac{1}{x}\right)^x$	⋯	2.86797	2.73200	2.71964	2.7184	2.71830	⋯

由表 1-3 可知,当 $x \to +\infty$ 或 $x \to -\infty$ 时,$\left(1+\dfrac{1}{x}\right)^x \to e$,根据极限的定义有

$$\lim_{x \to \infty}\left(1+\dfrac{1}{x}\right)^x = e$$

其中 e 是个无理数,其值为 2.718281828459045….

重要极限二

推广:$\lim_{\square \to 0}(1+\square)^{\frac{1}{\square}} = e$.

【例 11】 求下列极限:

(1) $\lim\limits_{x \to \infty}\left(1+\dfrac{1}{x}\right)^{2x}$　　(2) $\lim\limits_{x \to 0}\left(1+\dfrac{x}{2}\right)^{\frac{1}{x}}$　　(3) $\lim\limits_{x \to \infty}\left(1-\dfrac{1}{x}\right)^{x}$

解 (1) $\lim\limits_{x \to \infty}\left(1+\dfrac{1}{x}\right)^{2x} = \lim\limits_{x \to \infty}\left[\left(1+\dfrac{1}{x}\right)^{x}\right]^{2} = \left[\lim\limits_{x \to \infty}\left(1+\dfrac{1}{x}\right)^{x}\right]^{2} = e^2$;

(2) $\lim\limits_{x \to 0}\left(1+\dfrac{x}{2}\right)^{\frac{1}{x}} = \lim\limits_{x \to 0}\left[\left(1+\dfrac{x}{2}\right)^{\frac{2}{x}}\right]^{\frac{1}{2}} = \left[\lim\limits_{\frac{x}{2} \to 0}\left(1+\dfrac{x}{2}\right)^{\frac{2}{x}}\right]^{\frac{1}{2}} = e^{\frac{1}{2}}$;

(3) $\lim\limits_{x \to \infty}\left(1-\dfrac{1}{x}\right)^{x} = \lim\limits_{x \to \infty}\left[\left(1-\dfrac{1}{x}\right)^{-x}\right]^{-1} = \left[\lim\limits_{x \to \infty}\left(1-\dfrac{1}{x}\right)^{-x}\right]^{-1} = e^{-1}$.

【例 12】 求 $\lim\limits_{x \to \infty}\left(\dfrac{2-x}{3-x}\right)^{x}$.

解法一　因为 $\dfrac{2-x}{3-x} = \dfrac{3-x-1}{3-x} = 1+\dfrac{1}{x-3}$,所以令 $u = x-3$,则 $x = u+3$,当 $x \to \infty$ 时,$u \to \infty$,因此

$$\lim_{x \to \infty}\left(\dfrac{2-x}{3-x}\right)^{x} = \lim_{u \to \infty}\left(1+\dfrac{1}{u}\right)^{u+3} = \lim_{u \to \infty}\left[\left(1+\dfrac{1}{u}\right)^{u} \cdot \left(1+\dfrac{1}{u}\right)^{3}\right]$$

$$= \lim_{u \to \infty}\left(1+\dfrac{1}{u}\right)^{u} \cdot \lim_{u \to \infty}\left(1+\dfrac{1}{u}\right)^{3} = e \cdot 1 = e$$

解法二　$\lim\limits_{x \to \infty}\left(\dfrac{2-x}{3-x}\right)^{x} = \lim\limits_{x \to \infty}\left(\dfrac{x-2}{x-3}\right)^{x} = \lim\limits_{x \to \infty}\left(\dfrac{\frac{x-2}{x}}{\frac{x-3}{x}}\right)$

$$= \lim_{x \to \infty}\dfrac{\left(1-\dfrac{2}{x}\right)^{x}}{\left(1-\dfrac{3}{x}\right)^{x}} = \dfrac{\lim\limits_{x \to \infty}\left(1-\dfrac{2}{x}\right)^{x}}{\lim\limits_{x \to \infty}\left(1-\dfrac{3}{x}\right)^{x}}$$

$$= \dfrac{\lim\limits_{x \to \infty}\left[1+\left(-\dfrac{2}{x}\right)\right]^{-\frac{x}{2} \cdot (-2)}}{\lim\limits_{x \to \infty}\left[1+\left(-\dfrac{3}{x}\right)\right]^{-\frac{x}{3} \cdot (-3)}}$$

$$= \dfrac{\left[\lim\limits_{x \to \infty}\left(1+\left(-\dfrac{2}{x}\right)\right)^{-\frac{x}{2}}\right]^{-2}}{\left[\lim\limits_{x \to \infty}\left(1+\left(-\dfrac{3}{x}\right)\right)^{-\frac{x}{3}}\right]^{-3}}$$

$$= \dfrac{e^{-2}}{e^{-3}} = e$$

【例13】 求 $\lim\limits_{x\to\infty}\left(1+\dfrac{a}{x}\right)^{bx+c}$ (a,b,c 为整数).

解 $\lim\limits_{x\to\infty}\left(1+\dfrac{a}{x}\right)^{bx+c}=\lim\limits_{x\to\infty}\left(1+\dfrac{1}{\frac{x}{a}}\right)^{\left(\frac{x}{a}\cdot ab+c\right)}=\lim\limits_{x\to\infty}\left[\left(1+\dfrac{1}{\frac{x}{a}}\right)^{\left(\frac{x}{a}\cdot ab\right)}\cdot\left(1+\dfrac{1}{\frac{x}{a}}\right)^{c}\right]$

$=\left[\lim\limits_{x\to\infty}\left(1+\dfrac{1}{\frac{x}{a}}\right)^{\frac{x}{a}}\right]^{ab}\cdot\lim\limits_{x\to\infty}\left(1+\dfrac{1}{\frac{x}{a}}\right)^{c}=\mathrm{e}^{ab}\cdot 1^{c}=\mathrm{e}^{ab}$.

这个结果可以作为公式使用：

$$\lim_{x\to\infty}\left(1+\dfrac{a}{x}\right)^{bx+c}=\mathrm{e}^{ab}\quad(a,b,c\text{ 为整数})$$

【例14】 求 $\lim\limits_{x\to+\infty}(1+\dfrac{1}{x})^{\sqrt{x}}$.

解 $\lim\limits_{x\to+\infty}(1+\dfrac{1}{x})^{\sqrt{x}}=\lim\limits_{x\to+\infty}\left[(1+\dfrac{1}{x})^{x}\right]^{\frac{1}{\sqrt{x}}}=\lim\limits_{x\to+\infty}\mathrm{e}^{\frac{1}{\sqrt{x}}}=\mathrm{e}^{0}=1$.

习题 1-3

A 组

1. 求下列极限.

(1) $\lim\limits_{x\to 2}\dfrac{x^2+5}{x-3}$

(2) $\lim\limits_{x\to -1}\dfrac{x^2+2x+5}{x^2+1}$

(3) $\lim\limits_{x\to 0}\left(\dfrac{x^2-3x+1}{x-4}+1\right)$

(4) $\lim\limits_{x\to\sqrt{3}}\dfrac{x^2-3}{x^2+1}$

(5) $\lim\limits_{x\to -2}\dfrac{x^2-4}{x+2}$

(6) $\lim\limits_{x\to 1}\dfrac{x^2-1}{2x^2-x-1}$

(7) $\lim\limits_{x\to 4}\dfrac{x^2-6x+8}{x^2-5x+4}$

(8) $\lim\limits_{x\to 1}\dfrac{x^2-2x+1}{x^3-x}$

2. 求下列极限.

(1) $\lim\limits_{x\to\infty}\dfrac{2x^2-3x+1}{3x^2+1}$

(2) $\lim\limits_{x\to\infty}\dfrac{4x^3-3x^2+1}{x^4+2x^3-x+1}$

(3) $\lim\limits_{x\to\infty}\dfrac{1+x^2}{100x}$

(4) $\lim\limits_{x\to\infty}\dfrac{x(x+1)}{(x+2)(x+3)}$

(5) $\lim\limits_{x\to\infty}\left(\dfrac{2x}{3-x}-\dfrac{2}{3x}\right)$

(6) $\lim\limits_{n\to\infty}\dfrac{1+2+3+\cdots+n}{(n+3)(n+4)}$

3. 求下列极限.

(1) $\lim\limits_{x\to 2}\dfrac{x+1}{x^2-x-2}$

(2) $\lim\limits_{x\to 1}\left(\dfrac{2}{x^2-1}-\dfrac{1}{x-1}\right)$

(3) $\lim\limits_{x\to 0}\dfrac{\sqrt{1-x}-1}{x}$

(4) $\lim\limits_{x\to 1}\dfrac{\sqrt{x+2}-\sqrt{3}}{x-1}$

4. 求下列极限.

(1) $\lim\limits_{x\to 0}\dfrac{\sin 3x}{x}$

(2) $\lim\limits_{x\to 0}\dfrac{\tan 4x}{x}$

(3) $\lim\limits_{x\to 0}\dfrac{\sin 2x}{\sin 5x}$

(4) $\lim\limits_{x\to\infty}x\tan\dfrac{1}{x}$

(5) $\lim\limits_{x\to\infty}\left(1+\dfrac{2}{x}\right)^{x}$

(6) $\lim\limits_{x\to 0}(1-x)^{\frac{1}{x}}$

(7) $\lim\limits_{x\to 0}(1+2x)^{\frac{1}{x}}$

(8) $\lim\limits_{x\to\infty}\left(\dfrac{1+x}{x}\right)^{2x}$

▶ **B 组**

1. 求下列极限.

(1) $\lim\limits_{x\to 2}\dfrac{x-2}{\sqrt{x+2}}$

(2) $\lim\limits_{x\to +\infty}(\sqrt{x+5}-\sqrt{x})$

(3) $\lim\limits_{n\to\infty}\left(1+\dfrac{1}{3}+\dfrac{1}{3^2}+\cdots+\dfrac{1}{3^n}\right)$

(4) $\lim\limits_{n\to\infty}\dfrac{2^{n+1}+3^{n+1}}{2^n+3^n}$

2. 求下列极限.

(1) $\lim\limits_{x\to -1}\dfrac{\sin(x+1)}{2(x+1)}$

(2) $\lim\limits_{x\to +\infty} 2^x\sin\dfrac{1}{2^x}$

(3) $\lim\limits_{x\to 0}\left(1+\dfrac{x}{2}\right)^{2-\frac{1}{x}}$

(4) $\lim\limits_{x\to\infty}\left(\dfrac{2x-1}{2x+1}\right)^{x+1}$

第四节 无穷小与无穷大

一、无穷小与无穷大的相关定义

1. 无穷小的定义

定义 1 如果 $x\to x_0$(或 $x\to\infty$)时,函数 $f(x)$ 的极限为零,则称 $f(x)$ 为当 $x\to x_0$(或 $x\to\infty$)时的无穷小量,简称无穷小,记作 $\lim\limits_{x\to x_0}f(x)=0$(或 $\lim\limits_{x\to\infty}f(x)=0$).

例如,函数 $y=3x-6$ 是 $x\to 2$ 时的无穷小,而函数 $y=\dfrac{1}{2x}$ 是 $x\to\infty$ 时的无穷小.

注意 (1) 不要把无穷小量与很小的数(例如百万分之一)混为一谈.一般说来,无穷小表达的是量的变化状态,而不是量的大小,一个量不管多么小,都不是无穷小量,零是唯一可作为无穷小的常数.

(2) 当 $x\to x_0^+, x\to x_0^-, x\to +\infty, x\to -\infty$ 时都可得到相应的无穷小定义.

(3) 无穷小量必须指明自变量的变化趋势.

【例 1】 自变量在怎样的变化过程中,下列函数为无穷小?

(1) $y=\dfrac{1}{x-1}$ 　　(2) $y=2x-4$ 　　(3) $y=2^x$ 　　(4) $y=\left(\dfrac{1}{4}\right)^x$

解 (1) 因为 $\lim\limits_{x\to\infty}\dfrac{1}{x-1}=0$,所以当 $x\to\infty$ 时,$\dfrac{1}{x-1}$ 为无穷小;

(2) 因为 $\lim\limits_{x\to 2}(2x-4)=0$,所以当 $x\to 2$ 时,$2x-4$ 为无穷小;

(3) 因为 $\lim\limits_{x\to -\infty} 2^x=0$,所以当 $x\to -\infty$ 时,2^x 为无穷小;

(4) 因为 $\lim\limits_{x\to +\infty}\left(\dfrac{1}{4}\right)^x=0$,所以当 $x\to +\infty$ 时,$\left(\dfrac{1}{4}\right)^x$ 为无穷小.

2. 无穷大的定义

定义 2 如果 $x\to x_0$(或 $x\to\infty$)时,$|f(x)|$ 无限增大,则称 $f(x)$ 为当 $x\to x_0$(或 $x\to\infty$)时

的无穷大量,简称无穷大,记作 $\lim\limits_{x \to x_0} f(x) = \infty$(或 $\lim\limits_{x \to \infty} f(x) = \infty$).

如果在无穷大的定义中,把 $|f(x)|$ 无限增大换成 $f(x)$(或 $-f(x)$)无限增大,就记作
$$\lim\limits_{\substack{x \to x_0 \\ (x \to \infty)}} f(x) = +\infty \text{(或} \lim\limits_{\substack{x \to x_0 \\ (x \to \infty)}} f(x) = -\infty\text{)}$$

例如,函数 $y = \tan x$ 是 $x \to \dfrac{\pi}{2}$ 时的无穷大,$y = x^2$ 是 $x \to \infty$ 时的无穷大.

注意 (1)不要把无穷大量与很大的数(例如一千万)混为一谈.

(2)按函数极限的定义,无穷大的函数 $f(x)$ 极限是不存在的,但为了讨论问题方便,我们也说"函数的极限是无穷大".

(3)当 $x \to x_0^+, x \to x_0^-, x \to +\infty, x \to -\infty$ 时都可得到相应的无穷大定义.

(4)无穷大量必须指明自变量的变化趋势.

3. 无穷大与无穷小的关系

无穷大与无穷小之间有一种简单的关系,即

定理 1 在自变量的同一变化过程 $x \to x_0$(或 $x \to \infty$)中,如果 $f(x)$ 为无穷大,则 $\dfrac{1}{f(x)}$ 为无穷小;反之,如果 $f(x)$ 为无穷小,且 $f(x) \neq 0$,则 $\dfrac{1}{f(x)}$ 为无穷大.

【例 2】 自变量在怎样的变化过程中,下列函数为无穷大?

(1) $y = \dfrac{1}{x-1}$ (2) $y = 2x - 1$ (3) $y = \ln x$ (4) $y = 2^x$

解 (1)因为 $\lim\limits_{x \to 1}(x-1) = 0$,即 $x \to 1$ 时,$x - 1$ 为无穷小,所以 $\dfrac{1}{x-1}$ 为 $x \to 1$ 时的无穷大;

(2)因为 $\lim\limits_{x \to \infty}\left(\dfrac{1}{2x-1}\right) = 0$,即 $x \to \infty$ 时,$\dfrac{1}{2x-1}$ 为无穷小,所以 $2x - 1$ 为 $x \to \infty$ 时的无穷大;

(3)因为 $x \to +\infty$ 时,$\ln x \to +\infty$,即 $\lim\limits_{x \to +\infty} \ln x = +\infty$;$x \to 0^+$ 时,$\ln x \to -\infty$,即 $\lim\limits_{x \to 0^+} \ln x = -\infty$,所以,$x \to +\infty$ 及 $x \to 0^+$ 时,$\ln x$ 都是无穷大;

(4)因为 $\lim\limits_{x \to +\infty} 2^{-x} = 0$,即 $x \to +\infty$ 时,2^{-x} 为无穷小,因此,$\dfrac{1}{2^{-x}} = 2^x$ 为 $x \to +\infty$ 时的无穷大.

4. 函数、极限与无穷小的关系

定理 2 在自变量的同一变化过程 $x \to x_0$(或 $x \to \infty$)中,具有极限的函数等于它的极限与一个无穷小之和;反之,如果函数可表示为常数与无穷小之和,那么该常数就是这个函数的极限.

即 $\lim\limits_{x \to x_0} f(x) = A \Leftrightarrow f(x) = A + \alpha(x)$.其中 $\lim\limits_{x \to x_0} \alpha(x) = 0$.

证明从略.

定理 2 在 $x \to x_0^+, x \to x_0^-, x \to +\infty, x \to -\infty$ 时仍然成立.

二、无穷小的性质

性质 1 有限个无穷小的代数和仍是无穷小.

性质 2 有限个无穷小的乘积仍是无穷小.

性质 3 有界函数与无穷小的乘积仍是无穷小.

推论 常数与无穷小的乘积仍是无穷小.

注意 (1)无穷多个无穷小的代数和未必为无穷小.

(2)无穷多个无穷小之积未必为无穷小.

【**例 3**】 求下列函数的极限.

(1) $\lim\limits_{x\to 1}\dfrac{2x-3}{x^2-5x+4}$ (2) $\lim\limits_{x\to\infty}\dfrac{\sin x}{x}$ (3) $\lim\limits_{x\to\infty}\dfrac{2x+1}{x^2+x}$

解 (1)当 $x\to 1$ 时,分母极限为零,而分子极限不为零,不能直接用商的极限法则,但 $\lim\limits_{x\to 1}\dfrac{x^2-5x+4}{2x-3}=0$,根据本节定理 1 可知, $\lim\limits_{x\to 1}\dfrac{2x-3}{x^2-5x+4}=\infty$;

(2)当 $x\to\infty$ 时, $|\sin x|\leqslant 1$,所以 $\sin x$ 是有界函数,又因为 $\lim\limits_{x\to\infty}\dfrac{1}{x}=0$,故当 $x\to\infty$ 时, $y=\dfrac{\sin x}{x}$ 是有界函数与无穷小的乘积,由性质 3,知

$$\lim\limits_{x\to\infty}\dfrac{\sin x}{x}=0$$

(3) $\lim\limits_{x\to\infty}\dfrac{2x+1}{x^2+x}=\lim\limits_{x\to\infty}\dfrac{x+(x+1)}{x(x+1)}=\lim\limits_{x\to\infty}\left(\dfrac{1}{x+1}+\dfrac{1}{x}\right)=0+0=0.$

三、无穷小的比较

前面讨论了两个无穷小的和、差及乘积仍然是无穷小,但两个无穷小之比,却会出现不同的情况. 例如,当 $x\to 0$ 时, $3x,x^2,\sin x$ 都是无穷小,但 $\lim\limits_{x\to 0}\dfrac{x^2}{3x}=0$, $\lim\limits_{x\to 0}\dfrac{3x}{x^2}=\infty$, $\lim\limits_{x\to 0}\dfrac{\sin x}{x}=1$. 比值的极限不同,反映了不同的无穷小趋于零的速度的差异. 为了比较无穷小趋于零的快慢,我们给出如下定义:

定义 3 设在自变量的同一变化过程中, α 与 β 都是无穷小,

(1)若 $\lim\dfrac{\beta}{\alpha}=0$,则称 β 是比 α 高阶的无穷小,记作 $\beta=o(\alpha)$;

(2)若 $\lim\dfrac{\beta}{\alpha}=\infty$,则称 β 是比 α 低阶的无穷小;

(3)若 $\lim\dfrac{\beta}{\alpha}=c(c\neq 0)$,则称 β 与 α 是同阶无穷小;

(4)若 $\lim\dfrac{\alpha}{\beta^k}=c(c\neq 0)$,则称 α 为 β 的 k 阶无穷小;

(5)若 $\lim\dfrac{\beta}{\alpha}=1$,则称 β 与 α 是等价无穷小,记作 $\alpha\sim\beta$.

等价无穷小在求两个无穷小之比的极限时,有重要作用. 对此有如下定理:

定理 3 设 $\alpha\sim\alpha'$, $\beta\sim\beta'$,且 $\lim\dfrac{\beta'}{\alpha'}$ 存在,则 $\lim\dfrac{\beta}{\alpha}=\lim\dfrac{\beta'}{\alpha'}$.

证明 $\lim\dfrac{\beta}{\alpha}=\lim\left(\dfrac{\beta}{\beta'}\cdot\dfrac{\beta'}{\alpha'}\cdot\dfrac{\alpha'}{\alpha}\right)=\lim\dfrac{\beta}{\beta'}\cdot\lim\dfrac{\beta'}{\alpha'}\cdot\lim\dfrac{\alpha'}{\alpha}=\lim\dfrac{\beta'}{\alpha'}.$

下面是常用的几个等价无穷小代换:

当 $x\to 0$ 时,有

$$\sin x \sim x, \tan x \sim x, \arcsin x \sim x, \arctan x \sim x, 1-\cos x \sim \frac{x^2}{2}, \ln(1+x) \sim x,$$
$$e^x - 1 \sim x, \sqrt[n]{1+x} - 1 \sim \frac{1}{n}x, (1+x)^\alpha - 1 \sim \alpha x.$$

【例 4】 求下列极限.

(1) $\lim\limits_{x \to 0} \dfrac{\tan 2x}{\sin 5x}$ (2) $\lim\limits_{x \to 0} \dfrac{\sin x}{x^3 + 3x}$

解 (1) 当 $x \to 0$ 时, $\tan 2x \sim 2x$, $\sin 5x \sim 5x$, 所以
$$\lim_{x \to 0} \frac{\tan 2x}{\sin 5x} = \lim_{x \to 0} \frac{2x}{5x} = \frac{2}{5}$$

(2) 当 $x \to 0$ 时, $\sin x \sim x$, 所以
$$\lim_{x \to 0} \frac{\sin x}{x^3 + 3x} = \lim_{x \to 0} \frac{x}{x^3 + 3x} = \lim_{x \to 0} \frac{1}{x^2 + 3} = \frac{1}{3}$$

【例 5】 求 $\lim\limits_{x \to 0} \dfrac{\tan x - \sin x}{x^3}$.

解 $\tan x - \sin x = \tan x(1-\cos x)$, 当 $x \to 0$ 时,
$$\tan x \sim x, 1 - \cos x \sim \frac{x^2}{2}$$

所以
$$\lim_{x \to 0} \frac{\tan x - \sin x}{x^3} = \lim_{x \to 0} \frac{\tan x (1 - \cos x)}{x^3} = \lim_{x \to 0} \frac{x \cdot \frac{x^2}{2}}{x^3} = \frac{1}{2}$$

注意 在以上求极限的过程中, 相乘或相除的无穷小都可以用各自的等价无穷小来代换, 但是相加减的时候则不能这样做. 例如在例 5 中, 这种解法是错误的.
$$\lim_{x \to 0} \frac{\tan x - \sin x}{x^3} \neq \lim_{x \to 0} \frac{x - x}{x^3} = 0$$

习题 1-4

A 组

1. 指出下列各题中, 哪些是无穷大? 哪些是无穷小?

(1) $\dfrac{1+2x}{x}$ ($x \to 0$ 时) (2) $\dfrac{1+2x}{x^2}$ ($x \to \infty$ 时)

(3) $\tan x$ ($x \to 0$ 时) (4) $\dfrac{x+1}{x^2 - 9}$ ($x \to 3$ 时)

(5) e^{-x} ($x \to +\infty$ 时) (6) $2^{\frac{1}{x}}$ ($x \to 0^-$ 时)

2. 下列函数在什么情况下为无穷小? 在什么情况下为无穷大?

(1) $\lg x$ (2) $\dfrac{x+2}{x^2}$

3. 求下列极限.

(1) $\lim\limits_{x \to 0} x \sin \dfrac{1}{x}$ (2) $\lim\limits_{x \to \infty} \dfrac{\cos x}{\sqrt{1+x^2}}$ (3) $\lim\limits_{x \to \infty} \dfrac{\arctan x}{x}$ (4) $\lim\limits_{n \to \infty} \dfrac{\cos n^2}{n}$

(5) $\lim\limits_{x \to 0} \dfrac{\tan 3x}{2x}$ (6) $\lim\limits_{x \to 0} \dfrac{1-\cos x}{\sin^3 x}$ (7) $\lim\limits_{x \to 0} \dfrac{\arcsin x}{x}$ (8) $\lim\limits_{x \to 0} \dfrac{e^x - 1}{2x}$

▶ B 组

1. 函数 $f(x) = \dfrac{x+1}{x-1}$ 在什么条件下是无穷大？在什么条件下是无穷小？

2. 求下列极限.

(1) $\lim\limits_{x \to \infty} \dfrac{\cos \dfrac{1}{x}}{x}$

(2) $\lim\limits_{n \to \infty} \dfrac{(-1)^n}{n^2}$

(3) $\lim\limits_{x \to 0} \dfrac{1-\cos x}{x \sin x}$

(4) $\lim\limits_{x \to 0^+} \dfrac{\sin ax}{\sqrt{1-\cos x}}$ $(a \neq 0)$

第五节 函数的连续性

许多自然现象的变化过程都是连续不断的，例如，气温、地下水的水位、动植物的生长、电流的变化等. 这些现象都是随着时间连续不断地变化着的. 它们反映在数学上，就是函数的连续性. 连续性是函数的重要性态之一，它反映了自然现象的普遍规律.

一、连续与间断

1. 增量

定义 1 设变量 u 从它的一个初值 u_1 变到终值 u_2，终值与初值的差 $u_2 - u_1$ 称为变量 u 的增量，记作 Δu，即 $\Delta u = u_2 - u_1$.

增量 Δu 可正、可负，当 $\Delta u > 0$ 时，变量 u 从 u_1 变到 $u_2 = u_1 + \Delta u$ 时是增大的；当 $\Delta u < 0$ 时，变量 u 是减小的. 设函数 $y = f(x)$ 在点 x_0 的某邻域内有定义，当自变量 x 在该邻域内由 x_0 变到 $x_0 + \Delta x$ 时，函数 y 相应地由 $f(x_0)$ 变到 $f(x_0 + \Delta x)$，因此函数 y 的对应增量为 $\Delta y = f(x_0 + \Delta x) - f(x_0)$.

其几何意义如图 1-16 所示.

2. 连续

定义 2 设函数 $y = f(x)$ 在 x_0 的某一邻域内有定义，如果自变量的增量 $\Delta x = x - x_0$ 趋于零时，对应的函数的增量 $f(x_0 + \Delta x) - f(x_0)$ 也趋于零，即

$$\lim_{\Delta x \to 0} \Delta y = \lim_{\Delta x \to 0} [f(x_0 + \Delta x) - f(x_0)] = 0$$

则称函数 $y = f(x)$ 在点 x_0 连续，或称 x_0 为函数 $y = f(x)$ 的连续点.

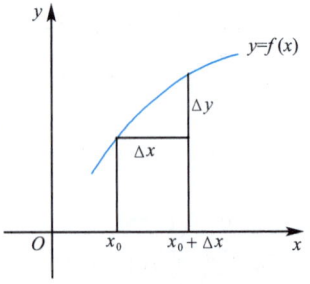

图 1-16

令 $x_0 + \Delta x = x$，则当 $\Delta x \to 0$ 时，$x \to x_0$，定义 2 中的表达式可写为

$$\lim_{x \to x_0} [f(x_0 + \Delta x) - f(x_0)] = \lim_{x \to x_0} [f(x) - f(x_0)] = 0, \text{即} \lim_{x \to x_0} f(x) = f(x_0)$$

因此，函数 $y = f(x)$ 在点 x_0 处连续的定义又可叙述为

定义 3 设函数 $y=f(x)$ 在点 x_0 的某一邻域内有定义,若 $\lim\limits_{x \to x_0} f(x) = f(x_0)$,则称函数 $f(x)$ 在点 x_0 处连续.

若函数 $y=f(x)$ 在点 x_0 处有

$$\lim_{x \to x_0^-} f(x) = f(x_0) \text{ 或 } \lim_{x \to x_0^+} f(x) = f(x_0)$$

则分别称函数 $y=f(x)$ 在点 x_0 处是左连续或右连续. 由此可知,函数 $y=f(x)$ 在点 x_0 处连续的充要条件是函数在 x_0 处左右连续.

若函数 $y=f(x)$ 在开区间 (a,b) 内的各点处均连续,则称 $f(x)$ 在开区间 (a,b) 内连续. 若函数 $y=f(x)$ 在开区间 (a,b) 内连续,在 $x=a$ 处右连续,在 $x=b$ 处左连续,则称 $f(x)$ 在闭区间 $[a,b]$ 上连续.

连续的定义表明,函数在点 x_0 连续要同时满足以下三个条件:

(1) 函数 $f(x)$ 在点 x_0 有定义;
(2) 函数 $f(x)$ 的极限 $\lim\limits_{x \to x_0} f(x)$ 存在;
(3) $\lim\limits_{x \to x_0} f(x) = f(x_0)$.

函数 $y=f(x)$ 在点 x_0 处连续的几何意义是函数 $y=f(x)$ 的图形在 $(x_0, f(x_0))$ 处不断开;函数 $y=f(x)$ 在区间 (a,b) 内连续的几何意义是函数 $y=f(x)$ 的图形在 (a,b) 内连续不断.

【例 1】 证明函数 $y=x^2+x+1$ 在区间 $(-\infty, +\infty)$ 内连续.

解 设 x 是区间 $(-\infty, +\infty)$ 内任意一点,给 x 一个增量 Δx,相应地,函数有增量

$$\Delta y = [(x+\Delta x)^2 + (x+\Delta x) + 1] - (x^2+x+1) = 2x\Delta x + (\Delta x)^2 + \Delta x$$

因此

$$\lim_{\Delta x \to 0} \Delta y = 0$$

所以,函数 $y=x^2+x+1$ 对于任意 x 在区间 $(-\infty, +\infty)$ 内连续.

【例 2】 证明函数 $y=\sin x$ 在区间 $(-\infty, +\infty)$ 内是连续的.

证明 设 x 是 $(-\infty, +\infty)$ 内任意取定的一点,给 x 增量 Δx,对应函数的增量为

$$\Delta y = \sin(x+\Delta x) - \sin x = 2\sin\frac{\Delta x}{2}\cos(x+\frac{\Delta x}{2})$$

由于 $|\cos(x+\frac{\Delta x}{2})| \leq 1$ 且 $\lim\limits_{\Delta x \to 0} \sin\frac{\Delta x}{2} = 0$,所以 $\lim\limits_{\Delta x \to 0} \Delta y = 0$(无穷小与有界函数的乘积仍为无穷小),即 $y=\sin x$ 对于任一 $x \in (-\infty, +\infty)$ 是连续的.

类似地可以证明,函数 $y=\cos x$ 在区间 $(-\infty, +\infty)$ 内是连续的.

【例 3】 试证明函数 $f(x) = \begin{cases} 2x+1, & x \leq 0 \\ \cos x, & x > 0 \end{cases}$ 在 $x=0$ 处连续.

证明 因为 $\lim\limits_{x \to 0^+} f(x) = \lim\limits_{x \to 0^+} \cos x = 1$,$\lim\limits_{x \to 0^-} f(x) = \lim\limits_{x \to 0^-} (2x+1) = 1$,且 $f(0) = 1$,则 $\lim\limits_{x \to 0} f(x)$ 存在且 $\lim\limits_{x \to 0} f(x) = f(0) = 1$,即 $f(x)$ 在 $x=0$ 处连续.

【例 4】 试确定函数 $f(x) = \begin{cases} x\sin\frac{1}{x}, & x \neq 0 \\ 0, & x = 0 \end{cases}$ 在 $x=0$ 处的连续性.

解 因为 $\lim\limits_{x\to 0}f(x)=\lim\limits_{x\to 0}x\sin\dfrac{1}{x}=0=f(0)$，所以 $f(x)$ 在 $x=0$ 处连续.

3. 间断

定义 4 设函数 $y=f(x)$ 在点 x_0 的某去心邻域内有定义. 如果函数 $f(x)$ 有下列三种情形之一：

(1) 在 $x=x_0$ 处没有定义；

(2) 在 $x=x_0$ 处有定义，但 $\lim\limits_{x\to x_0}f(x)$ 不存在；

(3) 在 $x=x_0$ 处有定义，且 $\lim\limits_{x\to x_0}f(x)$ 存在，但 $\lim\limits_{x\to x_0}f(x)\neq f(x_0)$，

则称函数 $f(x)$ 在点 x_0 处不连续或间断，点 x_0 称为函数 $f(x)$ 的不连续点或间断点.

通常，把间断点分成两类：设 x_0 是函数 $f(x)$ 的间断点，如果左极限 $\lim\limits_{x\to x_0^-}f(x)$ 及右极限 $\lim\limits_{x\to x_0^+}f(x)$ 都存在，那么 x_0 称为函数 $f(x)$ 的第一类间断点. 如果左、右极限中至少有一个不存在（或无穷大），则称 x_0 为第二类间断点.

【**例 5**】 正切函数 $y=\tan x$ 在 $x=\dfrac{\pi}{2}$ 处无定义，且 $\lim\limits_{x\to \frac{\pi}{2}}\tan x=\infty$，所以 $x=\dfrac{\pi}{2}$ 是函数 $y=\tan x$ 的第二类间断点，如图 1-17 所示.

【**例 6**】 函数 $y=f(x)=\begin{cases}x, & x\neq 1\\ \dfrac{1}{2}, & x=1\end{cases}$，由于 $\lim\limits_{x\to 1}f(x)=\lim\limits_{x\to 1}x=1$，但 $f(1)=\dfrac{1}{2}$，因此，点 $x=1$ 是函数 $f(x)$ 的第一类间断点，如图 1-18 所示.

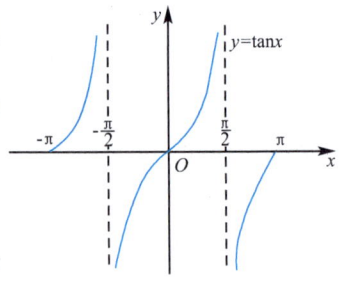

图 1-17

【**例 7**】 函数 $f(x)=\begin{cases}2x-1, & x<0\\ 0, & x=0\\ 2x+1, & x>0\end{cases}$，由于 $\lim\limits_{x\to 0^-}f(x)=\lim\limits_{x\to 0^-}(2x-1)=-1$，$\lim\limits_{x\to 0^+}f(x)=\lim\limits_{x\to 0^+}(2x+1)=1$，显然 $\lim\limits_{x\to 0^-}f(x)\neq \lim\limits_{x\to 0^+}f(x)$，因此，点 $x=0$ 是函数 $f(x)$ 的第一类间断点，如图 1-19 所示.

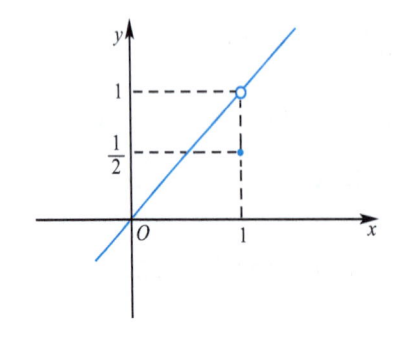

图 1-18

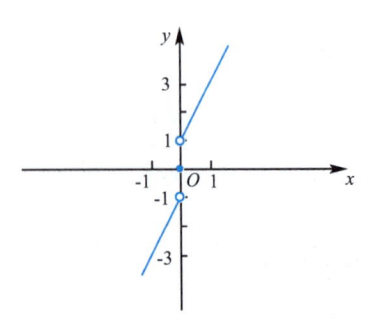

图 1-19

二、连续函数的性质与初等函数的连续性

定理 1 若函数 $f(x)$ 和 $g(x)$ 在 x_0 处均连续,则 $f(x)+g(x)$, $f(x)-g(x)$, $f(x) \cdot g(x)$ 在该点也连续,又若 $g(x_0) \neq 0$,则 $\dfrac{f(x)}{g(x)}$ 在 x_0 处也连续.

证明 我们仅证明 $f(x) \cdot g(x)$ 的情形.

因为 $f(x), g(x)$ 在 x_0 处连续,所以有
$$\lim_{x \to x_0} f(x) = f(x_0), \lim_{x \to x_0} g(x) = g(x_0)$$
由极限运算法则可得
$$\lim_{x \to x_0}[f(x) \cdot g(x)] = \lim_{x \to x_0} f(x) \cdot \lim_{x \to x_0} g(x) = f(x_0) \cdot g(x_0)$$
因此,$f(x) \cdot g(x)$ 在 x_0 处连续.

其他情形读者自己证明.

定理 2 设函数 $u = \varphi(x)$ 在 x_0 处连续,函数 $y = f(u)$ 在相应的 $u_0 = \varphi(x_0)$ 处也连续,则复合函数 $y = f[\varphi(x)]$ 在 x_0 处连续.

这个定理说明了连续函数的复合函数仍为连续函数,并可得到如下结论:
$$\lim_{x \to x_0} f[\varphi(x)] = f[\varphi(x_0)] = f[\lim_{x \to x_0} \varphi(x)]$$
这表示对连续函数极限符号与函数符号可以交换次序.

在解决实际问题时,可以把定理 2 的条件放宽,得到以下结论:

定理 3 若 $\lim\limits_{x \to x_0} \varphi(x) = u_0$,且函数 $y = f(u)$ 在 u_0 处连续,则 $\lim\limits_{x \to x_0} f[\varphi(x)] = f[\lim\limits_{x \to x_0} \varphi(x)] = f(u_0)$.

定理 4 初等函数在其定义区间内是连续的.

证明从略.

因此,在求初等函数在其定义域内某点处的极限时,只需求函数在该点的函数值即可;求初等函数的连续区间,只需求函数的定义域即可.

【例 8】 求函数 $y = \sqrt{x+4} - \dfrac{1}{x^2-1}$ 的连续区间.

解 由本节定理 4 知,只需求函数的定义区间.

因为函数 $y = \sqrt{x+4} - \dfrac{1}{x^2-1}$ 的定义域为 $[-4, -1) \cup (-1, 1) \cup (1, +\infty)$,所以它的连续区间为 $[-4, -1) \cup (-1, 1) \cup (1, +\infty)$.

【例 9】 求 $\lim\limits_{x \to 3} \sqrt{\dfrac{x-3}{x^2-9}}$.

解 函数 $y = \sqrt{\dfrac{x-3}{x^2-9}}$ 可视为由 $y = \sqrt{u}$ 与 $u = \dfrac{x-3}{x^2-9}$ 复合而成,又因为 $\lim\limits_{x \to 3} \dfrac{x-3}{x^2-9} = \dfrac{1}{6}$,而 $y = \sqrt{u}$ 在点 $u = \dfrac{1}{6}$ 连续,所以

$$\lim_{x\to 3}\sqrt{\frac{x-3}{x^2-9}}=\sqrt{\lim_{x\to 3}\frac{x-3}{x^2-9}}=\sqrt{\frac{1}{6}}=\frac{\sqrt{6}}{6}$$

【例 10】 求 $\lim\limits_{x\to 0}\ln[(1+x)^{\frac{1}{x}}]$.

解 $\lim\limits_{x\to 0}\ln[(1+x)^{\frac{1}{x}}]=\ln[\lim\limits_{x\to 0}(1+x)^{\frac{1}{x}}]=\ln e=1$.

【例 11】 求 $\lim\limits_{x\to \frac{\pi}{6}}\ln(2\cos 2x)$.

解 因为 $\ln(2\cos 2x)$ 是初等函数,且 $x=\dfrac{\pi}{6}$ 是它定义区间内的一点,所以有

$$\lim_{x\to \frac{\pi}{6}}\ln(2\cos 2x)=\ln\left[2\cos\left(2\cdot\frac{\pi}{6}\right)\right]=\ln\left(2\cdot\frac{1}{2}\right)=\ln 1=0$$

三、闭区间上连续函数的性质

下面我们给出闭区间上连续函数的性质.

定理 5 (最值定理)闭区间上的连续函数一定存在最大值和最小值.

如果函数在开区间内连续,或函数在闭区间上有间断点,那么函数在该区间上就不一定有最大值或最小值. 例如,函数 $y=x$ 在开区间 (a,b) 内是连续的,但在开区间 (a,b) 内既无最大值又无最小值. 又例如,函数

$$y=f(x)=\begin{cases}-x+1, & 0\leqslant x<1 \\ 1, & x=1 \\ -x+3, & 1<x\leqslant 2\end{cases}$$

在闭区间 $[0,2]$ 上有间断点 $x=1$,函数 $f(x)$ 在闭区间 $[0,2]$ 上既无最大值又无最小值,如图 1-20 所示.

定理 6 (零点定理)若函数 $f(x)$ 在闭区间 $[a,b]$ 上连续,且 $f(a)$ 与 $f(b)$ 异号,则至少存在一点 $\xi\in(a,b)$,使得 $f(\xi)=0$.

定理 7 (介值定理)若函数 $f(x)$ 在闭区间 $[a,b]$ 上连续,最大值和最小值分别为 M 和 m,且 $M\neq m$,μ 为介于 M 与 m 之间的任意一个数,则至少存在一点 $\xi\in(a,b)$,使得 $f(\xi)=\mu$.

图 1-20

从图 1-21 和图 1-22 可明显看出定理 6 和定理 7 的几何意义.

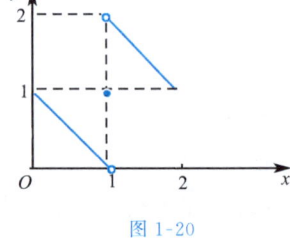

图 1-21

图 1-22

【例 12】 证明方程 $\sin x-x+1=0$ 在 0 与 π 之间有实根.

证明 设 $f(x)=\sin x-x+1$,因为 $f(x)$ 在 $(-\infty,+\infty)$ 内连续,所以,$f(x)$ 在 $[0,\pi]$ 上也连续,而

$$f(0)=1>0, f(\pi)=-\pi+1<0$$

由定理 6 知,至少有一个 $\xi \in (0, \pi)$,使得 $f(\xi)=0$,即方程 $\sin x - x + 1 = 0$ 在 0 与 π 之间至少有一个实根.

习题 1-5

A 组

1. 求下列极限.

(1) $\lim\limits_{x \to 2} \dfrac{e^x + 1}{x}$ (2) $\lim\limits_{x \to 0} \sqrt{x^2 - 2x + 5}$ (3) $\lim\limits_{x \to 1} [\sin(\ln x)]$ (4) $\lim\limits_{x \to e} (x \ln x + 2x)$

2. 求下列极限.

(1) $\lim\limits_{x \to 0} \ln \dfrac{\sin x}{x}$ (2) $\lim\limits_{x \to \infty} e^{\frac{1}{x}}$

(3) $\lim\limits_{x \to 0} \sin[\ln(x^2 + 1)]$ (4) $\lim\limits_{x \to \infty} \ln\left(1 + \dfrac{1}{x}\right)^x$

3. 设函数 $f(x) = \begin{cases} x, & x \leqslant 1 \\ 6x - 5, & x > 1 \end{cases}$,试讨论 $f(x)$ 在 $x = 1$ 处的连续性,并写出 $f(x)$ 的连续区间.

4. 设函数 $f(x) = \begin{cases} 1 + e^x, & x < 0 \\ x + 2a, & x \geqslant 0 \end{cases}$,问常数 a 为何值时,函数 $f(x)$ 在 $(-\infty, +\infty)$ 内连续.

5. 讨论下列函数的连续性,如有间断点,指出其类型.

(1) $y = \begin{cases} x + 1, & 0 < x \leqslant 1 \\ 2 - x, & 1 < x \leqslant 3 \end{cases}$ (2) $y = \begin{cases} 2x + 1, & x < 0 \\ 0, & x = 0 \\ x^2 - x + 1, & x > 0 \end{cases}$

(3) $y = \dfrac{\sin x}{x}$ (4) $y = \dfrac{3}{x - 2}$

6. 证明方程 $x^5 - 3x = 1$ 至少有一个实根介于 1 和 2 之间.

B 组

1. 求下列极限.

(1) $\lim\limits_{x \to +\infty} \sin(\sqrt{x + 2} - \sqrt{x})$ (2) $\lim\limits_{x \to +\infty} \arccos(\sqrt{x^2 + x} - x)$

(3) $\lim\limits_{x \to 0} (\ln|\sin x| - \ln|x|)$ (4) $\lim\limits_{x \to 0} [\sin \ln(1 + x)^{\frac{1}{x}}]$

2. 设 $f(x) = \begin{cases} \dfrac{\cos x}{x + 2}, & x \geqslant 0 \\ \dfrac{\sqrt{a} - \sqrt{a - x}}{x}, & x < 0 \end{cases}$ $(a > 0)$,问当 a 为何值时,$x = 0$ 是 $f(x)$ 的间断点?是第几类间断点?

3. 证明方程 $x - 2 \sin x = 1$ 至少有一个正根小于 3.

课程思政

连续的概念提示我们"书山有路勤为径,学海无涯苦做舟",知识的积累、理论的提高是需要坚持不懈的努力才能实现的.在学习的过程中没有捷径.

第六节 应用与实践

一、细菌繁殖问题

由实验知,在培养液充足等条件满足时某种细菌繁殖的速度,与当时已有的数量 A_0 成正比,即 $v=kA_0$ ($k>0$, k 为比例常数),问经过时间 t 以后,细菌的数量是多少?

由于细菌的繁殖可看作是连续变化的,为了计算出时刻 t 的细菌数量,我们将时间间隔 $[0,t]$ 分成 n 等份,在很短的一段时间内,细菌数量的变化很小,繁殖的速度可近似地看作不变.因此,在第一时间段 $\left[0,\dfrac{t}{n}\right]$ 内,细菌繁殖的数量近似为 $kA_0\dfrac{t}{n}$,第一时间段末细菌的数量近似为 $A_0\left(1+k\dfrac{t}{n}\right)$;类似可得,第二时间段末细菌的数量近似为 $A_0\left(1+k\dfrac{t}{n}\right)^2$,依此类推,到最后一个时间段末,即时刻 t 的细菌总数近似为

$$A_0\left(1+k\dfrac{t}{n}\right)^n$$

由于我们假设每一时间段上细菌的繁殖速度不变,并且在各时间段上只繁殖一次,因而我们得到的时刻 t 的细菌数量为近似值.但不难看出,n 越大(时间段分得越细)时,这个近似值越接近精确值.如果对时间段进行无限细分,即令 $n\to\infty$,此时近似值的极限值就是细菌总数的精确值了,它就是

$$\lim_{n\to\infty}A_0\left(1+k\dfrac{t}{n}\right)^n=A_0\lim_{n\to\infty}\left(1+\dfrac{kt}{n}\right)^{\frac{n}{kt}\cdot kt}=A_0e^{kt}$$

这就是说时刻 t 的细菌总数为 A_0e^{kt},也说明细菌个数按指数函数的规律增长.现实世界中不少事物的生长规律都服从这个模型,如计算连续复利时银行存款的本利和.我们称函数 $y=Ae^{kt}$ 为生长函数,k 为生长率.

下面看一个具体例子.

【例 1】 已知一种细菌的个数按指数函数规律增长.表 1-4 是收集到的一些数据:

表 1-4

天数	细菌个数
5	936
10	2190

问:(1)开始时细菌个数是多少?(2)如果继续以现在的速度增长下去,60 天后细菌个数是多少?

解 细菌繁殖服从生长函数 $y=Ae^{kt}$. 由收集到的数据可得

$$\begin{cases}936=A_0e^{5k}\\2190=A_0e^{10k}\end{cases}$$

解得

$$A_0=400, k=0.17$$

按此速度增长下去,60 天后细菌数量为

$$y(60)=400e^{60\times0.17}=10761200$$

注意 这里仅用两组数据确定 A_0、k,必有较大误差.为了得到较准确的 A_0、k 的估计值,应多收集一些数据,然后用最小二乘法来确定.

二、抵押贷款问题

【例 2】 设两室一厅商品房价值 100 000 元,王某自筹了 40 000 元,要购房还需贷款 60 000 元,贷款月利率为 1‰,条件是每月还一些,25 年内还清,假如还不起,房子归债权人.问王某具有什么能力才能贷款购房呢?

解 起始贷款 60 000 元,贷款月利率 $r = 0.01$,贷款期限 n(月)$= 25$(年)$\times 12$(月/年)$= 300$(月),每月还 x 元,y_n 表示第 n 个月仍欠债主的钱.

建立模型:

$$y_0 = 60\,000$$
$$y_1 = y_0(1+r) - x$$
$$y_2 = y_1(1+r) - x = y_0(1+r)^2 - x[(1+r)+1]$$
$$y_3 = y_2(1+r) - x = y_0(1+r)^3 - x[(1+r)^2 + (1+r) + 1]$$
$$\cdots$$
$$y_n = y_0(1+r)^n - x[(1+r)^{n-1} + (1+r)^{n-2} + \cdots + (1+r) + 1]$$
$$= y_0(1+r)^n - \frac{x[(1+r)^n - 1]}{r}$$

当贷款还清时,$y_n = 0$,可得

$$x = \frac{y_0 r(1+r)^n}{(1+r)^n - 1}$$

把 $n = 300$,$r = 0.01$,$y_0 = 60\,000$ 代入得

$$x \approx 631.93$$

即王某具备每月还贷款 632 元的能力,才能贷款.

数学家　　　　　　　　　柯　西

柯西(Cauchy,1789—1857)是法国数学家、物理学家、天文学家.19 世纪初期,微积分已发展成一个庞大的分支,内容丰富,应用广泛.与此同时,它的薄弱之处也越来越暴露出来,微积分的理论基础并不严格.为解决新问题并澄清微积分概念,数学家们展开了数学分析严谨化的工作,在分析基础的奠基工作中,做出卓越贡献的要首推伟大的数学家柯西.

1821 年柯西提出极限定义的方法,把极限过程用不等式来刻画,后经魏尔斯特拉斯改进,成为现在所说的柯西极限定义.当今所有微积分的教科书都还(至少是在本质上)沿用着柯西等人关于极限、连续、导数、收敛等概念的定义.

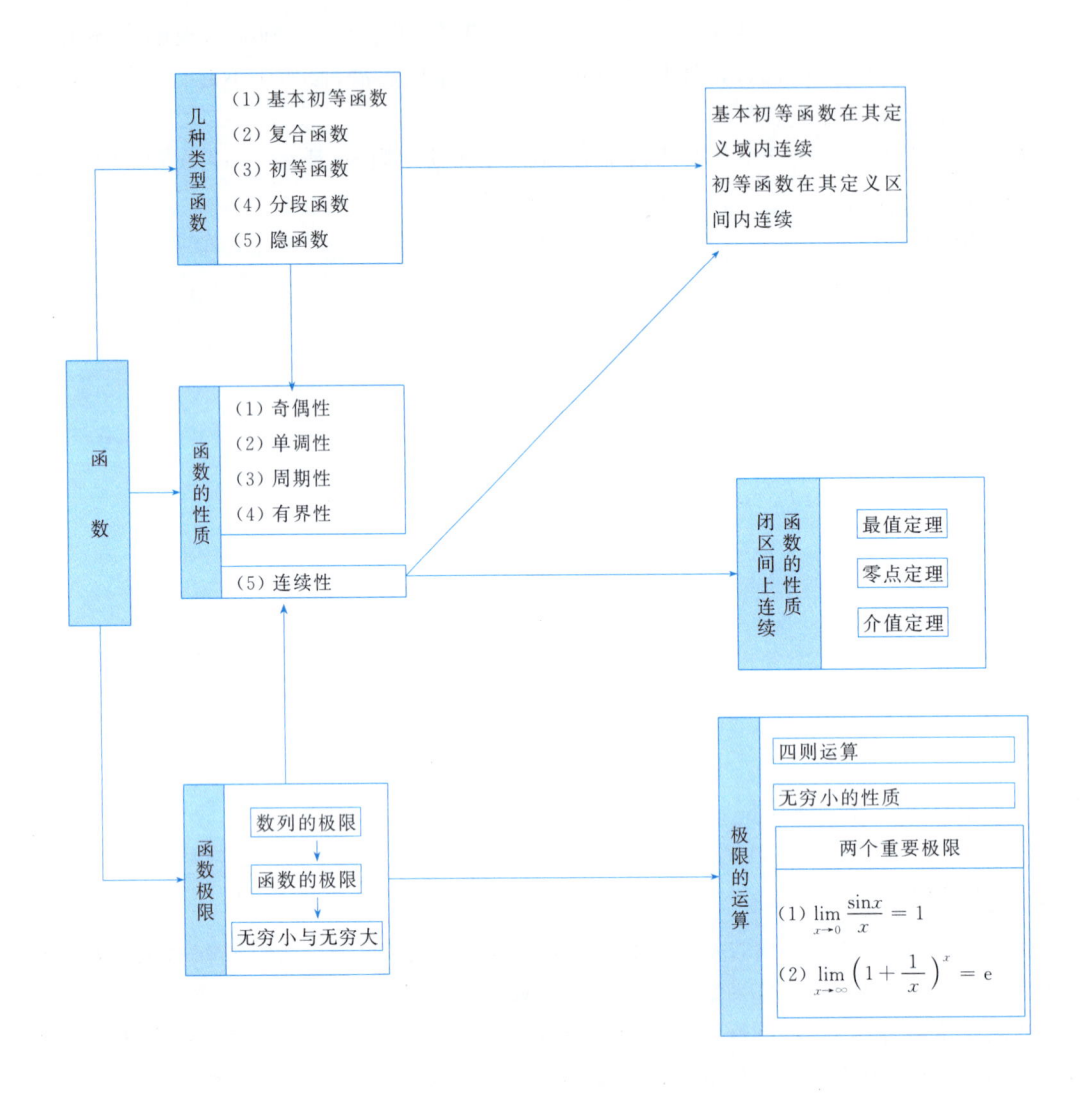

本章知识结构图

函数

- **几种类型函数**
  - (1) 基本初等函数
  - (2) 复合函数
  - (3) 初等函数
  - (4) 分段函数
  - (5) 隐函数

  → 基本初等函数在其定义域内连续；初等函数在其定义区间内连续

- **函数的性质**
  - (1) 奇偶性
  - (2) 单调性
  - (3) 周期性
  - (4) 有界性
  - (5) 连续性

  → **闭区间上连续函数的性质**
  - 最值定理
  - 零点定理
  - 介值定理

- **函数极限**
  - 数列的极限
  - 函数的极限
  - 无穷小与无穷大

  → **极限的运算**
  - 四则运算
  - 无穷小的性质
  - 两个重要极限
    - (1) $\lim\limits_{x \to 0} \dfrac{\sin x}{x} = 1$
    - (2) $\lim\limits_{x \to \infty} \left(1 + \dfrac{1}{x}\right)^x = e$

第二章 导数与微分

微分学是微积分的重要组成部分,导数与微分是微分学的两个基本概念.导数反映实际问题中的变化率,即函数相对于自变量的变化快慢程度;而微分反映当自变量有微小变化时,函数的变化幅度大小,即函数相对于自变量的改变量很小时,其改变量的近似值.导数与微分紧密相关,在科学技术以及社会生产实践过程中有着广泛的应用.

第一节 导数的概念

一、导数的定义

1. 引例

(1) 变速直线运动的瞬时速度

在物理学中,当物体做匀速直线运动时,它在任何时刻的速度为

$$速度 = \frac{路程}{时间}$$

但在实际问题中,运动往往是非匀速的,因此,上述公式反映的只是物体在某段时间内的平均速度,而不能准确地反映物体在每一时刻的速度,即瞬时速度.

设一质点做变速直线运动,以数轴表示质点运动的直线,在运动过程中,质点在数轴上的位置 S 与时间 t 的函数关系为 $S=S(t)$,下面来求质点在时刻 t_0 的瞬时速度 $v(t_0)$.

设在时刻 t_0 质点的位置为 $S(t_0)$,在时刻 $t_0 + \Delta t$ 质点的位置为 $S(t_0 + \Delta t)$,于是在 t_0 到 $t_0 + \Delta t$ 这段时间内,质点所经过的路程为(图 2-1)

$$\Delta S = S(t_0 + \Delta t) - S(t_0)$$

则在时间段 Δt 内的平均速度为

$$\overline{v} = \frac{\Delta S}{\Delta t} = \frac{S(t_0 + \Delta t) - S(t_0)}{\Delta t}$$

图 2-1

当质点做匀速直线运动时,这个平均速度是时刻 t_0 的瞬时速度,但对于变速直线运动,它只能近似地反映时刻 t_0 的瞬时速度.对确定的 t_0,显然 $|\Delta t|$ 越小,$\overline{v}$ 就越接近时刻 t_0 的瞬时速度.

因此令 $\Delta t \to 0$,$\frac{\Delta S}{\Delta t}$ 的极限若存在,则此极限值称为质点在时刻 t_0 的瞬时速度,即

$$v(t_0) = \lim_{\Delta t \to 0} \frac{\Delta S}{\Delta t} = \lim_{\Delta t \to 0} \frac{S(t_0 + \Delta t) - S(t_0)}{\Delta t}$$

变速直线运动在时刻 t_0 的瞬时速度反映了路程 S 对时刻 t 变化快慢的程度，因此，速度 $v(t_0)$ 又称为路程 $S(t)$ 在时刻 t_0 的变化率．

（2）切线的斜率

定义 1 设点 M 是曲线 C 上一个定点，在曲线 C 上另取一点 N，作割线 MN，当动点 N 沿曲线 C 向定点 M 移动时，割线 MN 绕点 M 旋转，其极限位置为 MT，则直线 MT 称为曲线 C 在点 M 的切线，如图 2-2 所示．

设曲线 C 的方程为 $y = f(x)$，求曲线 C 在点 $M(x_0, y_0)$ 处切线的斜率．如图 2-3 所示，在曲线上取与点 $M(x_0, y_0)$ 邻近的另一点 $N(x_0 + \Delta x, y_0 + \Delta y)$，作曲线的割线 MN，则割线 MN 的斜率为

$$\tan\beta = \frac{\Delta y}{\Delta x} = \frac{f(x_0 + \Delta x) - f(x_0)}{\Delta x}$$

其中 β 为割线 MN 的倾斜角．当点 N 沿曲线 C 趋向点 M 时，$x \to x_0 (\Delta x \to 0)$．如果 $\Delta x \to 0$ 时，上式的极限存在，设这个极限为 k，即

$$k = \lim_{\Delta x \to 0} \frac{f(x_0 + \Delta x) - f(x_0)}{\Delta x}$$

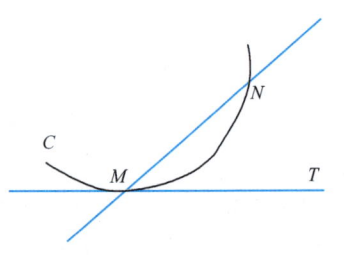

图 2-2

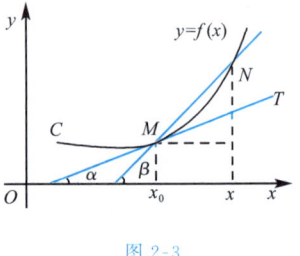

图 2-3

这时 $k = \tan\alpha \left(\alpha \neq \frac{\pi}{2}\right)$，其中 α 是切线 MT 的倾斜角．

曲线 C 在点 M 的切线斜率反映了曲线 $y = f(x)$ 在点 M 变化的快慢程度．因此，切线斜率 k 又称为曲线 $y = f(x)$ 在 $x = x_0$ 处的变化率．

2. 导数的定义

上述引例的实际意义虽然不同，但从数量关系来看，它们具有共同的特点，都是求函数的增量与自变量增量之比的极限．在自然科学和工程技术中，有许多问题都可以归结为求上述形式的极限，我们把它定义为导数．

定义 2 设函数 $y = f(x)$ 在点 x_0 的某个邻域内有定义，当自变量在 x_0 处有增量 Δx 时，相应的函数有增量 $\Delta y = f(x_0 + \Delta x) - f(x_0)$．如果 $\Delta x \to 0$ 时，极限 $\lim\limits_{\Delta x \to 0} \frac{\Delta y}{\Delta x}$ 存在，则称函数 $y = f(x)$ 在点 x_0 处可导，并称此极限值为函数 $y = f(x)$ 在点 x_0 处的导数，记作 $y'\big|_{x=x_0}$，即

$$y'\big|_{x=x_0} = \lim_{\Delta x \to 0} \frac{\Delta y}{\Delta x} = \lim_{\Delta x \to 0} \frac{f(x_0 + \Delta x) - f(x_0)}{\Delta x}$$

也可记作 $f'(x_0)$，$\dfrac{\mathrm{d}y}{\mathrm{d}x}\Big|_{x=x_0}$ 或 $\dfrac{\mathrm{d}f(x)}{\mathrm{d}x}\Big|_{x=x_0}$．

如果函数 $y = f(x)$ 在点 x_0 处有导数，就说函数 $y = f(x)$ 在点 x_0 处可导．如果上式的极限不存在，就说函数 $y = f(x)$ 在点 x_0 处不可导．但如果 $\Delta x \to 0$ 时，$\dfrac{\Delta y}{\Delta x} \to \infty$，我们称函数 $y = f(x)$ 在点 x_0 处的导数是无穷大．

为方便起见,导数的定义也可以写成

$$f'(x_0) = \lim_{x \to x_0} \frac{f(x)-f(x_0)}{x-x_0} \text{ 或 } f'(x_0) = \lim_{h \to 0} \frac{f(x_0+h)-f(x_0)}{h}$$

如果函数 $y=f(x)$ 在区间 (a,b) 内的每一点都可导,则称函数 $y=f(x)$ 在区间 (a,b) 内可导. 这时对于区间 (a,b) 内的每一个 x 值,都有唯一确定的导数值 $f'(x)$ 与之对应,所以 $f'(x)$ 仍然是 x 的一个函数,这个函数 $y'=f'(x)$ 称为函数 $y=f(x)$ 对 x 的导函数,记作 y', $f'(x)$, $\frac{dy}{dx}$ 或 $\frac{d}{dx}f(x)$. 即

$$f'(x) = \lim_{\Delta x \to 0} \frac{f(x+\Delta x)-f(x)}{\Delta x}$$

显然,函数 $y=f(x)$ 在点 x_0 处的导数 $f'(x_0)$ 就是导函数 $f'(x)$ 在点 $x=x_0$ 处的函数值,即 $f'(x_0) = f'(x)\big|_{x=x_0}$.

今后在不会发生混淆的情况下,导函数简称为导数.

根据导数的定义,变速直线运动的瞬时速度 $v(t_0)$,就是路程函数 $S=S(t)$ 在 t_0 处对时间 t 的导数,即 $v(t_0) = \dfrac{dS}{dt}\bigg|_{t=t_0}$.

曲线在点 $M(x_0, f(x_0))$ 处的切线斜率 k,就是曲线方程 $y=f(x)$ 在点 x_0 处对横坐标 x 的导数,即 $k = \dfrac{dy}{dx}\bigg|_{x=x_0}$.

二、求导数举例

由导数的定义可知,求函数 $y=f(x)$ 的导数可以分为以下三个步骤:

(1) 求增量: $\Delta y = f(x+\Delta x) - f(x)$

(2) 算比值: $\dfrac{\Delta y}{\Delta x} = \dfrac{f(x+\Delta x)-f(x)}{\Delta x}$

(3) 取极限: $y' = \lim\limits_{\Delta x \to 0} \dfrac{\Delta y}{\Delta x}$

下面我们根据这三个步骤来求一些简单函数的导数.

【例 1】 求函数 $y=C$(C 是常数)的导数.

解 (1) 求增量: $\Delta y = f(x+\Delta x) - f(x) = C - C = 0$

(2) 算比值: $\dfrac{\Delta y}{\Delta x} = 0$

(3) 取极限: $y' = \lim\limits_{\Delta x \to 0} \dfrac{\Delta y}{\Delta x} = 0$

即 $(C)' = 0$,常数的导数为零.

【例 2】 求函数 $y=x^n$(n 为正整数)的导数.

解 (1) 求增量: $\Delta y = f(x+\Delta x) - f(x) = (x+\Delta x)^n - x^n$
$= x^n + C_n^1 x^{n-1} \Delta x + C_n^2 x^{n-2} (\Delta x)^2 + \cdots + (\Delta x)^n - x^n$
$= nx^{n-1} \Delta x + C_n^2 x^{n-2} (\Delta x)^2 + \cdots + (\Delta x)^n$

(2) 算比值: $\dfrac{\Delta y}{\Delta x} = nx^{n-1} + C_n^2 x^{n-2} \Delta x + \cdots + (\Delta x)^{n-1}$

(3)取极限：$y' = \lim\limits_{\Delta x \to 0} \dfrac{\Delta y}{\Delta x} = \lim\limits_{\Delta x \to 0}[nx^{n-1} + C_n^2 x^{n-2}\Delta x + \cdots + (\Delta x)^{n-1}] = nx^{n-1}$

即 $(x^n)' = nx^{n-1}$.

一般地，对于幂函数 $y = x^\alpha$（α 为实数）有下面的导数公式

$$(x^\alpha)' = \alpha x^{\alpha-1}$$

例如，

$$(\sqrt{x})' = (x^{\frac{1}{2}})' = \frac{1}{2}x^{-\frac{1}{2}} = \frac{1}{2\sqrt{x}}$$

$$\left(\frac{1}{x}\right)' = (x^{-1})' = -x^{-2} = -\frac{1}{x^2}$$

这里 $(\sqrt{x})' = \dfrac{1}{2\sqrt{x}}$，$\left(\dfrac{1}{x}\right)' = -\dfrac{1}{x^2}$ 在今后会常用，可作公式记忆.

【例 3】 求 $y = \sin x$ 的导数.

解 (1)求增量：$\Delta y = f(x+\Delta x) - f(x) = \sin(x+\Delta x) - \sin x$
$$= 2\cos\left(x + \frac{\Delta x}{2}\right) \cdot \sin\frac{\Delta x}{2}$$

(2)算比值：$\dfrac{\Delta y}{\Delta x} = \dfrac{2\cos\left(x + \dfrac{\Delta x}{2}\right) \cdot \sin\dfrac{\Delta x}{2}}{\Delta x} = \cos\left(x + \dfrac{\Delta x}{2}\right) \cdot \dfrac{\sin\dfrac{\Delta x}{2}}{\dfrac{\Delta x}{2}}$

(3)取极限：当 $\Delta x \to 0$ 时，$\dfrac{\Delta x}{2} \to 0$ 则有

$$y' = \lim_{\Delta x \to 0}\frac{\Delta y}{\Delta x} = \lim_{\Delta x \to 0}\cos\left(x + \frac{\Delta x}{2}\right) \cdot \frac{\sin\dfrac{\Delta x}{2}}{\dfrac{\Delta x}{2}}$$

$$= \lim_{\Delta x \to 0}\cos\left(x + \frac{\Delta x}{2}\right) \cdot \lim_{\Delta x \to 0}\frac{\sin\dfrac{\Delta x}{2}}{\dfrac{\Delta x}{2}}$$

$$= \cos x \cdot 1 = \cos x$$

即 $(\sin x)' = \cos x$.

类似地，可求得 $(\cos x)' = -\sin x$.

【例 4】 求对数函数 $y = \log_a x$（$a > 0$ 且 $a \neq 1$）的导数.

解 (1)求增量：$\Delta y = \log_a(x+\Delta x) - \log_a x = \log_a\left(1 + \dfrac{\Delta x}{x}\right)$

(2)算比值：$\dfrac{\Delta y}{\Delta x} = \dfrac{\log_a\left(1 + \dfrac{\Delta x}{x}\right)}{\Delta x} = \dfrac{1}{\Delta x}\log_a\left(1 + \dfrac{\Delta x}{x}\right) = \log_a\left(1 + \dfrac{\Delta x}{x}\right)^{\frac{1}{\Delta x}}$

(3)取极限：$y' = \lim\limits_{\Delta x \to 0}\dfrac{\Delta y}{\Delta x} = \lim\limits_{\Delta x \to 0}\log_a\left(1 + \dfrac{\Delta x}{x}\right)^{\frac{1}{\Delta x}} = \lim\limits_{\Delta x \to 0}\log_a\left[\left(1 + \dfrac{\Delta x}{x}\right)^{\frac{x}{\Delta x}}\right]^{\frac{1}{x}}$

$$= \lim_{\Delta x \to 0}\frac{1}{x}\log_a\left(1 + \frac{\Delta x}{x}\right)^{\frac{x}{\Delta x}} = \frac{1}{x}\lim_{\Delta x \to 0}\log_a\left(1 + \frac{\Delta x}{x}\right)^{\frac{x}{\Delta x}}$$

$$= \frac{1}{x}\log_a \lim_{\Delta x \to 0}\left(1 + \frac{\Delta x}{x}\right)^{\frac{x}{\Delta x}} = \frac{1}{x}\log_a e = \frac{1}{x\ln a}$$

即 $(\log_a x)' = \dfrac{1}{x\ln a}$.

特别地,当 $a = e$ 时,有 $(\ln x)' = \dfrac{1}{x}$.

根据函数 $f(x)$ 在点 x_0 处的导数的定义

$$f'(x_0) = \lim_{\Delta x \to 0} \frac{f(x_0 + \Delta x) - f(x_0)}{\Delta x}$$

及极限存在的充要条件可知,$f(x)$ 在点 x_0 处可导的充要条件是左极限 $\lim\limits_{\Delta x \to 0^-}\dfrac{f(x_0+\Delta x)-f(x_0)}{\Delta x}$ 和右极限 $\lim\limits_{\Delta x \to 0^+}\dfrac{f(x_0+\Delta x)-f(x_0)}{\Delta x}$ 都存在且相等. 这两个极限值分别称为函数 $f(x)$ 在点 x_0 处的左导数和右导数,记作 $f'(x_0^-)$(或 $f'_-(x_0)$)及 $f'(x_0^+)$(或 $f'_+(x_0)$).

结论:函数 $y = f(x)$ 在点 x_0 处可导的充要条件是左导数 $f'(x_0^-)$ 与右导数 $f'(x_0^+)$ 都存在且相等.

如果函数 $f(x)$ 在开区间 (a,b) 内可导,且 $f'(a^+)$ 及 $f'(b^-)$ 都存在,则称 $f(x)$ 在闭区间 $[a,b]$ 上可导.

三、导数的意义

1. 导数的几何意义

前面我们讨论了曲线 $y = f(x)$ 在点 $M(x_0, y_0)$ 处的切线的斜率

$$k = \lim_{\Delta x \to 0} \frac{\Delta y}{\Delta x} = f'(x_0)$$

从上式可以看出,函数 $y = f(x)$ 在点 x_0 处的导数 $f'(x_0)$,就是曲线 $y = f(x)$ 在点 $M(x_0, y_0)$ 处的切线的斜率,这就是导数的几何意义.

如果 $y = f(x)$ 在点 x_0 处的导数为无穷大,这时曲线 $y = f(x)$ 的割线以垂直于 x 轴的直线 $x = x_0$ 为极限位置,即曲线 $y = f(x)$ 在点 $M(x_0, f(x_0))$ 处具有垂直于 x 轴的切线 $x = x_0$.

根据导数的几何意义可写出曲线 $y = f(x)$ 在点 $M(x_0, f(x_0))$ 处的切线方程为

$$y - f(x_0) = f'(x_0)(x - x_0)$$

过切点 $M(x_0, f(x_0))$ 且与切线垂直的直线称为曲线 $y = f(x)$ 在点 M 处的法线. 当 $f'(x_0) \neq 0$ 时,其法线方程为

$$y - f(x_0) = -\frac{1}{f'(x_0)}(x - x_0)$$

【例 5】 求曲线 $y = x^3$ 在点 $(1,1)$ 处切线的斜率,并写出切线方程和法线方程.

解 $y' = (x^3)' = 3x^2$,由导数的几何意义,所求切线的斜率为

$$k = y'\Big|_{x=1} = 3x^2\Big|_{x=1} = 3$$

所求切线方程为 $y - 1 = 3(x - 1)$,即 $3x - y - 2 = 0$.

过点 $(1,1)$ 法线的斜率为 $k' = -\dfrac{1}{k} = -\dfrac{1}{3}$,所求法线方程为 $y - 1 = -\dfrac{1}{3}(x - 1)$,即 $x + 3y - 4 = 0$.

2. 导数的物理意义

从前面的引例中我们知道,变速直线运动的速度 $v(t)$,就是路程 $S(t)$ 关于时间 t 的导数.

与此类似,许多物理量其实质都是某一函数的导数.

(1)非均匀分布的密度

设 L 为一非均匀分布的物质杆,如图2-4所示.

取杆的轴线为 x 轴,它的左端点为原点,杆所在半轴为正半轴,右端点的坐标为1,用函数 $m=m(x)(0\leqslant x\leqslant 1)$ 表示分布在 0 点到 x 点一段杆上的质量,则差商

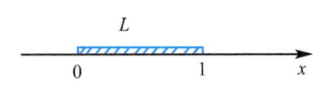

$$\frac{\Delta m}{\Delta x}=\frac{m(x_0+\Delta x)-m(x_0)}{\Delta x}$$

图 2-4

是非均匀杆在 x_0 到 $x_0+\Delta x$ 段的平均密度,所以非均匀杆在 x_0 的密度为

$$\rho(x_0)=\lim_{\Delta x\to 0}\frac{m(x_0+\Delta x)-m(x_0)}{\Delta x}=m'(x_0)$$

即非均匀(线)分布的密度函数,是质量分布函数关于坐标 x 的导数.

(2)交变电流的电流强度

若在时刻 t 从导体的指定横截面上通过的电量为 $Q=Q(t)$,则从时刻 t_0 到 $t_0+\Delta t$ 内通过该横截面的电量为

$$\Delta Q=Q(t_0+\Delta t)-Q(t_0)$$

该段时间通过横截面的平均电流强度应为

$$\frac{\Delta Q}{\Delta t}=\frac{Q(t_0+\Delta t)-Q(t_0)}{\Delta t}$$

因此,时刻 t_0 的(瞬时)电流强度应是

$$i(t_0)=\lim_{\Delta t\to 0}\frac{Q(t_0+\Delta t)-Q(t_0)}{\Delta t}=Q'(t_0)$$

即交变电流的电流强度 $i(t)$ 是流过的电量 $Q(t)$ 关于时间 t 的导数.

3. 导数的经济意义

在经济管理方面,有许多也是求函数导数的问题.

(1)总成本函数 $C(x)$ 的导数 $C'(x)$,称为产量为 x 时的边际成本. $C'(x)$ 近似等于产量为 x 时,再多生产一个单位产品所需增加的成本.

(2)总收入函数 $R(x)$ 的导数 $R'(x)$,称为销售量为 x 时的边际收入. $R'(x)$ 近似等于销售量为 x 时,再多销售一个单位产品所增加的收入.

(3)总利润函数 $L(x)=R(x)-C(x)$ 的导数 $L'(x)$,称为销售量为 x 时的边际利润. $L'(x)$ 近似等于销售量为 x 时,再多销售一个单位产品所增加的利润.

四、可导与连续的关系

函数 $y=f(x)$ 在点 x_0 处连续是指 $\lim\limits_{\Delta x\to 0}\Delta y=0$,而在点 x_0 处可导是指 $\lim\limits_{\Delta x\to 0}\dfrac{\Delta y}{\Delta x}$ 存在,那么这两种极限有什么关系呢?

定理 1 如果函数 $y=f(x)$ 在点 x_0 处可导,则 $f(x)$ 在点 x_0 处连续.

证明 因为 $y=f(x)$ 在点 x_0 处可导,所以

$$\lim_{\Delta x\to 0}\frac{\Delta y}{\Delta x}=f'(x_0)$$

由函数极限与无穷小的关系可知

$$\frac{\Delta y}{\Delta x} = f'(x_0) + \alpha \quad (\alpha \text{ 为当 } \Delta x \to 0 \text{ 时的无穷小})$$

从而
$$\Delta y = f'(x_0) \cdot \Delta x + \alpha \cdot \Delta x$$

由此得
$$\lim_{\Delta x \to 0} \Delta y = \lim_{\Delta x \to 0} [f'(x_0) \cdot \Delta x + \alpha \cdot \Delta x] = 0$$

即函数 $y = f(x)$ 在点 x_0 处连续.

定理 1 的逆命题不成立,即函数 $f(x)$ 在某点连续,但它在该点不一定可导.

例如,$y = \sqrt{x^2} = |x| = \begin{cases} x, & x \geq 0 \\ -x, & x < 0 \end{cases}$ 在点 $x = 0$ 处连续却不可导.

因为在 $x = 0$ 处有

$$\frac{\Delta y}{\Delta x} = \frac{|0 + \Delta x| - |0|}{\Delta x} = \frac{|\Delta x|}{\Delta x}$$

当 $\Delta x > 0$ 时

$$\frac{\Delta y}{\Delta x} = \frac{|\Delta x|}{\Delta x} = \frac{\Delta x}{\Delta x} = 1$$

当 $\Delta x < 0$ 时

$$\frac{\Delta y}{\Delta x} = \frac{|\Delta x|}{\Delta x} = \frac{-\Delta x}{\Delta x} = -1$$

因而

$$\lim_{\Delta x \to 0^+} \frac{\Delta y}{\Delta x} = 1, \quad \lim_{\Delta x \to 0^-} \frac{\Delta y}{\Delta x} = -1$$

即 $\lim_{\Delta x \to 0} \frac{\Delta y}{\Delta x}$ 不存在,所以函数 $y = \sqrt{x^2} = |x|$ 在 $x = 0$ 处不可导,如图 2-5 所示.

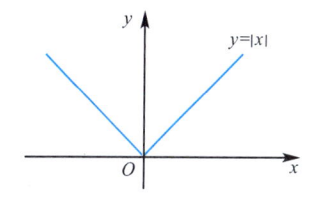

图 2-5

可见函数连续是可导的必要条件,但不是充分条件.

习题 2-1

▶ A 组

1. 什么是函数 $f(x)$ 在 $(x, x + \Delta x)$ 上的平均变化率?什么是函数 $f(x)$ 在点 x 处的变化率?

2. 应用导数的定义求下列函数在指定点的导数.

(1) $y = \frac{1}{x}$,在点 $x_0 = -2$ (2) $y = \sin(3x + 1)$,在点 x_0

3. 求曲线 $y = \cos x$ 在点 $\left(\frac{\pi}{3}, \frac{1}{2}\right)$ 处的切线方程和法线方程.

4. 在曲线 $y = \frac{1}{\sqrt{x}}$ 上求一点,使得在该点处的切线的斜率为 $-\frac{1}{2}$.

5. 利用幂函数的求导公式,求下列函数的导数.

(1) $y = x^{1.6}$ (2) $y = x^3 \cdot \sqrt[5]{x}$ (3) $y = x^{-3}$ (4) $y = \frac{x^2 \sqrt{x}}{\sqrt[4]{x}}$

6. 物体从高温不断冷却,若物体的温度在时刻 t 为 $T = T(t)$,试求物体在时刻 t_0 的冷却速度.

▶ B 组

1. 下列各题中均假定 $f'(x_0)$ 存在,按照导数定义观察下列极限,指出 A 表示什么?

(1) $\lim\limits_{\Delta x \to 0} \dfrac{f(x_0 - \Delta x) - f(x_0)}{\Delta x} = A$

(2) $\lim\limits_{x \to 0} \dfrac{f(x)}{x} = A$,其中 $f(0) = 0$,且 $f'(0)$ 存在

(3) $\lim\limits_{h \to 0} \dfrac{f(x_0 + h) - f(x_0 - h)}{h} = A$

2. 利用导数定义求函数 $f(x) = x(x+1)(x+2)\cdots(x+n)$ 在 $x = 0$ 处的导数.

3. 确定常数 A 和 B,使 $f(x) = \begin{cases} x^2, & x \leqslant 1 \\ Ax + B, & x > 1 \end{cases}$ 在点 $x = 1$ 处连续且可导.

4. 如果 $f(x)$ 为偶函数,且 $f'(0)$ 存在,证明 $f'(0) = 0$.

5. 设函数 $g(x)$ 在点 a 连续,证明函数 $f(x) = (x-a)g(x)$ 在点 a 可导,并求 $f'(a)$.

课程思政

导数的概念中包含了哲学中从量变到质变的这个过程,揭示了量变到质变的规律,一切事物从量变开始,质变是量变的终结,而量变是质变的必要准备,质变是量变的必然结果.

第二节 初等函数的求导法则

上一节中,我们根据导数的定义,求出了一些简单函数的导数,但是对于某些函数用定义求它们的导数往往很困难,有时甚至不可能,这就需要讨论求函数导数的其他方法. 从本节开始,将介绍一些求导法则,借助这些法则,我们就能比较简便地求出初等函数的导数.

一、函数的和、差、积、商的求导法则

设函数 $u = u(x)$ 和 $v = v(x)$ 在点 x 处均可导,则有

(1) 代数和的求导法则

函数 $u \pm v$ 在点 x 处可导,则

$$(u \pm v)' = u' \pm v'$$

(2) 乘积的求导法则

函数 uv 在点 x 处可导,则

$$(uv)' = u'v + uv'$$

特别地,令 $u = c$(c 为常数)得

$$(cv)' = cv'$$

(3) 商的求导法则

函数 $\dfrac{u}{v}$ 在点 x 处可导,则

$$\left(\frac{u}{v}\right)' = \frac{u'v - uv'}{v^2} \quad (v \neq 0)$$

下面只对(2)给出证明.

证明 设 $y = u(x) \cdot v(x)$，给 x 以增量 Δx，则函数 $u = u(x), v = v(x)$, $y = u(x) \cdot v(x)$ 相应地有增量 $\Delta u, \Delta v, \Delta y$，并且

$$\Delta u = u(x + \Delta x) - u(x) \text{ 或 } u(x + \Delta x) = u(x) + \Delta u$$
$$\Delta v = v(x + \Delta x) - v(x) \text{ 或 } v(x + \Delta x) = v(x) + \Delta v$$

所以

$$\begin{aligned}\Delta y &= u(x + \Delta x) \cdot v(x + \Delta x) - u(x) \cdot v(x) \\ &= (u + \Delta u)(v + \Delta v) - uv \\ &= v\Delta u + u\Delta v + \Delta u \cdot \Delta v\end{aligned}$$

于是

$$\frac{\Delta y}{\Delta x} = \frac{\Delta u}{\Delta x} v + u \frac{\Delta v}{\Delta x} + \Delta u \frac{\Delta v}{\Delta x}$$

从而

$$\lim_{\Delta x \to 0} \frac{\Delta y}{\Delta x} = \lim_{\Delta x \to 0} \left(\frac{\Delta u}{\Delta x} v + u \frac{\Delta v}{\Delta x} + \Delta u \cdot \frac{\Delta v}{\Delta x}\right)$$

由已知条件 $\lim_{\Delta x \to 0} \frac{\Delta u}{\Delta x} = u'$, $\lim_{\Delta x \to 0} \frac{\Delta v}{\Delta x} = v'$，又因为函数 $u = u(x)$ 和 $v = v(x)$ 在点 x 可导，所以它在该点必连续，即 $\lim_{\Delta x \to 0} \Delta u = 0$. 因此得

$$\lim_{\Delta x \to 0} \frac{\Delta y}{\Delta x} = \left(\lim_{\Delta x \to 0} \frac{\Delta u}{\Delta x}\right) v + u \left(\lim_{\Delta x \to 0} \frac{\Delta v}{\Delta x}\right) + \lim_{\Delta x \to 0} \Delta u \cdot \lim_{\Delta x \to 0} \frac{\Delta v}{\Delta x} = u'v + uv'$$

故有 $y' = u'v + uv'$，即 $(uv)' = u'v + uv'$.

其他法则的证明与(2)类似，这里从略. 法则(1)和(2)可以推广到有限多个可导函数的情形. 例如，

$$(u + v - w)' = u' + v' - w'$$
$$(uvw)' = u'vw + uv'w + uvw'$$

值得注意的是，在法则(3)中，若 $u(x) = 1$，可得

$$\left(\frac{1}{v}\right)' = -\frac{v'}{v^2}$$

【例 1】 已知 $y = 2x^3 - 5x^2 + 3x - 7$，求 y'.

解 $y' = (2x^3)' - (5x^2)' + (3x)' - (7)' = 6x^2 - 10x + 3$.

【例 2】 已知 $f(x) = \cos x - \frac{1}{\sqrt[3]{x}} + \frac{1}{x} + \ln 3$，求 $f'(x)$.

解 $f'(x) = (\cos x)' - \left(\frac{1}{\sqrt[3]{x}}\right)' + \left(\frac{1}{x}\right)' + (\ln 3)' = -\sin x + \frac{1}{3} x^{-\frac{4}{3}} - \frac{1}{x^2} + 0$

$= \frac{1}{3x\sqrt[3]{x}} - \frac{1}{x^2} - \sin x.$

【例 3】 已知 $f(x) = \sqrt{x} \sin x$，求 $f'(x)$.

解 $f'(x) = (\sqrt{x} \sin x)' = (\sqrt{x})' \sin x + \sqrt{x} (\sin x)'$

$= \frac{1}{2\sqrt{x}} \sin x + \sqrt{x} \cos x.$

【例 4】 已知 $f(x)=x^3\ln x\cos x$,求 $f'(x)$.

解 $f'(x)=(x^3)'\ln x\cos x+x^3(\ln x)'\cos x+x^3\ln x(\cos x)'$

$\qquad = 3x^2\ln x\cos x+x^3\dfrac{1}{x}\cos x+x^3\ln x(-\sin x)$

$\qquad = x^2(3\ln x\cos x+\cos x-x\ln x\sin x).$

【例 5】 设 $y=\tan x$,求 y'.

解 $y'=(\tan x)'=\left(\dfrac{\sin x}{\cos x}\right)'=\dfrac{(\sin x)'\cos x-\sin x(\cos x)'}{\cos^2 x}$

$\qquad = \dfrac{\cos^2 x+\sin^2 x}{\cos^2 x}=\dfrac{1}{\cos^2 x}=\sec^2 x,$

即 $(\tan x)'=\sec^2 x.$

类似地,$(\cot x)'=-\csc^2 x.$

【例 6】 设 $y=\sec x$,求 y'.

解 $y'=(\sec x)'=\left(\dfrac{1}{\cos x}\right)'=-\dfrac{(\cos x)'}{\cos^2 x}=-\dfrac{-\sin x}{\cos^2 x}=\sec x\cdot\tan x,$

即 $(\sec x)'=\sec x\tan x.$

类似地,$(\csc x)'=-\csc x\cot x.$

二、复合函数的求导法则

设函数 $y=f[\varphi(x)]$ 是由 $y=f(u)$ 及 $u=\varphi(x)$ 复合而成的函数,函数 $u=\varphi(x)$ 在点 x 处可导,函数 $y=f(u)$ 在对应点 $u=\varphi(x)$ 处也可导,则复合函数 $y=f[\varphi(x)]$ 在点 x 处可导,则

$$\dfrac{dy}{dx}=\dfrac{dy}{du}\cdot\dfrac{du}{dx}$$

上式也可写成 $y'_x=y'_u u'_x$ 或 $y'(x)=f'(u)\varphi'(x).$

复合函数求导法则可以推广到含有多个中间变量的情形.

例如,设 $y=f(u),u=\varphi(v),v=\psi(x)$ 都可导,则有

$$\dfrac{dy}{dx}=\dfrac{dy}{du}\cdot\dfrac{du}{dv}\cdot\dfrac{dv}{dx} \text{ 或 } y'_x=f'(u)\varphi'(v)\psi'(x)$$

【例 7】 设 $y=(ax+b)^n$,求 y'_x.

解 设 $u=ax+b$,则 $y=u^n$. 因为 $y'_x=y'_u\cdot u'_x$,所以

$$y'_x=n\cdot u^{n-1}\cdot a=na(ax+b)^{n-1}$$

【例 8】 求函数 $y=\ln\tan\left(\dfrac{x}{2}+\dfrac{\pi}{4}\right)$ 的导数.

解 设 $y=\ln u,u=\tan v,v=\dfrac{x}{2}+\dfrac{\pi}{4}$,因为 $y'_x=y'_u\cdot u'_v\cdot v'_x$,所以

$$y'_x=\dfrac{1}{u}\cdot\sec^2 v\cdot\dfrac{1}{2}$$

$$\quad =\dfrac{1}{2\tan\left(\dfrac{x}{2}+\dfrac{\pi}{4}\right)}\cdot\dfrac{1}{\cos^2\left(\dfrac{x}{2}+\dfrac{\pi}{4}\right)}$$

$$= \frac{1}{2\sin\left(\frac{x}{2}+\frac{\pi}{4}\right) \cdot \cos\left(\frac{x}{2}+\frac{\pi}{4}\right)}$$

$$= \frac{1}{\sin\left(x+\frac{\pi}{2}\right)} = \frac{1}{\cos x} = \sec x$$

在比较熟练地掌握了对复合函数的分解以后，就不必写出中间变量，只需直接由外向里逐层求导即可．

【例 9】 求函数 $y = \sec^2 x + \cot\sqrt{1-x}$ 的导数．

解 $y_x' = (\sec^2 x + \cot\sqrt{1-x})'$

$= (\sec^2 x)' + (\cot\sqrt{1-x})'$

$= 2\sec x(\sec x \tan x) + (-\csc^2\sqrt{1-x})(\sqrt{1-x})'$

$= 2\sec^2 x \cdot \tan x - \csc^2\sqrt{1-x} \cdot \dfrac{1}{2\sqrt{1-x}}(1-x)'$

$= 2\sec^2 x \cdot \tan x + \dfrac{1}{2\sqrt{1-x}} \cdot \csc^2\sqrt{1-x}$．

三、高阶导数

如果函数 $y=f(x)$ 的导数 $y'=f'(x)$ 仍是 x 的可导函数，则称 $f'(x)$ 的导数为 $f(x)$ 的二阶导数，记作 y''，$f''(x)$，$\dfrac{d^2 y}{dx^2}$ 或 $\dfrac{d^2 f}{dx^2}$．

相应地，把 $y=f(x)$ 的导数 $f'(x)$ 称为函数的一阶导数．

类似地，函数 $y=f(x)$ 的二阶导数 y'' 的导数叫作函数 $y=f(x)$ 的三阶导数，函数 $y=f(x)$ 的三阶导数 y''' 的导数叫作函数 $y=f(x)$ 的四阶导数，……一般地，函数 $y=f(x)$ 的 $n-1$ 阶导数的导数叫作函数 $y=f(x)$ 的 n 阶导数，分别记作

$$y''', y^{(4)}, \cdots, y^{(n)}$$

或

$$f'''(x), f^{(4)}(x), \cdots, f^{(n)}(x)$$

或

$$\frac{d^3 y}{dx^3}, \frac{d^4 y}{dx^4}, \cdots, \frac{d^n y}{dx^n}$$

二阶及二阶以上的导数统称为高阶导数．特别地，$f(x)$ 的零阶导数为函数本身．

二阶导数在力学中的意义：

若变速直线运动的质点运动方程为 $S=S(t)$，由第一节可知 $v(t)=\dfrac{dS}{dt}$，而速度对时间的变化率为加速度，即 $a(t)=\dfrac{dv}{dt}$，所以有

$$a(t) = \frac{dv}{dt} = \frac{d}{dt}\left(\frac{dS}{dt}\right) = \frac{d^2 S}{dt^2}$$

求函数的高阶导数并不需要引进新的公式和法则，只需用一阶导数的公式和法则，逐阶求导即可．

【例10】 设 $y=\sin x$，求 $\dfrac{d^n y}{dx^n}$.

解 $\dfrac{dy}{dx}=\cos x=\sin\left(x+\dfrac{\pi}{2}\right)$

$\dfrac{d^2 y}{dx^2}=\cos\left(x+\dfrac{\pi}{2}\right)=\sin\left(x+2\cdot\dfrac{\pi}{2}\right)$

$\dfrac{d^3 y}{dx^3}=\cos\left(x+2\cdot\dfrac{\pi}{2}\right)=\sin\left(x+3\cdot\dfrac{\pi}{2}\right)$

…

$\dfrac{d^n y}{dx^n}=\sin\left(x+n\cdot\dfrac{\pi}{2}\right)$

即 $(\sin x)^{(n)}=\sin\left(x+n\cdot\dfrac{\pi}{2}\right), n\in \mathbf{Z}_+$

特别地 $(\cos x)^{(n)}=\cos\left(x+n\cdot\dfrac{\pi}{2}\right), n\in \mathbf{Z}_+$

习题 2-2

A 组

1. 求下列函数的导数.

(1) $y=3x^2-\dfrac{2}{x^2}+5$

(2) $y=x^2(2+\sqrt{x})$

(3) $y=x^2\cdot\sqrt[3]{x^2}-\dfrac{1}{x^3}+\sin\dfrac{\pi}{6}$

(4) $y=\dfrac{3x^2+7x-1}{\sqrt{x}}$

(5) $y=x^2\cos x$

(6) $y=x\tan x-2\sec x$

(7) $y=\dfrac{\cos x}{x^2}$

(8) $y=\dfrac{\ln x}{x^2}$

(9) $y=\dfrac{\sin x}{x}+\dfrac{x}{\sin x}$

2. 求下列函数的导数.

(1) $y=(3x^2+1)^{10}$

(2) $y=2\sin 3x$

(3) $y=3\cos\left(5x+\dfrac{\pi}{4}\right)$

(4) $y=\cot\dfrac{1}{x}$

(5) $y=\lg(1-2x)$

(6) $y=(\ln 2x)\cdot\sin 3x$

(7) $y=\sin(x^3)$

(8) $y=\ln\sqrt{\dfrac{x+1}{x-1}}$

(9) $y=\sin^n x\cos nx$

(10) $y=\sqrt{1+\ln^2 x}$

(11) $y=x\sin^2 x-\cos x^2$

(12) $y=\sqrt{\cos x^2}$

(13) $y=\dfrac{x}{2}\sqrt{a^2-x^2}$

(14) $y=\ln(x+\sqrt{x^2+a^2})$

3. 求下列函数的二阶导数.

(1) $y=2x^2+\ln x$

(2) $y=x\cos x$

(3) $y = \cos^2 x \cdot \ln x$　　　　　　　　(4) $y = \sin 5x \cdot \cos 3x$

4. 已知 $f(x) = \dfrac{x}{\sqrt{1-x^2}}$，求 $f''(0)$.

5. 求 $y = x \ln x$ 的 n 阶导数.

▶ B 组

1. 求下列函数的导数.

(1) $y = (x-a)(x-b)(x-c)$ (a, b, c 为常量)　　(2) $y = \sqrt{x} \cdot (x - \cot x) \cos x$

(3) $y = x \sin x \cdot \lg x$　　　　　　　　(4) $y = \dfrac{2-x}{(1-x)(1+x^2)}$

(5) $y = \dfrac{x \sin x}{1 + \tan x}$

2. 求下列函数的导数.

(1) $y = \sqrt{x + \sqrt{x}}$　　　　　　　　(2) $y = \ln \tan \dfrac{x}{2} - \cot x \ln(1 + \sin x) - x$

(3) $y = \ln[\ln(\ln x)]$　　　　　　　　(4) $y = \sqrt[3]{1 + \cos 6x}$

(5) $y = \dfrac{\sqrt{1+x} - \sqrt{1-x}}{\sqrt{1+x} + \sqrt{1-x}}$

3. 求下列函数在指定点的导数.

(1) $y = \ln \tan x$，求 $y' \Big|_{x = \frac{\pi}{6}}$　　　　(2) $y = \ln[(x^3 + 3)(x^3 + 1)]$，求 $y' \Big|_{x=1}$

4. 求下列函数的 n 阶导数.

(1) $y = \cos x$　　　　　　　　(2) $y = \sin 2x$

第三节　隐函数及参数方程确定的函数的求导法则

一、隐函数的求导法则

前面讨论的函数都可以表示为 $y = f(x)$ 的形式，这样的函数称为显函数. 但在实际问题中，还会遇到用方程表示函数关系的情形，如 $x^2 + y^2 = R^2$，$e^y = xy$，像这样函数 y 与自变量 x 的函数关系是由一个含 x 和 y 的方程 $F(x, y) = 0$ 所确定的，即 y 与 x 的关系隐含在方程 $F(x, y) = 0$ 中，称这种由方程 $F(x, y) = 0$ 所确定的函数，叫作隐函数. 有些隐函数不能表示成显函数，或者说没有必要表示成显函数. 这就需要运用复合函数求导法则，在等式两端同时对 x 求导，特别要注意 y 是 x 的函数，遇到含有 y 项的，先对 y 求导，再乘以 y 对 x 的导数 y'，得到一个含有 y' 的方程，解出 y'，即为所求隐函数的导数.

【例 1】　求由方程 $x^2 + y^2 = R^2$ 所确定的隐函数的导数 $\dfrac{dy}{dx}$.

解　将方程的两边同时对 x 求导，这里 y 是 x 的函数，y^2 是 x 的复合函数. 根据复合函数求导法则得

$$(x^2)' + (y^2)' = (R^2)'$$
$$2x + 2y \cdot \frac{dy}{dx} = 0$$

解得
$$\frac{dy}{dx} = -\frac{x}{y}$$

【例2】 求由方程 $y\sin x + \ln y = 1$ 所确定的隐函数的导数 y'_x.

解 将方程的两边同时对 x 求导,得
$$y'_x \sin x + y\cos x + \frac{1}{y}y'_x = 0$$

整理得
$$y'_x = \frac{-y^2 \cos x}{1 + y\sin x}$$

【例3】 求 $y = \log_a x \ (a>0)$ 的导数.

解 把 $y = \log_a x$ 改写成 $x = a^y$. 两边同时对 x 求导, 得 $1 = a^y \ln a \cdot y'_x$, 即 $1 = x\ln a \cdot y'_x$, 即 $(\log_a x)' = \frac{1}{x\ln a}$.

【例4】 求函数 $y = \sqrt[4]{\frac{x(x-1)}{(x-2)(x+3)}}$ 的导数.

解 将等式两边取对数得
$$\ln y = \frac{1}{4}[\ln x + \ln(x-1) - \ln(x-2) - \ln(x+3)]$$

两边对 x 求导得
$$\frac{1}{y} \cdot y'_x = \frac{1}{4}\left(\frac{1}{x} + \frac{1}{x-1} - \frac{1}{x-2} - \frac{1}{x+3}\right)$$

所以
$$y'_x = \frac{1}{4}y\left(\frac{1}{x} + \frac{1}{x-1} - \frac{1}{x-2} - \frac{1}{x+3}\right)$$
$$= \frac{1}{4}\sqrt[4]{\frac{x(x-1)}{(x-2)(x+3)}}\left(\frac{1}{x} + \frac{1}{x-1} - \frac{1}{x-2} - \frac{1}{x+3}\right)$$

【例5】 求指数函数 $y = a^x \ (a>0, \text{且 } a \neq 1)$ 的导数.

解 把 $y = a^x$ 改写成 $x = \log_a y$, 两边对 x 求导得
$$(x)' = (\log_a y)',\ 1 = \frac{1}{y\ln a} \cdot y'_x$$

于是
$$y'_x = y\ln a = a^x \ln a$$

即 $(a^x)' = a^x \ln a$.

当 $a = e$ 时, $(e^x)' = e^x$.

以上两例可以看出 $y = \frac{u_1(x)\cdots u_n(x)}{v_1(x)\cdots v_m(x)}$ 及 $y = u(x)^{v(x)}$ 两种类型的函数求导, 可以采用对数求导法.

【例6】 求 $y = x^x \ (x>0)$ 的导数.

解 $\ln y = \ln x^x$, 即 $\ln y = x\ln x$, 两端对 x 求导得 $\frac{1}{y}y'_x = \ln x + 1$, 即 $y'_x = (\ln x + 1)x^x$.

【例7】 证明 $(\arcsin x)' = \frac{1}{\sqrt{1-x^2}}$.

证明 设 $y = \arcsin x$, 则 $x = \sin y$, 两边对 x 求导得

$$1 = \cos y \cdot y'_x$$

即
$$y'_x = \frac{1}{\cos y}$$

其中 $\cos y = \sqrt{1-\sin^2 y} = \sqrt{1-x^2}\ (-\frac{\pi}{2} < y < \frac{\pi}{2})$，代入上式得

$$y'_x = \frac{1}{\sqrt{1-x^2}}$$

类似地可证明
$$(\arccos x)' = -\frac{1}{\sqrt{1-x^2}}$$

$$(\arctan x)' = \frac{1}{1+x^2}$$

$$(\operatorname{arccot} x)' = -\frac{1}{1+x^2}$$

从上例可以得到一般的反函数的求导法则：

设单调函数 $x = \varphi(y)$ 在某区间内可导，并且 $\varphi'(y) \neq 0$，则它的反函数 $y = f(x)$ 在对应区间内也可导，并且

$$f'(x) = \frac{1}{\varphi'(y)} \text{ 或 } \frac{\mathrm{d}y}{\mathrm{d}x} = \frac{1}{\frac{\mathrm{d}x}{\mathrm{d}y}}$$

即反函数的导数等于其原函数导数的倒数．

二、参数方程确定的函数的求导法则

若变量 x, y 之间的函数关系由参数方程 $\begin{cases} x = \varphi(t) \\ y = f(t) \end{cases}$ 所确定，其中 $\varphi(t)$ 与 $f(t)$ 都可导，且 $\varphi'(t) \neq 0$，t 为参数．根据复合函数及反函数的求导法则，有

$$\frac{\mathrm{d}y}{\mathrm{d}x} = \frac{\mathrm{d}y}{\mathrm{d}t} \cdot \frac{\mathrm{d}t}{\mathrm{d}x} = \frac{\frac{\mathrm{d}y}{\mathrm{d}t}}{\frac{\mathrm{d}x}{\mathrm{d}t}} \text{ 或 } \frac{\mathrm{d}y}{\mathrm{d}x} = \frac{f'(t)}{\varphi'(t)}$$

【例 8】 求由参数方程 $\begin{cases} x = a\cos t \\ y = b\sin t \end{cases}$ 确定的函数的导数．

解 因为
$$\frac{\mathrm{d}x}{\mathrm{d}t} = -a\sin t, \frac{\mathrm{d}y}{\mathrm{d}t} = b\cos t$$

所以
$$\frac{\mathrm{d}y}{\mathrm{d}x} = \frac{\frac{\mathrm{d}y}{\mathrm{d}t}}{\frac{\mathrm{d}x}{\mathrm{d}t}} = \frac{b\cos t}{-a\sin t} = -\frac{b}{a}\cot t$$

【例 9】 求曲线 $\begin{cases} x = 2\mathrm{e}^t \\ y = \mathrm{e}^{-t} \end{cases}$ 在点 $(2, 1)$ 处的切线方程和法线方程．

解 对应于点 $(2, 1)$ 的参数 $t = 0$，所以 $k = y'_x = \frac{y'_t}{x'_t} = \frac{\mathrm{e}^{-t}(-1)}{2\mathrm{e}^t}\bigg|_{t=0} = -\frac{1}{2}$

故切线方程为
$$y - 1 = -\frac{1}{2}(x - 2)$$

即 $x+2y-4=0$.

法线方程为 $y-1=2(x-2)$

即 $2x-y-3=0$.

三、初等函数的导数

前面我们已经介绍了基本初等函数的导数公式,函数的和、差、积、商的求导法则及复合函数的求导法则,从而解决了初等函数的求导问题,且初等函数的导数仍是初等函数,为了方便查阅,归纳如下：

1. 基本初等函数的导数公式

(1) $c'=0$ (c 为常数)
(2) $(x^a)'=ax^{a-1}$ ($a\neq 0$)
(3) $(\sin x)'=\cos x$
(4) $(\cos x)'=-\sin x$
(5) $(\tan x)'=\sec^2 x$
(6) $(\cot x)'=-\csc^2 x$
(7) $(\sec x)'=\sec x \tan x$
(8) $(\csc x)'=-\csc x \cot x$
(9) $(a^x)'=a^x \ln a$ ($a>0$)
(10) $(e^x)'=e^x$
(11) $(\log_a x)'=\dfrac{1}{x\ln a}$ ($a>0$ 且 $a\neq 1$)
(12) $(\ln x)'=\dfrac{1}{x}$
(13) $(\arcsin x)'=\dfrac{1}{\sqrt{1-x^2}}$
(14) $(\arccos x)'=-\dfrac{1}{\sqrt{1-x^2}}$
(15) $(\arctan x)'=\dfrac{1}{1+x^2}$
(16) $(\text{arccot}\, x)'=-\dfrac{1}{1+x^2}$

2. 函数的和、差、积、商的求导法则

设 $u=u(x)$, $v=v(x)$, 则

(1) $(u\pm v)'=u'\pm v'$
(2) $(cu)'=cu'$ (c 为常数)
(3) $(uv)'=u'v+uv'$
(4) $\left(\dfrac{u}{v}\right)'=\dfrac{u'v-uv'}{v^2}$ ($v\neq 0$)

3. 复合函数的求导法则

设 $y=f(u)$, 而 $u=\varphi(x)$, 则复合函数 $y=f[\varphi(x)]$ 的导数为

$$\frac{dy}{dx}=\frac{dy}{du}\cdot\frac{du}{dx} \text{ 或 } y'_x=y'_u\cdot u'_x$$

4. 参数方程确定的函数的求导法则

若参数方程 $\begin{cases} x=\varphi(t) \\ y=f(t) \end{cases}$ 确定了 y 关于 x 的函数,其中 $\varphi(t)$, $f(t)$ 都可导,且 $\varphi'(t)\neq 0$, t 为参数,则

$$\frac{dy}{dx}=\frac{\dfrac{dy}{dt}}{\dfrac{dx}{dt}}=\frac{f'(t)}{\varphi'(t)}$$

5. 反函数的求导法则

设单调函数 $x=\varphi(y)$ 在某区间内可导,并且 $\varphi'(y)\neq 0$,则它的反函数 $y=f(x)$ 在对应区间内也可导,且

$$f'(x) = \frac{1}{\varphi'(y)} \text{ 或 } \frac{dy}{dx} = \frac{1}{\frac{dx}{dy}}$$

习题 2-3

▶ A 组

1. 求下列函数的导数.

(1) $y = x^{10} + 10^x$

(2) $y = e^{x^2+1}$

(3) $y = \dfrac{5^x}{2^x} + 5^x \cdot 2^{3x}$

(4) $y = \sin 2^x$

(5) $y = \arctan \sqrt{x^2 + 2x}$

(6) $y = \text{arccot}(\sin \pi x)$

(7) $y = \ln(e^{2x} + 1) - 2\arctan e^x$

(8) $y = \dfrac{x}{2}\sqrt{a^2 - x^2} + \dfrac{a^2}{2}\arcsin\dfrac{x}{a}$ ($a > 0$)

(9) $y = e^{2t} \cos 3t$

(10) $y = (\arcsin x)^2$

(11) $y = \arccos \sqrt{x}$

(12) $y = \text{arccot}\dfrac{x^2}{a}$ ($a \neq 0$)

(13) $y = \dfrac{1}{4}\ln\dfrac{1+x}{1-x} - \dfrac{1}{2}\arctan x$

(14) $y = \ln \arccos 2x$

2. 求下列隐函数的导数 y'_x.

(1) $xy - e^x - e^y = 0$

(2) $y = \cos(x + y)$

(3) $y = x + \dfrac{1}{2}\ln y$

(4) $x = y + \arctan y$

3. 用对数求导法求下列函数的导数.

(1) $y = \dfrac{\sqrt{x+2}(3-x)^4}{(x+1)^5}$

(2) $y = \sqrt{x \cdot \sin x \cdot \sqrt{1 - e^x}}$

(3) $y = \left(\dfrac{x}{1+x}\right)^x$

(4) $y = x^{\sin x}$

4. 求下列参数方程所确定的函数的导数 $\dfrac{dy}{dx}$.

(1) $\begin{cases} x = 2e^t \\ y = e^{-t} \end{cases}$

(2) $\begin{cases} x = t + \dfrac{1}{t} \\ y = t - \dfrac{1}{t} \end{cases}$

5. 求曲线 $\begin{cases} x = 2\sin t \\ y = \cos 2t \end{cases}$ 在 $t = \dfrac{\pi}{4}$ 处的切线方程.

▶ B 组

1. 求下列函数的导数.

(1) $y = 2xe^x + x^5 + e^2$

(2) $y = e^{\frac{1}{x}}$

(3) $y = 2^{\frac{x}{\ln x}}$

(4) $y = e^{-at}\sin(\omega t + \varphi)$ (α, ω, φ 是常数)

(5) $y = x \arcsin(\ln x)$

(6) $y = \sin(x + x^2) + \sin(\cos x)$

(7) $y = \operatorname{arccot} \dfrac{x}{1+\sqrt{1-x^2}}$　　　(8) $y = \arcsin\sqrt{\sin x}$

(9) $y = \ln(\cos^2 x + \sqrt{1+\cos^4 x})$　　　(10) $y = \sec^3 e^{2x}$

(11) $y = x^{2x} + (2x)^{\sqrt{x}}$　　　(12) $y = x^{\frac{1}{x}}\ (x>0)$

2. 设函数 $y = y(x)$ 由方程 $y^2 + 2\ln y = x^4$ 所确定,求 $\dfrac{dy}{dx}$.

3. 设曲线方程为 $e^{xy} - 2x - y = 3$,求此曲线在纵坐标为 $y=0$ 的点处的切线方程.

第四节　函数的微分

导数表示函数相对于自变量的变化快慢程度.在实际中还会遇到与此相关的另一类问题:当自变量作微小变化时,要求计算相应的函数的改变量 Δy.可是由于 Δy 的表达式往往很复杂,因此计算函数 $y = f(x)$ 的改变量 Δy 的精确值就很困难,而且实际应用中并不需要它的精确值.在保证一定精确度的情况下,只要计算出 Δy 的近似值即可,由此引出微分学中的另一个基本概念——函数的微分.

一、微分的定义及几何意义

1. 微分的定义

设正方形薄片边长为 x_0,受热后边长增加 Δx,如图 2-6 所示,那么面积 y 相应的增量 $\Delta y = (x_0 + \Delta x)^2 - x_0^2 = 2x_0\Delta x + (\Delta x)^2$.

上式中,Δy 由两部分组成,第一部分 $2x_0\Delta x$ 是 Δx 的线性函数;第二部分 $(\Delta x)^2$ 是 Δx 的高阶无穷小.当 $|\Delta x|$ 很小时,$(\Delta x)^2$ 可以忽略不计,面积 y 的增量 Δy 可以近似地用 $2x_0\Delta x$ 来代替,即 $\Delta y \approx 2x_0\Delta x$.

由于面积 $y = x^2$,$\dfrac{dy}{dx}\bigg|_{x=x_0} = 2x_0$,即 $f'(x_0) = 2x_0$,所以 $\Delta y \approx f'(x_0)\Delta x$.且这个结论具有一般性.

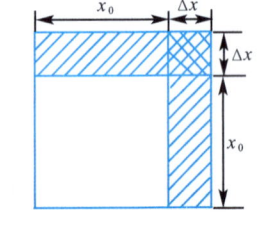

图 2-6

设函数 $y = f(x)$ 在点 x_0 处可导,且 $f'(x_0) \neq 0$(我们不考虑 $f'(x_0) = 0$ 的特殊情形),即 $\lim\limits_{\Delta x \to 0}\dfrac{\Delta y}{\Delta x} = f'(x_0) \neq 0$,根据函数的极限与无穷小的关系,得 $\dfrac{\Delta y}{\Delta x} = f'(x_0) + \alpha$,其中 α 是 $\Delta x \to 0$ 时的无穷小.于是

$$\Delta y = f'(x_0) \cdot \Delta x + \alpha \cdot \Delta x$$

其中,$f'(x_0) \cdot \Delta x$ 是与 Δx 同阶的无穷小;$\alpha \cdot \Delta x$ 是较 Δx 高阶的无穷小.

在函数的增量 Δy 中,起主要作用的是 $f'(x_0) \cdot \Delta x$,它与 Δy 仅相差一个较 Δx 高阶的无穷小.因此,当 $|\Delta x|$ 很小时,就可以用 $f'(x_0) \cdot \Delta x$ 近似代替 Δy.即

$$\Delta y \approx f'(x_0) \cdot \Delta x$$

我们把函数增量的线性部分 $f'(x_0) \cdot \Delta x$ 叫作函数在点 x_0 处的微分.

定义 1　若函数 $y = f(x)$ 在点 x_0 的某邻域内有定义,且在 x_0 处具有导数 $f'(x_0)$,x 在该

邻域内点 x_0 处的增量为 Δx，相应的函数增量为 Δy，若 $\Delta y = f'(x_0)\Delta x + o(\Delta x)$，则称函数 $y = f(x)$ 在点 x_0 处可微，且称 $f'(x_0)\mathrm{d}x$ 为函数 $y = f(x)$ 在点 x_0 处的微分，记作 $\mathrm{d}y|_{x=x_0}$，即 $\mathrm{d}y|_{x=x_0} = f'(x_0)\Delta x$.

理论上可以证明：

函数 $f(x)$ 在 x_0 可微的充分必要条件是函数 $f(x)$ 在点 x_0 可导，且当 $f(x)$ 在点 x_0 可微时，其微分一定是 $\mathrm{d}y = f'(x_0)\Delta x$.

【例1】 判定 $y = x^2$ 在 $x = 1$ 处是否可微，若可微，求微分.

解 $\Delta y = (1+\Delta x)^2 - 1^2 = 2\Delta x + (\Delta x)^2$，$y'|_{x=1} = 2x|_{x=1} = 2$

所以 $\lim\limits_{\Delta x \to 0} \dfrac{\Delta y - y'|_{x=1}\Delta x}{\Delta x} = \lim\limits_{\Delta x \to 0} \dfrac{2\Delta x + (\Delta x)^2 - 2\Delta x}{\Delta x} = \lim\limits_{\Delta x \to 0} \Delta x = 0$

所以函数 $y = x^2$ 在 $x = 1$ 处可微，且在 $x = 1$ 处的微分为 $\mathrm{d}y|_{x=1} = 2\Delta x$.

函数 $y = f(x)$ 在任意点 x 的微分，称为函数的微分，记为 $\mathrm{d}y$ 或 $\mathrm{d}f(x)$. 有

$$\mathrm{d}y = f'(x) \cdot \Delta x$$

若 $y = x$，则 $\mathrm{d}y = \mathrm{d}x = (x)' \cdot \Delta x = \Delta x$.

这说明，自变量的微分等于自变量的增量. 于是函数 $y = f(x)$ 的微分又可记作

$$\mathrm{d}y = f'(x)\mathrm{d}x \text{ 或 } \mathrm{d}y = y'\mathrm{d}x$$

从而有

$$\dfrac{\mathrm{d}y}{\mathrm{d}x} = f'(x).$$

也就是说函数的微分 $\mathrm{d}y$ 与自变量的微分 $\mathrm{d}x$ 之商等于该函数的导数，因此，导数也叫"微商".

【例2】 求函数 $y = x^2$，当 $x = 2, \Delta x = 0.02$ 时的微分.

解 先求函数在任意点 x 的微分：

$$\mathrm{d}y = (x^2)' \cdot \Delta x = 2x\Delta x$$

将 $x = 2, \Delta x = 0.02$ 代入上式，得

$$\mathrm{d}y\bigg|_{\substack{x=2 \\ \Delta x=0.02}} = 2x\Delta x\bigg|_{\substack{x=2 \\ \Delta x=0.02}} = 2 \times 2 \times 0.02 = 0.08$$

【例3】 求 $y = \sin(2x+1)$ 的微分 $\mathrm{d}y$.

解 $\mathrm{d}y = [\sin(2x+1)]'\mathrm{d}x = 2\cos(2x+1)\mathrm{d}x$.

2. 微分的几何意义

为了对微分有一个比较直观的了解，我们再来说明微分的几何意义.

在直角坐标系中，函数 $y = f(x)$ 的图像是一条曲线，对于某一固定的值 x_0，曲线上有一个确定点 $M(x_0, y_0)$ 与之对应，当自变量 x 有微小改变量 Δx 时，就得到曲线上另一点 $N(x_0 + \Delta x, y_0 + \Delta y)$，由图 2-7 可知

$$MQ = \Delta x, QN = \Delta y$$

过点 M 作曲线的切线 MT，其倾角为 α，则 $QP = MQ \cdot \tan\alpha = \Delta x \cdot f'(x_0)$，即 $\mathrm{d}y = QP$.

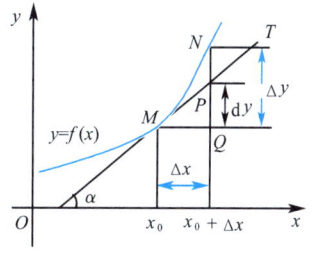

图 2-7

由此可知，微分 $\mathrm{d}y = f'(x_0)\Delta x$ 是当 x 有改变量 Δx 时，曲线 $y = f(x)$ 在点 (x_0, y_0) 处的切线的纵坐标的改变量. 用 $\mathrm{d}y$ 近似代替 Δy，就是用点 $M(x_0, y_0)$ 处的切线的纵坐标的改变量 QP 近似代替曲线 $y = f(x)$ 的纵坐标的改变量 QN，并且有 $|\Delta y - \mathrm{d}y| = PN$.

二、微分的基本公式及微分的运算法则

由函数微分的定义

$$dy = f'(x) \cdot dx \tag{1}$$

可以知道,要计算函数的微分,只要求出函数的导数,再乘以自变量的微分就可以了.所以由导数的基本公式和运算法则可直接推出微分的基本公式和运算法则.

1. 微分的基本公式

(1) $d(c) = 0$ (c 为常数) (2) $d(x^a) = a \cdot x^{a-1} dx$ ($a \neq 0$)

(3) $d(\sin x) = \cos x \, dx$ (4) $d(\cos x) = -\sin x \, dx$

(5) $d(\tan x) = \sec^2 x \, dx$ (6) $d(\cot x) = -\csc^2 x \, dx$

(7) $d(\sec x) = \sec x \tan x \, dx$ (8) $d(\csc x) = -\csc x \cot x \, dx$

(9) $d(a^x) = a^x \ln a \, dx$ ($a > 0$) (10) $d(e^x) = e^x \, dx$

(11) $d(\log_a x) = \dfrac{1}{x \ln a} dx$ ($a > 0$ 且 $a \neq 1$) (12) $d(\ln x) = \dfrac{1}{x} dx$

(13) $d(\arcsin x) = \dfrac{1}{\sqrt{1-x^2}} dx$ (14) $d(\arccos x) = -\dfrac{1}{\sqrt{1-x^2}} dx$

(15) $d(\arctan x) = \dfrac{1}{1+x^2} dx$ (16) $d(\text{arccot}\, x) = -\dfrac{1}{1+x^2} dx$

2. 函数和、差、积、商的微分法则

假设 u 和 v 都是 x 的函数,则有

(1) $d(u \pm v) = du \pm dv$ (2) $d(uv) = u\,dv + v\,du$

(3) $d(cu) = c\,du$ (c 为常数) (4) $d\left(\dfrac{u}{v}\right) = \dfrac{v\,du - u\,dv}{v^2}$ ($v \neq 0$)

3. 复合函数的微分法则

设函数 $y = f(u), u = \varphi(x)$,则复合函数 $y = f[\varphi(x)]$ 的导数为 $y' = f'(u)\varphi'(x)$.
于是复合函数 $y = f[\varphi(x)]$ 的微分为 $dy = f'(u) \cdot \varphi'(x) \cdot dx$.

因为 $\varphi'(x) dx = du$,所以

$$dy = f'(u) du \tag{2}$$

将式(2)与(1)相比,可见不论 u 是自变量还是中间变量,函数 $y = f(u)$ 的微分形式总是 $dy = f'(u) du$,这个性质称为微分形式不变性.

【例 4】 设 $y = \ln(1 + e^{x^2})$,求 dy.

解 $dy = d\ln(1 + e^{x^2}) = \dfrac{1}{1 + e^{x^2}} d(1 + e^{x^2})$

$= \dfrac{1}{1 + e^{x^2}} e^{x^2} d(x^2)$

$= \dfrac{2x e^{x^2}}{1 + e^{x^2}} dx.$

【例5】 设 $y = e^{-ax}\sin bx$，求 dy。

解　$dy = e^{-ax}d(\sin bx) + \sin bx \, d(e^{-ax})$
$\quad\quad = e^{-ax}\cos bx \, d(bx) + \sin bx \, e^{-ax} d(-ax)$
$\quad\quad = e^{-ax} b\cos bx \, dx + \sin bx \, e^{-ax}(-a)dx$
$\quad\quad = e^{-ax}(b\cos bx - a\sin bx)dx.$

习题 2-4

A 组

1. 将适当的函数填入下列括号内，使等式成立．

(1) $\dfrac{1}{1+x^2}dx = d(\quad)$ 　　(2) $d(\quad) = \dfrac{1}{1+x}dx$

(3) $dx = (\quad)d(8x+5)$ 　　(4) $d(\quad) = \dfrac{1}{\sqrt{x}}dx$

(5) $d(\quad) = \cos\omega x \, dx$ 　　(6) $\dfrac{dx}{1+4x^2} = (\quad)d(\arctan 2x)$

(7) $d(\tan^2 x) = (\quad)d\tan x$ 　　(8) $x\sin^2 x \, dx = (\quad)d\cos^2 x$

(9) $d[\ln\sin(x^2+1)] = (\quad)d[\sin(x^2+1)] = (\quad)dx$

2. 已知 $y = x^3 - x$，在 $x = 2$ 处计算 $\Delta x = 1, 0.1, 0.01$ 时的 Δy 与 dy。

3. 求下列函数的微分．

(1) $y = \sqrt{1+x^2}$ 　　(2) $y = \dfrac{\cos x}{1-x^2}$

(3) $y = xe^{-x^2}$ 　　(4) $y = \arcsin\sqrt{x}$

(5) $y = [\ln(1-x)]^2$ 　　(6) $y = \arctan e^{2x}$

(7) $y = \tan^2(1+2x^2)$

B 组

1. 求下列函数的微分．

(1) $y = e^{\sin\frac{1}{x}}$ 　　(2) $y = e^{x^2}\sin 3x$

(3) $y = \dfrac{\ln\cos 2x}{\sqrt{x+1}}$ 　　(4) $y = 5^{\ln(\tan x)}$

(5) $xy = a^2$ 　　(6) $y = 1 + xe^y$

2. 求曲线 $y = e^{2x} + x^2$ 在点 $x = 0$ 处的法线方程．

3. 求下列函数在指定点的微分．

(1) $y = \dfrac{x}{1+x^2}$，在 $x = 0, \Delta x = 1$ 处；

(2) $y = \dfrac{1}{(\tan x + 1)^2}$，在 $x = \dfrac{\pi}{6}, \Delta x = \dfrac{\pi}{360}$ 处．

第五节 微分的应用

一、微分在近似计算中的应用

由微分的定义我们知道,当$|\Delta x|$很小时,用dy代替Δy所引起的误差是Δx的高阶无穷小,这样我们就有近似公式

$$\Delta y \approx dy = f'(x)\Delta x \tag{1}$$

【例1】 扩音器杆头为圆柱形,截面半径$r=0.15$ cm,长度$l=4$ cm,为了提高它的导电性能,要在这圆柱的侧面上镀一层厚为0.001 cm 的纯铜,问大约需要多少克纯铜?(已知铜的比重为8.9 g/cm³)

解 设圆柱体积为V,则$V=\pi r^2 l$,所镀铜层体积即为圆柱体的增量ΔV. 由于$\Delta r=0.001$比$r=0.15$小得多,于是

$$\Delta V \approx dV = (\pi r^2 l)' \cdot \Delta r = 2\pi r l \Delta r$$
$$\approx 2 \times 3.14 \times 0.15 \times 4 \times 0.001$$
$$= 0.003\ 768\ (\text{cm}^3)$$

镀层用铜为 $\qquad W = 0.003\ 768 \times 8.9 = 0.033\ 535\ 2$ (g)

式(1)也可写成

$$f(x_0 + \Delta x) - f(x_0) \approx f'(x_0)\Delta x$$

即

$$f(x_0 + \Delta x) \approx f(x_0) + f'(x_0)\Delta x \tag{2}$$

或

$$f(x) \approx f(x_0) + f'(x_0)(x - x_0) \tag{3}$$

在式(3)中,令$x_0 = 0$,$|x|$很小时,有

$$f(x) \approx f(0) + f'(0)x \tag{4}$$

利用式(4)可以推得以下几个常用的近似公式(当$|x|$很小时).

$$\sqrt[n]{1+x} \approx 1 + \frac{x}{n} \tag{5}$$

$$e^x \approx 1 + x \tag{6}$$

$$\ln(1+x) \approx x \tag{7}$$

$$\sin x \approx x \quad (x \text{用弧度来表示}) \tag{8}$$

$$\tan x \approx x \quad (x \text{用弧度来表示}) \tag{9}$$

下面给出式(5)的证明.

取$f(x) = \sqrt[n]{1+x}$,于是$f(0) = 1$.

$$f'(0) = \frac{1}{n}(1+x)^{\frac{1}{n}-1}\bigg|_{x=0} = \frac{1}{n}$$

代入式(4)得

$$\sqrt[n]{1+x} \approx 1 + \frac{x}{n}$$

其他几个公式也可用类似的方法证明,这里从略.

【例2】 计算$\cos 60°30'$的近似值.

解 令$f(x) = \cos x$,则$f'(x) = -\sin x$,由式(2)得

$$\cos(x_0 + \Delta x) \approx \cos x_0 + (-\sin x_0)\Delta x$$

因为 $60°30' = \dfrac{\pi}{3} + \dfrac{\pi}{360}$，令 $x_0 = \dfrac{\pi}{3}$，$\Delta x = \dfrac{\pi}{360}$，则有

$$\cos 60°30' = \cos\left(\dfrac{\pi}{3} + \dfrac{\pi}{360}\right) \approx \cos\dfrac{\pi}{3} - \sin\dfrac{\pi}{3} \cdot \dfrac{\pi}{360}$$

$$\approx \dfrac{1}{2} - 0.866 \times 0.00872 \approx 0.4924$$

【例3】 计算 $\sqrt[3]{997}$ 的近似值.

解 $\sqrt[3]{997} = \sqrt[3]{1000-3} = \sqrt[3]{1000 \times \left(1-\dfrac{3}{1000}\right)} = 10\sqrt[3]{1+(-0.003)}$.

由式(5)有 $\sqrt[3]{997} \approx 10 \times \left[1 + \dfrac{1}{3} \times (-0.003)\right] = 9.99$.

二、微分在误差估计中的应用

若某量的准确值为 A，它的近似值为 a，则称 $|A-a|$ 为绝对误差，称 $\left|\dfrac{A-a}{A}\right|$ 为相对误差.

在实际问题中，因为准确值 A 往往无法知道，所以绝对误差和相对误差无法求得，但若已知用 a 作为准确值 A 的近似值时所产生的误差的误差限度为 $\delta > 0$，即 $|A-a| \leqslant \delta$，则 δ 叫作最大绝对误差. 因为实际上所考虑的近似值的误差都是它的最大绝对误差和最大相对误差，所以通常就简称为绝对误差和相对误差.

设量 x 是可以直接度量的，而 $y = f(x)$，如果度量 x 时所产生的误差是 Δx，由此就引出函数 y 的误差 Δy.

当 $|\Delta x| \leqslant \delta$ 时，有 $|\Delta y| \approx |f'(x)| \cdot |\Delta x| \leqslant |f'(x)| \cdot \delta$. 这样，用实际度量的 x 值算出 $f(x+\Delta x)$ 的值来代替准确值 $f(x)$ 时，可用 $|f'(x)| \cdot \delta$ 作为近似值的最大绝对误差，用 $\left|\dfrac{f'(x)}{f(x)}\right| \cdot \delta$ 作为近似值的最大相对误差.

【例4】 多次测量一根圆钢，测得其直径平均值为 $D = 50$ mm，绝对误差的平均值为 0.04 mm，试计算其截面面积，并估计其误差.

解 圆的面积 $S = \dfrac{\pi D^2}{4}$，故截面面积为

$$S = \dfrac{\pi}{4} \times (50)^2 \approx 1962.5 \text{ mm}^2$$

绝对误差

$$\Delta S \approx \left|\dfrac{\pi}{2} \cdot D\right| \cdot \Delta D = \dfrac{\pi}{2} \times 50 \times 0.04 \approx 3.14 \text{ mm}^2$$

相对误差

$$\dfrac{\Delta S}{S} \approx \dfrac{\left|\dfrac{\pi}{2} \cdot D \cdot \Delta D\right|}{\dfrac{\pi}{4}D^2} = \dfrac{2 \times 0.04}{50} = 0.16\ \%$$

习题 2-5

▶ A 组

1. 水管壁截面是一个圆环，设它的内半径为 10 cm，壁厚 0.05 cm，利用微分来计算这个圆环面积的近似值.

2. 计算下列函数的近似值.

(1) sin29°　　　　　　　(2) $\sqrt{4.2}$

3. 计算下列函数的近似值.

(1) $\sqrt[5]{1.03}$　　(2) $\sqrt[3]{1010}$　　(3) ln1.02　　(4) $e^{1.98}$

4. 正方形边长为 2.41 ± 0.005 m,求出它的面积,并估计其绝对误差和相对误差.

5. 已知测量球的直径 D 时有 10% 的相对误差,问用公式 $V=\dfrac{\pi}{6}D^3$ 计算球的体积时,相对误差为多少?

B 组

1. 计算 $\cos 30°12'$ 的近似值.

2. 计算 $\sqrt[3]{65}$ 的近似值.

3. 有一批半径为 1 cm 的球,为了提高球面的光洁度,要镀上一层铜,厚度为 0.01 cm,试估计每只球需用铜多少克?(铜的密度是 8.9 g/cm³)

4. 设扇形的圆心角 $\alpha=60°$,半径 $R=100$ cm,

(1) 如果 R 不变,α 减少 $30'$,问扇形面积大约改变了多少?

(2) 如果 α 不变,R 增加 1 cm,问扇形面积大约改变了多少?

5. 某厂要生产一扇形板,半径 $R=200$ mm,要求中心角为 $\alpha=55°$. 产品检验时,一般用测量弦长 l 的方法间接测量中心角 α,如果测量弦长时的误差 $\delta_l=0.1$ mm,问由此引起的中心角测量误差 δ_α 是多少?(提示:先求出中心角 α 与弦长 l 的函数关系)

*第六节　应用与实践

一、相关变化率问题

当考虑血液在血管中的流动时,我们可以把血管看作半径为 R、长度为 l 的圆柱形管. 由于管壁的摩擦力,血流速度 v 沿管的中心轴最大,并随着与中心轴的距离 r 的增加而减小,在血管壁处变为零. 速度 v 与 r 之间的关系由法国内科医生泊肃叶(Poiseuille)确定:

$$v=\dfrac{p}{4\eta l}(R^2-r^2)$$

其中,η 是血的黏滞系数,p 是血管两端的压强差. 如果 p 和 l 是常数,则 v 是 r 的函数,定义域为 $[0,R]$.

我们称速度 v 关于 r 的瞬时变化率为血流速度梯度(即血流速度关于位置的变化率).

$$\text{血流速度梯度} = \lim_{\Delta r \to 0}\dfrac{\Delta v}{\Delta r}=\dfrac{\mathrm{d}v}{\mathrm{d}r}$$

由 v 与 r 的关系式可得

$$\dfrac{\mathrm{d}v}{\mathrm{d}r}=-\dfrac{pr}{2\eta l}$$

例如,在典型的人类小动脉中,$\eta=0.0027$ Pa·s,$R=0.008$ cm,取 $l=2$ cm,测得 $p=400$ Pa 时,有

$$v\approx 1.85\times 10^4(6.4\times 10^{-5}-r^2)$$

在 $r=0.002$ cm 处,血流速度为 $v(0.002)=1.11$ (cm/s). 血流速度梯度为 $\dfrac{\mathrm{d}v}{\mathrm{d}r}\Big|_{r=0.002}=-74$ (s^{-1}),即在 $r=0.002$ cm 处,若到血管中心轴的距离再增加一个单位,血流速度减少 74 个单位.

二、抛物镜面的聚光问题

探照灯、反射式天文望远镜、雷达天线及生活中使用的手电筒等,它们的反光镜及设备形状都采用所谓的旋转抛物面,即抛物线绕对称轴旋转一周而成的曲面. 这种反光镜有一个很好的光学特性,就是若把光源放在抛物面的焦点处,光线经过镜面反射后能变成与对称轴平行的光束(图 2-8). 反射式天文望远镜,可以把来自一个星球的基本上平行于对称轴的所有光线,在被反光镜反射后全部汇聚到焦点. 下面我们来证明这一结论.

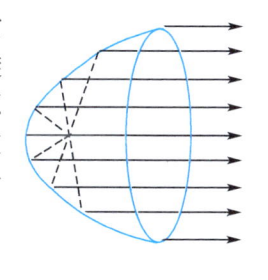

图 2-8

考察抛物线所在平面,并建立坐标系(图 2-9). 设抛物线的方程为 $y^2=x$,它的焦点为 $F\left(\dfrac{1}{4},0\right)$,仅考虑它的一支 $y=\sqrt{x}$,$P(x,y)$ 是这支抛物线上的任意一点.

根据光学原理,光线的反射角应等于入射角. 设入射角为 β_1,过 P 作平行于 Ox 轴的直线 PM,只要证明 $\beta_2=\beta_1$ 即可. 过点 P 作抛物线的切线 PT,问题转化为证明 $\alpha_1=\alpha_2$.

根据导数的几何意义,有
$$\tan\alpha_2=\dfrac{\mathrm{d}y}{\mathrm{d}x}=(\sqrt{x})'=\dfrac{1}{2\sqrt{x}}$$

从而得 $\alpha_2=\arctan\dfrac{1}{2\sqrt{x}}$. 又焦点半径 FP 的斜率为
$$k=\dfrac{y-0}{x-\dfrac{1}{4}}=\dfrac{4y}{4x-1}$$

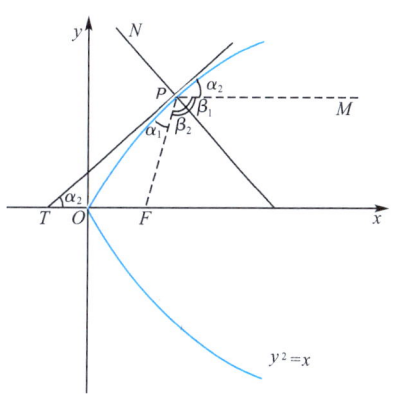

图 2-9

利用两直线的夹角公式得
$$\tan\alpha_1=\left|\dfrac{\dfrac{4y}{4x-1}-\dfrac{1}{2\sqrt{x}}}{1+\dfrac{4y}{4x-1}\dfrac{1}{2\sqrt{x}}}\right|=\dfrac{1}{2\sqrt{x}}$$

数学家

刘 徽

刘徽(约 225—约 295),汉族,山东滨州邹平市人,魏晋期间伟大的数学家,中国古典数学理论的奠基人之一. 在中国数学史上做出了极大的贡献,他的杰作《九章算术注》和《海岛算经》,是中国最宝贵的数学遗产. 刘徽思想敏捷,方法灵活,既提倡推理又主张直观. 他是中国最早明确主张用逻辑推理的方式来论证数学命题的人. 刘徽的一生是为数学刻苦探求的一生. 他虽然地位低下,但人格高尚. 他不是沽名钓誉的庸人,而是学而不厌的伟人,他给我们中华民族留下了宝贵的财富.

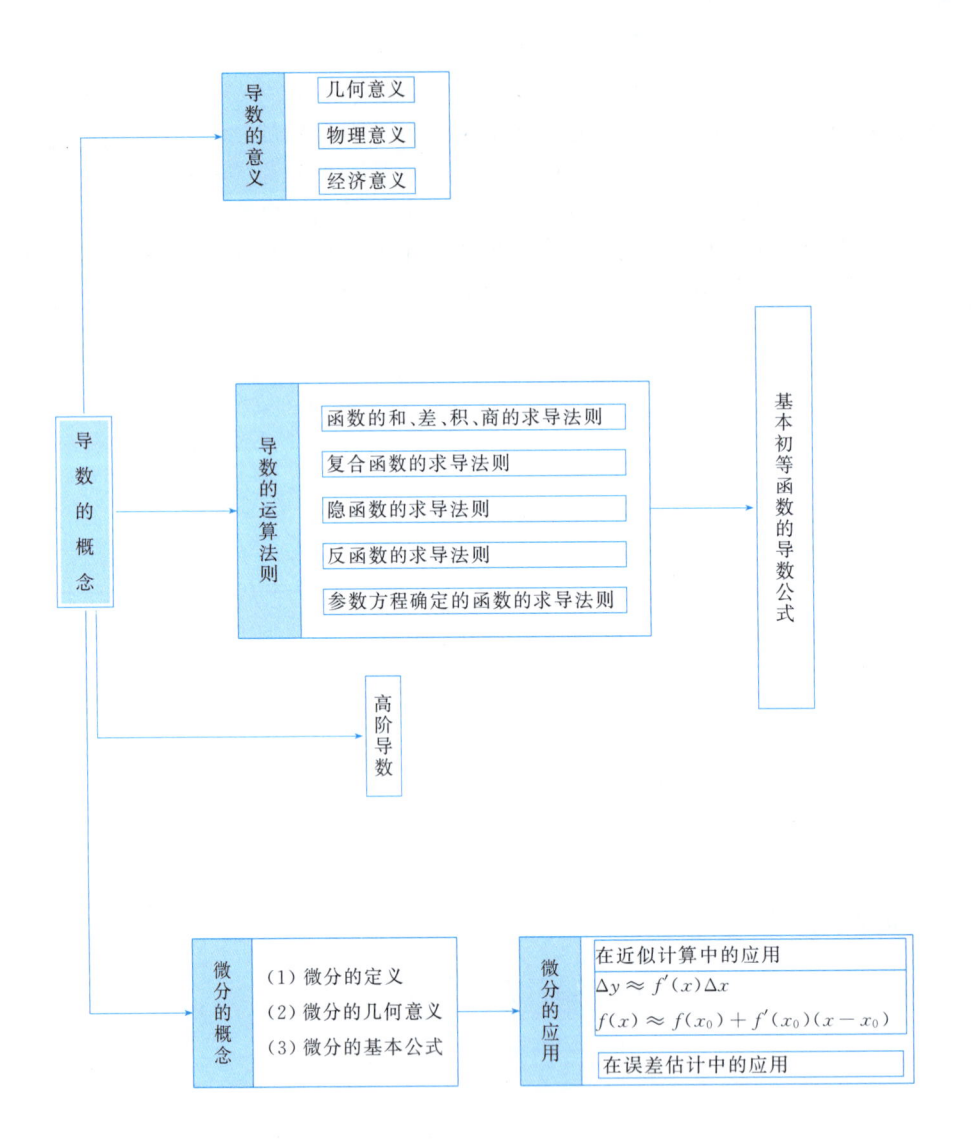

本章知识结构图

- 导数的意义
  - 几何意义
  - 物理意义
  - 经济意义

- 导数的概念
  - 导数的运算法则
    - 函数的和、差、积、商的求导法则
    - 复合函数的求导法则
    - 隐函数的求导法则
    - 反函数的求导法则
    - 参数方程确定的函数的求导法则
  - 基本初等函数的导数公式
  - 高阶导数

- 微分的概念
  - (1) 微分的定义
  - (2) 微分的几何意义
  - (3) 微分的基本公式

- 微分的应用
  - 在近似计算中的应用
    $\Delta y \approx f'(x)\Delta x$
    $f(x) \approx f(x_0) + f'(x_0)(x-x_0)$
  - 在误差估计中的应用

第三章 导数的应用

本章我们将利用导数来研究函数的一些性质,并应用这些知识解决一些常见的导数应用问题.

第一节 洛必达法则

我们已经掌握了求极限的几种方法,但对"$\frac{0}{0}$"型、"$\frac{\infty}{\infty}$"型的极限,不能直接运用四则运算法则求,一般先要对其进行适当的变换、化简,使其满足四则运算法则的条件,再求极限.但变换、化简很麻烦,有时甚至无法化简.

如果 $x \to x_0$(或 $x \to \infty$)时,两个函数 $f(x)$ 和 $g(x)$ 都趋于零或趋于无穷大,那么极限 $\lim\limits_{\substack{x \to x_0 \\ (x \to \infty)}} \frac{f(x)}{g(x)}$ 可能存在,也可能不存在.通常把这种极限叫作未定式,并分别记为"$\frac{0}{0}$"型未定式或"$\frac{\infty}{\infty}$"型未定式.

如 $\lim\limits_{x \to 0} \frac{\sin x}{x}$ 就是"$\frac{0}{0}$"型未定式的一个例子.本节将讨论求这类极限的有效方法.

一、"$\frac{0}{0}$"型未定式

定理 1 [洛必达(L'Hospital)法则]设函数 $f(x)$ 与 $g(x)$ 满足条件:
(1) $\lim\limits_{x \to x_0} f(x) = \lim\limits_{x \to x_0} g(x) = 0$;
(2) 在点 x_0 的某邻域内(点 x_0 可除外),$f'(x)$ 及 $g'(x)$ 都存在且 $g'(x) \neq 0$;
(3) $\lim\limits_{x \to x_0} \frac{f'(x)}{g'(x)}$ 存在(或为 ∞),那么
$$\lim\limits_{x \to x_0} \frac{f(x)}{g(x)} = \lim\limits_{x \to x_0} \frac{f'(x)}{g'(x)}.$$

当 $x \to x_0$ 改为 $x \to \infty$ 时,定理 1 仍然成立.

证明从略.

【例 1】 求 $\lim\limits_{x \to 1} \frac{x^3 - 1}{x - 1}$.

解 $\lim\limits_{x \to 1} \frac{x^3 - 1}{x - 1} = \lim\limits_{x \to 1} \frac{3x^2}{1} = 3.$

【例2】 求 $\lim\limits_{x\to 0}\dfrac{1-\cos x}{x^2}$.

解 $\lim\limits_{x\to 0}\dfrac{1-\cos x}{x^2}=\lim\limits_{x\to 0}\dfrac{\sin x}{2x}=\lim\limits_{x\to 0}\dfrac{\cos x}{2}=\dfrac{1}{2}$.

注：若 $\lim\limits_{x\to x_0}\dfrac{f'(x)}{g'(x)}$ 仍是"$\dfrac{0}{0}$"型,且 $f'(x),g'(x)$ 仍满足定理 1 条件,则可继续使用洛必达法则,即 $\lim\limits_{x\to x_0}\dfrac{f(x)}{g(x)}=\lim\limits_{x\to x_0}\dfrac{f'(x)}{g'(x)}=\lim\limits_{x\to x_0}\dfrac{f''(x)}{g''(x)}=\cdots$,直到不为"$\dfrac{0}{0}$"型为止(得到结果).

【例3】 求 $\lim\limits_{x\to 0}\dfrac{e^x-e^{-x}-2x}{x-\sin x}$.

解 当 $x\to 0$ 时,分子 $(e^x-e^{-x}-2x)\to 0$,分母 $(x-\sin x)\to 0$,此极限为"$\dfrac{0}{0}$"型. 由洛必达法则得

$$\lim_{x\to 0}\dfrac{e^x-e^{-x}-2x}{x-\sin x}=\lim_{x\to 0}\dfrac{e^x+e^{-x}-2}{1-\cos x}$$

此极限仍为"$\dfrac{0}{0}$"型. 再由洛必达法则得

$$\lim_{x\to 0}\dfrac{e^x+e^{-x}-2}{1-\cos x}=\lim_{x\to 0}\dfrac{e^x-e^{-x}}{\sin x}=\lim_{x\to 0}\dfrac{e^x+e^{-x}}{\cos x}=2.$$

【例4】 求 $\lim\limits_{x\to 0}\dfrac{x-\sin x}{\tan(x^3)}$.

解 解法一 $\lim\limits_{x\to 0}\dfrac{x-\sin x}{\tan(x^3)}=\lim\limits_{x\to 0}\dfrac{1-\cos x}{\sec^2(x^3)\cdot 3x^2}=\lim\limits_{x\to 0}\dfrac{1-\cos x}{3x^2}=\lim\limits_{x\to 0}\dfrac{\sin x}{6x}=\dfrac{1}{6}.$

解法二 $x\to 0$ 时 $\tan(x^3)\sim x^3$,$1-\cos x\sim\dfrac{1}{2}x^2$,所以

$$\lim_{x\to 0}\dfrac{x-\sin x}{\tan(x^3)}=\lim_{x\to 0}\dfrac{x-\sin x}{x^3}=\lim_{x\to 0}\dfrac{1-\cos x}{3x^2}=\lim_{x\to 0}\dfrac{\frac{1}{2}x^2}{3x^2}=\dfrac{1}{6}.$$

二、"$\dfrac{\infty}{\infty}$"型未定式

定理 2 设 $f(x),g(x)$ 满足：

(1) $\lim\limits_{x\to x_0}f(x)=\lim\limits_{x\to x_0}g(x)=\infty$;

(2) 在点 x_0 的某邻域内(点 x_0 可除外),$f'(x),g'(x)$ 都存在,且 $g'(x)\neq 0$;

(3) $\lim\limits_{x\to x_0}\dfrac{f'(x)}{g'(x)}$ 存在(或为 ∞),则

$$\lim_{x\to x_0}\dfrac{f(x)}{g(x)}=\lim_{x\to x_0}\dfrac{f'(x)}{g'(x)}.$$

当 $x\to x_0$ 改为 $x\to\infty$ 时,定理 2 仍然成立.

证明从略.

【例5】 求 $\lim\limits_{x\to\infty}\dfrac{x^2-1}{2x^2-x-1}$.

解 $\lim\limits_{x\to\infty}\dfrac{x^2-1}{2x^2-x-1}=\lim\limits_{x\to\infty}\dfrac{2x}{4x-1}=\lim\limits_{x\to\infty}\dfrac{2}{4}=\dfrac{1}{2}.$

【例6】 求 $\lim\limits_{x\to+\infty}\dfrac{x^2}{e^x}$.

解 $\lim\limits_{x\to+\infty}\dfrac{x^2}{e^x}=\lim\limits_{x\to+\infty}\dfrac{2x}{e^x}=2\cdot\lim\limits_{x\to+\infty}\dfrac{1}{e^x}=0.$

同理可得

$$\lim_{x\to+\infty}\frac{x^n}{e^x}=0$$

注:如果 $\lim\limits_{x\to x_0}\dfrac{f'(x)}{g'(x)}$ 仍是 "$\dfrac{\infty}{\infty}$" 型,且 $f'(x),g'(x)$ 仍满足定理 2 条件,则可继续使用洛必达法则,即 $\lim\limits_{x\to x_0}\dfrac{f(x)}{g(x)}=\lim\limits_{x\to x_0}\dfrac{f'(x)}{g'(x)}=\lim\limits_{x\to x_0}\dfrac{f''(x)}{g''(x)},\cdots$,直到不为 "$\dfrac{\infty}{\infty}$" 型为止(得到结果).

【例7】 求 $\lim\limits_{x\to+\infty}\dfrac{\ln^2 x}{x}$.

解 $\lim\limits_{x\to+\infty}\dfrac{\ln^2 x}{x}=\lim\limits_{x\to+\infty}\dfrac{\frac{2\ln x}{x}}{1}=\lim\limits_{x\to+\infty}\dfrac{2\ln x}{x}=2\lim\limits_{x\to+\infty}\dfrac{\frac{1}{x}}{1}=0.$

三、其他类型未定式

除了 "$\dfrac{0}{0}$" 和 "$\dfrac{\infty}{\infty}$" 型外,还有其他类型的未定式,如 $\infty-\infty,0\cdot\infty,\infty^0,0^0$ 和 1^∞ 型等. 这些未定式可以化成 "$\dfrac{0}{0}$" 或 "$\dfrac{\infty}{\infty}$" 型后,用洛必达法则来求解.

【例8】 求 $\lim\limits_{x\to 0}\left(\dfrac{1}{\sin x}-\dfrac{1}{x}\right)$. ($\infty-\infty$ 型)

解 $\lim\limits_{x\to 0}\left(\dfrac{1}{\sin x}-\dfrac{1}{x}\right)=\lim\limits_{x\to 0}\dfrac{x-\sin x}{x\sin x}=\lim\limits_{x\to 0}\dfrac{1-\cos x}{\sin x+x\cos x}$
$=\lim\limits_{x\to 0}\dfrac{\sin x}{2\cos x-x\sin x}=0.$

【例9】 求 $\lim\limits_{x\to 0^+}x^2\ln x$. ($0\cdot\infty$ 型)

解 $\lim\limits_{x\to 0^+}x^2\ln x=\lim\limits_{x\to 0^+}\dfrac{\ln x}{x^{-2}}=\lim\limits_{x\to 0^+}\dfrac{x^{-1}}{-2x^{-3}}=\lim\limits_{x\to 0^+}\dfrac{x^2}{-2}=0.$

一般地有 $\lim\limits_{x\to 0^+}x^a\ln x=0(a>0)$.

【例10】 求 $\lim\limits_{x\to 0^+}x^x$. ($0^0$ 型)

解 $\lim\limits_{x\to 0^+}x^x=\lim\limits_{x\to 0^+}e^{\ln x^x}=e^{\lim\limits_{x\to 0^+}x\ln x}$,

$\lim\limits_{x\to 0^+}x\ln x=\lim\limits_{x\to 0^+}\dfrac{\ln x}{\frac{1}{x}}=\lim\limits_{x\to 0^+}\dfrac{\frac{1}{x}}{-\frac{1}{x^2}}=\lim\limits_{x\to 0^+}(-x)=0,$

$\lim\limits_{x\to 0^+}x^x=e^0=1.$

【例11】 求 $\lim\limits_{x\to 1}x^{\frac{1}{1-x}}$. ($1^\infty$ 型)

解 $\lim\limits_{x\to 1}x^{\frac{1}{1-x}}=\lim\limits_{x\to 1}e^{\ln x^{\frac{1}{1-x}}}=e^{\lim\limits_{x\to 1}\frac{1}{1-x}\ln x}$,

$\lim\limits_{x\to 1}\frac{1}{1-x}\ln x=\lim\limits_{x\to 1}\frac{\frac{1}{x}}{-1}=\lim\limits_{x\to 1}\left(-\frac{1}{x}\right)=-1$,

$\lim\limits_{x\to 1}x^{\frac{1}{1-x}}=e^{-1}$.

【例 12】 求 $\lim\limits_{x\to 0^+}\left(\frac{1}{x}\right)^{\sin x}$. ($\infty^0$ 型)

解 $\lim\limits_{x\to 0^+}\left(\frac{1}{x}\right)^{\sin x}=\lim\limits_{x\to 0^+}e^{\ln\left(\frac{1}{x}\right)^{\sin x}}=e^{\lim\limits_{x\to 0^+}\sin x\ln\left(\frac{1}{x}\right)}$,

$\lim\limits_{x\to 0^+}\sin x\ln\left(\frac{1}{x}\right)=\lim\limits_{x\to 0^+}\frac{\ln\frac{1}{x}}{\frac{1}{\sin x}}=\lim\limits_{x\to 0^+}\frac{x\left(-\frac{1}{x^2}\right)}{-\frac{\cos x}{\sin^2 x}}=\lim\limits_{x\to 0^+}\frac{\frac{1}{x}}{\frac{\cos x}{\sin^2 x}}=\lim\limits_{x\to 0^+}\left(\frac{\sin x}{x}\cdot\frac{\sin x}{\cos x}\right)=0$,

$\lim\limits_{x\to 0^+}\left(\frac{1}{x}\right)^{\sin x}=e^0=1$.

说明 1. $\infty^0, 0^0, 1^\infty$ 都是幂指函数型,求极限时,一般先写成对数形式后再求极限.

2. 洛必达法则是求未定式极限的一种方法.当定理条件满足时,所求的极限当然存在(或为 ∞),但当定理条件不满足时,所求极限却不一定不存在,也就是说当 $\lim\limits_{\substack{x\to x_0\\(x\to\infty)}}\frac{f'(x)}{g'(x)}$ 不存在且不是 ∞ 时,并不表明 $\lim\limits_{\substack{x\to x_0\\(x\to\infty)}}\frac{f(x)}{g(x)}$ 不存在,只是此时洛必达法则失效,可应用别的方法求极限.

3. 有些情况下,即使满足洛必达法则、极限也存在,但应用洛必达法则不一定能得出结果,这时可应用别的方法求极限.例如,

$$\lim_{x\to+\infty}\frac{\sqrt{x+1}}{\sqrt{x-1}}\xlongequal{\frac{\infty}{\infty}}\lim_{x\to+\infty}\frac{\sqrt{x-1}}{\sqrt{x+1}}\xlongequal{\frac{\infty}{\infty}}\lim_{x\to+\infty}\frac{\sqrt{x+1}}{\sqrt{x-1}}$$

可应用别的方法: $\lim\limits_{x\to+\infty}\frac{\sqrt{x+1}}{\sqrt{x-1}}=\sqrt{\lim\limits_{x\to+\infty}\frac{x+1}{x-1}}=\sqrt{1}=1$.

习题 3-1

A 组

1. 判断下列极限属于何种未定式,并计算各式的值.

(1) $\lim\limits_{x\to\pi}\dfrac{\sin 3x}{\tan 5x}$ (2) $\lim\limits_{x\to+\infty}\dfrac{\ln(e^x+1)}{e^x}$ (3) $\lim\limits_{x\to 0^+}\dfrac{\ln x}{\cot x}$ (4) $\lim\limits_{x\to 0}\dfrac{e^x\cos x-1}{\sin 2x}$

2. 用洛必达法则求下列极限.

(1) $\lim\limits_{x\to a}\dfrac{x^m-a^m}{x^n-a^n}$ ($a\neq 0, m, n$ 为常数)   (2) $\lim\limits_{x\to\frac{\pi}{2}}\dfrac{\ln\sin x}{(\pi-2x)^2}$

(3) $\lim\limits_{x\to 0}\dfrac{e^x-e^{-x}}{\sin x}$ (4) $\lim\limits_{x\to 0}\dfrac{\sqrt{a+x}-\sqrt{a-x}}{x}$ ($a>0$)

(5) $\lim\limits_{x\to 1}(1-x)\tan\dfrac{\pi x}{2}$ (6) $\lim\limits_{x\to 0}x^2 e^{\frac{1}{x^2}}$

3. 下列极限是否存在？是否可用洛必达法则求极限？为什么？

(1) $\lim\limits_{x\to +\infty}\dfrac{e^x+e^{-x}}{e^x-e^{-x}}$ (2) $\lim\limits_{x\to\infty}\dfrac{x+\sin x}{x}$ (3) $\lim\limits_{x\to 0}\dfrac{x^2\sin\dfrac{1}{x}}{\sin x}$ (4) $\lim\limits_{x\to 0}\dfrac{e^x-\cos x}{x\sin x}$

▶ B 组

1. 求下列极限.

(1) $\lim\limits_{x\to 0}\left(\dfrac{1}{\sin^2 x}-\dfrac{1}{x^2}\right)$ (2) $\lim\limits_{x\to 0^+}\dfrac{x-\arcsin x}{\sin^3 x}$

(3) $\lim\limits_{x\to 0^+}x^{\sin x}$ (4) $\lim\limits_{x\to 0^+}\left(\dfrac{1}{x}\right)^{\tan x}$

课程思政

科学的发展，凝聚着科学家的辛勤劳动. 例如，意大利数学家拉格朗日在数学、力学和天文学三个学科中的突出贡献以及科学精神；柯西对微积分学的贡献、对整个分析学的基础和极限论的贡献；费马大定理的内容、证明过程以及英国数学家安怀尔斯在证明过程中的探索精神.

第二节 函数的单调性和极值

导数理论为我们广泛深入地研究函数的性质提供了有力的工具，本节我们利用导数来研究函数的单调性和极值.

一、函数单调性的判别方法

罗尔定理和拉格朗日中值定理是导数应用的基础.

定理 1 （罗尔定理）若函数 $f(x)$ 在闭区间 $[a,b]$ 上连续，在开区间 (a,b) 内可导，且 $f(a)=f(b)$，则在 (a,b) 内至少存在一点 $\xi(a<\xi<b)$，使得 $f'(\xi)=0$.

证明从略.

定理 1 的几何意义如图 3-1 所示：连续光滑曲线 $y=f(x)$ 在区间 $[a,b]$ 的两个端点的值相等，且在 (a,b) 内每点都存在不垂直于 x 轴的切线，则至少存在一点处的切线是水平的.

图 3-1

定理 2 （拉格朗日中值定理）若 $f(x)$ 在闭区间 $[a,b]$ 上连续，在开区间 (a,b) 内可导，则在 (a,b) 内至少存在一点 $\xi(a<\xi<b)$，使得 $f'(\xi)=\dfrac{f(b)-f(a)}{b-a}$ 或 $f(b)-f(a)=f'(\xi)(b-a)$.

证明从略.

定理 2 的几何意义如图 3-2 所示：数值 $\dfrac{f(b)-f(a)}{b-a}$ 表示区间 $[a,b]$ 上

曲线 $y=f(x)$ 两端点连线 AB 的斜率,拉格朗日中值定理表明在该定理的条件下,曲线 $y=f(x)$ 上必有一点,在该点处曲线的切线平行于直线 AB.

显然,如果 $f(a)=f(b)$,拉格朗日中值定理则为罗尔定理,即罗尔定理是拉格朗日中值定理的特例.

推论 1　如果函数 $y=f(x)$ 在区间 (a,b) 内任意点处的导数等于零,则在 (a,b) 内 $y=f(x)$ 为常数.

推论 2　如果函数 $f(x)$ 和 $g(x)$ 在区间 (a,b) 内可导,且对于任意 $x\in(a,b)$ 有 $f'(x)=g'(x)$,则在 (a,b) 内 $f(x)$ 与 $g(x)$ 仅相差一个常数,即 $f(x)=g(x)+C$,其中 C 为常数.

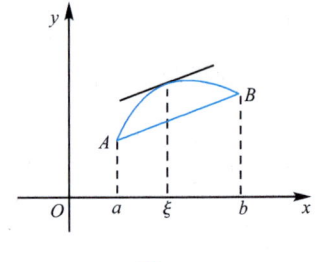

图 3-2

函数的单调性是函数的重要性态,它反映了函数随自变量增大而增大(减少)的一个特征. 但是,利用函数单调性的定义来判别其在某区间上的单调性往往比较麻烦,下面介绍用导数的方法来判断函数的单调性.

定理 3　设函数 $f(x)$ 在 $[a,b]$ 上连续,在 (a,b) 内可导,则在 (a,b) 内,
(1) 如果 $f'(x)>0$,那么 $f(x)$ 在 $[a,b]$ 上单调增加;
(2) 如果 $f'(x)<0$,那么 $f(x)$ 在 $[a,b]$ 上单调减少.

证明　设 $f(x)$ 在 $[a,b]$ 上连续,在 (a,b) 内可导,
在 $[a,b]$ 内任取两点 x_1,x_2,且 $x_1<x_2$,由拉格朗日中值定理,有
$$f(x_2)-f(x_1)=f'(\xi)(x_2-x_1)\ (\xi\in(x_1,x_2))$$

如果对任意的 $x\in(a,b)$,有 $f'(x)>0$,则 $f'(\xi)>0$,又因为 $x_2-x_1>0$,所以 $f(x_2)-f(x_1)=f'(\xi)(x_2-x_1)>0$,即 $f(x_2)>f(x_1)$,因此 $y=f(x)$ 在 $[a,b]$ 上单调增加.

单调减少同理可证.

例如,$y=x^2$(图 3-3),显然 $y=x^2$ 在 $(0,+\infty)$ 上单调增加,在 $(-\infty,0)$ 上单调减少.

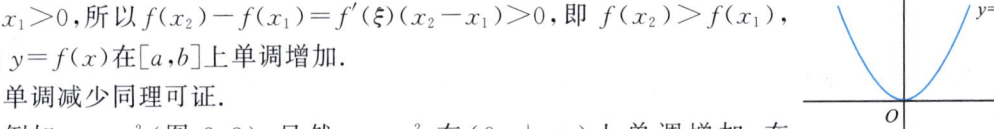

图 3-3

【例 1】　求函数 $f(x)=x^3-3x$ 的单调区间.

解　(1) 该函数的定义域为 $(-\infty,+\infty)$;
(2) $f'(x)=3x^2-3=3(x+1)(x-1)$,令 $f'(x)=0$,得 $x=-1,x=1$,它们将定义域分为三个子区间: $(-\infty,-1),(-1,1),(1,+\infty)$;
(3) 列表(表 3-1)确定 $f(x)$ 的单调性:

表 3-1

x	$(-\infty,-1)$	$(-1,1)$	$(1,+\infty)$
$f'(x)$	$+$	$-$	$+$
$f(x)$	↗	↘	↗

其中,符号 ↗ 和 ↘ 分别表示函数 $f(x)$ 在相应区间内是单调增加的和单调减少的.

由该表知:函数 $f(x)$ 的单调增区间为 $(-\infty,-1)$ 和 $(1,+\infty)$,单调减区间为 $(-1,1)$.

【例 2】　讨论函数 $f(x)=(x-1)x^{\frac{2}{3}}$ 的单调性.

解　(1) 该函数的定义域为 $(-\infty,+\infty)$;
(2) $f'(x)=\dfrac{2}{3}x^{-\frac{1}{3}}(x-1)+x^{\frac{2}{3}}=\dfrac{5x-2}{3x^{\frac{1}{3}}}$;令 $f'(x)=0$ 得 $x=\dfrac{2}{5}$,显然 $x=0$ 为 $f(x)$ 的不可导点,于是 $x=0,x=\dfrac{2}{5}$ 将定义域分为三个子区间 $(-\infty,0),\left(0,\dfrac{2}{5}\right),\left(\dfrac{2}{5},+\infty\right)$.

（3）列表（表 3-2）确定 $f(x)$ 的单调性：

表 3-2

x	$(-\infty,0)$	$\left(0,\dfrac{2}{5}\right)$	$\left(\dfrac{2}{5},+\infty\right)$
$f'(x)$	$+$	$-$	$+$
$f(x)$	↗	↘	↗

即 $f(x)$ 在 $(-\infty,0)$ 和 $\left(\dfrac{2}{5},+\infty\right)$ 上单调增加，在 $\left(0,\dfrac{2}{5}\right)$ 上单调减少．

由以上例题可确定判定函数单调性的一般步骤：

（1）确定函数的定义域；

（2）求出使函数 $f'(x)=0$ 和 $f'(x)$ 不存在的点，并以这些点为分界点，将定义域分成若干个子区间；

（3）确定 $f'(x)$ 在各个子区间的符号，从而确定 $f(x)$ 的单调区间．

【例 3】 证明不等式：$\ln(1+x)>\dfrac{x}{1+x}(x>0)$．

证明 设函数 $f(x)=\ln(1+x)-\dfrac{x}{1+x}$，因 $f(x)$ 在 $[0,+\infty)$ 上连续，当 $x>0$ 时，$f'(x)=\dfrac{1}{1+x}-\dfrac{1+x-x}{(1+x)^2}=\dfrac{x}{(1+x)^2}>0$，所以 $f(x)$ 在区间 $[0,+\infty)$ 内单调增加，又 $f(0)=0$，因此，当 $x>0$ 时，恒有 $f(x)>f(0)$，即 $\ln(1+x)>\dfrac{x}{1+x}$．

运用函数的单调性证明不等式的关键在于构造适当的辅助函数，并研究它在指定区间内的单调性．

函数的单调性

二、函数极值的判别法

定义 1 设函数 $y=f(x)$ 在点 x_0 的一个邻域 U 内有定义，

（1）如果 $x\in U$ 时，恒有 $f(x)>f(x_0)(x\neq x_0)$，那么称 $f(x_0)$ 为 $f(x)$ 的极小值，称 x_0 是 $f(x)$ 的极小值点．

（2）如果 $x\in U$ 时，恒有 $f(x)<f(x_0)(x\neq x_0)$，那么称 $f(x_0)$ 为 $f(x)$ 的极大值，称 x_0 是 $f(x)$ 的极大值点．

如图 3-4 所示的函数 $y=f(x)$，x_1 和 x_3 为它的极小值点，x_2 和 x_4 为它的极大值点，极小值 $f(x_1)$ 小于极大值 $f(x_2)$，但大于极大值 $f(x_4)$，这表明极值是一种局部性的概念，是在一个邻域内的最小值和最大值．

函数的极值

极大值和极小值统称为极值，极大值点和极小值点统称为极值点．

定理 4 如果函数 $f(x)$ 在点 x_0 的一个邻域 U 内有定义，$f(x)$ 在 x_0 可导，那么 x_0 是 $f(x)$ 的极值点的必要条件是 $f'(x_0)=0$．

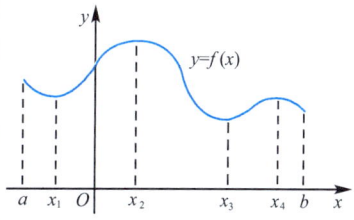

图 3-4

证明从略．

定理 4 的几何意义是,可微函数的图像在极值点处的切线与 x 轴平行.

定义 2　使导数 $f'(x)$ 为零的点 x,称为函数 $f(x)$ 的驻点.

函数的极值可能在其导数为零的点处取得,也可能在连续但不可导的点处取得(图 3-5).在可导的情况下,极值点一定是驻点,但驻点不一定是极值点(图 3-6).

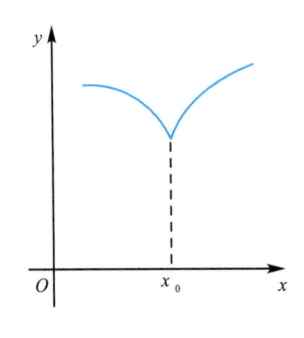

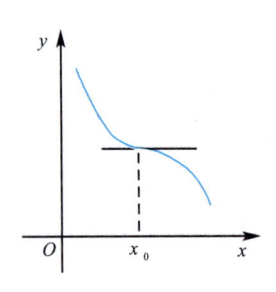

图 3-5

图 3-6

定理 5　设函数 $f(x)$ 在点 x_0 处连续,且在 x_0 的空心邻域内可导,

(1) 如果 $x<x_0$ 时 $f'(x)>0$,$x>x_0$ 时 $f'(x)<0$,那么 $f(x)$ 在 x_0 处取得极大值 $f(x_0)$;

(2) 如果 $x<x_0$ 时 $f'(x)<0$,$x>x_0$ 时 $f'(x)>0$,那么 $f(x)$ 在 x_0 处取得极小值 $f(x_0)$;

(3) 如果 $x<x_0$ 和 $x>x_0$ 时,$f'(x)$ 不变号,那么 $f(x)$ 在 x_0 处不取得极值.

证明从略.

定理 6　设函数 $y=f(x)$ 在 x_0 处的二阶导数存在,且 $f'(x_0)=0$,$f''(x_0)\neq 0$,则 x_0 是函数的极值点,$f(x_0)$ 为函数的极值,并且

(1) 如果 $f''(x_0)>0$,那么 x_0 为极小值点,$f(x_0)$ 为极小值;

(2) 如果 $f''(x_0)<0$,那么 x_0 为极大值点,$f(x_0)$ 为极大值.

证明从略.

注意　定理 6 只能局限于二阶可导函数在驻点处二阶导数存在且不等于零的函数求极值的问题,对于导数不存在及驻点处二阶导数为零的情况不能解决.

求函数极值的一般步骤:

首先应用定理 6 判断.

(1) 确定定义域,并求出所给函数的全部驻点;

(2) 考察函数的二阶导数在驻点处的符号,确定极值点;

(3) 求出极值点处的函数值,得到极值.

若函数 $f'(x_0)=0$ 且 $f''(x_0)=0$ 或 $f'(x_0)=0$ 但 $f''(x_0)$ 不存在,则定理 6 失效,应用定理 5,其步骤为:

(1) 确定定义域并找出所给函数的驻点和导数不存在的点;

(2) 考察上述点两侧一阶导数的符号,确定极值点;

(3) 求出极值点处的函数值,得到极值.

【例 4】　求函数 $f(x)=(x^2-1)^3+1$ 的极值.

解　(1) 定义域为 $(-\infty,+\infty)$.

由 $f'(x)=6x(x^2-1)^2$,知 $f(x)$ 的驻点为 $x=-1,x=0,x=1$,且没有导数不存在的点.

(2) 由 $f''(x)=6(x^2-1)(5x^2-1)$ 可知,$f''(0)=6>0$,$f''(-1)=f''(1)=0$.

从而由定理 6 推知 $x=0$ 为极小值点,但定理 6 对于 $x=\pm 1$ 失效,因此改用定理 5 判定.

因为 $f'(x)$ 在 $x=-1$ 的两侧同号（均为负值），在 $x=1$ 的两侧也同号（均为正值），所以 $x=\pm 1$ 均不是极值点.

(3) 计算极值：极小值 $f(0)=0$.

【例5】 求函数 $f(x)=x\sqrt[3]{(6x+7)^2}$ 的单调区间和极值.

解 $f(x)$ 的一阶导数为

$$f'(x)=\sqrt[3]{(6x+7)^2}+\frac{4x}{\sqrt[3]{6x+7}}=\frac{10x+7}{\sqrt[3]{6x+7}}$$

令 $f'(x)=0$，得驻点 $x_1=-\dfrac{7}{10}$.

又得 $x_2=-\dfrac{7}{6}$ 时，$f(x)$ 不可导，即 $x_2=-\dfrac{7}{6}$ 是不可导点.

列表（表3-3）讨论如下：

表 3-3

x	$\left(-\infty,-\dfrac{7}{6}\right)$	$-\dfrac{7}{6}$	$\left(-\dfrac{7}{6},-\dfrac{7}{10}\right)$	$-\dfrac{7}{10}$	$\left(-\dfrac{7}{10},+\infty\right)$
$f'(x)$	+	不可导	−	0	+
$f(x)$	↗	极大值	↘	极小值	↗

从上表中得知：

$x_2=-\dfrac{7}{6}$ 是极大值点，极大值 $f\left(-\dfrac{7}{6}\right)=0$；

$x_1=-\dfrac{7}{10}$ 是极小值点，极小值 $f\left(-\dfrac{7}{10}\right)=-\dfrac{7}{50}\sqrt[3]{980}$；

单调增区间为 $\left(-\infty,-\dfrac{7}{6}\right)$ 和 $\left(-\dfrac{7}{10},+\infty\right)$，单调减区间为 $\left(-\dfrac{7}{6},-\dfrac{7}{10}\right)$.

三、函数的最大值与最小值

在工农业生产、经济管理等活动中常会遇到这样一类问题：在一定条件下，怎样使投入最少，产出最多，成本最低. 这类问题在数学上通常可归结为求一个函数在给定区间上的最大值和最小值问题.

闭区间上连续的函数必在该区间上存在最大值和最小值. 一般情况下，函数的最大值、最小值即为函数的极大值、极小值或定义区间端点的函数值. 因此，函数的最大值、最小值可按如下方法求得：

(1) 求出函数 $f(x)$ 在 (a,b) 内所有可能的极值点（驻点和不可导点）；

(2) 求出 $f(x)$ 在这些点处相应的函数值及端点的函数值 $f(a),f(b)$，然后比较它们的大小，其中，最大者为 $f(x)$ 在 $[a,b]$ 上的最大值，最小者为 $f(x)$ 在 $[a,b]$ 上的最小值.

1. 闭区间上连续函数的最大值与最小值

【例6】 求 $f(x)=(x-1)\sqrt[3]{x^2}$ 在 $\left[-1,\dfrac{1}{2}\right]$ 上的最大值和最小值.

函数的最值

解 因为 $f'(x)=\dfrac{5x-2}{3\sqrt[3]{x}}$,所以 $f(x)$ 的可能极值点为 $x_1=\dfrac{2}{5}$(驻点)和 $x_2=0$(不可导点),相应的函数值

$$f(x_1)=f\left(\dfrac{2}{5}\right)=-\dfrac{3}{5}\times\sqrt[3]{\dfrac{4}{25}}\approx -0.3257$$

$$f(x_2)=f(0)=0$$

区间端点的函数值

$$f(-1)=-2$$

$$f\left(\dfrac{1}{2}\right)=-\dfrac{1}{2}\times\sqrt[3]{\dfrac{1}{4}}\approx -0.3150$$

比较这四个数的大小得,$f(x)$ 在 $\left[-1,\dfrac{1}{2}\right]$ 上的最大值为 $f(0)=0$,最小值为 $f(-1)=-2$.

【例7】 求函数 $f(x)=2x^3-6x^2-18x-7$ 在区间 $[1,4]$ 上的最小值.

解 $f'(x)=6x^2-12x-18=6(x-3)(x+1)$.

令 $f'(x)=0$ 得驻点 $x_1=3,x_2=-1$. $x_2=-1$ 不在给定区间 $[1,4]$ 内,故不必讨论.

$$f(3)=2\times 3^3-6\times 3^2-18\times 3-7=-61$$

$$f(1)=-29$$

$$f(4)=2\times 4^3-6\times 4^2-18\times 4-7=128-96-72-7=-47$$

比较这三个数的大小得,$f(x)$ 在 $[1,4]$ 上的最小值为 $f(3)=-61$.

2. 开区间上连续函数的最大值与最小值

如图 3-7 所示,如果函数 $f(x)$ 在一个开区间内可导且有唯一的极值点 x_0,那么当 $f(x_0)$ 是极大值时,$f(x_0)$ 就是 $f(x)$ 在该区间上的最大值;当 $f(x_0)$ 是极小值时,$f(x_0)$ 就是 $f(x)$ 在该区间上的最小值.

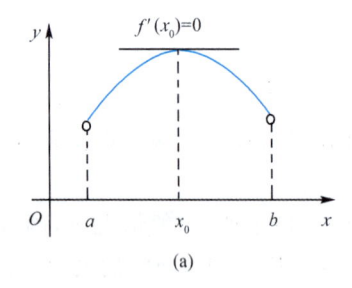

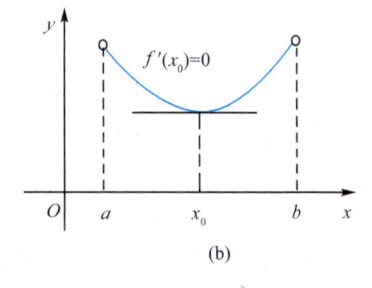

图 3-7

【例8】 如图 3-8 所示,设工厂 A 到铁路线的垂直距离为 $20\ \text{km}$,垂足为 B,铁路线上距离 $B\ 100\ \text{km}$ 处有一原料供应站 C,现在要在铁路线 BC 之间某处 D 修建一个车站,再由车站 D 向工厂修一条公路,问 D 应在何处才能使得从原料供应站 C 运货到工厂 A 所需运费最省?已知每千米的铁路运费与公路运费之比为 $3:5$.

解 设 $BD=x$,则 $AD=\sqrt{x^2+20^2}$,$CD=100-x$,如果公路运费为 $5a$ 元/千米,则铁路运费为 $3a$ 元/千米,于是从原料

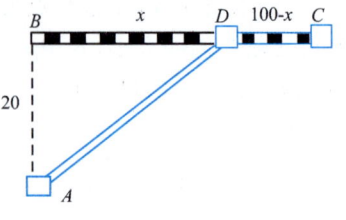

图 3-8

供应站 C 途经中转站 D 到工厂 A 所需的总运费 $y=5a\sqrt{x^2+20^2}+3a(100-x)$ $(0\leqslant x\leqslant 100)$，我们的问题便是求此函数的最小值点，为此计算 y'：

$$y'=\frac{5ax}{\sqrt{x^2+20^2}}-3a=\frac{a(5x-3\sqrt{x^2+20^2})}{\sqrt{x^2+20^2}}$$

令 $y'=0$ 得 $5x=3\sqrt{x^2+20^2}$，由此解得 $x=\pm 15$，只有 $x=15$ 满足 $0\leqslant x\leqslant 100$. 因此，当车站 D 建于 B,C 之间且与 B 相距 15 km 处时运费最省.

【例 9】 设某产品的次品率 y 与日产量 x 之间的关系为

$$y=\begin{cases} \dfrac{1}{101-x}, & 0\leqslant x\leqslant 100 \\ 1, & x>100 \end{cases}$$

若每件产品的盈利为 A 元，每件次品造成的损失为 $\dfrac{A}{3}$ 元，试求盈利最多时的日产量.

解 按题意，x 应为正整数，设 $x\in[0,100]$，日产量为 x 时盈利为 $T(x)$，这时次品数为 xy，正品为 $x-xy$，因此

$$T(x)=A(x-xy)-\frac{A}{3}xy=A\left(x-\frac{x}{101-x}\right)-\frac{A}{3}\cdot\frac{x}{101-x} \quad (0\leqslant x\leqslant 100)$$

于是问题就归结为求 $T(x)$ 的最大值. 因为

$$T'(x)=A\left[1-\left(\frac{x}{101-x}\right)'\right]-\frac{A}{3}\left(\frac{x}{101-x}\right)'$$

$$=A\left[1-\frac{4}{3}\cdot\frac{101}{(101-x)^2}\right]$$

令 $T'(x)=0$ 可得 $T(x)$ 的唯一驻点 $x\approx 89.4$.

因此 $x\approx 89.4$ 是使 $T(x)$ 取得最大值的点，因为 x 实际上是正整数，所以将 $T(89)\approx 79.11A$ 与 $T(90)\approx 79.09A$ 相比较，即知每天生产 89 件产品盈利最多.

习题 3-2

A 组

1. 下列说法是否正确？为什么？
   (1) 若 $f'(x_0)=0$，则 x_0 为 $f(x)$ 的极值点.
   (2) 若 $f'(x_0^-)>0$，$f'(x_0^+)<0$，则 x_0 就是 $f(x)$ 的极大值点.
   (3) $f(x)$ 的极值点一定是驻点或不可导点，反之则不成立.
   (4) 若函数 $f(x)$ 在区间 (a,b) 内仅有一个驻点，则该点一定是函数的极值点.
   (5) 设 x_1,x_2 分别是函数 $f(x)$ 的极大值点和极小值点，则必有 $f(x_1)>f(x_2)$.
   (6) 若函数 $f(x)$ 在 x_0 处取得极值，则曲线 $y=f(x)$ 在点 $(x_0,f(x_0))$ 处必有平行于 x 轴的切线.

2. 求下列函数的单调区间.
   (1) $y=x^4-2x^2-5$ (2) $y=x+\sqrt{1-x}$
   (3) $y=x-e^x$ (4) $y=x-2\sin x(0\leqslant x\leqslant 2\pi)$
   (5) $y=\ln(x+\sqrt{1+x^2})$

3. 求下列函数的极值.

(1) $y = x + \dfrac{1}{x}$ (2) $y = -x^4 + 2x^2$

(3) $y = 3 - 2(x-1)^{\frac{1}{3}}$ (4) $y = x + \sqrt{1-x}$

4. 求下列函数的最大值和最小值.

(1) $y = x + 2, x \in [0,4]$ (2) $y = x^2 - 4x + 6, x \in [-3, 10]$

(3) $y = x + \dfrac{1}{x}, x \in [0.01, 100]$ (4) $y = \sqrt{5-4x}, x \in [-1, 1]$

5. 要造一个容积为 V 的圆柱形容器(无盖),问底半径和高分别为多少时所用材料最省?

▶ B 组

1. 下列说法是否正确?为什么?

(1) 若函数 $f(x)$ 在 x_0 的某邻域 $U(x_0, \delta)$ 内处处可微,且 $f'(x_0) = 0$,则函数 $f(x)$ 必在 x_0 处取得极值.

(2) 函数 $y = x + \sin x$ 在 $(-\infty, +\infty)$ 内无极值.

2. 运用单调性证明下列不等式.

(1) $\ln(1+x) \geqslant \dfrac{\arctan x}{1+x}$, $(x \geqslant 0)$

(2) $\cos x > 1 - \dfrac{x^2}{2}$, $(x \neq 0)$

(3) $\arctan x \leqslant x$, $(x \geqslant 0)$

3. 一渔船停泊在距海岸 9 km 处,假定海岸线是直线,今派人从船上送信给距船 $3\sqrt{34}$ km 处的海岸渔站,如果送信人步行速度为 5 km/h,船速为 4 km/h,问应在何处登岸再走,才可使抵达渔站的时间最短?

4. 甲、乙两村合用一变压器(图 3-9),若两村用同型号线架设输电线,问变压器设在输电干线何处时,所需输电线最短?

5. 某种牌号的收音机,当单价为 350 元时,某商店可销售 1080 台,若价格每降低 5 元,商店可多销售 20 台,试求使商店获得最大收入的价格、销售量及最大收入.

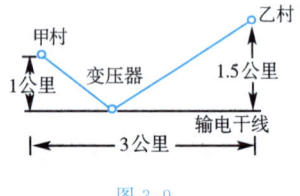

图 3-9

课程思政

极值好比井底之蛙,坐井观天;而最值放眼世界,有大局观. 我们应该努力开阔自己的学习视野,站在更高的角度胸怀祖国、放眼世界.

第三节 函数图像的描绘

一、曲线的凹凸性与拐点

定义 1 $f(x)$ 在 (a,b) 内连续,对于 (a,b) 内任意两点 x_1, x_2,

(1) 如果恒有 $f\left(\dfrac{x_1+x_2}{2}\right) < \dfrac{f(x_1)+f(x_2)}{2}$, 那么称 $f(x)$ 在 (a,b) 内的图形是凹的, 如图 3-10(1) 所示;

(2) 如果恒有 $f\left(\dfrac{x_1+x_2}{2}\right) > \dfrac{f(x_1)+f(x_2)}{2}$, 那么称 $f(x)$ 在 (a,b) 内的图形是凸的, 如图 3-10(2) 所示.

由定义 1 可知: 若曲线是凹的, 则曲线位于其任意一点切线的上方; 若曲线是凸的, 则曲线位于其任意一点切线的下方.

定义 2 设函数 $y=f(x)$ 在某区间内连续, 则曲线 $y=f(x)$ 在该区间内的凹凸分界点, 叫作该曲线的拐点.

注意 拐点是曲线上的点, 拐点的坐标需用横坐标与纵坐标同时表示, 即 $M(x_0,f(x_0))$.

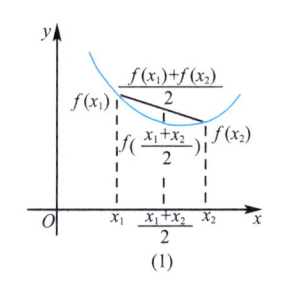

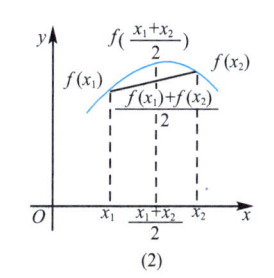

图 3-10

定理 1（曲线凹凸性判别定理）设函数 $y=f(x)$ 在 $[a,b]$ 上连续, 在 (a,b) 内具有一阶和二阶导数, 那么

(1) 若 $x\in(a,b)$ 时, 恒有 $f''(x)>0$, 则曲线 $y=f(x)$ 在 (a,b) 内是凹的;

(2) 若 $x\in(a,b)$ 时, 恒有 $f''(x)<0$, 则曲线 $y=f(x)$ 在 (a,b) 内是凸的.

说明 (1) 函数 $y=f(x)$ 在 x_0 处的二阶导数 $f''(x_0)$ 存在, 且点 $M_0(x_0,f(x_0))$ 为曲线 $y=f(x)$ 的拐点, 则 $f''(x_0)=0$;

(2) 若 $f''(x_0)=0$, 点 $M_0(x_0,f(x_0))$ 不一定是 $f(x)$ 的拐点, 只有在 x_0 两侧的二阶导数变号时, 点 $M_0(x_0,f(x_0))$ 才是曲线 $y=f(x)$ 的拐点.

如 $f(x)=x^4$, $f''(x)=12x^2\geqslant 0$, $f''(0)=0$, 由于在 $x=0$ 的两侧 $f''(x)$ 同号, 因此 $f(x)$ 没有拐点.

(3) 若 $f(x)$ 在 x_0 处的二阶导数 $f''(x_0)$ 不存在, 但 $f(x_0)$ 存在. 且在 x_0 两侧二阶导数变号, 点 $M_0(x_0,f(x_0))$ 也为曲线 $y=f(x)$ 的拐点.

【例 1】 讨论曲线 $f(x)=x^3-6x^2+9x+1$ 的凹凸区间与拐点.

解 定义域为 $(-\infty,+\infty)$, 因为 $f'(x)=3x^2-12x+9$, $f''(x)=6x-12=6(x-2)$, 由 $f''(x)=0$ 可得 $x=2$, 列表（表 3-4）如下:

表 3-4

x	$(-\infty,2)$	2	$(2,+\infty)$
$f''(x)$	$-$	0	$+$
$f(x)$	凸	拐点 $(2,3)$	凹

【例2】 求下列曲线的凹凸区间与拐点.

(1) $y=\dfrac{1}{x^2+1}$　　(2) $y=a-\sqrt[3]{x-b}$ (a,b 为常数)　　(3) $y=(x+1)^4$

解 (1)求曲线的凹凸区间与拐点,需求出使二阶导数 $y''=0$ 的点及二阶导数不存在的点.

$$y'=-\frac{2x}{(x^2+1)^2},\quad y''=\frac{2(3x^2-1)}{(x^2+1)^3}$$

令 $y''=0$,得 $x=\pm\dfrac{1}{\sqrt{3}}$.(没有 y'' 不存在的点)

列表(表3-5)讨论如下:

表3-5

x	$\left(-\infty,-\dfrac{1}{\sqrt{3}}\right)$	$-\dfrac{1}{\sqrt{3}}$	$\left(-\dfrac{1}{\sqrt{3}},\dfrac{1}{\sqrt{3}}\right)$	$\dfrac{1}{\sqrt{3}}$	$\left(\dfrac{1}{\sqrt{3}},+\infty\right)$
y''	+	0	−	0	+
y	凹	拐点 $\left(-\dfrac{1}{\sqrt{3}},\dfrac{3}{4}\right)$	凸	拐点 $\left(\dfrac{1}{\sqrt{3}},\dfrac{3}{4}\right)$	凹

曲线的凹区间是 $\left(-\infty,-\dfrac{1}{\sqrt{3}}\right)$,$\left(\dfrac{1}{\sqrt{3}},+\infty\right)$;凸区间是 $\left(-\dfrac{1}{\sqrt{3}},\dfrac{1}{\sqrt{3}}\right)$;拐点是 $\left(-\dfrac{1}{\sqrt{3}},\dfrac{3}{4}\right)$,$\left(\dfrac{1}{\sqrt{3}},\dfrac{3}{4}\right)$.

(2)导数 $y'=-\dfrac{1}{3}(x-b)^{-\frac{2}{3}}$,$y''=\dfrac{2}{9}(x-b)^{-\frac{5}{3}}$,令 $y''=0$,无实根,但 $x=b$ 是二阶导数不存在的点,且当 $x<b$ 时,$y''<0$,当 $x>b$ 时,$y''>0$,故曲线在 $(-\infty,b)$ 内是凸的,在 $(b,+\infty)$ 内是凹的.$x=b$ 时 $y=a$,故点 (b,a) 是曲线的拐点.

(3) $y'=4(x+1)^3$,$y''=12(x+1)^2$,令 $y''=0$,得 $x=-1$.无论 $x>-1$ 还是 $x<-1$,都有 $y''>0$,因此点 $(-1,0)$ 不是曲线的拐点,即曲线 $y=(x+1)^4$ 没有拐点,它在 $(-\infty,+\infty)$ 内是凹的.

二、函数图像的描绘

描点法是函数作图的基本方法,但是这种方法需要对许多 x 值计算其相应的函数值,这样做不仅计算量大,而且即使描的点很多,对函数的了解也是肤浅粗糙的.为了克服这些缺陷,需要有选择地进行描点,使得所描出的点是能反映函数变化特征的关键点.

1. 曲线的渐近线

在平面上,当曲线延伸至无穷远处时,通常很难把它描绘准确,但如果曲线在伸向无穷远处时能渐渐靠近一条直线,那么就可以较好地描绘出这条曲线的走向趋势.这条直线就是曲线的渐近线.

一般地,对于给定函数 $y=f(x)$,定义域是无限区间.

定义3 (水平渐近线)如果 $\lim\limits_{x\to\infty}f(x)=A$ ($\lim\limits_{x\to-\infty}f(x)=A$ 或 $\lim\limits_{x\to+\infty}f(x)=A$),其中 A 为常

数,则 $y=A$ 是曲线 $y=f(x)$ 的一条水平渐近线.

定义 4 (垂直渐近线)如果有常数 x_0,使得 $\lim\limits_{x \to x_0} f(x) = \infty$ ($\lim\limits_{x \to x_0^-} f(x) = \infty$ 或 $\lim\limits_{x \to x_0^+} f(x) = \infty$),则 $x=x_0$ 是曲线 $y=f(x)$ 的一条垂直渐近线.

定义 5 (斜渐近线)若存在常数 $k、b$,使得 $\lim\limits_{x \to \infty}[f(x)-(kx+b)]=0$,则 $\lim\limits_{x \to \infty}\dfrac{f(x)}{x}=k$,则称 $y=kx+b$ 为 $y=f(x)$ 的一条斜渐近线.

【例 3】 讨论曲线 $y=\dfrac{1}{x-1}$(图 3-11)的渐近线.

解 因为 $\lim\limits_{x \to \infty}\dfrac{1}{x-1}=0$, $\lim\limits_{x \to 1}\dfrac{1}{x-1}=\infty$,

所以直线 $y=0$ 为曲线 $y=\dfrac{1}{x-1}$ 的水平渐近线,直线 $x=1$ 为曲线 $y=\dfrac{1}{x-1}$ 的垂直渐近线.

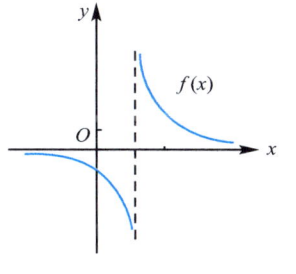

图 3-11

2. 函数图像的描绘

(1)确定函数的定义域,并讨论其对称性和周期性;
(2)讨论函数的单调性、极值点和极值;
(3)讨论曲线的凹凸性和拐点;
(4)确定曲线的水平渐近线、垂直渐近线、斜渐近线;
(5)根据需要由曲线的方程计算出一些特殊点的坐标,特别是曲线与坐标轴的交点;
(6)描图.

【例 4】 做出函数 $y=x^3-3x-2$ 的图像.

解 (1)定义域为 $(-\infty,+\infty)$;
(2) $y'=3x^2-3=3(x-1)(x+1)$;
驻点为 $x=-1$ 及 $x=1$. $y''=6x$,令 $y''=0$,解出 $x=0$;
(3)没有水平渐近线、垂直渐近线、斜渐近线;
(4)曲线通过点 $(-1,0),(0,-2),(1,-4)$,再计算两个点 $(2,0),(-2,-4)$.
列表(表 3-6)如下:

表 3-6

x	$(-\infty,-1)$	-1	$(-1,0)$	0	$(0,1)$	1	$(1,+\infty)$
y'	+	0	−		−	0	+
y''	−		−	0	+		+
y	凸 ↗	极大值 $y(-1)=0$	凸 ↘	$(0,-2)$ 拐点	凹 ↘	极小值 $y(1)=-4$	凹 ↗

根据这些点及表中函数 y 的性质,做出其图像,图像如图 3-12 所示.

【例 5】 描绘函数 $y=e^{-x^2}$ 的图像.

解 (1)该函数的定义域为 $(-\infty,+\infty)$,该函数为偶函数,因此只要做出它在 $(0,+\infty)$ 内的图像,即可根据其对称性得到它的全部图像.

(2) $y'=-2xe^{-x^2}$, $y''=2e^{-x^2}(2x^2-1)$

令 $y'=0$ 得驻点 $x=0$，令 $y''=0$ 得 $x=\pm\dfrac{\sqrt{2}}{2}$；

(3) 当 $x\to\infty$ 时 $y\to 0$，所以 $y=0$ 为该函数图像的水平渐近线；

(4) 讨论 y',y'' 的正负情况，确定函数 $y=e^{-x^2}$ 的单调区间和极值，凹凸区间和拐点，将上述结果归结为表 3-7：

表 3-7

x	0	$\left(0,\dfrac{\sqrt{2}}{2}\right)$	$\dfrac{\sqrt{2}}{2}$	$\left(\dfrac{\sqrt{2}}{2},+\infty\right)$
y'	0	−	−	−
y''	−	−	0	+
y	极大值 $f(0)=1$	凸 ↘	拐点 $\left(\dfrac{\sqrt{2}}{2},e^{-\frac{1}{2}}\right)$	凹 ↘

根据以上讨论，即可描绘所给函数的图像(图 3-13).

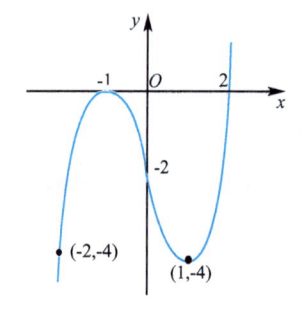

图 3-12

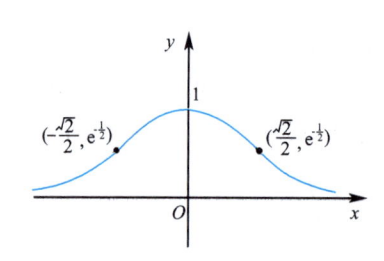

图 3-13

习题 3-3

▶ A 组

1. 判断题

(1) 设函数 $y=f(x)$ 在区间 (a,b) 内的二阶导数存在，且 $y'>0$，$y''<0$，则曲线 $y=f(x)$ 在区间 (a,b) 内单调递增且凸．

(2) 设函数 $y=f(x)$ 在区间 (a,b) 内的二阶导数存在，且 $y'<0$，$y''>0$，则曲线 $y=f(x)$ 在区间 (a,b) 内单调递减且凹．

2. 说明曲线 $y=x^5-5x^3+30$ 在点 $(1,11)$ 及点 $(3,3)$ 附近的凹凸性．

3. 求曲线 $y=\sqrt[3]{x-4}+2$ 的凹凸区间与拐点．

4. a,b 为何值时，点 $(1,3)$ 是曲线 $y=ax^3+bx^2$ 的拐点．

5. 求下列函数的渐近线．

(1) $y=\dfrac{1}{x^2-4x+5}$　　　　(2) $y=x\ln\left(1+\dfrac{1}{x}\right)$

(3) $y=e^{\frac{1}{x}}-1$ (4) $y=\dfrac{x-1}{x-2}$

6. 研究下列函数的性态并做出其图像.

(1) $y=x^3-6x^2+9x-4$ (2) $y=\dfrac{x^2}{1+x^2}$

▶ B 组

1. 求曲线 $y=xe^{-x}$ 的凹凸区间与拐点.

2. 已知函数 $y=ax^3+bx^2+cx+d$ 有拐点 $(-1,4)$，且在 $x=0$ 处有极小值 2，求 a,b,c,d 的值.

3. 研究下列函数的性态并做出其图像.

(1) $y=\ln(x^2-1)$ (2) $y=x+e^{-x}$

*第四节　应用与实践

鱼群的适度捕捞问题

鱼群是一种可再生的资源. 若目前鱼群的总数为 x(单位:kg)，经过一年的成长与繁殖，第二年鱼群的总数为 y(单位:kg)，反映 x 与 y 之间相互关系的曲线称为再生产曲线，记为 $y=f(x)$.

现设鱼群的再生产曲线为 $y=rx\left(1-\dfrac{x}{N}\right)$，其中，$r$ 是鱼群的自然增长率 $(r>1)$，N 是自然环境能够负荷的最大鱼群数量. 为使鱼群的数量保持稳定，在捕鱼时必须注意适度捕捞. 问鱼群的数量控制在多少时，才能获取最大的持续捕捞量？

解 首先，我们对再生产曲线 $y=rx\left(1-\dfrac{x}{N}\right)$ 的实际意义做简略解释.

由于 r 是自然增长率，故一般可认为 $y=rx$. 但是，由于自然环境的限制，当鱼群的数量过大时，其生长环境就会恶化，导致鱼群增长率降低. 为此，我们乘上一个修正因子 $\left(1-\dfrac{x}{N}\right)$，于是 $y=rx\left(1-\dfrac{x}{N}\right)$，这样，当 $x\to N$ 时，$y\to 0$，即 N 是自然环境所能容纳的鱼群的极限量.

设每年的捕获量为 $h(x)$，则第二年的鱼群总量为 $y=f(x)-h(x)$. 要限制鱼群总量保持在某一数值 x，则 $x=f(x)-h(x)$.

所以，$h(x)=f(x)-x=rx\left(1-\dfrac{x}{N}\right)-x=(r-1)x-\dfrac{r}{N}x^2$. 现在求 $h(x)$ 的极大值.

由 $h'(x)=(r-1)-\dfrac{2r}{N}x=0$，得驻点 $x_0=\dfrac{r-1}{2r}N$.

由 $h''(x)=-\dfrac{2r}{N}<0$，所以，$x_0=\dfrac{r-1}{2r}N$ 是 $h(x)$ 的极大值点.

因此，鱼群规模控制在 $x_0=\dfrac{r-1}{2r}N$ 时，可以使我们获得最大的持续捕捞量. 此时

$$h(x_0) = (r-1)x_0 - \frac{r}{N}x_0^2$$
$$= (r-1)\frac{r-1}{2r}N - \frac{r}{N} \cdot \frac{(r-1)^2}{4r^2} \cdot N^2$$
$$= \frac{(r-1)^2}{4r}N$$

即最大持续捕捞量为 $\frac{(r-1)^2}{4r}N$.

> **数学家**　　　　　　　　　　　　　　费　马

费马(Fermat)是一个17世纪的法国律师,也是一位业余数学家.之所以称业余,是由于费马具有律师的全职工作.根据法文实际发音并参考英文发音,他的姓氏也常译为"费尔玛"(注意"玛"字).

大约在1629年,费马研究了作曲线的切线和求函数极值的方法;1637年左右,他写了一篇手稿《求最大值与最小值的方法》.在作切线时,他构造了差分 $f(A+E)-f(A)$,发现的因子 E 就是我们所说的导数 $f'(A)$.

费马最后定理在中国习惯称为费马大定理,西方数学界原名"最后"的意思是:其他猜想都证实了,这是最后一个.著名的数学史学家贝尔(Bell)在20世纪初所撰写的著作中,称费马为"业余数学家之王".贝尔深信,费马比同时代的大多数专业数学家更有成就.17世纪是杰出数学家活跃的世纪,而贝尔认为费马是17世纪数学家中最多产的明星.

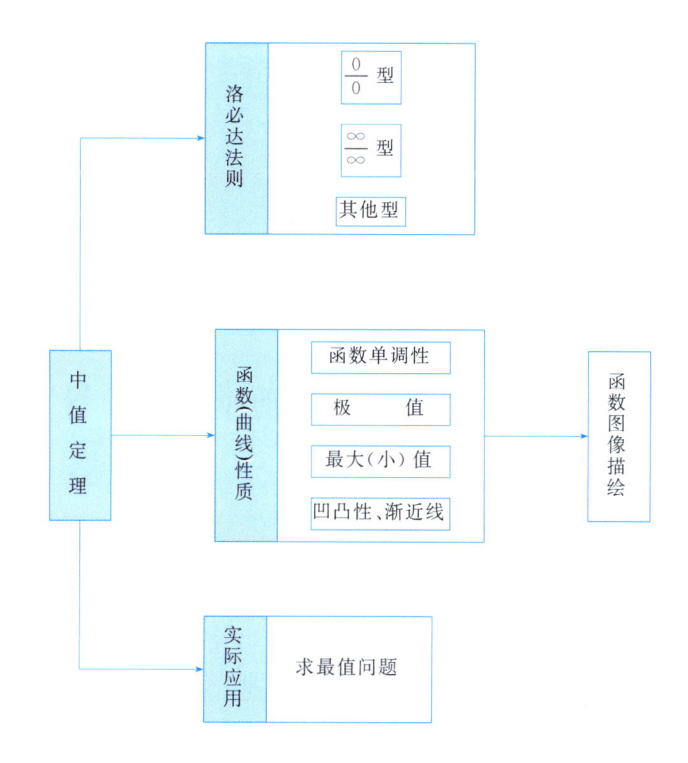

本章知识结构图

第三章 导数的应用

- 中值定理
  - 洛必达法则
    - $\dfrac{0}{0}$ 型
    - $\dfrac{\infty}{\infty}$ 型
    - 其他型
  - 函数(曲线)性质
    - 函数单调性
    - 极值
    - 最大(小)值
    - 凹凸性、渐近线
    - → 函数图像描绘
  - 实际应用
    - 求最值问题

第四章 不定积分

在微分学中,我们讨论了求已知函数的导数(或微分)的问题,但是在生产实践和科学技术领域中往往还会遇到与此相反的问题:即已知一个函数的导数(或微分),求出此函数.这种由函数的导数(或微分)求出原函数的问题是积分学的一个基本问题——不定积分.本章将介绍不定积分的概念、性质、基本公式和积分方法.

第一节 不定积分的概念与性质

一、原函数和不定积分的概念

在第二章中我们通过变速直线运动的瞬时速度引出导数的概念,即已知物体运动的路程函数 $s(t)=t^2$,t 时刻其瞬时速度 $v(t)$ 是 $s(t)$ 的导数,即 $s'(t)=v(t)=2t$.但在实际问题中还常常会遇到相反的问题,即已知物体的运动速度 $v(t)=2t$,求路程函数 $s(t)$.我们容易知道 $s(t)=t^2$,t^2 就是速度函数 $v(t)=2t$ 的一个原来的函数,这就形成了"原函数"的概念.

定义1 设 $f(x)$ 是定义在区间 (a,b) 上的已知函数,如果存在一个函数 $F(x)$,使得 $\forall x \in (a,b)$ 有

$$F'(x)=f(x) \text{ 或 } \mathrm{d}F(x)=f(x)\mathrm{d}x$$

则称函数 $F(x)$ 是 $f(x)$ 在该区间上的一个原函数.

例如,对于区间 $(0,+\infty)$ 内的每一点 t,因为 $\left(\dfrac{1}{2}gt^2\right)'=gt$,所以 $\dfrac{1}{2}gt^2$ 就是 gt 在区间 $(0,+\infty)$ 内的一个原函数.

又如,因为 $(x^3)'=3x^2$,所以 x^3 是 $3x^2$ 的一个原函数.

可以看出,求已知函数 $f(x)$ 的原函数就是找到这样一个函数 $F(x)$,使得

$$F'(x)=f(x)$$

另外,$-\cos x$ 是 $\sin x$ 的一个原函数,不难验证 $-\cos x+1$,$-\cos x+2$,$-\cos x+C$(其中 C 为任意常数)也都是 $\sin x$ 的原函数.

由以上情况可知,如果一个函数的原函数存在,那么其必有无穷多个原函数.这些原函数之间具有什么关系?如何寻求所有的原函数呢?为此我们给出如下定理:

定理1 如果函数 $f(x)$ 在区间 I 上有原函数 $F(x)$,则

$$F(x) + C \quad (C \text{ 为任意常数})$$

也是 $f(x)$ 在区间 I 上的原函数,且 $f(x)$ 的任一原函数均可表示成 $F(x)+C$ 的形式.

证明 定理1的前一部分结论是显然的,事实上 $(F(x)+C)' = f(x)$. 现证明后一部分结论.

设 $G(x)$ 是 $f(x)$ 在区间 I 上的任意一个原函数,令 $\varphi(x) = G(x) - F(x)$,则

$$\varphi'(x) = G'(x) - F'(x)$$

由于 $G'(x) = f(x), F'(x) = f(x)$,从而在区间 I 上恒有 $\varphi'(x) = 0$,得 $\varphi(x) = C$(常数),即

$$G(x) = F(x) + C$$

定义 2 函数 $f(x)$ 在区间 I 上的全体原函数称为 $f(x)$ 在区间 I 上的不定积分. 设 $F(x)$ 是 $f(x)$ 在区间 I 上的一个原函数,那么表达式

$$G(x) = F(x) + C \quad (C \text{ 为任意常数})$$

称为 $f(x)$ 在区间 I 上的不定积分,记为 $\int f(x)\mathrm{d}x$,即

$$\int f(x)\mathrm{d}x = F(x) + C$$

其中,x 称为积分变量,$f(x)$ 称为被积函数,$f(x)\mathrm{d}x$ 称为被积表达式,C 称为积分常数,"$\int$" 称为积分号.

由定义2可知,求函数 $f(x)$ 的不定积分实际只需要求出它的一个原函数,再加上任意常数 C 即可.

【例 1】 求 $\int \sin x \mathrm{d}x$.

解 由于 $(-\cos x)' = \sin x$,所以 $-\cos x$ 是 $\sin x$ 的一个原函数,因此

$$\int \sin x \mathrm{d}x = -\cos x + C$$

【例 2】 求 $\int 3x^2 \mathrm{d}x$.

解 由于 $(x^3)' = 3x^2$,所以 x^3 是 $3x^2$ 的一个原函数,因此

$$\int 3x^2 \mathrm{d}x = x^3 + C$$

【例 3】 求 $\int \frac{1}{x} \mathrm{d}x$.

解 当 $x > 0$ 时

$$(\ln|x|)' = (\ln x)' = \frac{1}{x}$$

当 $x < 0$ 时 $\quad (\ln|x|)' = [\ln(-x)]' = \frac{1}{-x}(-x)' = \frac{1}{x}$

所以

$$\int \frac{1}{x} \mathrm{d}x = \ln|x| + C$$

当积分常数 C 取不同值时,不定积分表示的不是一个函数,而是一族函数. 从几何上看,它们代表一族曲线,称为函数 $f(x)$ 的积分曲线族. 其中任何一条积分曲线都可以由某一条积分曲线沿 y 轴方向向上或向下平移适当位置得到. 另外,在积分曲线族上横坐标相同的点处作切线,这些切线是彼此平行的,其斜率都是 $f(x)$. 如图 4-1 所示.

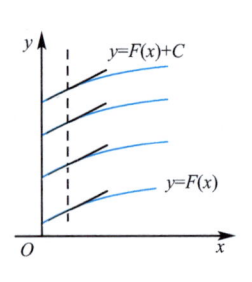

图 4-1

【例 4】 求过点 $(1,2)$ 且在任意一点 $P(x,y)$ 处切线的斜率为 $2x$ 的曲线方程.

解 由 $\int 2x \mathrm{d}x = x^2 + C$ 得积分曲线族 $y = x^2 + C$,将 $x = 1, y = 2$ 代入该式,有 $2 = 1 + C$,故 $C = 1$.

所以 $y = x^2 + 1$ 为所求曲线方程.

二、不定积分的性质

性质 求不定积分与求导数(或微分)互为逆运算.

$$\left(\int f(x) \mathrm{d}x\right)' = f(x), \quad \mathrm{d}\left(\int f(x) \mathrm{d}x\right) = f(x) \mathrm{d}x \tag{1}$$

$$\int f'(x) \mathrm{d}x = f(x) + C, \quad \int \mathrm{d}f(x) = f(x) + C \tag{2}$$

也就是说,不定积分的导数(或微分)等于被积函数(或被积表达式),例如,

$$\left(\int \sin x \mathrm{d}x\right)' = (-\cos x + C)' = \sin x$$

对一个函数的导数(或微分)求不定积分,其结果与此函数仅相差一个积分常数,例如,

$$\int \mathrm{d}(\sin x) = \int \cos x \mathrm{d}x = \sin x + C$$

三、不定积分的运算法则

法则 1 不为零的常数因子可以提到积分号之前,即

$$\int k f(x) \mathrm{d}x = k \int f(x) \mathrm{d}x \quad (\text{常数 } k \neq 0) \tag{3}$$

例如, $\int 2 \mathrm{e}^x \mathrm{d}x = 2 \int \mathrm{e}^x \mathrm{d}x = 2\mathrm{e}^x + C$

法则 2 两个函数代数和的不定积分等于它们不定积分的代数和,即

$$\int [f(x) \pm g(x)] \mathrm{d}x = \int f(x) \mathrm{d}x \pm \int g(x) \mathrm{d}x \tag{4}$$

例如, $\int (2x + \cos x) \mathrm{d}x = \int 2x \mathrm{d}x + \int \cos x \mathrm{d}x$

式(4)可以推广到任意有限多个函数的代数和的情形,即

$$\int [f_1(x) \pm f_2(x) \pm \cdots \pm f_n(x)] dx$$
$$= \int f_1(x) dx \pm \int f_2(x) dx \pm \cdots \pm \int f_n(x) dx \qquad (5)$$

习题 4-1

A 组

1. 填空,并计算相应的不定积分.

(1) ( )′ = 1 $\qquad \int dx = (\quad)$

(2) d( ) = $3x^2 dx$ $\qquad \int 3x^2 dx = (\quad)$

(3) ( )′ = e^x $\qquad \int e^x dx = (\quad)$

(4) d( ) = $\sec^2 x dx$ $\qquad \int \sec^2 x dx = (\quad)$

(5) d( ) = $\sin x dx$ $\qquad \int \sin x dx = (\quad)$

2. 用微分法验证下列各等式.

(1) $\int (3x^2 + 2x + 2) dx = x^3 + x^2 + 2x + C$ $\qquad$ (2) $\int \frac{1}{x^2} dx = -\frac{1}{x} + C$

(3) $\int \cos(2x+3) dx = \frac{1}{2} \sin(2x+3) + C$ $\qquad$ (4) $\int \cos^2 x dx = \frac{x}{2} + \frac{1}{4} \sin 2x + C$

(5) $\int \frac{x}{\sqrt{a^2 + x^2}} dx = \sqrt{a^2 + x^2} + C$

3. 解下列各题.

(1) 已知函数 $y = f(x)$ 的导数等于 $x + 2$,且当 $x = 2$ 时,$y = 5$,求这个函数.

(2) 已知在曲线上任一点处的切线的斜率为 $3x^2$,并且曲线经过点 $(1, 2)$,求此曲线的方程.

(3) 已知动点在时刻 t 的速度为 $v = 3t - 2$,且 $t = 0$ 时,$s = 5$,求此动点的运动方程.

B 组

1. 填空,并计算相应的不定积分.

(1) ( )′ = $\frac{1}{\cos^2 x}$, $\qquad \int \frac{1}{\cos^2 x} dx = (\quad)$

(2) ( )′ = $\frac{1}{1+x^2}$, $\qquad \int \frac{1}{1+x^2} dx = (\quad)$

(3) ( )′ = $\frac{1}{x \ln a}$, $\qquad \int \frac{1}{x \ln a} dx = (\quad)$

(4) ( )′ = $\frac{1}{\sqrt{1-x^2}}$, $\qquad \int \frac{1}{\sqrt{1-x^2}} dx = (\quad)$

2. 判断下列式子是否正确.

(1) $\frac{d}{dx} \left[\int f(x) dx \right] = f(x)$ $\qquad (\quad)$

(2) $\int f'(x)dx = f(x)$ （　　）

(3) $d\left[\int f(x)dx\right] = f(x)$ （　　）

(4) $\int \dfrac{1}{ax+b}dx = \dfrac{1}{a}\ln(ax+b)$ （　　）

3. 解下列各题.

(1) 一曲线通过点 $(e^2, 3)$，且在任一点处的切线斜率等于该点横坐标的倒数，求该曲线的方程.

(2) 一物体由静止开始运动，t 秒后速度为 $3t^2 (m/s)$. 问：

① 在 3 秒后，物体离出发点的距离是多少？

② 物体走完 512 m 需要多长时间？

第二节　不定积分的基本公式和直接积分法

由于求不定积分是求导数的逆运算，所以由导数的基本公式对应地可以得到不定积分的基本公式，见表 4-1.

表 4-1

导数的基本公式	不定积分的基本公式
(1) $C' = 0$	(1) $\int 0 dx = C$
(2) $x' = 1$	(2) $\int dx = x + C$
(3) $(x^{a+1})' = (a+1)x^a$	(3) $\int x^a dx = \dfrac{1}{a+1}x^{a+1} + C \quad (a \neq -1)$
(4) $(e^x)' = e^x$	(4) $\int e^x dx = e^x + C$
(5) $(a^x)' = a^x \ln a \quad (a > 0 \text{ 且 } a \neq 1)$	(5) $\int a^x dx = \dfrac{1}{\ln a} a^x + C \quad (a > 0 \text{ 且 } a \neq 1)$
(6) $(\ln |x|)' = \dfrac{1}{x} \quad (x \neq 0)$	(6) $\int \dfrac{1}{x} dx = \ln |x| + C \quad (x \neq 0)$
(7) $(\sin x)' = \cos x$	(7) $\int \cos x \, dx = \sin x + C$
(8) $(\cos x)' = -\sin x$	(8) $\int \sin x \, dx = -\cos x + C$
(9) $(\tan x)' = \sec^2 x$	(9) $\int \sec^2 x \, dx = \tan x + C$
(10) $(\cot x)' = -\csc^2 x$	(10) $\int \csc^2 x \, dx = -\cot x + C$
(11) $(\sec x)' = \sec x \tan x$	(11) $\int \sec x \tan x \, dx = \sec x + C$
(12) $(\csc x)' = -\csc x \cot x$	(12) $\int \csc x \cot x \, dx = -\csc x + C$
(13) $(\arcsin x)' = \dfrac{1}{\sqrt{1-x^2}}$	(13) $\int \dfrac{1}{\sqrt{1-x^2}} dx = \arcsin x + C$
(14) $(\arctan x)' = \dfrac{1}{1+x^2}$	(14) $\int \dfrac{1}{1+x^2} dx = \arctan x + C$

(续表)

导数的基本公式	不定积分的基本公式
$(15)(\arccos x)' = -\dfrac{1}{\sqrt{1-x^2}}$	$(15)\displaystyle\int \dfrac{1}{\sqrt{1-x^2}}\mathrm{d}x = -\arccos x + C$
$(16)(\operatorname{arccot} x)' = -\dfrac{1}{1+x^2}$	$(16)\displaystyle\int \dfrac{1}{1+x^2}\mathrm{d}x = -\operatorname{arccot} x + C$
$(17)(\log_a x)' = \dfrac{1}{x\ln a}$ （$a>0$ 且 $a\ne 1$）	$(17)\displaystyle\int \dfrac{1}{x\ln a}\mathrm{d}x = \log_a |x| + C$ （$a>0$ 且 $a\ne 1$）

利用不定积分的性质、运算法则和基本积分公式，可以求出一些简单函数的不定积分，通常把这种求不定积分的方法叫作直接积分法.

【例 1】 求 $\displaystyle\int 2x^3\mathrm{d}x$.

解 $\displaystyle\int 2x^3\mathrm{d}x = 2\int x^3\mathrm{d}x = 2\times\dfrac{x^{3+1}}{3+1}+C = \dfrac{1}{2}x^4 + C$

【例 2】 求 $\displaystyle\int (3x^2 - \cos x + 5\sqrt{x})\mathrm{d}x$.

解 $\displaystyle\int (3x^2 - \cos x + 5\sqrt{x})\mathrm{d}x = \int 3x^2\mathrm{d}x - \int \cos x\mathrm{d}x + \int 5\sqrt{x}\mathrm{d}x$

$\qquad = 3\times\dfrac{x^{2+1}}{2+1} - \sin x + 5\times\dfrac{x^{\frac{1}{2}+1}}{\frac{1}{2}+1} + C$

$\qquad = x^3 - \sin x + \dfrac{10}{3}x^{\frac{3}{2}} + C$

逐项积分后，每个不定积分都含有任意常数，但由于任意常数之和仍为任意常数，所以只需写一个任意常数 C 即可.

【例 3】 求 $\displaystyle\int \sqrt{x}(x^2 - 5)\mathrm{d}x$.

解 $\displaystyle\int \sqrt{x}(x^2 - 5)\mathrm{d}x = \int (x^{\frac{5}{2}} - 5x^{\frac{1}{2}})\mathrm{d}x$

$\qquad = \int x^{\frac{5}{2}}\mathrm{d}x - 5\int x^{\frac{1}{2}}\mathrm{d}x$

$\qquad = \dfrac{2}{7}x^{\frac{7}{2}} - 5\cdot\dfrac{2}{3}x^{\frac{3}{2}} + C$

$\qquad = \dfrac{2}{7}x^3\sqrt{x} - \dfrac{10}{3}x\sqrt{x} + C$

【例 4】 求 $\displaystyle\int \dfrac{(x-1)^3}{x^2}\mathrm{d}x$.

解 $\displaystyle\int \dfrac{(x-1)^3}{x^2}\mathrm{d}x = \int \dfrac{x^3 - 3x^2 + 3x - 1}{x^2}\mathrm{d}x$

$\qquad = \int x\mathrm{d}x - 3\int \mathrm{d}x + 3\int \dfrac{1}{x}\mathrm{d}x - \int \dfrac{1}{x^2}\mathrm{d}x$

$\qquad = \dfrac{1}{2}x^2 - 3x + 3\ln|x| + \dfrac{1}{x} + C$

在进行不定积分计算时，有时需要把被积函数做适当的变形，再利用不定积分的性质及基本积分公式进行积分.

【例5】 求 $\int \dfrac{1}{\sin^2 x \cos^2 x} \mathrm{d}x$.

解 $\int \dfrac{1}{\sin^2 x \cos^2 x} \mathrm{d}x = \int \dfrac{\sin^2 x + \cos^2 x}{\sin^2 x \cos^2 x} \mathrm{d}x = \int \dfrac{1}{\cos^2 x} \mathrm{d}x + \int \dfrac{1}{\sin^2 x} \mathrm{d}x$

$$= \int \sec^2 x \mathrm{d}x + \int \csc^2 x \mathrm{d}x = \tan x - \cot x + C$$

【例6】 求 $\int 2^x \mathrm{e}^x \mathrm{d}x$.

解 $\int 2^x \mathrm{e}^x \mathrm{d}x = \int (2\mathrm{e})^x \mathrm{d}x = \dfrac{(2\mathrm{e})^x}{\ln(2\mathrm{e})} + C = \dfrac{2^x \mathrm{e}^x}{1 + \ln 2} + C$

【例7】 求 $\int \sin^2 \dfrac{x}{2} \mathrm{d}x$.

解 这里不能直接利用基本积分公式,但可以由公式 $\sin^2 \dfrac{x}{2} = \dfrac{1 - \cos x}{2}$ 得

$$\int \sin^2 \dfrac{x}{2} \mathrm{d}x = \int \dfrac{1 - \cos x}{2} \mathrm{d}x = \dfrac{1}{2}x - \dfrac{1}{2}\sin x + C$$

【例8】 求 $\int \dfrac{\mathrm{d}x}{x^2(1+x^2)}$.

解 因为 $\dfrac{1}{x^2(1+x^2)} = \dfrac{1}{x^2} - \dfrac{1}{1+x^2}$,所以

$$\int \dfrac{\mathrm{d}x}{x^2(1+x^2)} = \int \left(\dfrac{1}{x^2} - \dfrac{1}{1+x^2}\right) \mathrm{d}x = \int \dfrac{1}{x^2} \mathrm{d}x - \int \dfrac{1}{1+x^2} \mathrm{d}x$$

$$= -\dfrac{1}{x} - \arctan x + C$$

【例9】 已知物体以速度 $v = 2t^2 + 1 (\mathrm{m/s})$ 沿 Ox 轴做直线运动,当 $t = 1\,\mathrm{s}$ 时,物体经过的路程为 $3\,\mathrm{m}$,求物体的运动方程.

解 设物体的运动方程为 $x = x(t)$. 于是有

$$x'(t) = v = 2t^2 + 1$$

所以

$$x(t) = \int (2t^2 + 1) \mathrm{d}t = \dfrac{2}{3}t^3 + t + C$$

由已知条件 $t = 1\,\mathrm{s}$ 时,$x = 3\,\mathrm{m}$,代入上式得

$$3 = \dfrac{2}{3} + 1 + C, \text{即} C = \dfrac{4}{3}$$

于是所求物体的运动方程为 $x(t) = \dfrac{2}{3}t^3 + t + \dfrac{4}{3}$.

习题 4-2

A 组

1.计算下列不定积分.

(1) $\int (x^3 + 3x^2 + 1) \mathrm{d}x$

(2) $\int \dfrac{x^2 + \sqrt{x^3} + 3}{\sqrt{x}} \mathrm{d}x$

(3) $\int \sqrt[3]{x}(x^2-5)\mathrm{d}x$ (4) $\int \dfrac{3^x+2^x}{3^x}\mathrm{d}x$

(5) $\int (\mathrm{e}^x-3\cos x)\mathrm{d}x$ (6) $\int (10^x+\cot^2 x)\mathrm{d}x$

(7) $\int \sec x(\sec x-\tan x)\mathrm{d}x$ (8) $\int 10^x \cdot 2^{3x}\mathrm{d}x$

(9) $\int \dfrac{1+x+x^2}{x(1+x^2)}\mathrm{d}x$ (10) $\int \dfrac{\cos 2x}{\cos x+\sin x}\mathrm{d}x$

2.证明:如果 $\int f(x)\mathrm{d}x = F(x)+C$,则 $\int f(ax+b)\mathrm{d}x = \dfrac{1}{a}F(ax+b)+C(a\neq 0)$.

▶ B 组

1.求下列不定积分.

(1) $\int \dfrac{\mathrm{d}h}{\sqrt{2gh}}$($g$ 为常数且 $g\neq 0$)   (2) $\int \sqrt{x\sqrt{x\sqrt{x}}}\,\mathrm{d}x$

(3) $\int \dfrac{x-9}{\sqrt{x}+3}\mathrm{d}x$ (4) $\int (\sqrt{x}+1)(\sqrt{x^3}-1)\mathrm{d}x$

(5) $\int \dfrac{x^4}{1+x^2}\mathrm{d}x$ (6) $\int \dfrac{2\cdot 3^x+5\cdot 2^x}{3^x}\mathrm{d}x$

(7) $\int \dfrac{1+2x^2}{x^2(1+x^2)}\mathrm{d}x$ (8) $\int \dfrac{\mathrm{e}^{2x}-1}{\mathrm{e}^x+1}\mathrm{d}x$

(9) $\int \dfrac{1}{1+\cos 2x}\mathrm{d}x$ (10) $\int \dfrac{\cos 2x}{\sin^2 x \cdot \cos^2 x}\mathrm{d}x$

2.设物体以速度 $v=2\cos t$ 做直线运动,开始时质点的位移为 s_0,求质点的运动方程.

3.设一物体以加速度 $a=2t$ 做直线运动,当 $t=2\ \mathrm{s}$ 时,物体的速度为 $v=6\ \mathrm{m/s}$,求该物体的速度变化规律.

第三节　换元积分法

直接积分法只能求某些简单函数的不定积分,为解决更多的、较复杂的不定积分问题,还需要进一步探讨求不定积分的其他方法.这一节和下一节中,我们将分别介绍求不定积分的两种重要方法:换元积分法和分部积分法.

换元积分法又分为第一类换元积分法(凑微分法)和第二类换元积分法(变量代换)两种.

一、第一类换元积分法(凑微分法)

有些不定积分,被积函数的形式与不定积分基本积分公式中的被积函数相似,我们可以将积分变量通过适当的变换,然后利用不定积分基本积分公式及性质求出函数的不定积分.

例如,$\int \cos 2x\,\mathrm{d}x$ 与 $\int \cos x\,\mathrm{d}x$ 类似,比较被积函数,$2x$ 是 x 的倍数,我们可以把 $\int \cos 2x\,\mathrm{d}x$ 改写成 $\dfrac{1}{2}\int \cos 2x\,\mathrm{d}(2x)$ 的形式,令 $2x=u$,把 u 看作新的积分变量,就是 $\dfrac{1}{2}\int \cos u\,\mathrm{d}u$,利用不定积分

的基本积分公式得

$$\frac{1}{2}\int \cos u \, du = \frac{1}{2}\sin u + C$$

再把 u 替换成 $2x$,得

$$\int \cos 2x \, dx = \frac{1}{2}\int \cos u \, du = \frac{1}{2}\sin u + C = \frac{1}{2}\sin 2x + C$$

这样不定积分的基本积分公式的适用范围就更加广泛了。

定理 1 (第一类换元积分法) 若 $\int f(u)du = F(u) + C$,且 $u = \varphi(x)$ 有连续导数,则

$$\int f[\varphi(x)]\varphi'(x)dx = \int f[\varphi(x)]d\varphi(x) = F[\varphi(x)] + C$$

这种积分方法称为第一类换元积分法,也叫凑微分法,可以用形象的式子表示如下:

$$\int f[\varphi(x)]\varphi'(x)dx \xrightarrow{凑微分} \int f[\varphi(x)]d\varphi(x) \xrightarrow[\varphi(x)=u]{变量替换} \int f(u)du$$
$$= F(u) + C$$
$$\xrightarrow[u=\varphi(x)]{变量替换} F[\varphi(x)] + C$$

【例 1】 求 $\int (1+2x)^3 dx$.

解 将 dx 凑成 $dx = \frac{1}{2}d(1+2x)$,则

$$\int (1+2x)^3 dx = \int \frac{1}{2}(1+2x)^3 d(1+2x) = \frac{1}{2}\int (1+2x)^3 d(1+2x)$$
$$\xrightarrow{令 1+2x=u} \frac{1}{2}\int u^3 du = \frac{1}{8}u^4 + C = \frac{1}{8}(1+2x)^4 + C$$

【例 2】 求 $\int \frac{1}{3x+1}dx$.

解 将 dx 凑成 $dx = \frac{1}{3}d(3x+1)$,则

$$\int \frac{1}{3x+1}dx = \frac{1}{3}\int \frac{d(3x+1)}{3x+1} \xrightarrow{令 3x+1=u} \frac{1}{3}\int \frac{1}{u}du = \frac{1}{3}\ln|u| + C$$
$$= \frac{1}{3}\ln|3x+1| + C$$

【例 3】 求 $\int 3xe^{x^2}dx$.

解 被积函数中含有 e^{x^2} 项,所以设 $x^2 = u$,则 $2xdx = d(x^2) = du$,所以

$$\int 3xe^{x^2}dx = \frac{3}{2}\int e^{x^2}d(x^2) = \frac{3}{2}\int e^u du = \frac{3}{2}e^u + C$$

将 $u = x^2$ 还原,则

$$\int 3xe^{x^2}dx = \frac{3}{2}e^{x^2} + C$$

【例 4】 求 $\int \frac{\cos\sqrt{x}}{\sqrt{x}}dx$.

解 因为 $\dfrac{1}{\sqrt{x}}\mathrm{d}x = 2\mathrm{d}\sqrt{x}$，令 $u = \sqrt{x}$，有

$$\int \frac{\cos\sqrt{x}}{\sqrt{x}}\mathrm{d}x = 2\int \cos\sqrt{x}\,\mathrm{d}\sqrt{x} = 2\int \cos u\,\mathrm{d}u = 2\sin u + C = 2\sin\sqrt{x} + C$$

变量替换的目的是便于使用不定积分的基本积分公式，当运算比较熟练时，就可以略去设中间变量的步骤。如例 4 中的运算过程可以写为

$$\int \frac{\cos\sqrt{x}}{\sqrt{x}}\mathrm{d}x = 2\int \cos\sqrt{x}\,\mathrm{d}\sqrt{x} = 2\sin\sqrt{x} + C$$

【例 5】 求 $\int \tan x\,\mathrm{d}x$.

解 $\int \tan x\,\mathrm{d}x = \int \dfrac{\sin x}{\cos x}\mathrm{d}x$，由于 $\mathrm{d}\cos x = -\sin x\,\mathrm{d}x$，所以

$$\int \tan x\,\mathrm{d}x = \int \frac{\sin x}{\cos x}\mathrm{d}x = -\int \frac{\mathrm{d}\cos x}{\cos x} = -\ln|\cos x| + C$$

即

$$\int \tan x\,\mathrm{d}x = -\ln|\cos x| + C$$

【例 6】 求 $\int \dfrac{1}{x(\ln x + 1)}\mathrm{d}x$.

解 因为 $\mathrm{d}(\ln x) = \dfrac{1}{x}\mathrm{d}x$，所以

$$\int \frac{1}{x(\ln x + 1)}\mathrm{d}x = \int \frac{\mathrm{d}(\ln x)}{\ln x + 1} = \int \frac{\mathrm{d}(\ln x + 1)}{\ln x + 1} = \ln|1 + \ln x| + C$$

【例 7】 求 $\int \dfrac{1}{a^2 + x^2}\mathrm{d}x\,(a > 0)$.

解 $\int \dfrac{1}{a^2 + x^2}\mathrm{d}x = \int \dfrac{1}{a^2\left(1 + \dfrac{x^2}{a^2}\right)}\mathrm{d}x = \dfrac{1}{a}\int \dfrac{\mathrm{d}\left(\dfrac{x}{a}\right)}{1 + \left(\dfrac{x}{a}\right)^2} = \dfrac{1}{a}\arctan\dfrac{x}{a} + C$

【例 8】 求 $\int \dfrac{1}{a^2 - x^2}\mathrm{d}x$.

解 $\int \dfrac{1}{a^2 - x^2}\mathrm{d}x$

$= \int \dfrac{1}{(a+x)(a-x)}\mathrm{d}x = \dfrac{1}{2a}\int \dfrac{(a+x)+(a-x)}{(a+x)(a-x)}\mathrm{d}x = \dfrac{1}{2a}\int \left(\dfrac{1}{a-x} + \dfrac{1}{a+x}\right)\mathrm{d}x$

$= \dfrac{1}{2a}\left(\int \dfrac{1}{a-x}\mathrm{d}x + \int \dfrac{1}{a+x}\mathrm{d}x\right) = \dfrac{1}{2a}(-\ln|a-x| + \ln|a+x|) + C$

$= \dfrac{1}{2a}\ln\left|\dfrac{a+x}{a-x}\right| + C$

【例 9】 求 $\int \dfrac{1}{\sqrt{a^2 - x^2}}\mathrm{d}x\,(a > 0)$.

解 $\int \dfrac{1}{\sqrt{a^2 - x^2}}\mathrm{d}x = \int \dfrac{1}{a\sqrt{1 - \left(\dfrac{x}{a}\right)^2}}\mathrm{d}x = \int \dfrac{1}{\sqrt{1 - \left(\dfrac{x}{a}\right)^2}}\mathrm{d}\left(\dfrac{x}{a}\right) = \arcsin\dfrac{x}{a} + C$

【例 10】 求 $\int \csc x \, dx$.

解 $\int \csc x \, dx = \int \dfrac{1}{\sin x} dx = \int \dfrac{1}{2\sin\frac{x}{2}\cos\frac{x}{2}} dx = \int \dfrac{dx}{2\tan\frac{x}{2}\cos^2\frac{x}{2}}$

$= \int \dfrac{\sec^2 \frac{x}{2}}{\tan\frac{x}{2}} d\left(\dfrac{x}{2}\right) = \int \dfrac{d\left(\tan\frac{x}{2}\right)}{\tan\frac{x}{2}} = \ln\left|\tan\dfrac{x}{2}\right| + C$

由三角公式 $\tan\dfrac{x}{2} = \dfrac{1-\cos x}{\sin x} = \csc x - \cot x$,所以

$$\int \csc x \, dx = \ln|\csc x - \cot x| + C$$

类似地可得

$$\int \sec x \, dx = \ln|\sec x + \tan x| + C$$

由以上例子可知,不定积分的第一类换元积分法没有一个较统一的方法,但其中有许多技巧. 我们不但要熟记不定积分的基本公式和性质,还需要掌握一些常用的凑微分形式,

例如: $dx = \dfrac{1}{a}d(ax) = \dfrac{1}{a}d(ax+b)$ $x\,dx = \dfrac{1}{2}dx^2 = \dfrac{1}{2a}d(ax^2+b)$ $(a \neq 0)$

$\dfrac{1}{x}dx = d\ln x$ $\dfrac{1}{\sqrt{x}}dx = 2d\sqrt{x}$

$-\sin x\,dx = d\cos x$ $\cos x\,dx = d\sin x$

$x^{\alpha-1}dx = \dfrac{1}{\alpha}dx^{\alpha}$ $(\alpha \neq 0)$ $d\varphi(x) = d[\varphi(x) \pm b]$

第一类换元积分法主要用于求复合函数的不定积分,实质上是复合函数求导法则的逆运算.

二、第二类换元积分法(变量代换)

第一类换元积分法是将积分 $\int f[\varphi(x)]\varphi'(x)dx$ 通过 $\varphi(x) = u$ 变换成积分 $\int f(u)du$. 但有时也可将公式反过来使用,即已知不定积分 $\int f(x)dx$,通过变量代换 $x = \varphi(t)$,将其变成积分 $\int f[\varphi(t)]\varphi'(t)dt$,而这个积分是容易计算的.

例如,求 $\int \dfrac{1}{1+\sqrt[3]{x}}dx$.

解 因为被积函数含有根号,不容易凑微分,为了去掉根号,可先换元,令 $\sqrt[3]{x} = t$,则 $x = t^3, dx = 3t^2 dt$,于是有

$\int \dfrac{1}{1+\sqrt[3]{x}}dx = \int \dfrac{3t^2}{1+t}dt$

$= 3\int \dfrac{(t^2-1)+1}{1+t}dt = 3\int\left(t-1+\dfrac{1}{1+t}\right)dt$

$$= 3\left(\frac{1}{2}t^2 - t + \ln|1+t|\right) + C$$

再回代 $t = \sqrt[3]{x}$，得

$$\int \frac{1}{1+\sqrt[3]{x}} dx = 3\left(\frac{1}{2}\sqrt[3]{x^2} - \sqrt[3]{x} + \ln|1+\sqrt[3]{x}|\right) + C$$

以上积分过程的理论依据是下面要介绍的第二类换元积分法.

定理 2 若 $f(x)$ 是连续函数，$x = \varphi(t)$ 有连续的导数 $\varphi'(t)$，且 $\varphi'(t) \neq 0$，又设 $\int f[\varphi(t)]\varphi'(t) dt = F(t) + C$，则有换元公式

$$\int f(x) dx = \int f[\varphi(t)]\varphi'(t) dt = F[\varphi^{-1}(x)] + C$$

这种积分方法称为第二类换元积分法.

使用第二类换元积分法的关键是选择合适的函数 $x = \varphi(t)$，下面通过例子来说明.

【例 11】 求 $\int \frac{x-2}{1+\sqrt[3]{x-3}} dx$.

解 被积函数中含有根式 $\sqrt[3]{x-3}$，为去掉根式可设 $t = \sqrt[3]{x-3}$，则 $t^3 = x-3$，$x = t^3 + 3$，$dx = 3t^2 dt$，所以

$$\int \frac{x-2}{1+\sqrt[3]{x-3}} dx = \int \frac{t^3+3-2}{1+t} \cdot 3t^2 dt = \int 3t^2 \cdot \frac{t^3+1}{t+1} dt$$

$$= \int 3t^2(t^2-t+1) dt = 3\left(\frac{1}{5}t^5 - \frac{1}{4}t^4 + \frac{1}{3}t^3\right) + C$$

$$= \frac{3}{5}\sqrt[3]{(x-3)^5} - \frac{3}{4}\sqrt[3]{(x-3)^4} + x - 3 + C$$

【例 12】 求 $\int \frac{1}{\sqrt[3]{x} + \sqrt{x}} dx$.

解 被积函数中含有 $\sqrt[3]{x}$ 和 $\sqrt{x}$ 两个根式，作变换 $x = t^6$，可同时将两个根号去掉，$dx = 6t^5 dt$，则

$$\int \frac{dx}{\sqrt[3]{x} + \sqrt{x}} = \int \frac{6t^5 dt}{t^2 + t^3} = \int \frac{6t^3}{1+t} dt = 6\int \left(t^2 - t + 1 - \frac{1}{1+t}\right) dt$$

$$= 6\int(t^2-t+1) dt - 6\int \frac{1}{1+t} dt = 2t^3 - 3t^2 + 6t - 6\ln|t+1| + C$$

$$= 2\sqrt{x} - 3\sqrt[3]{x} + 6\sqrt[6]{x} - 6\ln(\sqrt[6]{x}+1) + C$$

由例 11 和例 12 可以看出，如果被积函数中含有根式 $\sqrt[n]{ax+b}$ 时，一般可作变量替换 $t = \sqrt[n]{ax+b}$ 去掉根式.

【例 13】 求 $\int \sqrt{a^2 - x^2} dx \, (a > 0)$.

解 作变量替换 $x = a\sin t \left(-\frac{\pi}{2} \leqslant t \leqslant \frac{\pi}{2}\right)$，则 $\sqrt{a^2-x^2} = \sqrt{a^2 - a^2\sin^2 t} = a\sqrt{1-\sin^2 t} = a\cos t$，$dx = a\cos t \, dt$，

$$\int \sqrt{a^2-x^2} dx = \int a\cos t \cdot a\cos t \, dt = a^2 \int \cos^2 t \, dt = a^2 \int \frac{1+\cos 2t}{2} dt$$

$$= \frac{a^2}{2}\left(t + \frac{1}{2}\sin 2t\right) + C = \frac{a^2}{2}(t + \sin t \cos t) + C$$

因为 $x = a\sin t$，所以 $t = \arcsin\frac{x}{a}$，为了将 $\sin t$ 与 $\cos t$ 换成 x 的函数，根据变换 $\sin t = \frac{x}{a}$ 作直角三角形，如图 4-2 所示，这时显然有 $\cos t = \frac{\sqrt{a^2 - x^2}}{a}$，代入上面的结果有

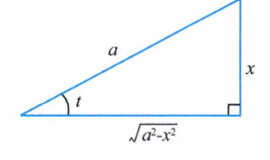

$$\int \sqrt{a^2 - x^2}\,\mathrm{d}x = \frac{a^2}{2}\arcsin\frac{x}{a} + \frac{x}{2}\sqrt{a^2 - x^2} + C$$

图 4-2

【例 14】 求 $\int \frac{\mathrm{d}x}{\sqrt{x^2 - a^2}}\ (a > 0)$.

解 为了去掉被积函数中的根号，利用 $\sec^2 x - 1 = \tan^2 x$，令 $x = a\sec t\left(0 < t < \frac{\pi}{2}\right)$，则 $\mathrm{d}x = a\sec t\tan t\,\mathrm{d}t$，于是有

$$\int \frac{\mathrm{d}x}{\sqrt{x^2 - a^2}} = \int \frac{a\sec t\tan t}{a\tan t}\,\mathrm{d}t = \int \sec t\,\mathrm{d}t$$
$$= \ln|\sec t + \tan t| + C_1$$

根据 $\sec t = \frac{x}{a}$ 作辅助三角形，如图 4-3 所示，得

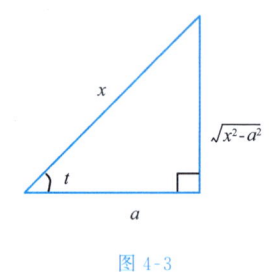

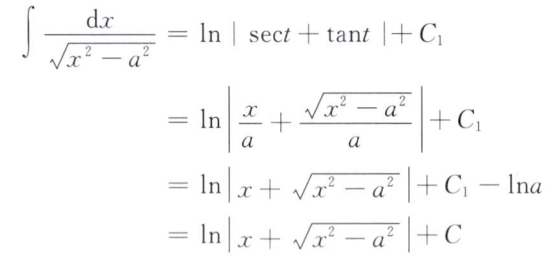

$$\int \frac{\mathrm{d}x}{\sqrt{x^2 - a^2}} = \ln|\sec t + \tan t| + C_1$$
$$= \ln\left|\frac{x}{a} + \frac{\sqrt{x^2 - a^2}}{a}\right| + C_1$$
$$= \ln\left|x + \sqrt{x^2 - a^2}\right| + C_1 - \ln a$$
$$= \ln\left|x + \sqrt{x^2 - a^2}\right| + C$$

图 4-3

其中 $C = C_1 - \ln a$.

【例 15】 求 $\int \frac{\mathrm{d}x}{\sqrt{x^2 + a^2}}\ (a > 0)$.

解 作变量替换 $x = a\tan t\left(-\frac{\pi}{2} < t < \frac{\pi}{2}\right)$，则 $\mathrm{d}x = a\sec^2 t\,\mathrm{d}t$，$\sqrt{x^2 + a^2} = a\sec t$，于是

$$\int \frac{\mathrm{d}x}{\sqrt{x^2 + a^2}} = \int \frac{a\sec^2 t\,\mathrm{d}t}{a\sec t} = \int \sec t\,\mathrm{d}t = \ln|\sec t + \tan t| + C$$
$$= \ln\left|\frac{\sqrt{x^2 + a^2}}{a} + \frac{x}{a}\right| + C = \ln\left|x + \sqrt{x^2 + a^2}\right| + C$$

在上面的计算中，$\sec t = \frac{\sqrt{x^2 + a^2}}{a}$ 可根据变换 $\tan t = \frac{x}{a}$ 作直角三角形，如图 4-4 所示，得到.

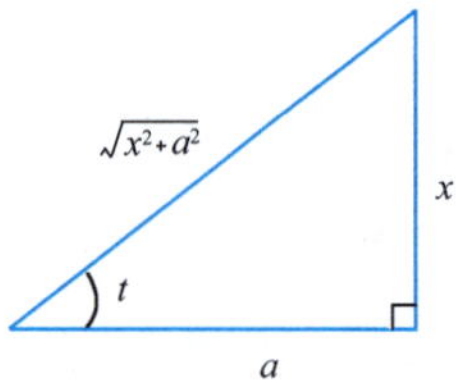

如果被积函数中含有 $\sqrt{a^2 - x^2}$，$\sqrt{a^2 + x^2}$，$\sqrt{x^2 - a^2}$，可分别作 $x = a\sin t$，$x = a\tan t$，$x = a\sec t$ 的变量替换去掉根式，它们统称为三角代换.

可见，第一类换元积分法应先进行凑微分，然后再换元，可省略换元

图 4-4

过程,而第二类换元积分法必须先进行换元,但不可省略换元及回代过程,运算起来比第一类换元积分法更复杂.

习题 4-3

A 组

1. 求下列不定积分.

(1) $\int \dfrac{\mathrm{d}x}{(2x-3)^4}$ (2) $\int \dfrac{1}{\sqrt{1+x}}\mathrm{d}x$ (3) $\int \sin 3x \,\mathrm{d}x$

(4) $\int \dfrac{\mathrm{e}^{2x}-1}{\mathrm{e}^x}\mathrm{d}x$ (5) $\int \dfrac{x}{1+x^2}\mathrm{d}x$ (6) $\int x\sqrt{2+x^2}\,\mathrm{d}x$

(7) $\int \sin^3 x \cos x \,\mathrm{d}x$ (8) $\int \dfrac{1}{\sqrt{x}}\sin\sqrt{x}\,\mathrm{d}x$ (9) $\int \dfrac{\ln x}{x}\mathrm{d}x$

2. 计算下列不定积分.

(1) $\int \dfrac{1}{1+\sqrt{x}}\mathrm{d}x$ (2) $\int \dfrac{1}{\sqrt{x}(1+\sqrt[3]{x})}\mathrm{d}x$ (3) $\int \dfrac{\sqrt{x}}{\sqrt{x}-\sqrt[3]{x}}\mathrm{d}x$

(4) $\int \dfrac{\sqrt{1+x}}{1+\sqrt{1+x}}\mathrm{d}x$ (5) $\int \dfrac{x^2}{\sqrt{4-x^2}}\mathrm{d}x$ (6) $\int \dfrac{\mathrm{d}x}{x\sqrt{x^2+4}}$

(7) $\int \dfrac{\sqrt{x^2-2}}{x}\mathrm{d}x$ (8) $\int \dfrac{\mathrm{d}x}{\sqrt{4x^2+9}}$ (9) $\int \dfrac{1}{x\sqrt{1-x^2}}\mathrm{d}x$

B 组

1. 求下列不定积分.

(1) $\int \dfrac{1}{9+x^2}\mathrm{d}x$ (2) $\int \dfrac{x}{\sqrt{1-x^2}}\mathrm{d}x$ (3) $\int \dfrac{\sqrt{1+\ln x}}{x}\mathrm{d}x$

(4) $\int \dfrac{(\arctan x)^2}{1+x^2}\mathrm{d}x$ (5) $\int \dfrac{1}{\cos^2 x \sqrt{1+\tan x}}\mathrm{d}x$ (6) $\int \cos x \sin 3x \,\mathrm{d}x$

(7) $\int \tan^7 x \sec^2 x \,\mathrm{d}x$ (8) $\int \sin^3 x \,\mathrm{d}x$ (9) $\int \sec^4 x \,\mathrm{d}x$

(10) $\int \dfrac{\cos x - \sin x}{\cos x + \sin x}\mathrm{d}x$

2. 求下列不定积分.

(1) $\int \dfrac{x^2}{\sqrt{a^2-x^2}}\mathrm{d}x \,(a>0)$ (2) $\int \dfrac{\sqrt{x^2+a^2}}{x^2}\mathrm{d}x$ (3) $\int \dfrac{1}{x\sqrt{x^2-1}}\mathrm{d}x$

(4) $\int \dfrac{2x-1}{\sqrt{9x^2-4}}\mathrm{d}x$ (5) $\int \dfrac{x}{\sqrt{x^2+2x+2}}\mathrm{d}x$ (6) $\int \dfrac{1}{\sqrt{1+x-x^2}}\mathrm{d}x$

3. 分别用第一类及第二类换元积分法求下列不定积分.

(1) $\int \dfrac{\mathrm{d}x}{\sqrt{1+2x}}$ (2) $\int \dfrac{\mathrm{d}x}{\sqrt{x}(1+x)}$

(3) $\int \dfrac{x}{\sqrt{a^2+x^2}}\mathrm{d}x \,(a>0)$ (4) $\int \dfrac{x}{(1+x^2)^2}\mathrm{d}x$

第四节　分部积分法

换元法是通过换元的方式,将不易求解的积分转化为易求解的积分的方法,但仍有一些积分用换元法也难以求解.为此本节将介绍另一种改变积分形式的方法——分部积分法.

分部积分法常用于被积函数是两种不同类型的函数乘积的积分,它是乘积的微分公式的逆运算.

定理 1　设函数 $u(x),v(x)$ 简写为 u,v,由微分公式得
$$d(uv) = udv + vdu$$
移项得 $udv = d(uv) - vdu$,两边积分,则有 $\int udv = \int d(uv) - \int vdu$,即
$$\int udv = uv - \int vdu$$
这个公式称为分部积分公式.

如果求右边的积分 $\int vdu$ 比求左边的积分 $\int udv$ 容易,那么使用此公式就有意义了.下面举例来说明其应用.

【**例 1**】　求 $\int x\cos x\,dx$.

解　设 $u = x, dv = \cos x\,dx = d\sin x$,于是 $du = dx, v = \sin x$,这时
$$\int x\cos x\,dx = x\sin x - \int \sin x\,dx = x\sin x + \cos x + C$$

【**例 2**】　求 $\int xe^{-2x}\,dx$.

解　设 $u = x, dv = e^{-2x}dx = d\left(-\frac{1}{2}e^{-2x}\right)$,于是 $du = dx, v = -\frac{1}{2}e^{-2x}$,这时
$$\int xe^{-2x}dx = -\frac{1}{2}xe^{-2x} + \frac{1}{2}\int e^{-2x}dx = -\frac{1}{2}xe^{-2x} - \frac{1}{4}e^{-2x} + C$$

【**例 3**】　求 $\int \ln x\,dx$.

解　这里被积函数可看作 $\ln x$ 与 1 的乘积,设 $u = \ln x, dv = dx$,于是 $du = \frac{1}{x}dx, v = x$,这时
$$\int \ln x\,dx = x\ln x - \int \frac{x}{x}dx = x\ln x - x + C$$

当运算熟练之后,分部积分法的替换过程可以省略.

【**例 4**】　求 $\int x\arctan x\,dx$.

解
$$\int x\arctan x\,dx = \int \frac{1}{2}\arctan x\,d(x^2) = \frac{1}{2}x^2\arctan x - \frac{1}{2}\int \frac{x^2}{1+x^2}dx$$
$$= \frac{1}{2}x^2\arctan x - \frac{1}{2}\int \left(1 - \frac{1}{1+x^2}\right)dx$$
$$= \frac{1}{2}x^2\arctan x - \frac{1}{2}x + \frac{1}{2}\arctan x + C$$

$$= \frac{1}{2}(x^2+1)\arctan x - \frac{1}{2}x + C$$

【例 5】 求 $\int x^2 \sin \frac{x}{3} dx$.

解 $\int x^2 \sin \frac{x}{3} dx = -3\int x^2 d\left(\cos \frac{x}{3}\right) = -3x^2 \cos \frac{x}{3} + 6\int x\cos \frac{x}{3} dx$

其中 $\int x\cos \frac{x}{3} dx$ 仍不能立即求出,还需要再次运用分部积分公式.

$$\int x\cos \frac{x}{3} dx = 3\int x d\left(\sin \frac{x}{3}\right) = 3x\sin \frac{x}{3} - 3\int \sin \frac{x}{3} dx = 3x\sin \frac{x}{3} + 9\cos \frac{x}{3} + C_1$$

所以

$$\int x^2 \sin \frac{x}{3} dx = -3x^2 \cos \frac{x}{3} + 18x\sin \frac{x}{3} + 54\cos \frac{x}{3} + C \quad (C = 6C_1)$$

由例 5 可以看出,对某些不定积分,有时需要连续几次运用分部积分公式.

【例 6】 求 $\int e^x \sin x dx$.

解 设 $u = \sin x, dv = e^x dx$,则 $du = \cos x dx, v = e^x$,这时

$$\int e^x \sin x dx = e^x \sin x - \int e^x \cos x dx$$

对上式右端积分再用一次分部积分公式:
设 $u = \cos x, dv = e^x dx$,则 $du = -\sin x dx, v = e^x$,这时

$$\int e^x \cos x dx = e^x \cos x + \int e^x \sin x dx$$

将 $\int e^x \cos x dx$ 代入 $\int e^x \sin x dx = e^x \sin x - \int e^x \cos x dx$,得

$$\int e^x \sin x dx = e^x \sin x - e^x \cos x - \int e^x \sin x dx$$

移项得

$$2\int e^x \sin x dx = e^x \sin x - e^x \cos x + C_1$$

$$\int e^x \sin x dx = \frac{1}{2} e^x (\sin x - \cos x) + C \quad \left(C = \frac{C_1}{2}\right)$$

说明 (1)在例6中,连续两次应用分部积分公式,而且第一次取 $u = \sin x$ 时,第二次必须取 $u = \cos x$,即两次所取的 $u(x)$ 一定要是同类函数;假若第二次取的 $u(x)$ 为 e^x,即 $u(x) = e^x$,则计算结果将回到原题.

(2)分部积分公式中 $u(x), v'(x)$ 的选择是以积分运算简便易求为原则的,即选择的 $v'(x)$ 要容易找到一个原函数,且 $\int v(x)u'(x) dx$ 要比 $\int u(x)v'(x) dx$ 容易求积分.

总结上面例子可知,遇到下列被积表达式时,凑微分如下:
(1) $P(x)e^x dx = P(x) de^x$ ($P(x)$ 为多项式,下同);
(2) $P(x)\sin x dx$ 或 $P(x)\cos x dx$ 凑为 $-P(x) d\cos x$ 或 $P(x) d\sin x$;
(3) $P(x)\ln x dx$ 或 $P(x)\arcsin x dx$ 把 $P(x) dx$ 凑成微分,如 $x^2 \ln x dx = \frac{1}{3}\ln x dx^3$ 或 $x\arcsin x dx = \frac{1}{2}\arcsin x dx^2$;

(4) $e^{ax}\cos bx\,dx$ 或 $e^{ax}\sin bx\,dx$ 把 $e^{ax}dx$ 凑成微分或把 $\cos bx\,dx$，$\sin bx\,dx$ 凑成微分都可以，有些不定积分需要综合运用换元积分法与分部积分法才能求出结果．

【例 7】 求 $\int e^{\sqrt[3]{x}}\,dx$．

解 先用第二类换元积分法，再用分部积分法．

令 $\sqrt[3]{x} = t$，则 $x = t^3$，$dx = 3t^2\,dt$，于是有

$$\int e^{\sqrt[3]{x}}\,dx = 3\int t^2 e^t\,dt = 3\int t^2\,de^t = 3t^2 e^t - 6\int te^t\,dt = 3t^2 e^t - 6\int t\,de^t$$

$$= 3t^2 e^t - 6te^t + 6\int e^t\,dt = 3t^2 e^t - 6te^t + 6e^t + C.$$

代回原变量，得

$$\int e^{\sqrt[3]{x}}\,dx = 3x^{\frac{2}{3}}e^{\sqrt[3]{x}} - 6x^{\frac{1}{3}}e^{\sqrt[3]{x}} + 6e^{\sqrt[3]{x}} + C = 3(x^{\frac{2}{3}} - 2x^{\frac{1}{3}} + 2)e^{\sqrt[3]{x}} + C.$$

习题 4-4

A 组

求下列不定积分．

(1) $\int x\sin x\,dx$ (2) $\int xe^{-x}\,dx$ (3) $\int x^2 e^{3x}\,dx$

(4) $\int x^2\cos 3x\,dx$ (5) $\int \ln(1+x^2)\,dx$ (6) $\int \arcsin x\,dx$

(7) $\int e^{-x}\sin 2x\,dx$ (8) $\int \dfrac{\ln x}{\sqrt{1+x}}\,dx$ (9) $\int xf''(x)\,dx$

B 组

1．求下列不定积分．

(1) $\int \sin(\ln x)\,dx$ (2) $\int (x^2 - 5x + 7)\cos 2x\,dx$ (3) $\int \dfrac{1}{\sqrt{x}}\arcsin\sqrt{x}\,dx$

(4) $\int (\arcsin x)^2\,dx$ (5) $\int \dfrac{\ln(\ln x)}{x}\,dx$ (6) $\int e^{2x}\cos 3x\,dx$

(7) $\int \cos^2\sqrt{x}\,dx$ (8) $\int \sec^5 x\,dx$

2．已知 $f(x)$ 的一个原函数为 $\dfrac{\sin x}{x}$，证明 $\int xf'(x)\,dx = \cos x - \dfrac{2\sin x}{x} + C$．

第五节　积分表的使用方法

从上述各节的讨论中，我们已经了解到积分的计算要比导数的计算复杂，难度要大，在实际工作中为了应用方便，把常用的积分公式汇集成表 —— 积分表．一般积分表是按照被积函数的类型排列的，求积分时，可根据被积函数的类型直接地或经简单变形后，在表中查得所需

的结果,下面通过实例说明积分表的用法.

一、可以直接从表中查到结果的

【例 1】 求 $\int \dfrac{\mathrm{d}x}{x^2(5+4x)}$.

解 本例属于附录 Ⅰ 中(一)类含有 $ax+b$ 的积分,按公式 6,当 $b=5,a=4$ 时,有

$$\int \dfrac{\mathrm{d}x}{x^2(5+4x)} = -\dfrac{1}{5x} + \dfrac{4}{25}\ln\left|\dfrac{5+4x}{x}\right| + C$$

【例 2】 求 $\int \dfrac{\mathrm{d}x}{4x^2+4x-3}$.

解 本例属于附录 Ⅰ 中(五)类含有 $ax^2+bx+c(a>0)$ 的积分,按公式 28,当 $a=4$, $b=4,c=-3$ 时,有 $b^2 > 4ac$,于是

$$\int \dfrac{\mathrm{d}x}{4x^2+4x-3} = \dfrac{1}{8}\ln\left|\dfrac{2x-1}{2x+3}\right| + C$$

二、先进行变量代换,然后再查表求积分

【例 3】 求 $\int \sqrt{9x^2+4}\,\mathrm{d}x$.

解 本例在积分表中不能直接查到,若令 $3x=u$,则 $\int \sqrt{9x^2+4}\,\mathrm{d}x = \dfrac{1}{3}\int \sqrt{u^2+2^2}\,\mathrm{d}u$,可应用附录 Ⅰ(六)中的公式 38,于是

$$\int \sqrt{9x^2+4}\,\mathrm{d}x = \dfrac{1}{3}\int \sqrt{u^2+2^2}\,\mathrm{d}u$$

$$= \dfrac{1}{3}\left(\dfrac{u}{2}\sqrt{u^2+4} + 2\ln\left|u+\sqrt{u^2+4}\right|\right) + C$$

$$= \dfrac{x}{2}\sqrt{9x^2+4} + \dfrac{2}{3}\ln\left|3x+\sqrt{9x^2+4}\right| + C$$

三、利用递推公式在积分表中查到所求积分

【例 4】 求 $\int \cos^5 x\,\mathrm{d}x$.

解 查附录 Ⅰ 中(十一)类公式 96,有 $\int \cos^n x\,\mathrm{d}x = \dfrac{\cos^{n-1}x\sin x}{n} + \dfrac{n-1}{n}\int \cos^{n-2}x\,\mathrm{d}x$.

就本例而言,利用这个公式并不能求出最后结果,但用一次就可使被积函数的幂指数减少二次,重复使用这个公式直到求出最后结果,这种公式叫作递推公式.

运用公式 96,得

$$\int \cos^5 x\,\mathrm{d}x = \dfrac{\cos^4 x\sin x}{5} + \dfrac{4}{5}\int \cos^3 x\,\mathrm{d}x = \dfrac{\cos^4 x\sin x}{5} + \dfrac{4}{5}\left(\dfrac{\cos^2 x\sin x}{3} + \dfrac{2}{3}\int \cos x\,\mathrm{d}x\right)$$

$$= \frac{1}{5}\cos^4 x \sin x + \frac{4}{15}\cos^2 x \sin x + \frac{8}{15}\sin x + C$$

习题 4-5

▶ A 组

利用简易积分表求下列不定积分.

(1) $\int \frac{\mathrm{d}x}{x(2+x)^2}$　　　　(2) $\int \frac{\mathrm{d}x}{2+\sin 2x}$　　　　(3) $\int x \arcsin \frac{x}{2} \mathrm{d}x$

(4) $\int \frac{\mathrm{d}x}{x^2+2x+5}$　　(5) $\int \frac{\mathrm{d}x}{5-4\cos x}$　　(6) $\int \frac{\mathrm{d}x}{x^2(1-x)}$

▶ B 组

利用简易积分表求下列不定积分.

(1) $\int \sqrt{3x^2+2}\,\mathrm{d}x$　　　(2) $\int \mathrm{e}^{2x}\cos x\,\mathrm{d}x$　　(3) $\int \frac{\mathrm{d}x}{\sin^3 x}$

(4) $\int \frac{\mathrm{d}x}{4-9x^2}$　　　(5) $\int \sin^4 x\,\mathrm{d}x$　　　(6) $\int \sqrt{x^2-4x+8}\,\mathrm{d}x$

(7) $\int \frac{\sqrt{x-1}}{x}\mathrm{d}x$　$(x \geqslant 1)$　(8) $\int (\ln x)^3 \mathrm{d}x$　　(9) $\int \frac{x}{\sqrt{1+x-x^2}}\mathrm{d}x$

*第六节　应用与实践

一、物体在空气中的冷却问题

物体在空气中的冷却速度与物体和空气的温差成正比(服从冷却定律).如果空气的温度为 20℃,一物体在 20 min 内由 100℃ 冷却至 60℃,问在多长时间内物体的温度冷却至 30℃?

解　我们用 T 表示温度,用 t 表示时间,则物体冷却速度为 $\frac{\mathrm{d}T}{\mathrm{d}t}$,由题意可知: $T\big|_{t=0} = 100℃$,$T\big|_{t=20} = 60℃$.因为冷却速度与物体和空气的温差成正比,所以

$$\frac{\mathrm{d}T}{\mathrm{d}t} = k(T-20)$$

即

$$\frac{1}{T-20}\mathrm{d}T = k\mathrm{d}t$$

两端积分

$$\int \frac{1}{T-20}\mathrm{d}T = \int k\mathrm{d}t$$

$$\ln(T-20) = kt + C_1 \quad (T > 20)$$
$$T - 20 = e^{kt+C_1}$$
$$T = 20 + Ce^{kt} \quad (C = e^{C_1})$$

将 $T|_{t=0} = 100℃, T|_{t=20} = 60℃$ 代入上式

$$\begin{cases} 100 = 20 + Ce^0 \\ 60 = 20 + Ce^{20k} \end{cases} \Rightarrow \begin{cases} C = 80 \\ k = -\dfrac{1}{20}\ln 2 \approx -0.035 \end{cases}$$

所以
$$T = 20 + 80e^{-0.035t}$$

将 $T = 30$ 代入上式,解得 $t = 59.4 \min \approx 1 \text{ h}$,即物体冷却至 30℃ 需要 1 h.

二、潜水艇下沉的速度问题

一潜水艇在水下垂直下沉时,所遇到的阻力和下沉的速度成正比.如果潜水艇的质量为 m,并且由静止开始下沉,试求潜水艇下沉的速度函数.

解 设潜水艇下沉的速度为 $v = v(t)$,由题意 $v(0) = 0$.由牛顿第二定律有
$$F = ma$$
由题意
$$F = mg - kv$$
又 $a = \dfrac{\mathrm{d}v}{\mathrm{d}t}$,所以
$$mg - kv = m\dfrac{\mathrm{d}v}{\mathrm{d}t}$$
即
$$g - \dfrac{k}{m}v = \dfrac{\mathrm{d}v}{\mathrm{d}t}$$
令 $\dfrac{k}{m} = w$,于是有
$$g - wv = \dfrac{\mathrm{d}v}{\mathrm{d}t}$$
即
$$\mathrm{d}t = \dfrac{1}{g - wv}\mathrm{d}v$$
两端积分得
$$t = -\dfrac{1}{w}\ln(g - wv) + C$$
将 $v(0) = 0$ 代入上式,得 $C = \dfrac{1}{w}\ln g$,于是
$$t = -\dfrac{1}{w}\ln(g - wv) + \dfrac{1}{w}\ln g$$

整理后得潜水艇的下沉速度函数为 $v = \dfrac{g}{w}(1 - e^{-wt})$，其中 $w = \dfrac{k}{m}$.

三、放射性元素的衰变问题

放射性元素由于不断地有原子放射出微粒子而变成其他元素，使放射性元素的质量不断减少，这种现象叫作衰变. 铀是一种放射性元素，由原子物理学知道，铀的衰变速度与当时未衰变的原子的质量 M 成正比. 已知 $t = 0$ 时铀的质量为 M_0，求在衰变过程中铀质量 $M(t)$ 随时间 t 的变化规律.

解 铀的衰变速度就是 $M(t)$ 对时间的导数 $\dfrac{dM}{dt}$. 由于铀的衰变速度与其质量成正比，故得

$$\frac{dM}{dt} = -\lambda M \tag{1}$$

其中 $\lambda(\lambda > 0)$ 是常数，叫作衰变系数. λ 前置负号是由于当 t 增加时 M 单调减少，即 $\dfrac{dM}{dt} < 0$.

按题意，$M\big|_{t=0} = M_0$，而方程(1)可变为

$$\frac{dM}{M} = -\lambda dt$$

两端积分

$$\int \frac{dM}{M} = \int (-\lambda) dt$$

以 $\ln C$ 表示任意常数，得

$$\ln M = -\lambda t + \ln C$$
$$M = C e^{-\lambda t}$$

将 $M\big|_{t=0} = M_0$ 代入上式，得 $C = M_0$，所以

$$M = M_0 e^{-\lambda t}$$

这就是所求的铀的衰变规律. 由此可见，铀的质量按指数规律随时间的增加而衰减.

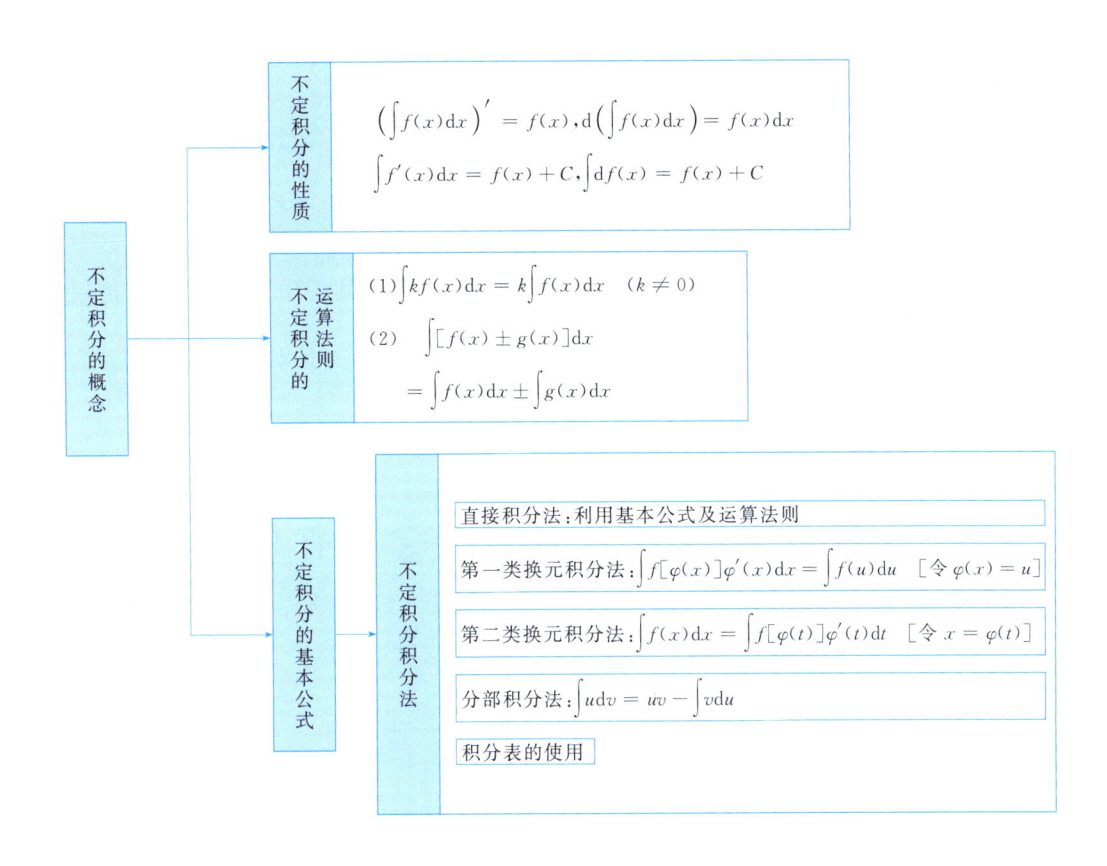

本章知识结构图

第四章 不定积分

不定积分的概念
├── 不定积分的性质
│ $$\left(\int f(x)\mathrm{d}x\right)' = f(x),\ \mathrm{d}\left(\int f(x)\mathrm{d}x\right) = f(x)\mathrm{d}x$$
│ $$\int f'(x)\mathrm{d}x = f(x)+C,\ \int \mathrm{d}f(x) = f(x)+C$$
│
├── 不定积分的运算法则
│   (1) $\int kf(x)\mathrm{d}x = k\int f(x)\mathrm{d}x \quad (k \neq 0)$
│   (2) $\int [f(x) \pm g(x)]\mathrm{d}x = \int f(x)\mathrm{d}x \pm \int g(x)\mathrm{d}x$
│
└── 不定积分的基本公式 — 不定积分积分法
    - 直接积分法:利用基本公式及运算法则
    - 第一类换元积分法:$\int f[\varphi(x)]\varphi'(x)\mathrm{d}x = \int f(u)\mathrm{d}u$ [令 $\varphi(x) = u$]
    - 第二类换元积分法:$\int f(x)\mathrm{d}x = \int f[\varphi(t)]\varphi'(t)\mathrm{d}t$ [令 $x = \varphi(t)$]
    - 分部积分法:$\int u\mathrm{d}v = uv - \int v\mathrm{d}u$
    - 积分表的使用

第五章　定积分

在科学技术和现实生活的许多问题中,经常需要计算某些"和式的极限".定积分就是从各种计算"和式的极限"问题抽象出的数学概念,它与不定积分是两个不同的数学概念.但是,微积分基本定理则把这两个概念联系起来,解决了定积分的计算问题,使定积分得到了广泛的应用.本章将从两个实例出发引出定积分的概念,然后讨论定积分的性质和计算方法,最后还将介绍广义积分的概念及其计算.

本章的主要内容包括:定积分的概念与性质;牛顿-莱布尼茨公式;定积分的换元积分法与分部积分法;广义积分.

第一节　定积分的概念与性质

一、两个引例

引例1　曲边梯形的面积.

曲边梯形是指在直角坐标系中,由闭区间$[a,b]$上的连续曲线$y=f(x)(f(x)\geqslant 0)$和直线$x=a,x=b$及x轴所围成的平面图形$AabB$,如图5-1所示.

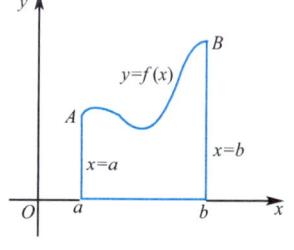

怎样计算曲边梯形的面积呢?由于曲边梯形的高$f(x)$在区间$[a,b]$上是连续变化的,在很小一段区间上它的变化很小,近似于不变.因此,如果把区间$[a,b]$划分为许多小区间,那么曲边梯形也相应地被划分成许多小曲边梯形.在每个小区间上用其中某一点处的高来近似代替同一区间上小曲边梯形的高,那么,每个小曲边梯形就可以近似看成小矩形.我们就用所有这些小矩形的面积之和作为曲边梯形面积的近似值,并把区间$[a,b]$无限细分下去,使每个小区间的长度都趋于零,这时所有小矩形面积之和的极限就是曲边梯形的面积.

图5-1

根据上面的分析,可按下面四个步骤计算曲边梯形的面积A,如图5-2所示.

(1) 分割

在区间$[a,b]$内任意用分点$(a=x_0<x_1<x_2<\cdots<x_{i-1}<x_i<\cdots<x_n=b)$把区间分成$n$个小区间:

$$[x_0,x_1],[x_1,x_2],\cdots,[x_{i-1},x_i],\cdots,[x_{n-1},x_n].$$

这些小区间的长度分别记为$\Delta x_i=x_i-x_{i-1}(i=1,2,\cdots,n)$.

过每一个分点作平行于y轴的直线,它们把曲边梯形分成n个小曲边梯形.小曲边梯形的

面积记为 $\Delta A_i (i=1,2,\cdots,n)$.

(2) 近似代替

在每个小区间 $[x_{i-1},x_i](i=1,2,\cdots,n)$ 上任取一点 $\xi_i(x_{i-1}\leqslant\xi_i\leqslant x_i)$，以 $f(\xi_i)$ 为高，Δx_i 为底作小矩形，用小矩形面积 $f(\xi_i)\Delta x_i$ 近似代替第 i 个小曲边梯形的面积 ΔA_i，即

$$\Delta A_i \approx f(\xi_i)\Delta x_i (i=1,2,\cdots,n)$$

(3) 求和

把 n 个小矩形的面积加起来，得和式

$$f(\xi_1)\Delta x_1 + f(\xi_2)\Delta x_2 + \cdots + f(\xi_n)\Delta x_n = \sum_{i=1}^{n} f(\xi_i)\Delta x_i$$

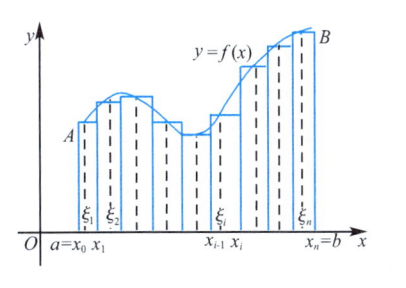

图 5-2

就是曲边梯形面积的近似值，即

$$A = \sum_{i=1}^{n} \Delta A_i \approx \sum_{i=1}^{n} f(\xi_i)\Delta x_i$$

(4) 取极限

当分点个数无限增加（即 $n\to+\infty$），且小区间长度的最大值 $\lambda(\lambda=\max\{\Delta x_i\})$ 趋近于 0 时，如果和式的极限存在，这个极限值就是曲边梯形的面积，即

$$A = \lim_{\lambda\to 0} \sum_{i=1}^{n} f(\xi_i)\Delta x_i \tag{1}$$

引例 2 变速直线运动的路程.

设一质点做变速直线运动，已知速度 $v=v(t)$ 是时间 t 的连续函数，求在时间间隔 $[T_1,T_2]$ 上质点经过的路程 S.

由于质点做变速直线运动，速度是变化的，不能用匀速运动的路程公式 $S=vt$ 去求路程，我们用下面的四个步骤去求：

(1) 分割

在时间间隔 $[T_1,T_2]$ 内任意用分点

$$T_1 = t_0 < t_1 < t_2 < \cdots < t_{i-1} < t_i < \cdots < t_{n-1} < t_n = T_2$$

把 $[T_1,T_2]$ 分成 n 个小区间

$$[t_0,t_1],[t_1,t_2],\cdots,[t_{i-1},t_i],\cdots,[t_{n-1},t_n]$$

这些小区间的长度分别记为 $\Delta t_i = t_i - t_{i-1}(i=1,2,\cdots,n)$.

(2) 近似代替

任取 $\xi_i \in [t_{i-1},t_i]$，用 ξ_i 点的速度 $v(\xi_i)$ 近似代替质点在 $[t_{i-1},t_i]$ 上的速度（因为时间间隔 $[t_{i-1},t_i]$ 很小，速度的变化不是很大），那么质点在时间间隔 $[t_{i-1},t_i]$ 上经过的路程 ΔS_i 近似为 $v(\xi_i)\Delta t_i$，即

$$\Delta S_i \approx v(\xi_i)\Delta t_i (i=1,2,\cdots,n)$$

(3) 求和

因质点在时间间隔 $[T_1,T_2]$ 上所经过的路程 $S=\sum_{i=1}^{n}\Delta S_i$，所以

$$S \approx \sum_{i=1}^{n} v(\xi_i)\Delta t_i$$

(4) 取极限

设 $\lambda = \max\{\Delta t_i\}$，当 $\lambda \to 0$ 时，如果上述和式的极限存在，这个极限值就是质点在时间间隔 $[T_1, T_2]$ 上所经过的路程. 即

$$S = \lim_{\lambda \to 0} \sum_{i=1}^{n} v(\xi_i) \Delta t_i \tag{2}$$

上面两个例子，虽然实际问题的意义不同，但是解决问题的数学方法是相同的，并且最后所得到的结果都归结为和式的极限. 在科学技术中有许多实际问题也可归结为和式的极限，抛开实际问题的具体意义，数学上把这类和式的极限（如果极限存在）叫作定积分.

二、定积分的定义

定义 1 设函数 $f(x)$ 为区间 $[a,b]$ 上的有界函数，任意取分点

$$a = x_0 < x_1 < x_2 < \cdots < x_{i-1} < x_i < \cdots < x_n = b$$

把区间 $[a,b]$ 分成 n 个小区间 $[x_{i-1}, x_i]$ $(i = 1, 2, \cdots, n)$，其长度记为

$$\Delta x_i = x_i - x_{i-1}$$

在每个小区间 $[x_{i-1}, x_i]$ 上任取一点 $\xi_i (x_{i-1} \leqslant \xi_i \leqslant x_i)$，得相应的函数值 $f(\xi_i)$，作乘积 $f(\xi_i) \Delta x_i$，把所有这些乘积加起来，得和式 $\sum_{i=1}^{n} f(\xi_i) \Delta x_i$.

令 $\lambda = \max\{\Delta x_i\}$，若 $\lambda \to 0$ 时，上述和式的极限存在，则称函数 $f(x)$ 在区间 $[a,b]$ 上可积，此极限值叫作函数 $f(x)$ 在区间 $[a,b]$ 上的定积分，记作 $\int_a^b f(x) dx$，即

$$\int_a^b f(x) dx = \lim_{\lambda \to 0} \sum_{i=1}^{n} f(\xi_i) \Delta x_i \tag{3}$$

其中，$f(x)$ 叫被积函数，$f(x) dx$ 叫被积表达式，x 叫积分变量，区间 $[a,b]$ 叫积分区间，a 和 b 分别叫积分下限与积分上限.

关于定积分的定义做如下说明：

(1) 所谓和式极限存在（即函数可积）是指不论区间 $[a,b]$ 怎样分和 ξ_i 怎样取，极限都存在且相等.

(2) 如果 $f(x)$ 在 $[a,b]$ 上连续或有限个第一类间断点，那么定义中的和式极限一定存在.

(3) 因为和式极限是由函数 $f(x)$ 及区间 $[a,b]$ 所确定的，所以定积分只与被积函数和积分区间有关而与积分变量的记号无关. 即

$$\int_a^b f(x) dx = \int_a^b f(t) dt = \int_a^b f(u) du$$

(4) 该定义是在 $a < b$ 的情况下给出的，但不管 $a < b$ 还是 $a > b$，总有

$$\int_a^b f(x) dx = -\int_b^a f(x) dx$$

特别地，当 $a = b$ 时，规定 $\int_a^b f(x) dx = 0$.

根据定积分的定义，以上两例都可表示为定积分：曲边梯形的面积 A 是函数 $f(x)$ 在区间 $[a,b]$ 上的定积分，即

$$A = \int_a^b f(x)\,dx$$

变速直线运动的路程 S 是速度函数 $v(t)$ 在时间间隔 $[T_1, T_2]$ 上的定积分,即

$$S = \int_{T_1}^{T_2} v(t)\,dt$$

三、定积分的几何意义

当 $f(x) \geqslant 0$ 时,$\int_a^b f(x)\,dx$ 表示由曲线 $y = f(x)$,直线 $x = a$,$x = b$ 及 x 轴所围成的曲边梯形的面积;当 $f(x) < 0$ 时,曲边梯形在 x 轴的下方,

$$\int_a^b f(x)\,dx = -A$$

即当 $f(x) < 0$ 时,$f(x)$ 在 $[a,b]$ 上的定积分等于曲边梯形面积的相反数.因此,在一般情况下,定积分 $\int_a^b f(x)\,dx$ 表示几个曲边梯形面积的代数和,如图 5-3 所示.

这就是定积分的几何意义.

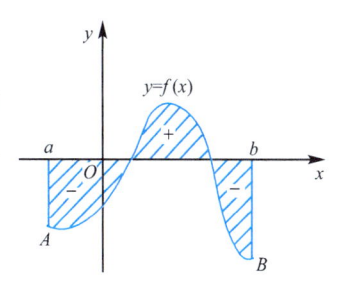

图 5-3

四、定积分的性质

设函数 $f(x)$,$g(x)$ 在所讨论的区间上可积,则定积分有如下性质:

性质 1　两个函数和的定积分等于它们定积分的和,即

$$\int_a^b [f(x) + g(x)]\,dx = \int_a^b f(x)\,dx + \int_a^b g(x)\,dx$$

这个性质还可以推广到有限多个函数的情形.

性质 2　被积表达式中的常数因子可以提到积分号前面,即

$$\int_a^b kf(x)\,dx = k\int_a^b f(x)\,dx$$

性质 3　对任意的 c,有

$$\int_a^b f(x)\,dx = \int_a^c f(x)\,dx + \int_c^b f(x)\,dx$$

这一性质叫作定积分对区间 $[a,b]$ 的可加性,即不论 $c \in [a,b]$ 还是 $c \notin [a,b]$ 均成立.

性质 4　如果在 $[a,b]$ 上,$f(x) \equiv 1$,那么

$$\int_a^b f(x)\,dx = b - a$$

性质 5　如果在 $[a,b]$ 上有 $f(x) \leqslant g(x)$,那么

$$\int_a^b f(x)\,dx \leqslant \int_a^b g(x)\,dx$$

这个性质说明,在比较两定积分的大小时,只要比较被积函数的大小即可,当且仅当 $f(x) \equiv g(x)$ 时等号成立.

特别地,有 $\left|\int_a^b f(x)\mathrm{d}x\right| \leqslant \int_a^b |f(x)|\mathrm{d}x$.

性质 6 (估值定理)如果 $f(x)$ 在 $[a,b]$ 上的最大值为 M,最小值为 m,那么
$$m(b-a) \leqslant \int_a^b f(x)\mathrm{d}x \leqslant M(b-a)$$

性质 7 (积分中值定理)如果函数 $f(x)$ 在 $[a,b]$ 上连续,那么在 (a,b) 内至少存在一点 ξ,使 $\int_a^b f(x)\mathrm{d}x = f(\xi)(b-a)$.

【例 1】 比较下列各对积分值的大小:

(1) $\int_0^1 x^2 \mathrm{d}x$ 与 $\int_0^1 \sqrt{x}\mathrm{d}x$ (2) $\int_0^1 10^x \mathrm{d}x$ 与 $\int_0^1 5^x \mathrm{d}x$

解 (1) 因为在 $[0,1]$ 上 $x^2 \leqslant \sqrt{x}$,且 $x^2 \not\equiv \sqrt{x}$,所以 $\int_0^1 x^2 \mathrm{d}x < \int_0^1 \sqrt{x}\mathrm{d}x$.

(2) 因为在 $[0,1]$ 上有 $10^x \geqslant 5^x$,且 $10^x \not\equiv 5^x$,所以 $\int_0^1 10^x \mathrm{d}x > \int_0^1 5^x \mathrm{d}x$.

【例 2】 估计定积分 $\int_{-1}^1 \mathrm{e}^{-x} \mathrm{d}x$ 的值的范围.

解 设 $f(x) = \mathrm{e}^{-x}$,因为 $f'(x) = -\mathrm{e}^{-x} < 0$,所以 $f(x)$ 在 $[-1,1]$ 上单调减少,从而 $f(x)_{\max} = M = \mathrm{e}^{-(-1)} = \mathrm{e}$,$f(x)_{\min} = m = \mathrm{e}^{-1} = \dfrac{1}{\mathrm{e}}$,因此,由估值定理有
$$\dfrac{2}{\mathrm{e}} \leqslant \int_{-1}^1 \mathrm{e}^{-x}\mathrm{d}x \leqslant 2\mathrm{e}$$

习题 5-1

A 组

1. 利用定积分的几何意义说明下列各式.

(1) $\int_0^{2\pi} \sin x \mathrm{d}x = 0$ (2) $\int_{-\frac{\pi}{2}}^{\frac{\pi}{2}} \cos x \mathrm{d}x = 2\int_0^{\frac{\pi}{2}} \cos x \mathrm{d}x$

(3) $\int_0^a \sqrt{a^2 - x^2}\mathrm{d}x = \dfrac{\pi a^2}{4}(a>0)$ (4) $\int_0^1 (1-x)\mathrm{d}x = \dfrac{1}{2}$

2. 用定积分表示由曲线 $y = x^3$,直线 $x=1, x=2$ 及 $y=0$ 所围成的曲边梯形的面积.

3. 用定积分表示由曲线 $y = \ln x$,直线 $x = \dfrac{1}{\mathrm{e}}, x=2$ 及 x 轴所围成的曲边梯形的面积.

4. 利用定积分的性质比较下列各对积分值的大小.

(1) $\int_0^1 x^2 \mathrm{d}x$ 与 $\int_0^1 x^{\frac{1}{3}}\mathrm{d}x$ (2) $\int_{-1}^0 \left(\dfrac{1}{2}\right)^x \mathrm{d}x$ 与 $\int_{-1}^0 \left(\dfrac{1}{3}\right)^x \mathrm{d}x$

5. 估计下列积分值的范围.

(1) $\int_0^1 (1+x^2)\mathrm{d}x$ (2) $\int_{-\frac{\pi}{4}}^{\frac{\pi}{4}} (1+x^2)\mathrm{d}x$ (3) $\int_{-1}^1 \mathrm{e}^{-x^2}\mathrm{d}x$

B 组

1. 用定积分表示由曲线 $y = \mathrm{e}^{-x}$,直线 $y = x+1, x=1$ 所围成的图形的面积.

2. 利用定积分的性质比较下列各对积分值的大小.

(1) $\int_0^{\frac{\pi}{4}} \sin x \, dx$ 与 $\int_0^{\frac{\pi}{4}} \cos x \, dx$ (2) $\int_0^2 e^{-x} \, dx$ 与 $\int_0^2 (1+x) \, dx$

3. 已知电流强度 I 与时间 t 的函数关系是连续函数 $I = I(t)$, 试用定积分表示从时刻 $t = 0$ 到时刻 $t = T$ 这一段时间内流过导体横截面的电量 Q.

4. 有一质量不均匀分布的细棒,其长度为 L, 取棒的一端为原点, 细棒所在直线为 x 轴. 假设细棒上任一点 x 处的线密度(单位长度的质量)为 $\rho = \rho(x)$, 试用定积分表示细棒的质量 M.

5. 设某物体受变力 F 的作用沿直线 Ox 运动, 力 F 的方向与运动方向一致, 且物体在任一点 x 处所受的力 $F = F(x)$, 试用定积分表示物体从 $x = a$ 运动到 $x = b$ 时力 F 所做的功 W.

课程思政

定积分的思想让我们明白,再复杂的事情都是由简单的事情组合起来的,需要我们用智慧去分解,理性平和地做好每一件事.

第二节　牛顿-莱布尼茨公式

用定义求定积分,即使被积函数很简单,也是一件比较困难的事. 所以,需要寻找简便而有效的计算方法,这就产生了牛顿-莱布尼茨(Newton-Leibniz)公式.

一、变上限函数

设函数 $f(x)$ 在区间 $[a,b]$ 上连续, 对任意的 $x \in [a,b]$, $f(x)$ 在区间 $[a,x]$ 上也连续, 所以函数 $f(x)$ 在区间 $[a,x]$ 上也可积. 定积分 $\int_a^x f(t) \, dt$ 的值依赖上限 x, 因此它是定义在 $[a,b]$ 上的 x 的函数, 记作

$$\varphi(x) = \int_a^x f(t) \, dt, \quad x \in [a,b]$$

称 $\varphi(x)$ 为变上限函数.

变上限函数有下面重要性质:

定理1　若函数 $f(x)$ 在区间 $[a,b]$ 上连续, 则变上限函数

$$\varphi(x) = \int_a^x f(t) \, dt$$

在区间 $[a,b]$ 上可导, 并且它的导数等于被积函数, 即

$$\varphi'(x) = \left[\int_a^x f(t) \, dt \right]' = f(x) \tag{1}$$

证明　(略)

由定理1可知: 如果函数 $f(x)$ 在区间 $[a,b]$ 上连续, 则变上限函数 $\varphi(x) = \int_a^x f(t) \, dt$ 就是 $f(x)$ 在区间 $[a,b]$ 上的一个原函数, 即连续函数的原函数一定存在.

推论1　若 $a \leqslant \varphi(x) \leqslant b, a \leqslant \psi(x) \leqslant b, \varphi(x), \psi(x)$ 为可导函数, $f(x)$ 在 $[a,b]$ 上连续, 则有以下结论成立:

$$\left(\int_{\varphi(x)}^{\psi(x)} f(t)\mathrm{d}t\right)' = \psi'(x)f[\psi(x)] - \varphi'(x)f[\varphi(x)]$$

【例1】 计算 $\left[\int_0^x \mathrm{e}^{-t}\sin t\mathrm{d}t\right]'$.

解 $\left[\int_0^x \mathrm{e}^{-t}\sin t\mathrm{d}t\right]' = \mathrm{e}^{-x}\sin x.$

【例2】 已知 $F(x) = \int_x^0 \cos(3t+1)\mathrm{d}t$, 求 $F'(x)$.

解 $F'(x) = \left[\int_x^0 \cos(3t+1)\mathrm{d}t\right]' = \left[-\int_0^x \cos(3t+1)\mathrm{d}t\right]' = -\cos(3x+1).$

【例3】 设 $y = \int_1^{x^2} \sqrt{1+t^3}\mathrm{d}t$, 求 $\dfrac{\mathrm{d}y}{\mathrm{d}x}$.

解 积分上限是 x 的函数, 该函数是 x 的复合函数, 由复合函数求导法则得
$\dfrac{\mathrm{d}y}{\mathrm{d}x} = \left[\int_1^{x^2} \sqrt{1+t^3}\mathrm{d}t\right]' = \left[\int_1^{x^2} \sqrt{1+t^3}\mathrm{d}t\right]'(x^2)' = \sqrt{1+x^6} \cdot 2x = 2x\sqrt{1+x^6}.$

一般地, $\dfrac{\mathrm{d}}{\mathrm{d}x}\left[\int_0^{\varphi(x)} f(t)\mathrm{d}t\right] = f[\varphi(x)] \cdot \varphi'(x).$

【例4】 求极限 $\lim\limits_{x \to 0} \dfrac{\int_0^x \sin t\mathrm{d}t}{x^2}$.

解 这是 $\dfrac{0}{0}$ 型的未定式, 由洛必达法则, 得 $\lim\limits_{x \to 0} \dfrac{\int_0^x \sin t\mathrm{d}t}{x^2} = \lim\limits_{x \to 0} \dfrac{\sin x}{2x} = \dfrac{1}{2}.$

二、微积分基本定理

定理2 如果函数 $f(x)$ 在区间 $[a,b]$ 上连续, $F(x)$ 为 $f(x)$ 在 $[a,b]$ 上的任一个原函数, 那么

$$\int_a^b f(x)\mathrm{d}x = F(b) - F(a) \tag{2}$$

证明 由定理1知 $\varphi(x) = \int_a^x f(t)\mathrm{d}t$ 是 $f(x)$ 在 $[a,b]$ 上的一个原函数, 又由题设可知 $F(x)$ 也是 $f(x)$ 在 $[a,b]$ 上的一个原函数, 由原函数的性质可知 $F(x) - \int_a^x f(t)\mathrm{d}t = C$, 其中, $a \leqslant x \leqslant b$, C 为常数.

当 $x = a$ 时, $\varphi(a) = \int_a^a f(t)\mathrm{d}t = 0$, $C = F(a)$, 于是, $F(x) - \int_a^x f(t)\mathrm{d}t = F(a)$, 又当 $x = b$ 时, $F(b) - \int_a^b f(t)\mathrm{d}t = F(a)$, 移项, 并把积分变量 t 换成 x 得

$$\int_a^b f(x)\mathrm{d}x = F(b) - F(a)$$

这个定理通常叫作微积分基本定理, 它揭示了定积分与不定积分的关系. 公式(2)叫作牛顿-莱布尼茨(Newton-Leibniz)公式, 它为定积分的计算提供了有效的方法. 要计算函数 $f(x)$ 在区间 $[a,b]$ 上的定积分, 只要求出 $f(x)$ 在区间 $[a,b]$ 上的一个原函数 $F(x)$, 然后计算 $F(b) - F(a)$ 就可以了.

公式(2)的右端 $F(b)-F(a)$ 用记号 $F(x)\Big|_a^b$ 或 $[F(x)]_a^b$ 表示,这样公式(2)就可以写成

$$\int_a^b f(x)\mathrm{d}x = F(x)\Big|_a^b = F(b)-F(a)$$

【例 5】 计算下列定积分.

(1) $\int_0^1 \dfrac{1}{1+x^2}\mathrm{d}x$ (2) $\int_0^{\frac{\pi}{3}} \tan x\,\mathrm{d}x$

解 被积函数 $\dfrac{1}{1+x^2}$ 在 $[0,1]$ 上连续,$\tan x$ 在 $\left[0,\dfrac{\pi}{3}\right]$ 上连续,满足定理2条件,由公式(2)得

(1) $\int_0^1 \dfrac{1}{1+x^2}\mathrm{d}x = \arctan x\Big|_0^1 = \arctan 1 - \arctan 0 = \dfrac{\pi}{4}$

(2) $\int_0^{\frac{\pi}{3}} \tan x\,\mathrm{d}x = -\ln|\cos x|\Big|_0^{\frac{\pi}{3}} = -\left(\ln\left|\cos\dfrac{\pi}{3}\right| - \ln|\cos 0|\right) = \ln 2$

【例 6】 计算下列定积分.

(1) $\int_1^4 \sqrt{x}\,\mathrm{d}x$ (2) $\int_{\frac{\pi}{6}}^{\frac{\pi}{4}} \cos^2 x\,\mathrm{d}x$ (3) $\int_{-1}^1 \dfrac{\mathrm{e}^x}{1+\mathrm{e}^x}\mathrm{d}x$

解 (1) $\int_1^4 \sqrt{x}\,\mathrm{d}x = \dfrac{2}{3}x^{\frac{3}{2}}\Big|_1^4 = \dfrac{2}{3}(4^{\frac{3}{2}}-1) = \dfrac{14}{3}$

(2) $\int_{\frac{\pi}{6}}^{\frac{\pi}{4}} \cos^2 x\,\mathrm{d}x = \int_{\frac{\pi}{6}}^{\frac{\pi}{4}} \dfrac{1+\cos 2x}{2}\mathrm{d}x = \left(\dfrac{1}{2}x + \dfrac{1}{4}\sin 2x\right)\Big|_{\frac{\pi}{6}}^{\frac{\pi}{4}} = \dfrac{\pi}{24} + \dfrac{2-\sqrt{3}}{8}$

(3) $\int_{-1}^1 \dfrac{\mathrm{e}^x}{1+\mathrm{e}^x}\mathrm{d}x = \int_{-1}^1 \dfrac{1}{1+\mathrm{e}^x}\mathrm{d}(1+\mathrm{e}^x) = \ln(1+\mathrm{e}^x)\Big|_{-1}^1 = 1$

【例 7】 计算 $\int_0^{\frac{\sqrt{2}}{2}} \dfrac{x+1}{\sqrt{1-x^2}}\mathrm{d}x$.

解 $\int_0^{\frac{\sqrt{2}}{2}} \dfrac{x+1}{\sqrt{1-x^2}}\mathrm{d}x = \int_0^{\frac{\sqrt{2}}{2}} \dfrac{x}{\sqrt{1-x^2}}\mathrm{d}x + \int_0^{\frac{\sqrt{2}}{2}} \dfrac{1}{\sqrt{1-x^2}}\mathrm{d}x$

$= -\dfrac{1}{2}\int_0^{\frac{\sqrt{2}}{2}} \dfrac{1}{\sqrt{1-x^2}}\mathrm{d}(1-x^2) + \int_0^{\frac{\sqrt{2}}{2}} \dfrac{1}{\sqrt{1-x^2}}\mathrm{d}x$

$= -\dfrac{1}{2}\cdot 2(1-x^2)^{\frac{1}{2}}\Big|_0^{\frac{\sqrt{2}}{2}} + \arcsin x\Big|_0^{\frac{\sqrt{2}}{2}}$

$= 1 - \dfrac{\sqrt{2}}{2} + \dfrac{\pi}{4}$

【例 8】 计算 $\int_0^\pi \sqrt{\sin x - \sin^3 x}\,\mathrm{d}x$.

解 $\int_0^\pi \sqrt{\sin x - \sin^3 x}\,\mathrm{d}x = \int_0^\pi \sqrt{\sin x}\,|\cos x|\,\mathrm{d}x$

$= \int_0^{\frac{\pi}{2}} \sqrt{\sin x}\cos x\,\mathrm{d}x - \int_{\frac{\pi}{2}}^\pi \sqrt{\sin x}\cos x\,\mathrm{d}x$

$= \dfrac{2}{3}(\sin x)^{\frac{3}{2}}\Big|_0^{\frac{\pi}{2}} - \dfrac{2}{3}(\sin x)^{\frac{3}{2}}\Big|_{\frac{\pi}{2}}^\pi = \dfrac{4}{3}$

由例7可以看出,当被积函数含有绝对值符号时,应用定积分的性质,把积分区间分成若干个子区间,这样就可以把绝对值符号去掉,然后分别在各个子区间上求定积分.

习题 5-2

▶ A 组

1. 计算下列各定积分.

(1) $\int_1^2 \left(x + \dfrac{1}{x}\right)^2 dx$

(2) $\int_1^{\sqrt{3}} \dfrac{1+2x^2}{x^2(x^2+1)} dx$

(3) $\int_{\frac{1}{\pi}}^{\frac{2}{\pi}} \dfrac{\sin\dfrac{1}{x}}{x^2} dx$

(4) $\int_4^9 \sqrt{x}(1+\sqrt{x}) dx$

(5) $\int_{-1}^0 \dfrac{3x^4+3x^2+1}{1+x^2} dx$

(6) $\int_0^{\frac{\pi}{4}} \tan^3 x\, dx$

(7) $\int_{-2}^0 \dfrac{1}{1+e^x} dx$

(8) $\int_0^2 |1-x|\, dx$

(9) $\int_0^{\frac{\pi}{2}} |\sin x - \cos x|\, dx$

(10) $\int_0^1 x e^{x^2} dx$

(11) $\int_0^{\frac{\pi}{2}} \sin x \cos^2 x\, dx$

2. 证明:

(1) $\int_{-\pi}^{\pi} \sin(mx) dx = 0$

(2) $\int_{-\pi}^{\pi} \cos^2(mx) dx = \pi$

3. 求导数:

(1) $\varphi(x) = \int_0^x \sin(t^2) dt$

(2) $\varphi(x) = \int_x^{-2} e^{2t} \sin t\, dt$

4. 求极限: (1) $\lim\limits_{x\to 0} \dfrac{\int_0^{2x^2} e^{t^2} dt}{\sin^2 x}$

(2) $\lim\limits_{x\to a} \dfrac{\int_a^x (t-a) dt}{(x-a)^2}$

▶ B 组

1. 计算下列各定积分.

(1) $\int_0^{\frac{\pi}{2}} \left|\dfrac{1}{2} - \sin x\right| dx$

(2) $\int_{-\frac{\pi}{2}}^{\frac{\pi}{2}} \sqrt{\cos^3 x - \cos^5 x}\, dx$

(3) $\int_{-(e+1)}^{-2} \dfrac{1}{1+x} dx$

(4) $\int_0^1 \dfrac{x}{1+x^2} dx$

(5) $\int_1^{\sqrt{3}} \dfrac{1}{\sqrt{4-x^2}} dx$

(6) $\int_2^3 \dfrac{1}{x^2-1} dx$

(7) $\int_1^e \dfrac{1+\ln x}{x} dx$

(8) $\int_0^1 \dfrac{1}{x^2-x+1} dx$

(9) $\int_0^\pi \sqrt{1+\cos 2x}\, dx$

(10) $\int_{\frac{1}{e}}^e |\ln x|\, dx$

(11) $\int_{\frac{\sqrt{2}}{2}}^1 \dfrac{\arcsin x}{\sqrt{1-x^2}} dx$

2. 设 $f(x) = \begin{cases} \sqrt[3]{x}, & 0 \leqslant x < 1 \\ e^{-x}, & 1 \leqslant x \leqslant 3 \end{cases}$, 求 $\int_0^3 f(x) dx$.

第三节　定积分的换元积分法与分部积分法

【例1】 求 $\int_0^1 \sqrt{1-x^2}\, dx$.

解 首先用不定积分的换元积分法求 $\int \sqrt{1-x^2}\, dx$. 令 $x = \sin t$, 则 $dx = \cos t\, dt$, 于是

$$\int \sqrt{1-x^2}\,\mathrm{d}x = \int \cos^2 t\,\mathrm{d}t = \frac{1}{2}\int(1+\cos 2t)\,\mathrm{d}t = \frac{1}{2}t + \frac{1}{4}\sin 2t + C$$
$$= \frac{1}{2}\arcsin x + \frac{1}{2}x\sqrt{1-x^2} + C$$

其次应用牛顿 - 莱布尼茨公式得

$$\int_0^1 \sqrt{1-x^2}\,\mathrm{d}x = \frac{1}{2}\left(\arcsin x + x\sqrt{1-x^2}\right)\Big|_0^1 = \frac{\pi}{4}$$

显然,这样的计算过程太麻烦,下面介绍简便的算法：

一、定积分的换元积分法

定理 1 若函数 $f(x)$ 在区间 $[a,b]$ 上连续,函数 $x = \varphi(t)$ 在区间 $[\alpha,\beta]$ 上单调且有连续导数 $\varphi'(t)$,当 t 在 $[\alpha,\beta]$ 上连续变化时,$\varphi(t)$ 在 $[a,b]$ 上连续变化,且 $\varphi(\alpha) = a$,$\varphi(\beta) = b$,则

$$\int_a^b f(x)\,\mathrm{d}x = \int_\alpha^\beta f[\varphi(t)]\varphi'(t)\,\mathrm{d}t$$

应用定理 1 时要注意"换元必换限",这样就可以把 $f(x)$ 在 $[a,b]$ 上的定积分转化为 $f[\varphi(t)]\varphi'(t)$ 在 $[\alpha,\beta]$ 上的定积分(这里的 α 不一定小于 β).

应用换元积分法,例 1 就可以简单地计算如下：

令 $x = \sin t$,则 $\mathrm{d}x = \cos t\,\mathrm{d}t$,当 $x = 0$ 时,$t = 0$；当 $x = 1$ 时,$t = \frac{\pi}{2}$.

$$\int_0^1 \sqrt{1-x^2}\,\mathrm{d}x = \int_0^{\frac{\pi}{2}} \cos^2 t\,\mathrm{d}t = \left(\frac{1}{2}t + \frac{1}{4}\sin 2t\right)\Big|_0^{\frac{\pi}{2}} = \frac{\pi}{4}$$

【**例 2**】 计算 $\int_0^4 \frac{1}{1+\sqrt{x}}\,\mathrm{d}x$.

解 令 $\sqrt{x} = t$,则 $x = t^2$,$\mathrm{d}x = 2t\,\mathrm{d}t$,当 $x = 0$ 时,$t = 0$；当 $x = 4$ 时,$t = 2$.

$$\int_0^4 \frac{1}{1+\sqrt{x}}\,\mathrm{d}x = \int_0^2 \frac{2t}{1+t}\,\mathrm{d}t = 2\int_0^2 \left(1 - \frac{1}{1+t}\right)\mathrm{d}t = 2[t - \ln|1+t|]_0^2 = 4 - 2\ln 3$$

【**例 3**】 计算 $\int_{\ln 3}^{\ln 8} \sqrt{1+\mathrm{e}^x}\,\mathrm{d}x$.

解 令 $\sqrt{1+\mathrm{e}^x} = t$,则 $x = \ln(t^2-1)$,则 $\mathrm{d}x = \frac{2t}{t^2-1}\mathrm{d}t$.当 $x = \ln 3$ 时,$t = 2$；当 $x = \ln 8$ 时,$t = 3$.

$$\int_{\ln 3}^{\ln 8} \sqrt{1+\mathrm{e}^x}\,\mathrm{d}x = \int_2^3 \frac{2t^2}{t^2-1}\mathrm{d}t = 2\int_2^3 \left(1 + \frac{1}{t^2-1}\right)\mathrm{d}t = \left[2t + \ln\left|\frac{t-1}{t+1}\right|\right]_2^3 = 2 + \ln\frac{3}{2}$$

【**例 4**】 设函数 $f(x)$ 在 $[-a,a]$ 上连续($a > 0$),求证：

(1) 当 $f(x)$ 为偶函数时,$\int_{-a}^a f(x)\,\mathrm{d}x = 2\int_0^a f(x)\,\mathrm{d}x$；

(2) 当 $f(x)$ 为奇函数时,$\int_{-a}^a f(x)\,\mathrm{d}x = 0$.

证明 $\int_{-a}^a f(x)\,\mathrm{d}x = \int_{-a}^0 f(x)\,\mathrm{d}x + \int_0^a f(x)\,\mathrm{d}x$,

在等号右端的第一个式子中令 $x=-t$,则 $\mathrm{d}x=-\mathrm{d}t$,

当 $x=-a$ 时,$t=a$;当 $x=0$ 时,$t=0$,于是

$$\int_{-a}^{0}f(x)\mathrm{d}x=\int_{a}^{0}f(-t)(-\mathrm{d}t)=\int_{0}^{a}f(-t)\mathrm{d}t=\int_{0}^{a}f(-x)\mathrm{d}x$$

(1) 由于 $f(x)$ 是偶函数,$f(-x)=f(x)$,

$$\int_{-a}^{a}f(x)\mathrm{d}x=\int_{0}^{a}f(-x)\mathrm{d}x+\int_{0}^{a}f(x)\mathrm{d}x=2\int_{0}^{a}f(x)\mathrm{d}x$$

(2) 由于 $f(x)$ 是奇函数,$f(-x)=-f(x)$,

$$\int_{-a}^{a}f(x)\mathrm{d}x=\int_{0}^{a}f(-x)\mathrm{d}x+\int_{0}^{a}f(x)\mathrm{d}x=0$$

本例的结果可作为定理应用,在计算对称区间上的积分时,如能判断被积函数的奇偶性,可简化计算.

【例 5】 证明 $\int_{0}^{\frac{\pi}{2}}f(\sin x)\mathrm{d}x=\int_{0}^{\frac{\pi}{2}}f(\cos x)\mathrm{d}x$.

证明 令 $x=\frac{\pi}{2}-t$,则 $\mathrm{d}x=-\mathrm{d}t$,当 $x=0$ 时,$t=\frac{\pi}{2}$;当 $x=\frac{\pi}{2}$ 时,$t=0$.

左 $=-\int_{\frac{\pi}{2}}^{0}f\left[\sin\left(\frac{\pi}{2}-t\right)\right]\mathrm{d}t=\int_{0}^{\frac{\pi}{2}}f(\cos t)\mathrm{d}t=\int_{0}^{\frac{\pi}{2}}f(\cos x)\mathrm{d}x=$ 右

特别地,当 $f(\sin x)=\sin^{n}x(n\in\mathbf{N})$ 时,有 $\int_{0}^{\frac{\pi}{2}}\sin^{n}x\mathrm{d}x=\int_{0}^{\frac{\pi}{2}}\cos^{n}x\mathrm{d}x$.

二、定积分的分部积分法

设 $u=u(x),v=v(x)$ 在区间 $[a,b]$ 上有连续的导数 $u'=u'(x),v'=v'(x)$,则由不定积分的分部积分法

$$\int u(x)v'(x)\mathrm{d}x=u(x)v(x)-\int v(x)u'(x)\mathrm{d}x$$

两边在 $[a,b]$ 上积分得

$$\int_{a}^{b}u(x)v'(x)\mathrm{d}x=\left[u(x)v(x)\right]_{a}^{b}-\int_{a}^{b}v(x)u'(x)\mathrm{d}x \tag{1}$$

公式(1)就是定积分的分部积分公式,还可简记为

$$\int_{a}^{b}u\mathrm{d}v=uv\Big|_{a}^{b}-\int_{a}^{b}v\mathrm{d}u$$

【例 6】 计算 $\int_{0}^{1}x\mathrm{e}^{x}\mathrm{d}x$.

解 $\int_{0}^{1}x\mathrm{e}^{x}\mathrm{d}x=\int_{0}^{1}x\mathrm{d}\mathrm{e}^{x}=x\mathrm{e}^{x}\Big|_{0}^{1}-\int_{0}^{1}\mathrm{e}^{x}\mathrm{d}x=\mathrm{e}-\mathrm{e}^{x}\Big|_{0}^{1}=1$

【例 7】 计算 $\int_{0}^{\sqrt{3}}\arctan x\mathrm{d}x$.

解 $\int_{0}^{\sqrt{3}}\arctan x\mathrm{d}x=x\arctan x\Big|_{0}^{\sqrt{3}}-\int_{0}^{\sqrt{3}}\frac{x}{1+x^{2}}\mathrm{d}x$

$$= \frac{\sqrt{3}}{3}\pi - \frac{1}{2}\ln(1+x^2)\Big|_0^{\sqrt{3}}$$

$$= \frac{\sqrt{3}}{3}\pi - \ln 2$$

【例 8】 计算 $\int_1^2 x\ln x\,dx$.

解 $\int_1^2 x\ln x\,dx = \frac{1}{2}\int_1^2 \ln x\,dx^2 = \frac{1}{2}x^2\ln x\Big|_1^2 - \frac{1}{2}\int_1^2 x\,dx = 2\ln 2 - \frac{1}{4}x^2\Big|_1^2 = 2\ln 2 - \frac{3}{4}$

利用定积分的分部积分公式可以证明积分公式

$$I_n = \int_0^{\frac{\pi}{2}} \sin^n x\,dx \left(= \int_0^{\frac{\pi}{2}} \cos^n x\,dx\right)$$

$$= \begin{cases} \dfrac{n-1}{n} \cdot \dfrac{n-3}{n-2} \cdot \cdots \cdot \dfrac{3}{4} \cdot \dfrac{1}{2} \cdot \dfrac{\pi}{2}, & n\text{ 为正偶数}, \\ \dfrac{n-1}{n} \cdot \dfrac{n-3}{n-2} \cdot \cdots \cdot \dfrac{4}{5} \cdot \dfrac{2}{3}, & n\text{ 为大于 1 的正奇数}. \end{cases}$$

该公式在定积分计算中可以直接利用，简化计算过程.

习题 5-3

A 组

1. 求下列各定积分.

(1) $\int_0^1 (1+x^2)^{-\frac{3}{2}}\,dx$ (2) $\int_0^{\ln 2} \sqrt{e^x-1}\,dx$ (3) $\int_{-\pi}^{\pi} x^4\sin x\,dx$

(4) $\int_{-\frac{\pi}{2}}^{\frac{\pi}{2}} \cos^5 x\,dx$ (5) $\int_{-\frac{\pi}{3}}^{\frac{\pi}{3}} \frac{x}{1+\cos x}\,dx$ (6) $\int_4^9 \frac{\sqrt{x}}{\sqrt{x}-1}\,dx$

(7) $\int_0^1 xe^{-x}\,dx$ (8) $\int_0^{\frac{\pi}{2}} x\sin x\,dx$ (9) $\int_1^e x^2\ln x\,dx$

(10) $\int_{\frac{\pi}{4}}^{\frac{\pi}{3}} \frac{x}{\sin^2 x}\,dx$

2. 证明 $\int_a^b f(x)\,dx = \int_a^b f(a+b-x)\,dx$

B 组

计算下列定积分.

(1) $\int_{-1}^1 \frac{x}{\sqrt{5-4x}}\,dx$ (2) $\int_{-3}^{-1} \frac{1}{x^2+4x+5}\,dx$ (3) $\int_0^3 \frac{x}{\sqrt{x+1}}\,dx$

(4) $\int_0^2 \frac{1}{\sqrt{x+1}+\sqrt{(x+1)^3}}\,dx$ (5) $\int_0^1 xe^{2x}\,dx$ (6) $\int_0^{\frac{\pi}{2}} e^x\cos x\,dx$

(7) $\int_0^1 e^{\sqrt{x}}\,dx$ (8) $\int_0^1 (\arcsin x)^3\,dx$ (9) $\int_0^{\frac{\pi^2}{4}} \cos\sqrt{x}\,dx$

第四节 广义积分

在前面所讨论的定积分 $\int_a^b f(x)dx$,我们总是假定函数 $f(x)$ 在 $[a,b]$ 上连续或有有限个第一类间断点,且 a 和 b 都是有限数,这些积分都属于常义(通常意义)积分的范围. 在实际问题中还常遇到积分区间是无限的或被积函数在有限区间上是无界的情形,前者叫无穷区间的积分,后者叫无界函数的积分,两者都叫广义积分.

一、无穷区间的积分

【例 1】 求由曲线 $y = e^{-x}$,y 轴及 x 轴所围成的开口的曲边梯形(图 5-4)的面积 S.

分析 如果按定积分的几何意义,所求的开口曲边梯形的面积 S 应是一个无穷区间的积分 $\int_0^{+\infty} e^{-x} dx$.

解 任取 $b > 0$,先求曲边梯形 $ObBA$ 的面积. 这个面积为

$$\int_0^b e^{-x} dx = -\int_0^b e^{-x} d(-x) = -e^{-x} \Big|_0^b = 1 - \frac{1}{e^b}$$

再让 $b \to +\infty$,曲边梯形 $ObBA$ 的面积的极限值就是开口曲边梯形的面积 S,即

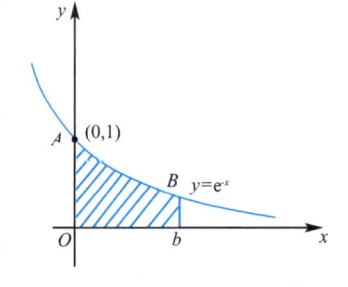

$$S = \lim_{b \to +\infty} \int_0^b e^{-x} dx = \lim_{b \to +\infty} \left(1 - \frac{1}{e^b}\right) = 1$$

图 5-4

定义 1 设函数 $f(x)$ 在 $[a, +\infty)$ 内连续,取实数 $b > a$,如果 $\lim_{b \to +\infty} \int_a^b f(x) dx$ 存在,则此极限值叫作函数 $f(x)$ 在无穷区间上的广义积分,记作 $\int_a^{+\infty} f(x) dx$,即

$$\int_a^{+\infty} f(x) dx = \lim_{b \to +\infty} \int_a^b f(x) dx$$

这时称广义积分收敛,否则称广义积分发散.

类似地,可定义广义积分 $\int_{-\infty}^a f(x) dx = \lim_{b \to -\infty} \int_b^a f(x) dx$.

如果 $\int_{-\infty}^c f(x) dx$ 与 $\int_c^{+\infty} f(x) dx$ 都收敛(c 为任意常数),那么我们定义

$$\int_{-\infty}^{+\infty} f(x) dx = \int_{-\infty}^c f(x) dx + \int_c^{+\infty} f(x) dx$$

可见,求广义积分的基本思路是:先求定积分,再取极限.

【例 2】 计算 $\int_0^{+\infty} \frac{1}{1+x^2} dx$.

解 取 $b > 0$,因为

$$\lim_{b \to +\infty} \int_0^b \frac{1}{1+x^2} dx = \lim_{b \to +\infty} \arctan x \Big|_0^b = \lim_{b \to +\infty} \arctan b = \frac{\pi}{2}$$

所以
$$\int_0^{+\infty} \frac{1}{1+x^2} dx = \frac{\pi}{2}$$

【例 3】 计算 $\int_{-\infty}^0 x e^x dx$.

解 取 $b < 0$，因为
$$\lim_{b \to -\infty} \int_b^0 x e^x dx = \lim_{b \to -\infty} \int_b^0 x \, de^x = \lim_{b \to -\infty} (x e^x - e^x) \Big|_b^0 = \lim_{b \to -\infty} (e^b - b e^b - 1) = -1$$

所以
$$\int_{-\infty}^0 x e^x dx = -1$$

【例 4】 证明广义积分 $\int_1^{+\infty} \frac{1}{x^p} dx$ 在 $p > 1$ 时收敛，$p \leqslant 1$ 时发散.

证明 当 $p = 1$ 时
$$\int_1^{+\infty} \frac{1}{x^p} dx = \int_1^{+\infty} \frac{1}{x} dx = \lim_{b \to +\infty} \ln x \Big|_1^b = +\infty$$

当 $p \neq 1$ 时
$$\int_1^{+\infty} \frac{1}{x^p} dx = \lim_{b \to +\infty} \int_1^b x^{-p} dx = \lim_{b \to +\infty} \frac{1}{1-p} x^{1-p} \Big|_1^b$$
$$= \frac{1}{1-p} \lim_{b \to +\infty} (b^{1-p} - 1) = \begin{cases} \infty, & p < 1 \\ \dfrac{1}{p-1}, & p > 1 \end{cases}$$

因此，结论成立.

由广义积分定义及牛顿-莱布尼茨公式可得如下结果：

设 $F(x)$ 为 $f(x)$ 在 $[a, +\infty)$ 上的一个原函数，且 $\lim_{x \to +\infty} F(x)$ 存在，则
$$\int_a^{+\infty} f(x) dx = \lim_{x \to +\infty} F(x) - F(a)$$

若 $\lim_{x \to +\infty} F(x)$ 不存在，广义积分发散.

同理，可得 $\int_{-\infty}^b f(x) dx = F(b) - \lim_{x \to -\infty} F(x)$.

若 $\lim_{x \to -\infty} F(x)$ 不存在，$\int_{-\infty}^b f(x) dx$ 发散，记
$$\lim_{x \to +\infty} F(x) = F(+\infty), \lim_{x \to -\infty} F(x) = F(-\infty)$$

则
$$\int_a^{+\infty} f(x) dx = [F(x)]_a^{+\infty}$$

$$\int_{-\infty}^b f(x) dx = [F(x)]_{-\infty}^b$$

$$\int_{-\infty}^{+\infty} f(x) dx = [F(x)]_{-\infty}^{+\infty}$$

这样，在计算中给我们带来了很大方便.

如例 2 中，$\int_0^{+\infty} \frac{1}{1+x^2} dx = [\arctan x]_0^{+\infty} = \frac{\pi}{2} - 0 = \frac{\pi}{2}$.

二、无界函数的积分

定义 2 设函数 $f(x)$ 在 $(a,b]$ 上连续,且 $\lim\limits_{x \to a^+} f(x) = \infty$. 取 $\varepsilon > 0$,如果 $\lim\limits_{\varepsilon \to 0^+} \int_{a+\varepsilon}^{b} f(x) \mathrm{d}x$ 存在,则此极限值叫作函数 $f(x)$ 在区间 $(a,b]$ 上的广义积分,记作 $\int_a^b f(x)\mathrm{d}x$,即

$$\int_a^b f(x)\mathrm{d}x = \lim_{\varepsilon \to 0^+} \int_{a+\varepsilon}^b f(x)\mathrm{d}x$$

这时称广义积分收敛,否则称广义积分发散.

同样,如果 $f(x)$ 在区间 $[a,b)$ 上连续,且 $\lim\limits_{x \to b^-} f(x) = \infty$. 取 $\varepsilon > 0$,如果 $\lim\limits_{\varepsilon \to 0^+} \int_a^{b-\varepsilon} f(x)\mathrm{d}x$ 存在,那么

$$\int_a^b f(x)\mathrm{d}x = \lim_{\varepsilon \to 0^+} \int_a^{b-\varepsilon} f(x)\mathrm{d}x.$$

设 $f(x)$ 在 $[a,b]$ 上除 $c (c \in (a,b))$ 点外连续,且 $\lim\limits_{x \to c} f(x) = \infty$,如果广义积分 $\int_a^c f(x)\mathrm{d}x$ 与 $\int_c^b f(x)\mathrm{d}x$ 都收敛,那么这两个广义积分之和为 $f(x)$ 在 $[a,b]$ 上的广义积分. 记作 $\int_a^b f(x)\mathrm{d}x$,即

$$\int_a^b f(x)\mathrm{d}x = \int_a^c f(x)\mathrm{d}x + \int_c^b f(x)\mathrm{d}x$$

此时也称广义积分收敛,否则称广义积分发散.

【例 5】 计算 $\int_0^1 \dfrac{1}{\sqrt{1-x^2}}\mathrm{d}x$.

解 因为 $\lim\limits_{x \to 1^-} \dfrac{1}{\sqrt{1-x^2}} = \infty$,所以该积分为广义积分. 取 $\varepsilon > 0$,又因为

$$\lim_{\varepsilon \to 0^+} \int_0^{1-\varepsilon} \frac{1}{\sqrt{1-x^2}} \mathrm{d}x = \lim_{\varepsilon \to 0^+} \arcsin x \Big|_0^{1-\varepsilon} = \lim_{\varepsilon \to 0^+} \arcsin(1-\varepsilon) = \frac{\pi}{2}$$

所以广义积分 $\int_0^1 \dfrac{1}{\sqrt{1-x^2}}\mathrm{d}x = \dfrac{\pi}{2}$.

【例 6】 计算 $\int_{-1}^1 \dfrac{1}{x^2}\mathrm{d}x$.

解 因为 $\lim\limits_{x \to 0} \dfrac{1}{x^2} = +\infty$,$x = 0$ 是被积函数的无穷间断点,所以积分为广义积分. $\int_{-1}^1 \dfrac{1}{x^2}\mathrm{d}x = \int_{-1}^0 \dfrac{1}{x^2}\mathrm{d}x + \int_0^1 \dfrac{1}{x^2}\mathrm{d}x$,取 $\varepsilon > 0$,因为

$$\int_0^1 \frac{1}{x^2}\mathrm{d}x = \lim_{\varepsilon \to 0^+} \int_\varepsilon^1 x^{-2}\mathrm{d}x = -\lim_{\varepsilon \to 0^+} \frac{1}{x}\Big|_\varepsilon^1 = -\lim_{\varepsilon \to 0^+}\left(1 - \frac{1}{\varepsilon}\right) = +\infty$$

所以广义积分发散.

若本题按常义积分去做就会得到错误的结果.

此类积分也可以用第一种广义积分算法引入原函数方法计算. 例如,$\int_0^1 \frac{1}{\sqrt{1-x^2}}dx =$ $[\arcsin x]_0^1 = \lim\limits_{x \to 1}\arcsin x - \arcsin 0 = \frac{\pi}{2}$,这样计算过程更简单.

习题 5-4

A 组

计算下列广义积分.

(1) $\int_{-\infty}^0 e^x dx$ (2) $\int_e^{+\infty} \frac{1}{x \ln^2 x} dx$ (3) $\int_1^{+\infty} x^{-4} dx$

(4) $\int_{-\infty}^{+\infty} \frac{1}{x^2 + 2x + 2} dx$ (5) $\int_{-\infty}^0 \cos x dx$ (6) $\int_0^{+\infty} \frac{x}{1+x^2} dx$

(7) $\int_0^1 \frac{1}{\sqrt[3]{x}} dx$ (8) $\int_2^3 \frac{1}{\sqrt{x-2}} dx$

B 组

1. 计算下列广义积分.

(1) $\int_0^{+\infty} e^{-\sqrt{x}} dx$ (2) $\int_0^{+\infty} x^2 e^{-x} dx$ (3) $\int_{\frac{\pi}{4}}^{\frac{3\pi}{4}} \sec^2 x dx$

2. 证明广义积分 $\int_0^1 x^{-p} dx$ 当 $p < 1$ 时收敛,当 $p \geq 1$ 时发散.

*第五节　应用与实践

一、生产效益分析

1. 求总产量

【例1】　设某产品在时刻 t 的总产量变化率为 $f(t) = 100 + 12t - 0.6t^2 (t/$小时,$f(t)/$单位),求 $t = 2$ 到 $t = 4$ 这两个小时的总产量.

解　设总产量 $F(t)$ 是它的变化率的原函数,故 t 从 2 到 4 的总产量 $Q = F(4) - F(2)$ 为

$$Q = \int_2^4 f(t) dt = \int_2^4 (100 + 12t - 0.6t^2) dt$$

$$= (100t + 6t^2 - 0.2t^3) \Big|_2^4 = 260.8$$

所求总产量是 260.8 单位.

2. 求总收入,总费用

【例2】 已知某一商品每周生产 x 单位时,总费用的变化率是 $f(x) = 0.4x - 12(x/$ 单位$, f(x)/$ 元$)$,求总费用 $F(x)$.

解 总费用 $F(x)$ 是变化率 $f(x)$ 的一个原函数,生产 x 单位的总费用就是求变化率在区间 $[0, x]$ 上的定积分,于是有

$$F(x) = \int_0^x (0.4t - 12) \mathrm{d}t = (0.2t^2 - 12t) \Big|_0^x = 0.2x^2 - 12x$$

3. 求最大利润

【例3】 某产品为 x(百台)时的总成本 C(万元)的变化率(边际成本)是 $C'(x) = 1$(万元/台);总收入 R(万元)的变化率(边际收入)为生产量 x 的函数,$R'(x) = 5 - x$,求产量为多少时,总利润 $L = R - C$ 最大?

解 总成本 $C(x)$ 是它的变化率的原函数,故生产 x 百台的总成本就是变化率在 $[0, x]$ 上的定积分,于是有

$$C(x) = \int_0^x 1 \mathrm{d}t = t \Big|_0^x = x$$

总收入

$$R(x) = \int_0^x (5 - t) \mathrm{d}t = \left(5t - \frac{1}{2}t^2\right) \Big|_0^x = 5x - \frac{1}{2}x^2$$

总利润 $L(x) = R(x) - C(x)$,所以

$$L(x) = \left(5x - \frac{1}{2}x^2\right) - x = 4x - \frac{1}{2}x^2$$

由 $L'(x) = 4 - x = 0$,得 $x = 4$(百台).

此时 $L''(x) = -1 < 0$,所以生产 4 百台时,总利润最大. 最大利润为

$$L(4) = 4 \times 4 - \frac{1}{2} \times 4^2 = 8(万元)$$

二、森林救火问题

受全球气候变暖的影响,世界许多地区持续干旱少雨,森林火灾时常爆发. 那么森林失火以后,如何去救火才能最大限度地减少损失,这是森林防火部门的一个问题. 当然,在接到报警后消防部门派出队员越多,灭火速度越快,森林损失越少,但同时救援开支也会越大,所以需要综合考虑森林损失费和救援费与消防队员人数之间的关系,以最小的总费用来确定派出队员的数目.

1. 问题分析

森林救火问题的总费用主要包括两个方面:损失费和救援费. 森林损失费一般与森林烧毁的面积成正比,而烧毁的面积又与失火、灭火的时间有关,灭火时间又取决于消防队员的数目,队员越多,灭火越快. 救援费除与消防队员人数有关外,也与灭火时间长短有关. 记失火时刻为 $t = 0$,开始救火时刻为 $t = t_1$,火被扑灭时刻为 $t = t_2$,设时刻 t 森林烧毁面积为 $A(t)$,则造成

损失的森林烧毁面积为 $A(t_2)$,单位时间烧毁的面积为 $\dfrac{dA(t)}{dt}$,这也表示了火势蔓延的程度. 在消防队员到达之前,即 $0 \leqslant t \leqslant t_1$ 时,火势越来越大,即 $\dfrac{dA}{dt}$ 随 t 的增加而增加;开始救火之后,即 $t_1 \leqslant t \leqslant t_2$ 时,如果消防队员救火能力足够强,火势会越来越小,即 $\dfrac{dA}{dt}$ 应减少,并且当 $t = t_2$ 时, $\dfrac{dA}{dt} = 0$.

救援费包括两部分:一部分是灭火器材的消耗及消防队员的工资,这一项费用与队员数目和所用时间有关;另一部分是运送队员和器材的费用,这仅与队员人数有关.

2. 模型假设

(1) 损失费与森林烧毁面积 $A(t_2)$ 成正比,比例系数为 C_1, C_1 即烧毁单位面积的损失费.

(2) 从失火到开始救火这段时间内 $(0 \leqslant t \leqslant t_1)$,火势蔓延程度 $\dfrac{dA}{dt}$ 与时间 t 成正比,比例系数 β 为火势蔓延速度.

(3) 派出消防队员 x 名,开始救火以后 $(t \geqslant t_1)$,火势蔓延速度降为 $\beta - \lambda x$,其中 λ 可视为每个队员的平均灭火速度,显然应有 $\beta < \lambda x$.

(4) 每个消防队员单位时间的救火费用为 C_2,于是每个队员的救火费用为 $C_2(t_2 - t_1)$,每个队员的一次性支出为 C_3.

假设(2)可理解为:火势以失火点为中心,以均匀速度向四周呈圆形蔓延,所以蔓延半径与时间成正比,又因为烧毁面积 A 与 r^2 成正比,故 A 与 t^2 成正比,从而 $\dfrac{dA}{dt}$ 与 t 成正比.

3. 模型建立与求解

根据假设条件(2)(3),火势蔓延程度 $\dfrac{dA}{dt}$ 在 $0 \leqslant t \leqslant t_1$ 线性增加,在 $t_1 \leqslant t \leqslant t_2$ 线性减少. 以 $\dfrac{dA}{dt}$-t 建立坐标如图 5-5 所示.

记 $t = t_1$ 时, $\dfrac{dA}{dt} = b$,则烧毁面积

$$A(t_2) = \int_0^{t_2} \dfrac{dA}{dt} dt$$

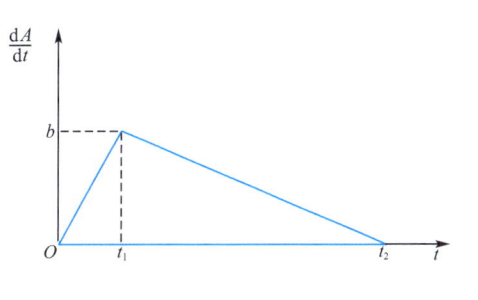

图 5-5

即图 5-5 中三角形面积,显然有

$$A(t_2) = \dfrac{1}{2} b t_2$$

又由模型假设(2), t_2 满足

$$t_2 - t_1 = \dfrac{b}{\lambda x - \beta}$$

于是

$$A(t_2) = \dfrac{b t_1}{2} + \dfrac{b^2}{2(\lambda x - \beta)}$$

根据假设条件(1)(4),森林损失费为 $C_1 A(t_2)$,救援费为 $C_2 x(t_2-t_1)+C_3 x$,于是得救火总费用为

$$C(x) = C_1 A(t_2) + C_2 x(t_2 - t_1) + C_3 x$$
$$= \frac{bC_1 t_1}{2} + \frac{C_1 b^2}{2(\lambda x - \beta)} + \frac{C_2 bx}{\lambda x - \beta} + C_3 x$$

于是问题归结为求 x,使 $C(x)$ 达到最小. 令 $\dfrac{\mathrm{d}C}{\mathrm{d}x}=0$,可得派出队员数 x 为

$$x = \sqrt{\frac{C_1 \lambda b^2 + 2C_2 \beta b}{2C_3 \lambda^2}} + \frac{\beta}{\lambda}$$

注意 (1) 由于队员人数应为整数,故还需要将 x 取整或四舍五入.

(2) 在实际应用中,C_1、C_2、C_3 是已知常数,β、λ 由森林类型、消防队员素质等因素决定,可以制成专用表格. 较难掌握的是开始救火时的火势 b,它可以由失火到救火的时间 t_1,按 $b=\beta t_1$ 算出,或根据现场情况做估计.

(3) 本模型假设条件只符合无风情况,在有风的情况下,应考虑另外的假设. 此外,此模型并不否认真正发生火灾时,各界人士全力以赴扑灭大火的意义.

数学家 莱布尼茨

莱布尼茨(Leibniz,1646—1716),德国哲学家、数学家,历史上少见的通才,被誉为十七世纪的亚里士多德. 莱布尼茨于 1684 年发表第一篇微分论文,定义了微分概念,采用了微分符号 $\mathrm{d}x$,$\mathrm{d}y$. 1686 年他又发表了积分论文,讨论了微分与积分,使用了积分符号 $\int$. 依据莱布尼茨的笔记本,1675 年 11 月 11 日他便已完成一套完整的微分学.

他本人是一名律师,经常往返于各大城镇,他许多的公式都是在颠簸的马车上完成的,他也自称具有男爵的贵族身份. 莱布尼茨在数学史和哲学史上都占有重要地位. 在数学上,他和牛顿先后独立发现了微积分,而且他所使用的微积分的数学符号被更广泛的使用,莱布尼茨所发明的符号被普遍认为更综合,适用范围更加广泛. 莱布尼茨还发现并完善了二进制. 在哲学上,莱布尼茨的乐观主义最为著名;他认为,"我们的宇宙,在某种意义上是上帝所创造的最好的一个". 他和笛卡尔、巴鲁赫·斯宾诺莎被认为是十七世纪三位最伟大的理性主义哲学家. 莱布尼茨在哲学方面的工作在预见了现代逻辑学和分析哲学诞生的同时,显然也深受经院哲学传统的影响,更多地应用第一性原理或先验定义,而不是实验证据来推导以得到结论. 莱布尼茨在政治学、法学、伦理学、神学、哲学、历史学、语言学诸多领域都留下了著作.

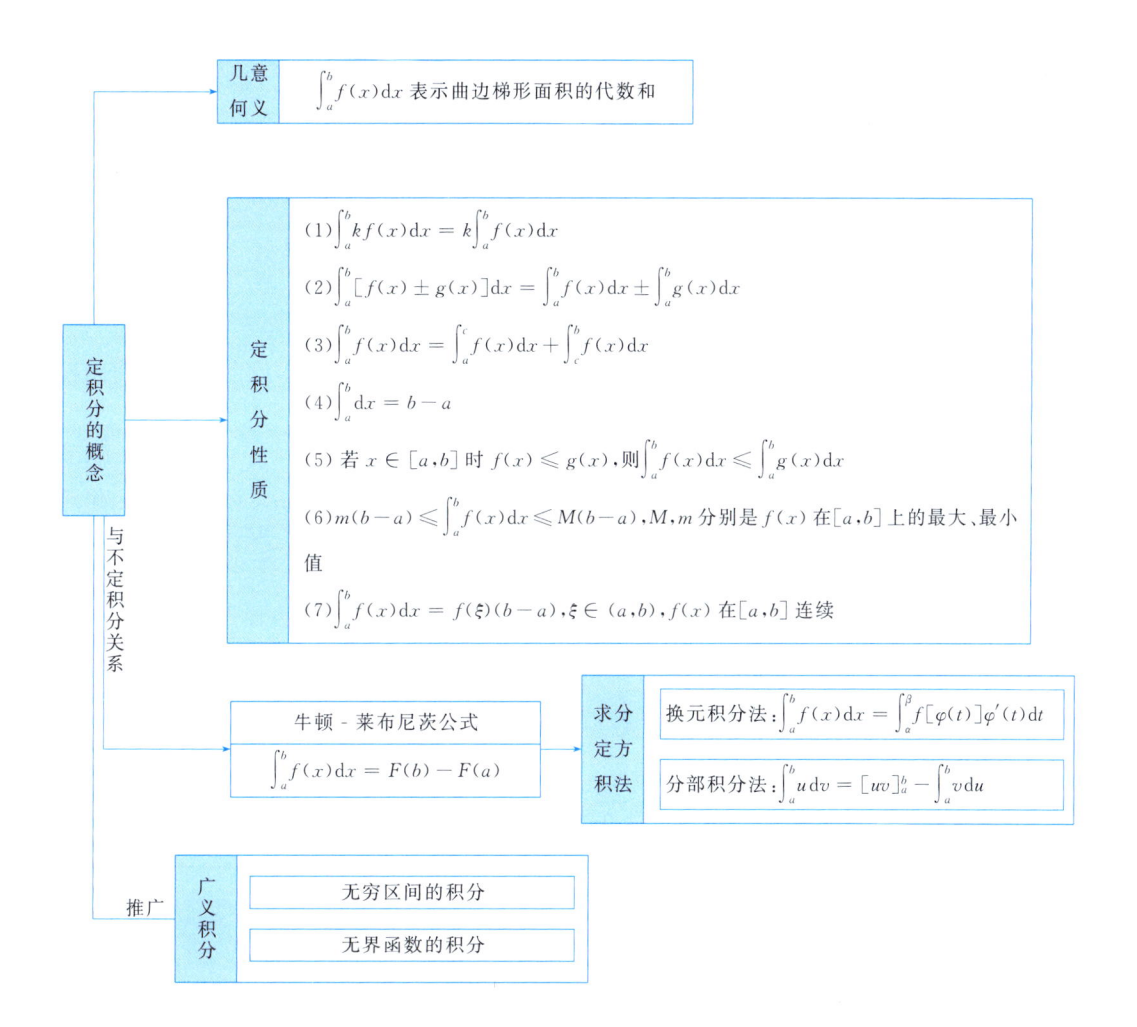

本章知识结构图

几何意义: $\int_a^b f(x)\,dx$ 表示曲边梯形面积的代数和

定积分的概念

定积分性质:
(1) $\int_a^b kf(x)\,dx = k\int_a^b f(x)\,dx$

(2) $\int_a^b [f(x) \pm g(x)]\,dx = \int_a^b f(x)\,dx \pm \int_a^b g(x)\,dx$

(3) $\int_a^b f(x)\,dx = \int_a^c f(x)\,dx + \int_c^b f(x)\,dx$

(4) $\int_a^b dx = b - a$

(5) 若 $x \in [a,b]$ 时 $f(x) \leqslant g(x)$,则 $\int_a^b f(x)\,dx \leqslant \int_a^b g(x)\,dx$

(6) $m(b-a) \leqslant \int_a^b f(x)\,dx \leqslant M(b-a)$,$M,m$ 分别是 $f(x)$ 在 $[a,b]$ 上的最大、最小值

(7) $\int_a^b f(x)\,dx = f(\xi)(b-a)$,$\xi \in (a,b)$,$f(x)$ 在 $[a,b]$ 连续

与不定积分关系

牛顿-莱布尼茨公式: $\int_a^b f(x)\,dx = F(b) - F(a)$

求定积分方法:
换元积分法: $\int_a^b f(x)\,dx = \int_\alpha^\beta f[\varphi(t)]\varphi'(t)\,dt$

分部积分法: $\int_a^b u\,dv = [uv]_a^b - \int_a^b v\,du$

推广 广义积分:
- 无穷区间的积分
- 无界函数的积分

第六章 定积分的应用

本章介绍用定积分的微元法解决问题的思想,并应用该方法解决一些实际应用问题.

第一节 定积分的微元法

应用定积分解决实际问题时,常用的方法是定积分的微元法.现以求解曲边梯形的面积为例,说明微元法的解题过程.

我们已经知道,由连续曲线 $y=f(x)(f(x)\geqslant 0,x\in[a,b])$,直线 $x=a,x=b$ 及 x 轴围成的曲边梯形的面积 S,通过"分割—近似代替—求和—取极限"四步,可将其表达为特定和式的极限.即 $S=\lim\limits_{\lambda\to 0}\sum\limits_{i=1}^{n}f(\xi_i)\Delta x_i,\lambda=\max\limits_{1\leqslant i\leqslant n}\{\Delta x_i\}$.其中,$\Delta x_i$ 为分割成的第 i 个小区间 $[x_{i-1},x_i]$ 的长度,ξ_i 为第 i 个小区间内任取的一点,$f(\xi_i)\Delta x_i$ 为分割成的第 i 个小曲边梯形的面积 ΔS_i 的近似值(图 6-1).即 $\Delta S_i\approx f(\xi_i)\Delta x_i$.由定积分的定义,有

$$S=\lim_{\lambda\to 0}\sum_{i=1}^{n}f(\xi_i)\Delta x_i=\int_a^b f(x)\mathrm{d}x.$$

由于 S 的值与对应区间 $[a,b]$ 的分法及 ξ_i 的取法无关,因此将任意小区间 $[x_{i-1},x_i](i=1,2,\cdots,n)$ 简单地记为 $[x,x+\mathrm{d}x]$,区间长度 Δx_i 则为 $\mathrm{d}x$,若取点 $\xi_i=x$,则 $\mathrm{d}x$ 段所对应的曲边梯形的面积

$$\Delta S\approx f(x)\mathrm{d}x.$$

图 6-1

表达式 $S=\int_a^b f(x)\mathrm{d}x=\lim\limits_{\lambda\to 0}\sum\limits_{i=1}^{n}f(\xi_i)\Delta x_i$ 简化为

$$S=\int_a^b f(x)\mathrm{d}x=\lim_{\lambda\to 0}\sum_{i=1}^{n}f(x)\mathrm{d}x.$$

若记 $\mathrm{d}S=f(x)\mathrm{d}x$(称其为面积微元),则

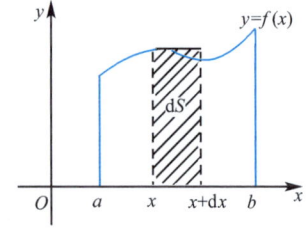

$$S=\int_a^b f(x)\mathrm{d}x=\int_a^b \mathrm{d}S=\lim\sum \mathrm{d}S.$$

可见面积 S 就是面积微元 $\mathrm{d}S$ 在区间 $[a,b]$ 上的积分(无穷累积),如图 6-2 所示.

图 6-2

通过上面的分析,所求量 S 表达为定积分的过程,可概括为以下三步:

(1) 确定积分变量 x 及积分区间 $[a,b]$;

(2) 在 $[a,b]$ 内任取区间微元 $[x,x+\mathrm{d}x]$,寻找量 S 的微元 $\mathrm{d}S$;

(3) 求 dS 在区间 $[a,b]$ 上的积分,即得所求量 S 的精确值.

一般情况下,所求量 Q 如满足如下条件,则 Q 可用定积分求解.

(1) Q 与一个变量 x 的变化区间 $[a,b]$ 有关;

(2) Q 对区间 $[a,b]$ 具有可加性,即当将区间 $[a,b]$ 分割成 n 个子区间时,相应地将 Q 分解为 n 个部分量 ΔQ_i,且 $Q = \sum_{i=1}^{n} \Delta Q_i$.

具体求解过程如下:

(1) 根据实际问题,确定积分变量 x 及积分区间 $[a,b]$;

(2) 在 $[a,b]$ 内任取区间微元 $[x, x+\mathrm{d}x]$,求其对应的部分量 ΔQ 的近似值 $\mathrm{d}Q$;

根据实际问题,寻找 Q 的微元 $\mathrm{d}Q$ 时,常采用"以直代曲""以不变代变"等方法,使 $\mathrm{d}Q$ 表达为某个连续函数 $f(x)$ 与 $\mathrm{d}x$ 的乘积形式,即

$$\Delta Q \approx \mathrm{d}Q = f(x)\mathrm{d}x$$

(3) 将 Q 的微元 $\mathrm{d}Q$ 从 a 到 b 积分,即得所求整体量 Q.

$$Q = \int_a^b \mathrm{d}Q = \int_a^b f(x)\mathrm{d}x$$

下面将通过求解实际问题来加深对微元法的理解,从而提高解决问题的能力.

> **课程思政**
>
> "纸上得来终觉浅,绝知此事要躬行",在学习的过程中要认真对待问题,不能只看不做,只有自己认真做了、会了,才能将知识内化为自己的学识,而不是仅仅停留在表面.

第二节 定积分在实际问题中的应用

一、定积分的几何应用

1. 平面图形的面积

类型 1:设函数 $y = f(x), y = g(x)$,均在区间 $[a,b]$ 上连续,且 $f(x) \geqslant g(x), x \in [a,b]$,现计算由 $y = f(x), y = g(x), x = a, x = b$ 所围成的平面图形的面积.

分析求解如下:

(1) 如图 6-3 所示,该图形对应变量 x 的变化区间为 $[a,b]$,且所求平面图形的面积 S 对区间 $[a,b]$ 具有可加性.

(2) 在区间 $[a,b]$ 内任取一小区间 $[x, x+\mathrm{d}x]$,其所对应的小曲边图形的面积,可用以 $\mathrm{d}x$ 为底,$f(x) - g(x)$ 为高的小矩形的面积(图 6-3 中阴影部分的面积)近似代替. 即面积微元为

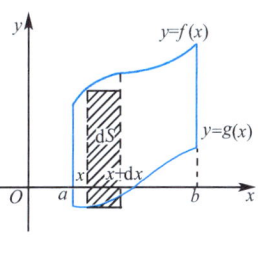

$$\mathrm{d}S = [f(x) - g(x)]\mathrm{d}x$$

图 6-3

(3) 所求图形的面积

$$S = \int_a^b [f(x) - g(x)]\mathrm{d}x$$

【例1】 求曲线 $y=e^x$，直线 $x=0,x=1$ 及 $y=0$ 所围成的平面图形的面积.

解 如图 6-4 所示. 所讨论图形对应变量 x 的变化区间为 $[0,1]$，在 $[0,1]$ 内任取一小区间 $[x,x+dx]$，其对应小窄条的面积用以 dx 为底，以 $f(x)-g(x)=e^x-0=e^x$ 为高的小矩形的面积近似代替. 即面积微元

$$dS = e^x dx$$

于是所求面积

$$S = \int_0^1 e^x dx = e^x \Big|_0^1 = e - 1$$

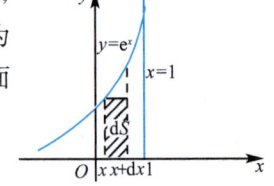

图 6-4

【例2】 求由曲线 $y=x^2$ 及 $y=2-x^2$ 所围成的平面图形的面积.

解 如图 6-5 所示，由 $\begin{cases} y=x^2 \\ y=2-x^2 \end{cases}$ 求出交点坐标为 $(-1,1)$ 和 $(1,1)$，积分变量 x 的变化区间为 $[-1,1]$，面积微元

$$dS = [f(x) - g(x)]dx$$

即

$$dS = (2-x^2-x^2)dx = 2(1-x^2)dx$$

于是所求面积

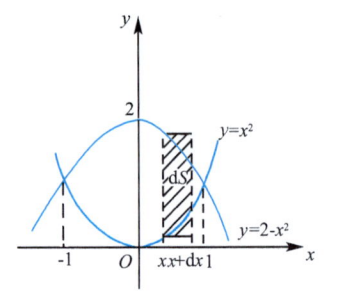

$$\begin{aligned} S &= \int_{-1}^1 2(1-x^2)dx \\ &= 4\int_0^1 (1-x^2)dx \\ &= 4\left(x - \frac{1}{3}x^3\right)\Big|_0^1 \\ &= \frac{8}{3} \end{aligned}$$

图 6-5

积分的应用：求平面图形的面积

类型 2：若平面图形是由连续曲线 $x=\varphi(y), x=\psi(y)(\psi(y) \leqslant \varphi(y))$，$y=c, y=d$ 围成的，其面积应如何表达呢？

分析求解如下：

(1) 如图 6-6 所示，该图形对应变量 y 的变化区间为 $[c,d]$，且所求面积 S 对区间 $[c,d]$ 具有可加性.

(2) 在 y 的变化区间 $[c,d]$ 内任取一小区间 $[y,y+dy]$，其所对应的小曲边图形的面积，可用以 $\varphi(y)-\psi(y)$ 为长，以 dy 为宽的矩形面积近似代替，即面积微元为

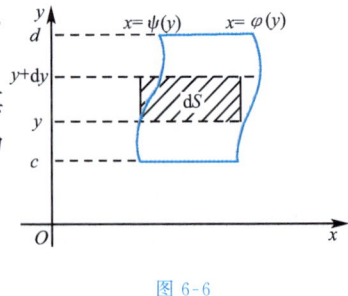

$$dS = [\varphi(y) - \psi(y)]dy$$

图 6-6

于是所求面积

$$S = \int_c^d [\varphi(y) - \psi(y)]dy$$

【例3】 求由曲线 $x=y^2$，直线 $y=x-2$ 所围成的平面图形的面积.

解 如图 6-7 所示，由 $\begin{cases} x=y^2 \\ y=x-2 \end{cases}$ 解得交点坐标为 $(1,-1)$ 和 $(4,2)$，则该图形对应变量 y 的变化区间为 $[-1,2]$，此时 $\varphi(y)=y+2, \psi(y)=y^2$，则面积微元

$$dS = [\varphi(y) - \psi(y)]dy = (y + 2 - y^2)dy$$

于是所求面积

$$S = \int_{-1}^{2} dS = \int_{-1}^{2} (y + 2 - y^2)dy$$

$$= \left(\frac{1}{2}y^2 + 2y - \frac{1}{3}y^3\right)\bigg|_{-1}^{2} = \frac{9}{2}$$

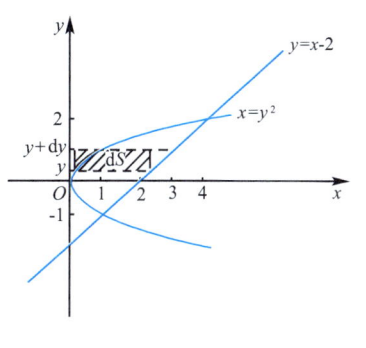

请注意：求解面积时，积分变量的选择并不是唯一的（如下例）．

【例 4】 求由曲线 $y = x^2$ 及直线 $y = x$ 所围成的平面图形的面积．

解 为了确定积分变量的变化范围，首先求交点坐标．

由 $\begin{cases} y = x^2 \\ y = x \end{cases}$ 得交点 $(0,0),(1,1)$．

解法一

如图 6-8 所示，选 x 为积分变量，则该图形对应 x 的变化区间为 $[0,1]$，此时 $f(x) = x, g(x) = x^2$，面积微元

$$dS = [f(x) - g(x)]dx = (x - x^2)dx$$

于是

$$S = \int_0^1 (x - x^2)dx = \left(\frac{1}{2}x^2 - \frac{1}{3}x^3\right)\bigg|_0^1$$

$$= \frac{1}{2} - \frac{1}{3} = \frac{1}{6}$$

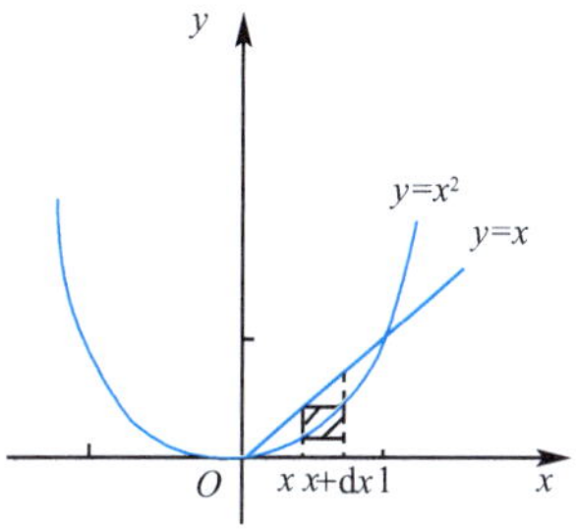

解法二

如图 6-9 所示，选 y 为积分变量，则该图形对应 y 的变化区间为 $[0,1]$，此时 $\varphi(y) = \sqrt{y}, \psi(y) = y$，面积微元

$$dS = [\varphi(y) - \psi(y)]dy = (\sqrt{y} - y)dy$$

于是

$$S = \int_0^1 (\sqrt{y} - y)dy = \left(\frac{2}{3}y^{\frac{3}{2}} - \frac{1}{2}y^2\right)\bigg|_0^1$$

$$= \frac{2}{3} - \frac{1}{2} = \frac{1}{6}$$

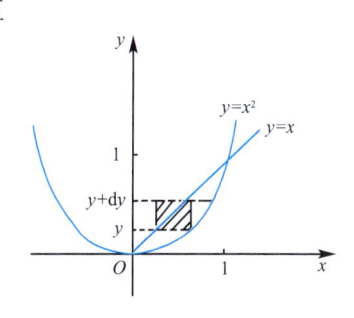

我们还应注意到：求解面积时，虽然可选择不同的积分变量，但在有些问题中，积分变量选择的不同，求解问题的难易程度也会不同．现以例 3 为例加以说明．

在例 3 中，若改选 x 为积分变量，如图 6-10 所示．该图形对应 x 的变化区间为 $[0,4]$，但在区间 $[0,1]$ 上，面积微元

$$dS_1 = [\sqrt{x} - (-\sqrt{x})]dx = 2\sqrt{x}\,dx$$

在区间 $[1,4]$ 上，面积微元

$$dS_2 = [\sqrt{x} - (x - 2)]dx = (\sqrt{x} - x + 2)dx$$

于是所求面积

$$S = S_1 + S_2 = \int_0^1 dS_1 + \int_1^4 dS_2$$

$$= \int_0^1 2\sqrt{x}\,dx + \int_1^4 (\sqrt{x} - x + 2)\,dx$$

$$= 2 \times \frac{2}{3}x^{\frac{3}{2}}\Big|_0^1 + \left(\frac{2}{3}x^{\frac{3}{2}} - \frac{1}{2}x^2 + 2x\right)\Big|_1^4$$

$$= \frac{4}{3} + \left(\frac{2}{3} \times 2^{2 \times \frac{3}{2}} - \frac{1}{2} \times 16 + 8 - \frac{2}{3} + \frac{1}{2} - 2\right)$$

$$= \frac{4}{3} + \frac{16}{3} - 8 + 8 - \frac{2}{3} + \frac{1}{2} - 2$$

$$= 6 - \frac{3}{2} = \frac{9}{2}$$

将上述解法与例 3 中的解法比较,显然上述解法更烦琐.因此在解决实际问题时应注意恰当地选择积分变量.

图 6-10

【例 5】 求椭圆 $\dfrac{x^2}{a^2} + \dfrac{y^2}{b^2} = 1$ 的面积.

解 如图 6-11 所示,椭圆关于 x 轴, y 轴均对称,故所求面积为第一象限部分面积的 4 倍,即

$$S = 4S_1 = 4\int_0^a y\,dx$$

利用椭圆的参数方程

$$\begin{cases} x = a\cos t \\ y = b\sin t \end{cases}$$

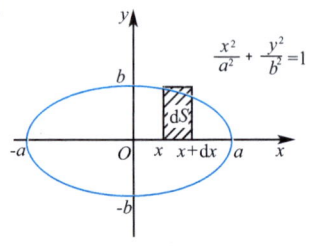

图 6-11

应用定积分换元积分法. $dx = -a\sin t\,dt$,且当 $x = 0$ 时, $t = \dfrac{\pi}{2}$, $x = a$ 时, $t = 0$,于是

$$S = 4\int_{\frac{\pi}{2}}^0 b\sin t(-a\sin t)\,dt$$

$$= 4ab\int_0^{\frac{\pi}{2}} \sin^2 t\,dt$$

$$= 4ab\int_0^{\frac{\pi}{2}} \frac{1 - \cos 2t}{2}\,dt$$

$$= 4ab\left(\frac{t}{2} - \frac{1}{4}\sin 2t\right)\Big|_0^{\frac{\pi}{2}} = \pi ab$$

该例说明如果曲线方程可用参数方程表示,计算时只需正确使用定积分换元积分法即可.

2. 空间立体的体积

(1) 平行截面面积已知的立体的体积

设某空间立体垂直于一定轴的各个截面面积已知,则这个立体的体积可用微元法求解.

不失一般性,不妨取定轴为 x 轴,垂直于 x 轴的各个截面面积为关于 x 的连续函数 $S(x)$, x 的变化区间为 $[a,b]$,如图 6-12 所示.

该立体体积 V 对区间 $[a,b]$ 具有可加性.取 x 为积分变量,在 $[a,b]$ 内任取一小区间 $[x, x+dx]$,其所对应的小薄片的体积用底面积为 $S(x)$,高为 dx 的柱体的体积近似代替,即体积微元为

$$dV = S(x)\,dx$$

于是所求立体的体积
$$V = \int_a^b S(x)\,dx$$

注意：在实际应用时，$S(x)$ 通常情况下需通过求解得到．

【例6】 一平面经过半径为 R 的圆柱体的底圆中心，并与底面交成角 α，计算这个平面截圆柱体所得楔形体的体积．

解 取该平面与底面圆的交线为 x 轴．建立如图 6-13 所示的直角坐标系，则底面圆的方程为：$x^2 + y^2 = R^2$，半圆的方程即为：$y = \sqrt{R^2 - x^2}$．

在 x 的变化区间 $[-R, R]$ 内任取一点 x，过 x 作垂直于 x 轴的截面，截得一直角三角形：其底长为 y，高为 $y \cdot \tan\alpha$，故其面积

$$S(x) = \frac{1}{2} y \cdot y \cdot \tan\alpha = \frac{1}{2} y^2 \cdot \tan\alpha$$
$$= \frac{1}{2}(R^2 - x^2)\tan\alpha$$

于是体积
$$\begin{aligned}
V &= \int_{-R}^{R} S(x)\,dx \\
&= \int_{-R}^{R} \frac{1}{2}\tan\alpha(R^2 - x^2)\,dx \\
&= \frac{1}{2}\tan\alpha \int_{-R}^{R}(R^2 - x^2)\,dx \\
&= \frac{1}{2}\tan\alpha \left(R^2 x - \frac{1}{3}x^3\right)\bigg|_{-R}^{R} \\
&= \frac{2}{3}R^3 \tan\alpha
\end{aligned}$$

在上例中，若选固定轴为 y 轴，如图 6-14 所示．在 y 的变化区间 $[0, R]$ 内任取一点 y 作垂直于 y 轴的平面去截圆柱体，截面为一矩形：底为 $2x$，高为 $y \cdot \tan\alpha$，截面面积为

$$S(y) = 2x \cdot y \cdot \tan\alpha = 2y \cdot \tan\alpha \cdot \sqrt{R^2 - y^2}$$

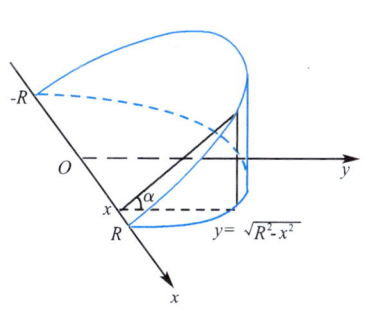

于是
$$\begin{aligned}
V &= \int_0^R S(y)\,dy \\
&= \int_0^R 2y\tan\alpha \sqrt{R^2 - y^2}\,dy \\
&= -\tan\alpha \int_0^R \sqrt{R^2 - y^2}\,d(R^2 - y^2) \\
&= -\tan\alpha \cdot \frac{2}{3}(R^2 - y^2)^{\frac{3}{2}}\bigg|_0^R = \frac{2}{3}R^3\tan\alpha
\end{aligned}$$

图 6-12

图 6-13

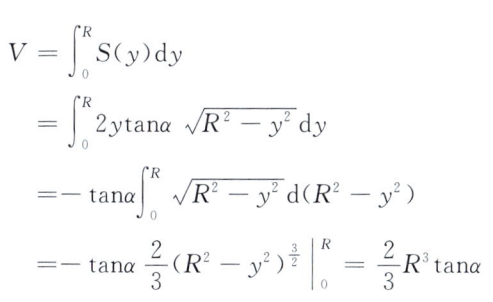

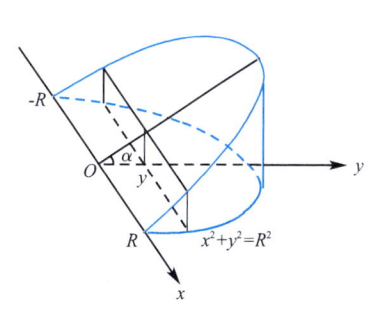

图 6-14

(2) 旋转体的体积

旋转体就是一个平面图形绕该平面上一条直线旋转一周而成的立体.这条直线叫旋转轴.如圆柱、圆锥、球、椭球等都是旋转体.

类型 1：求由连续曲线 $y=f(x)$，直线 $x=a, x=b$ 及 x 轴所围成的曲边梯形绕 x 轴旋转一周而成立体的体积($a<b$).

如图 6-15 所示，过任意一点 $x\in[a,b]$，作垂直于 x 轴的平面，截面是半径为 $f(x)$ 的圆，其面积为 $S(x)=\pi f^2(x)$，于是所求旋转体的体积

$$V=\int_a^b S(x)dx$$
$$=\int_a^b \pi f^2(x)dx$$

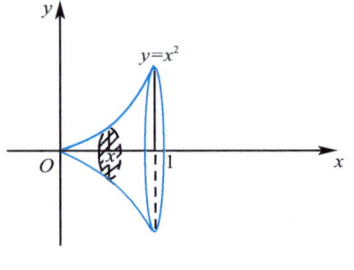

图 6-15

【**例 7**】 求由 $y=x^2$ 及 $x=1, y=0$ 所围成的平面图形绕 x 轴旋转一周而成立体的体积.

解 如图 6-16 所示，积分变量 x 的变化区间为 $[0,1]$，此处 $f(x)=x^2$，则体积

$$V=\int_0^1 \pi(x^2)^2 dx = \pi\int_0^1 x^4 dx$$
$$=\pi\frac{x^5}{5}\bigg|_0^1 = \frac{\pi}{5}$$

图 6-16

【**例 8**】 连接坐标原点 O 及点 $P(h,r)$ 的直线，直线 $x=h$ 及 x 轴围成一个直角三角形，求将它绕 x 轴旋转一周而成圆锥体的体积.

解 如图 6-17 所示，积分变量 x 的变化区间为 $[0,h]$，此处 $y=f(x)$ 为直线 OP 的方程：$y=\frac{r}{h}x$，于是体积

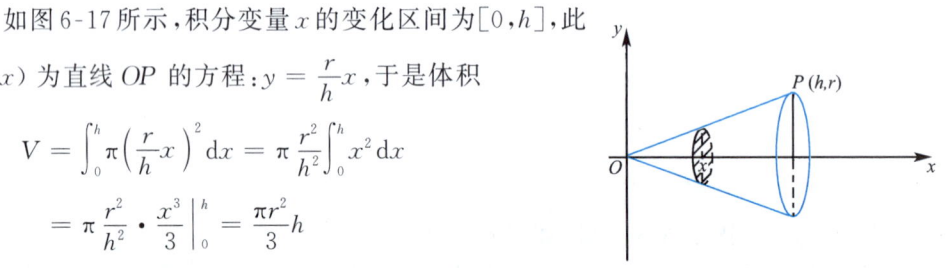

$$V=\int_0^h \pi\left(\frac{r}{h}x\right)^2 dx = \pi\frac{r^2}{h^2}\int_0^h x^2 dx$$
$$=\pi\frac{r^2}{h^2}\cdot\frac{x^3}{3}\bigg|_0^h = \frac{\pi r^2}{3}h$$

图 6-17

类型 2：求由连续曲线 $x=\varphi(y)$，直线 $y=c, y=d$ 及 y 轴所围成的曲边梯形绕 y 轴旋转一周而成立体的体积($c<d$).

如图 6-18 所示，过任意一点 $y\in[c,d]$，作垂直于 y 轴的平面，截面是半径为 $\varphi(y)$ 的圆，其面积为 $S(y)=\pi\varphi^2(y)$，于是所求旋转体的体积

$$V=\int_c^d S(y)dy = \int_c^d \pi\varphi^2(y)dy$$

【**例 9**】 如图 6-19 所示，求由 $y=x^3, y=8$ 及 y 轴所围成的曲边梯形绕 y 轴旋转一周而成立体的体积.

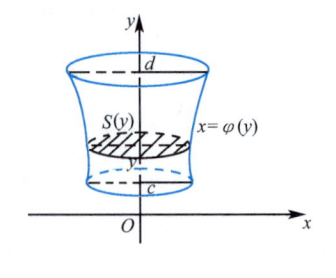

解 积分变量 y 的变化区间为 $[0,8]$，此处 $x=\varphi(y)=\sqrt[3]{y}$.于是体积

图 6-18

$$V = \int_0^8 \pi (\sqrt[3]{y})^2 \mathrm{d}y = \pi \int_0^8 y^{\frac{2}{3}} \mathrm{d}y$$
$$= \pi \frac{3}{5} y^{\frac{5}{3}} \Big|_0^8 = \frac{96}{5}\pi = 19\frac{1}{5}\pi$$

【例 10】 求椭圆 $\dfrac{x^2}{a^2} + \dfrac{y^2}{b^2} = 1$ 分别绕 x 轴、y 轴旋转而成椭球体的体积.

解 如图 6-20 所示,若椭圆绕 x 轴旋转,积分变量 x 的变化区间为 $[-a,a]$,此处

$$y = f(x) = \frac{b}{a}\sqrt{a^2 - x^2}$$

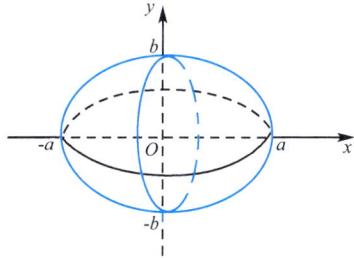

图 6-19

于是体积

$$V_x = \int_{-a}^{a} \pi \left(\frac{b}{a}\sqrt{a^2 - x^2}\right)^2 \mathrm{d}x$$
$$= \frac{b^2}{a^2}\pi \int_{-a}^{a} (a^2 - x^2) \mathrm{d}x$$
$$= \frac{b^2}{a^2}\pi \left[a^2 x - \frac{1}{3}x^3\right]_{-a}^{a} = \frac{4}{3}\pi a b^2$$

若椭圆绕 y 轴旋转,积分变量 y 的变化区间为 $[-b,b]$,此处 $x = \varphi(y) = \dfrac{a}{b}\sqrt{b^2 - y^2}$,于是体积

图 6-20

$$V_y = \int_{-b}^{b} \pi \left(\frac{a}{b}\sqrt{b^2 - y^2}\right)^2 \mathrm{d}y = \frac{a^2}{b^2}\pi \int_{-b}^{b} (b^2 - y^2) \mathrm{d}y$$
$$= \frac{a^2}{b^2}\pi \left(b^2 y - \frac{1}{3}y^3\right)\Big|_{-b}^{b} = \frac{4}{3}\pi a^2 b$$

3. 平面曲线的弧长

设平面曲线 $y = f(x)$ 在 $[a,b]$ 上连续且在 (a,b) 内可导. 求曲线 $y = f(x)$ 在 $[a,b]$ 上所对应的曲线段的长度 s. 如图 6-21 所示.

显然所求问题可用微元法求解. 任取区间微元 $[x, x+\Delta x] \subset [a,b]$, 对应的弧长微元

$$\mathrm{d}s = |\overparen{AB}| \approx |\overrightarrow{AB}| = \sqrt{(\Delta x)^2 + (\Delta y)^2}$$
$$= \sqrt{1 + \left(\frac{\Delta y}{\Delta x}\right)^2} \mathrm{d}x \approx \sqrt{1 + (y')^2} \mathrm{d}x$$

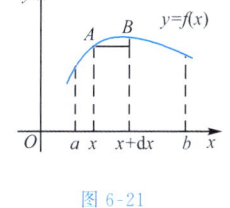

图 6-21

则所求曲线段的长度

$$s = \int_a^b \mathrm{d}s = \int_a^b \sqrt{1 + (y')^2} \mathrm{d}x$$

若曲线由参数方程 $\begin{cases} x = \varphi(t) \\ y = f(t) \end{cases}$, $t \in [a,b]$ 给出且 $\varphi(t), f(t)$ 为可导函数,则也可用微元法求解曲线在 $[a,b]$ 上曲线段的长度. 任取区间微元 $[t, t+\mathrm{d}t] \subset [a,b]$, 则弧长微元 $\mathrm{d}s$ 可表示为

$$\mathrm{d}s \approx \sqrt{(\Delta x)^2 + (\Delta y)^2} = \sqrt{\left(\frac{\Delta x}{\Delta t}\right)^2 + \left(\frac{\Delta y}{\Delta t}\right)^2} \Delta t$$
$$\approx \sqrt{[\varphi'(t)]^2 + [f'(t)]^2} \mathrm{d}t$$

则所求曲线段的长度为
$$s = \int_a^b \mathrm{d}s = \int_a^b \sqrt{[\varphi'(t)]^2 + [f'(t)]^2}\,\mathrm{d}t$$

【例 11】 求 $y = x$ 在 $[0,1]$ 上的曲线段(图 6-22)的长度.

解 $s = \int_0^1 \sqrt{1+(y')^2}\,\mathrm{d}x = \int_0^1 \sqrt{1+1}\,\mathrm{d}x = \sqrt{2}.$

【例 12】 求半径为 R 的 $\dfrac{1}{4}$ 圆周(图 6-23)的长度.

解 不妨设圆心在坐标原点且用参数方程表示
$$\begin{cases} x = R\cos t \\ y = R\sin t \end{cases}, t \in \left[0, \dfrac{\pi}{2}\right]$$

则
$$s = \int_0^{\frac{\pi}{2}} \sqrt{(x_t')^2 + (y_t')^2}\,\mathrm{d}t = \int_0^{\frac{\pi}{2}} R\,\mathrm{d}t = \dfrac{\pi}{2}R$$

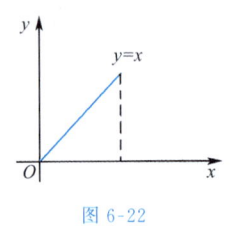

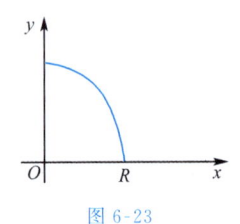

图 6-22

图 6-23

二、定积分在物理中的应用

1. 变力所做的功

如果一个物体在恒力 F 的作用下,沿力 F 的方向移动距离 s,则力 F 对物体所做的功是 $W = F \cdot s$.

如果一个物体在变力 $F(x)$ 的作用下,做直线运动,不妨设其沿 Ox 轴运动,那么当物体由 Ox 轴上的点 a 移动到点 b 时,变力 $F(x)$ 对物体所做的功是多少呢?

我们仍采用微元法,所求功 W 对区间 $[a,b]$ 具有可加性. 设变力 $F(x)$ 是连续变化的,分割区间 $[a,b]$,任取一小区间 $[x, x+\mathrm{d}x]$,由 $F(x)$ 的连续性,物体在 $\mathrm{d}x$ 这一小段路径上移动时,$F(x)$ 的变化很小,可近似看作是不变的,则变力 $F(x)$ 在这一小段路径 $\mathrm{d}x$ 上所做的功可近似看作恒力做功问题,于是得到功的微元为
$$\mathrm{d}W = F(x)\mathrm{d}x$$

将微元从 a 到 b 积分,得到整个区间上力所做的功
$$W = \int_a^b F(x)\mathrm{d}x$$

用微元法解决变力沿直线做功问题,关键是正确确定变力 $F(x)$ 及 x 的变化区间 $[a,b]$. 下面通过实例说明微元法的具体应用过程.

【例 13】 将弹簧一端固定,另一端连一个小球,放在光滑面上,点 O 为小球的平衡位置. 若将小球从点 O 拉到点 $M(OM=s)$,求克服弹力所做的功.

解 如图 6-24 所示,建立数轴 Ox,由物理学知识,弹力的大小和弹簧伸长或压缩的长度 x 成正比,方向指向平衡位置 O,即

$$F = -kx$$

图 6-24

其中 k 是比例常数,负号表示小球位移与弹力 F 方向相反.

若把小球从点 $O(x=0)$ 拉到点 $M(x=s)$,克服弹力 F,所用外力 f 的大小与 F 相等,但方向相反,即 $f = kx$,它随小球位置 x 的变化而变化.

在 x 的变化区间 $[0,s]$ 上任取一小区间 $[x, x+\mathrm{d}x]$,则力 f 所做功的微元

$$\mathrm{d}W = kx\,\mathrm{d}x$$

于是功

$$W = \int_0^s kx\,\mathrm{d}x = \frac{k}{2}s^2$$

【例 14】 某空气压缩机,其活塞的面积为 S,在等温压缩过程中,活塞由 x_1 处压缩到 x_2 处,求压缩机在这段压缩过程中所消耗的功?

解 如图 6-25 所示,建立数轴 Ox,由物理学知识,一定量的气体在等温条件下,压强 p 与体积 V 的乘积为常数 k,即

$$pV = k$$

由已知,体积 V 是活塞面积 S 与任一点位置 x 的乘积,即 $V = Sx$,因此 $p = \dfrac{k}{V} = \dfrac{k}{Sx}$,于是气体作用于活塞上的力

$$F = pS = \frac{k}{Sx} \cdot S = \frac{k}{x}$$

活塞所用力

$$f = -F = -\frac{k}{x}$$

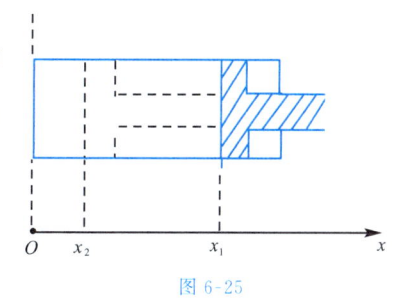

图 6-25

则力 f 所做功的微元

$$\mathrm{d}W = -\frac{k}{x}\mathrm{d}x$$

于是所求功

$$W = \int_{x_1}^{x_2} -\frac{k}{x}\mathrm{d}x = k\ln x \Big|_{x_2}^{x_1} = k\ln\frac{x_1}{x_2}$$

【例 15】 一圆柱形的贮水桶高为 5 米,底圆半径为 3 米,桶内盛满了水.试问要把桶内的水全部吸出需做多少功?

解 这个问题显然是变力做功问题.在抽水过程中,水面逐渐下落,因此吸出同样重量,对不同深度的水所做的功不同.

如图 6-26 所示,建立坐标系,取深度 x 为积分变量,则所求功 W 对区间 $[0,5]$ 具有可加性,现用微元法来求解.

在 $[0,5]$ 上任取一小区间 $[x, x+\mathrm{d}x]$,则其对应的小薄层水的重量 $=$ 体积 $\times$ 比重 $= \pi 3^2 \rho \mathrm{d}x = 9\pi\rho\mathrm{d}x$.

将这一薄层水吸出桶外时,需提升的距离近似地为 x,因此需做功的近似值,即功的微元为

$$dW = x \cdot 9\pi\rho dx = 9\pi\rho x\, dx$$

于是所求功

$$W = \int_0^5 9\pi\rho x\, dx = 9\pi\rho \left(\frac{x^2}{2}\right)\Big|_0^5 = \frac{225}{2}\rho\pi$$

将 $\rho = 9.8 \times 10^3$ 牛顿/米³ 代入，得

$$W = \frac{225}{2} \cdot 9800\pi \approx 3.46 \times 10^6 \text{ 焦耳}$$

2. 液体压力

现有一面积为 S 的平板，水平置于比重为 ρ，深度为 h 的液体中，则平板一侧所受的压力值

$$F = 压强 \times 面积 = pS = h\rho S \quad (p \text{ 为水深 } h \text{ 处的压强})$$

若将平板垂直放于该液体中，对应不同的液体深度，压强也不同，那么，平板所受压力应如何求解呢？

如图 6-27 所示建立直角坐标系，设平板边缘曲线方程为 $y = f(x)\,(a \leqslant x \leqslant b)$，则所求压力 F 对区间 $[a,b]$ 具有可加性，现用微元法来求解．

在 $[a,b]$ 上任取一小区间 $[x, x+dx]$，其对应的小横条上各点液面深度均近似看成 x，且液体对它的压力近似看成长为 $f(x)$、宽为 dx 的小矩形所受的压力，即压力的微元为

$$dF = \rho x \cdot f(x)\, dx$$

于是所求压力

$$F = \int_a^b \rho x \cdot f(x)\, dx$$

【例 16】 有一底面半径为 1 米，高为 2 米的圆柱形贮水桶，里面盛满水，求水对桶壁的压力．

解 如图 6-28 所示建立直角坐标系，则积分变量 x 的变化区间为 $[0,2]$，在其上任取一小区间 $[x, x+dx]$，所对应的小圆柱面所受压力的近似值，即压力的微元为

$$dF = 压强 \times 面积$$
$$= \rho x \cdot 2\pi \cdot 1\, dx = 2\pi\rho x\, dx$$

于是所求压力

$$F = \int_0^2 2\pi\rho x\, dx = 2\pi\rho\left(\frac{x^2}{2}\right)\Big|_0^2 = 4\pi\rho$$

将 $\rho = 9.8 \times 10^3$ 牛顿/米³ 代入，得

$$F = 4\pi \times 9.8 \times 10^3 = 3.92\pi \times 10^4 \text{ 牛顿}$$

【例 17】 有一半径 $R = 3$ 米的圆形溢水洞，试求水位为 3 米时作用在闸板上的压力？

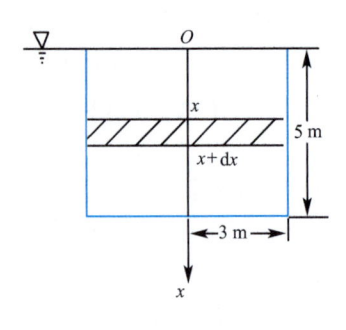

图 6-26

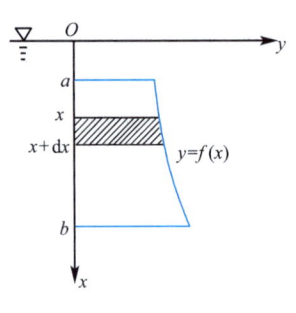

图 6-27

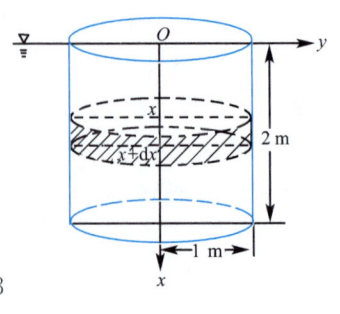

图 6-28

解 如果水位为3米,如图6-29所示建立直角坐标系,积分变量 x 的变化区间为 $[0,R]$,在其上任取一小区间 $[x,x+\mathrm{d}x]$,所对应的小窄条上所受压力的近似值,即压力微元

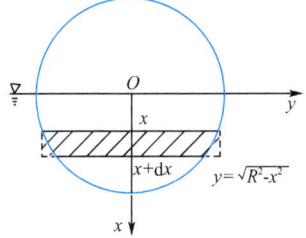

$$\mathrm{d}F = 压强 \times 面积 = \rho x \cdot 2y\mathrm{d}x$$
$$= \rho x \cdot 2\sqrt{R^2-x^2}\mathrm{d}x = 2\rho x\sqrt{R^2-x^2}\mathrm{d}x$$

于是所求压力

$$F = \int_0^R 2\rho x\sqrt{R^2-x^2}\mathrm{d}x = 2\rho\int_0^R\left(-\frac{1}{2}\right)\sqrt{R^2-x^2}\mathrm{d}(R^2-x^2)$$
$$= -\rho\frac{2}{3}(R^2-x^2)^{\frac{3}{2}}\bigg|_0^R = \frac{2}{3}R^3\rho$$

将 $\rho = 9.8 \times 10^3$ 牛顿/米^3,$R = 3$ 米代入,得

$$F = 1.764 \times 10^5 \text{ 牛顿}$$

图6-29

习题 6-2

▶ A 组

1. 求下列各图中阴影部分的面积.

(1) 图6-30

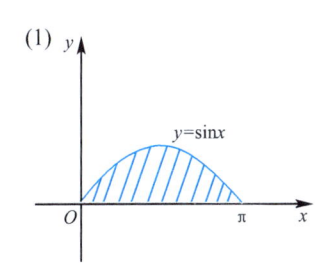

(2) 图6-31

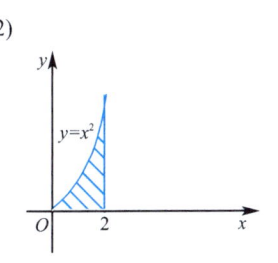

(3) 图6-32

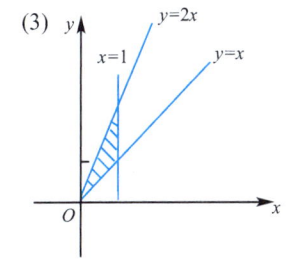

(4) 图6-33

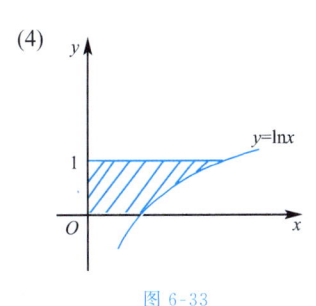

(5) 图6-34

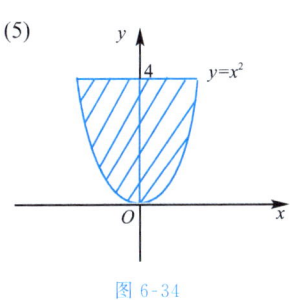

(6) 图6-35

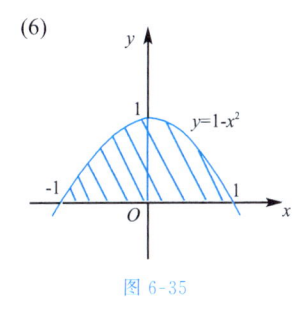

2. 求下列各曲线所围成的平面图形的面积.

(1) $y = \ln x$ 与直线 $x = 0$,$y = \ln a$,$y = \ln b (b > a > 0)$

(2) $y = x^3$ 与 $y = \sqrt{x}$

(3) $y = \dfrac{1}{x}$,$y = x$ 及 $y = 2$

(4) $y = \cos x$ 与 $y = 0$,$x \in \left[\dfrac{\pi}{2}, \dfrac{3}{2}\pi\right]$

(5) $y = x$ 与 $y = \sqrt{x}$

(6) $y = x^3$,$y = 1$ 及 $x = 0$

(7) $x = y^2$ 与 $x = 1$

(8) $x = y^2 + 1, y = -1, y = 1$ 及 $x = 0$

(9) $y = \dfrac{1}{x}, y = x$ 及 $x = 2$

(10) $y = x, y = 2x$ 及 $y = 2$

3. 求由旋轮线 $\begin{cases} x = a(t - \sin t) \\ y = a(1 - \cos t) \end{cases}$ $(0 \leqslant t \leqslant 2\pi)$ 及 x 轴所围成的平面图形的面积.

4. 求下列曲线所围成的图形,按指定的轴旋转产生的旋转体的体积.

(1) $y = x, x = 1, y = 0$ 绕 x 轴

(2) $y = e^x, x = 0, x = 1$ 及 $y = 0$ 绕 x 轴

(3) $y = \sqrt{x}, x = 4, y = 0$ 绕 x 轴

(4) $y = x^3, y = 1, x = 0$ 绕 y 轴

(5) $y = x^2, y = 4, x = 0$ 绕 y 轴

(6) $y = x^2, x = -1, x = 1, y = 0$ 绕 x 轴

5. 求由抛物线 $y = x^2$,直线 $x = 1$ 及 $y = 0$ 所围成的平面图形绕 y 轴旋转所形成的旋转体的体积.

6. 用定积分的微元法证明球的体积公式.

7. 求 $y = x^2$ 在 $[0,1]$ 上的曲线段的长度.

8. 若 1 千克的力能使弹簧伸长 1 厘米,现在要使弹簧伸长 10 厘米,问需做多少功?

9. 弹簧原长 1 米,每压缩 1 厘米需力 0.05 牛顿. 若自 80 厘米压缩到 60 厘米时,需做多少功?

10. 直径为 20 厘米,长为 80 厘米的圆柱形容器被压力为 10 千克/厘米^2 的蒸汽充满着,假定气体的温度不变,要使气体的体积减小一半,需做多少功?

11. 有一截面积为 $S = 20$ 平方米,深为 5 米的水池盛满了水,用抽水泵把这水池中的水全部吸出,需做多少功?

12. 有一圆台形的桶,盛满了汽油,桶高为 3 米,上、下底半径分别为 1 米和 2 米,试求将桶内汽油全部吸出所耗费的功(汽油重力密度 $\rho = 7.84 \times 10^3$ 牛顿/米^3).

13. 有一长方形闸门,长 3 米,宽 2 米,垂直放入水中,水面超过门顶 2 米,如图 6-36 所示,求闸门上所受的水压力.

图 6-36

14. 等腰三角形薄板垂直地沉没水中,它的底与水面齐,薄板的底为 a,高为 h(单位:米)

(1) 计算薄板所受水压力(图 6-37).

(2) 若倒转薄板顶点并与水面齐,而底平行于水面,试问水对薄板的压力增大几倍(图 6-38).

(3) 若三角形薄板深入水中一部分,顶点朝下,底平行于水面且在水面下的距离为 $\dfrac{h}{2}$,试求薄板所受压力(图 6-39).

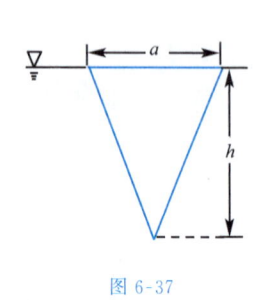

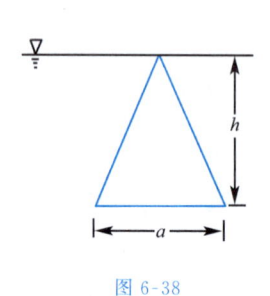

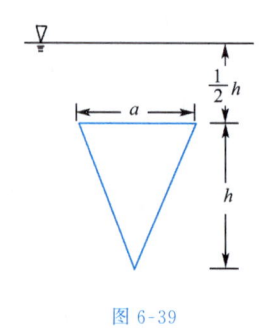

图 6-37   图 6-38   图 6-39

15.将一半径为2米的圆板垂直放入水下5米处,试求圆板所受水压力.

B 组

1.求下列各图中阴影部分的面积.

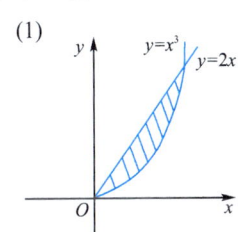

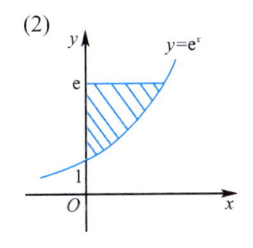

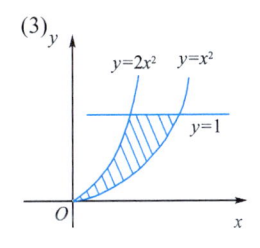

(1) $y=x^3$, $y=2x$

图 6-40

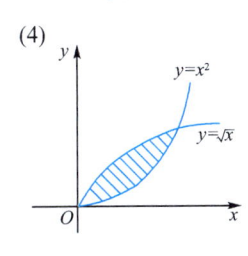

(2) $y=e^x$

图 6-41

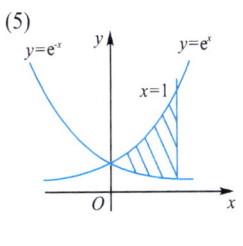

(3) $y=2x^2$, $y=x^2$, $y=1$

图 6-42

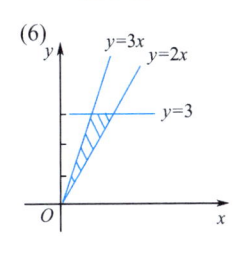

(4) $y=x^2$, $y=\sqrt{x}$

图 6-43

(5) $y=e^{-x}$, $y=e^x$, $x=1$

图 6-44

(6) $y=3x$, $y=2x$, $y=3$

图 6-45

2.求下列各曲线所围成的平面图形的面积.

(1) $y=x^2$ 及 $y=2x+3$

(2) $y=-x^2+2$ 及 $y=x$

(3) $y=\tan x, x\in\left[0,\dfrac{\pi}{4}\right]$ 与 $y=1$ 及 $x=0$

(4) $y^2=2x$ 与 $x-y=4$

(5) $y=3-2x-x^2$ 与 $y=x+3$

(6) $y=x^2$ 与 $y=x$ 及 $y=2x$

3.星形线的参数方程为 $\begin{cases} x=a\cos^3 t \\ y=a\sin^3 t \end{cases}$,图形如图 6-46 所示,求由星形线所围成的平面图形的面积(提示:当 n 为正偶数时,$\int_0^{\frac{\pi}{2}}\sin^n x\,\mathrm{d}x=\dfrac{n-1}{n}\cdot\dfrac{n-3}{n-2}\cdots\dfrac{3}{4}\cdot\dfrac{1}{2}\cdot\dfrac{\pi}{2}$).

4.有一截面为正抛物线形的拱形桥,拱高 4 米,宽 8 米(图 6-47),试求拱的面积.

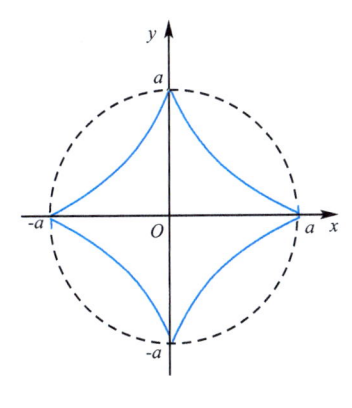

图 6-46

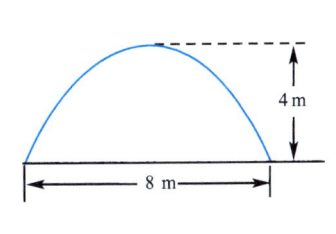

图 6-47

5. 求抛物线 $y=-x^2+4x-3$ 及其在点 $(0,-3)$ 和 $(3,0)$ 处的切线所围成的图形的面积.

6. 求下列曲线所围成的平面图形,按指定轴旋转所产生的旋转体的体积.

(1) $y=\sin x, y=0, x\in[0,\pi]$ 绕 x 轴

(2) $y=x^2, y=2x^2, y=1$ 绕 y 轴

(3) $y=x^2, x=y^2$ 绕 x 轴

(4) $y=2x-x^2, y=0$ 绕 x 轴

7. 求圆 $x^2+(y-b)^2=a^2(0<a\leqslant b)$ 绕 x 轴旋转所得旋转体(环体)的体积.

8. 有一铁铸件,它是由抛物线 $y=\dfrac{1}{10}x^2, y=\dfrac{1}{10}x^2+1$ 与直线 $y=9$ 围成的图形绕 y 轴旋转而成的旋转体,算出它的重量(长度单位是厘米,铁的密度是 7.8 克/厘米^3).

9. 有两个半径相等的圆柱 $x^2+y^2\leqslant R^2, x^2+z^2\leqslant R^2$ 相交成直角,如图 6-48 所示.求这两个圆柱的公共部分的体积(提示:用垂直于 x 轴的平面截立体所得截面为正方形).

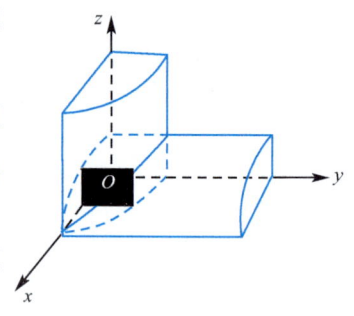

图 6-48

数学家   牛 顿

  牛顿(1643—1727),英国皇家学会会长,英国著名的物理学家,百科全书式的"全才",著有《自然哲学的数学原理》《光学》.他在 1687 年发表的论文《自然定律》里,对万有引力和三大运动定律进行了描述.这些描述奠定了此后三个世纪里物理世界的科学观点,并成为了现代工程学的基础.他通过论证开普勒行星运动定律与他的引力理论间的一致性,展示了地面物体与天体的运动都遵循着相同的自然定律;为太阳中心说提供了强有力的理论支持,并推动了科学革命.在力学上,牛顿阐明了动量和角动量守恒的原理,提出了牛顿运动定律.在光学上,他发明了反射望远镜,并基于对三棱镜将白光发散成可见光谱的观察,发展出了颜色理论.他还系统地表述了冷却定律,并研究了音速.在数学上,牛顿与莱布尼茨分享了发展出微积分学的荣誉.他也证明了广义二项式定理,提出了"牛顿迭代法"以趋近函数的零点,并为幂级数的研究做出了贡献.在经济学上,牛顿提出金本位制度.

  微积分的创立是牛顿最卓越的数学成就.牛顿为解决运动问题,才创立这种和物理概念直接联系的数学理论,牛顿称之为"流数术".它所处理的一些具体问题,如切线问题、求积问题、瞬时速度问题以及函数的极大和极小值问题等,在牛顿之前已经有人研究.但牛顿超越了前人,他站在了更高的角度,对以往分散的结论加以综合,将自古希腊以来求解无限小问题的各种技巧统一为两类普通的算法——微分和积分,并确立了这两类运算的互逆关系,从而完成了微积分发明中最关键的一步,为近代科学发展提供了最有效的工具,开辟了数学上的一个新纪元.

本章知识结构图

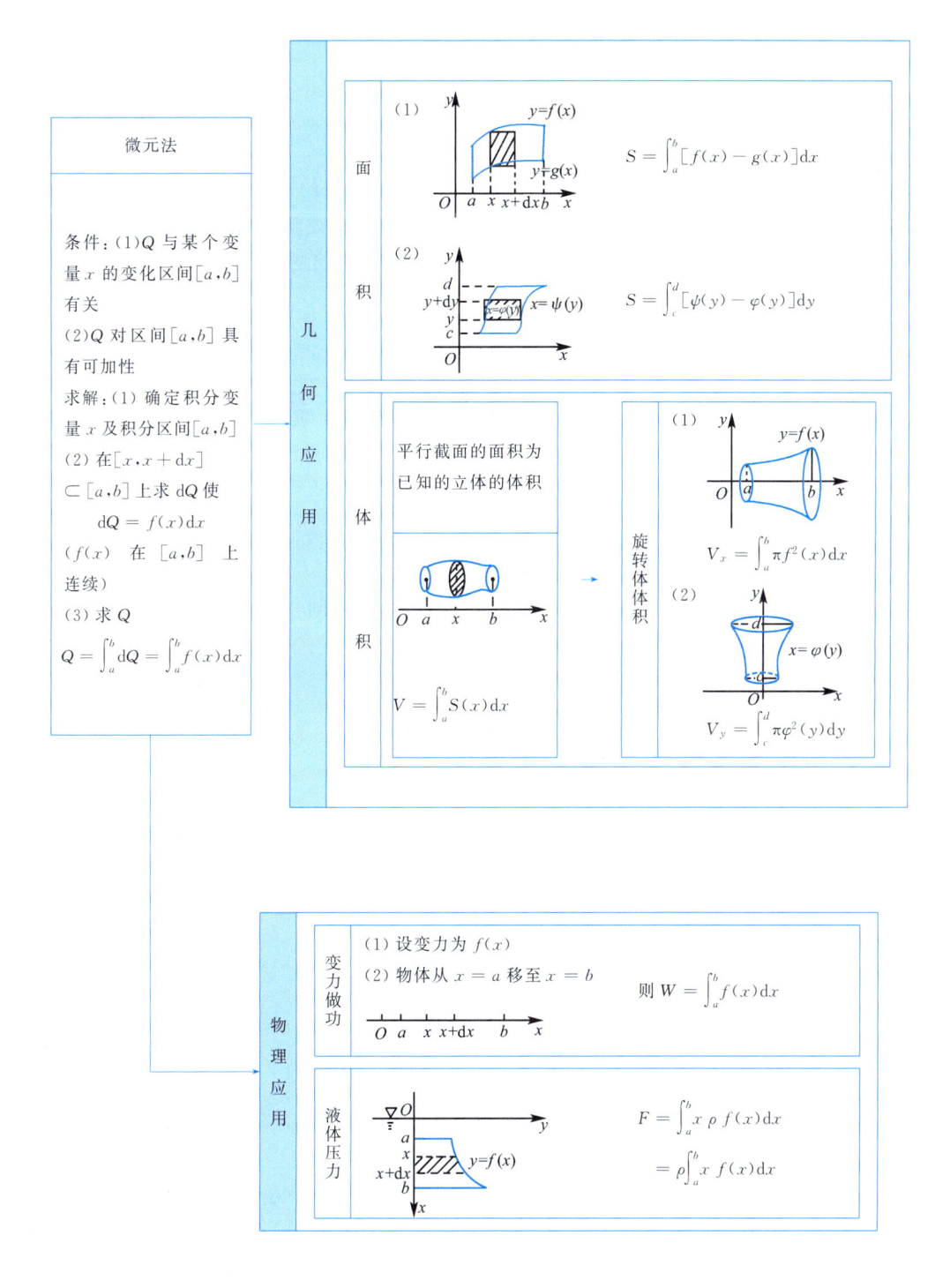

第六章 定积分的应用

微元法

条件：(1) Q 与某个变量 x 的变化区间 $[a,b]$ 有关

(2) Q 对区间 $[a,b]$ 具有可加性

求解：(1) 确定积分变量 x 及积分区间 $[a,b]$

(2) 在 $[x, x+\mathrm{d}x] \subset [a,b]$ 上求 $\mathrm{d}Q$ 使
$$\mathrm{d}Q = f(x)\mathrm{d}x$$
($f(x)$ 在 $[a,b]$ 上连续)

(3) 求 Q
$$Q = \int_a^b \mathrm{d}Q = \int_a^b f(x)\mathrm{d}x$$

几何应用

面积

(1) $$S = \int_a^b [f(x) - g(x)]\mathrm{d}x$$

(2) $$S = \int_c^d [\psi(y) - \varphi(y)]\mathrm{d}y$$

体积

平行截面的面积为已知的立体的体积

$$V = \int_a^b S(x)\mathrm{d}x$$

旋转体体积

(1) $$V_x = \int_a^b \pi f^2(x)\mathrm{d}x$$

(2) $$V_y = \int_c^d \pi \varphi^2(y)\mathrm{d}y$$

物理应用

变力做功

(1) 设变力为 $f(x)$

(2) 物体从 $x=a$ 移至 $x=b$

则 $$W = \int_a^b f(x)\mathrm{d}x$$

液体压力

$$F = \int_a^b x\, \rho\, f(x)\mathrm{d}x = \rho \int_a^b x\, f(x)\mathrm{d}x$$

第七章 空间解析几何与向量代数

本章主要为学习多元函数微积分做准备,包括两个相互关联的部分:空间解析几何与向量代数.用代数的方法研究空间几何图形,又利用空间几何图形直观解决代数问题,就是空间解析几何,它是平面解析几何的推广.向量代数是研究空间解析几何的工具,在物理学、力学及工程技术上有重要的应用.

第一节 空间直角坐标系

一、建立空间直角坐标系

在平面直角坐标系中,任一点都可用一有序数对表示.在空间一个点的位置的确定,需要建立空间直角坐标系.

过空间一点 O,作三条互相垂直的数轴,它们都以 O 为原点,这三条数轴分别叫作 x 轴(横轴)、y 轴(纵轴)和 z 轴(竖轴),统称为坐标轴. 通常把 x 轴和 y 轴配置在水平面上,而 z 轴则是铅垂线;坐标轴的正向通常按右手螺旋法则,即右手四指并拢,大拇指与四指的方向垂直,四指从指向 x 轴正方向旋转 $\frac{\pi}{2}$ 指向 y 轴的正方向,此时,拇指的指向就是 z 轴的正方向.这样就建立了一个空间直角坐标系.点 O 叫作坐标原点(图 7-1).

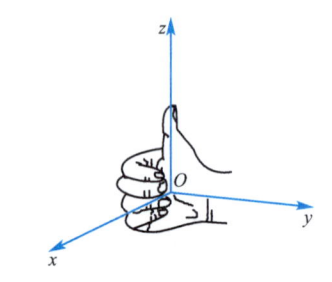

图 7-1

三条坐标轴中的任意两条可以确定一个平面,这样定出的三个平面统称为坐标面.其中,x 轴与 y 轴所确定的平面叫作 xOy 面,y 轴与 z 轴所确定的平面叫作 yOz 面,z 轴与 x 轴所确定的平面叫作 zOx 面.三个坐标面把空间分成八个部分,每一部分叫作卦限.含 x 轴、y 轴、z 轴正半轴的卦限叫作第Ⅰ卦限,其他第Ⅱ、Ⅲ、Ⅳ卦限,在 xOy 坐标面的上方,按逆时针方向确定.第Ⅴ到第Ⅷ卦限分别在第Ⅰ到第Ⅳ卦限的下方(图 7-2).

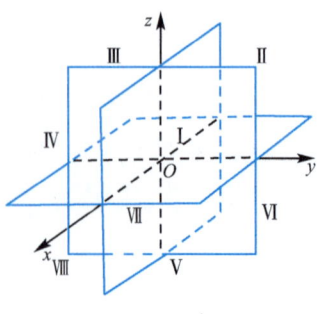

图 7-2

设 P 为空间一点,过点 P 分别作垂直 x 轴、y 轴、z 轴的平面,顺次与 x 轴、y 轴、z 轴交于 P_x, P_y, P_z,这三点在各自的轴上对应的实数值 x, y, z 称为点 P 在 x 轴、y 轴、z 轴上的坐标,由此唯一确定的有序数组 $(x, y,$

z)称为点 P 的坐标. 依次称 x, y 和 z 为点 P 的横坐标、纵坐标和竖坐标, 通常记为 $P(x,y,z)$.

二、空间两点间的距离公式

已知空间两点 $M_1(x_1,y_1,z_1)$ 和 $M_2(x_2,y_2,z_2)$, 求 M_1 和 M_2 之间的距离 d.

过 M_1 和 M_2 各作三个分别垂直于三条坐标轴的平面, 这六个平面围成一个以 M_1M_2 为对角线的长方体(图7-3).

由于 $\triangle M_1NM_2$ 为直角三角形, $\angle M_1NM_2$ 为直角, 所以
$$d^2 = |M_1M_2|^2 = |M_1N|^2 + |NM_2|^2$$
又 $\triangle M_1NP$ 也是直角三角形, $\angle M_1PN$ 为直角, 所以
$$|M_1N|^2 = |M_1P|^2 + |PN|^2$$
所以
$$d^2 = |M_1P|^2 + |PN|^2 + |NM_2|^2$$
由于 $|M_1P| = |x_2-x_1|$, $|PN| = |y_2-y_1|$, $|NM_2| = |z_2-z_1|$, 故得
$$d = |M_1M_2| = \sqrt{(x_2-x_1)^2 + (y_2-y_1)^2 + (z_2-z_1)^2}$$
这就是空间两点间的距离公式.

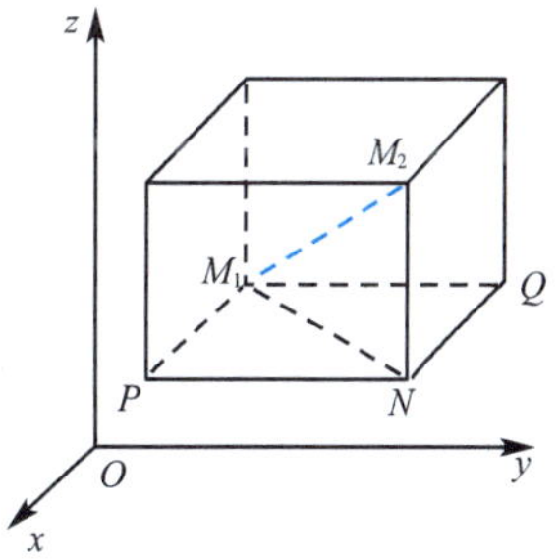

图 7-3

特别地, 点 $M(x,y,z)$ 与坐标原点 $O(0,0,0)$ 的距离为
$$d = |OM| = \sqrt{x^2+y^2+z^2}$$

【例 1】 试证以 $A(4,1,9)$, $B(10,-1,6)$, $C(2,4,3)$ 为顶点的三角形是等腰直角三角形.

证明 因为
$$|AB|^2 = (10-4)^2 + (-1-1)^2 + (6-9)^2 = 49$$
$$|BC|^2 = (2-10)^2 + (4+1)^2 + (3-6)^2 = 98$$
$$|AC|^2 = (2-4)^2 + (4-1)^2 + (3-9)^2 = 49$$

所以 $|BC|^2 = |AB|^2 + |AC|^2$, 于是 $\triangle ABC$ 为 Rt$\triangle$. 又因为 $|AB| = |AC|$, 故 $\triangle ABC$ 是等腰直角三角形.

习题 7-1

A 组

1. 说明以下各点的位置的特殊性.
   (1) $A(3,0,0)$ (2) $B(0,-2,0)$ (3) $C(0,0,4)$
   (4) $D(0,-1,3)$ (5) $E(-3,0,2)$

2. 在空间直角坐标系内做出下列各点, 并说明它们各在第几卦限.
   (1) $A(1,2,3)$ (2) $B(2,1,-3)$
   (3) $C(-3,2,-7)$ (4) $D(-4,-3,-5)$

3. 试以教学楼内某一点为原点, 建立适当的空间直角坐标系, 说明你所在位置的坐标.

B 组

1. 求点 $A(4,-3,5)$ 到坐标原点以及各坐标轴的距离.

2. 试证以 $A(0,2,-1), B(-1,4,1), C(-2,1,1)$ 为顶点的三角形是等腰三角形.

3. 根据下列条件,求点 B 的未知坐标.

(1) $A(4,-7,1), B(6,2,z), |AB|=11$；

(2) $A(2,3,4), B(x,-2,4), |AB|=5$；

(3) $A(0,-1,2), B(2,y,5), |AB|=\sqrt{29}$.

4. 在 y 轴上求一点使之与 $A(-3,2,7)$ 和 $B(3,1,-7)$ 等距离.

第二节 向量及其线性运算

一、向量的概念

在物理学以及其他应用科学中,常会遇到这样一类量:它们既有大小又有方向,例如,力、力矩、位移、速度和加速度等,这类量叫作向量或矢量.

向量常用有向线段来表示.以 A 为起点, B 为终点的向量记作 $\overrightarrow{AB}$, 也可用粗体字母表示，如 $\boldsymbol{a}, \boldsymbol{b}, \boldsymbol{F}$ 等,如图 7-4 所示.

图 7-4

向量的大小叫作向量的模. 向量 $\overrightarrow{AB}$ 的模记作 $|\overrightarrow{AB}|$, 向量 $\boldsymbol{a}$ 的模记作 $|\boldsymbol{a}|$. 模为 0 的向量叫作零向量,记作 $\boldsymbol{0}$. 零向量的起点和终点重合,它的方向可以看作是任意方向的. 模等于 1 的向量叫作单位向量.

在实际问题中,有些向量与其起点有关,有些向量与其起点无关.我们只研究与起点无关的向量. 即一个向量在保持其大小和方向不变的前提下可以自由平移,这种向量称为自由向量(简称向量).

如果向量 $\boldsymbol{a}$ 与 $\boldsymbol{b}$ 的模相等,方向相同,就称 $\boldsymbol{a}$ 与 $\boldsymbol{b}$ 相等,记作 $\boldsymbol{a}=\boldsymbol{b}$. 如果向量 $\boldsymbol{a},\boldsymbol{b}$ 的模相等,方向相反,就称向量 $\boldsymbol{a},\boldsymbol{b}$ 互为负向量,记作 $\boldsymbol{a}=-\boldsymbol{b}$ 或 $\boldsymbol{b}=-\boldsymbol{a}$.

二、向量的加、减法

设向量 $\boldsymbol{a}=\overrightarrow{OA}, \boldsymbol{b}=\overrightarrow{OB}$, 以 OA,OB 为邻边作平行四边形 $OACB$,对角线向量 $\overrightarrow{OC}$ 记作 $\boldsymbol{c}=\overrightarrow{OC}$, 叫作 $\boldsymbol{a}$ 与 $\boldsymbol{b}$ 的和向量(图 7-5),记作 $\boldsymbol{c}=\boldsymbol{a}+\boldsymbol{b}$, 这就是向量加法的平行四边形法则.

由图 7-5 可看出, $\overrightarrow{AC}=\overrightarrow{OB}$, 故
$$\overrightarrow{OA}+\overrightarrow{AC}=\overrightarrow{OA}+\overrightarrow{OB}=\overrightarrow{OC}.$$

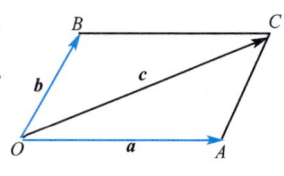

图 7-5

由此可得两向量之和的三角形法则:在求向量 a 与 b 的和时,可先作向量 a,然后以 a 的终点为起点作向量 b,于是以 a 的起点为起点、以 b 的终点为终点的向量 c 即为 a 与 b 的和向量(图 7-6).

向量加法的三角形法则可以推广到有限个向量相加上,例如,求 a,b,c 的和时,可将其依次首尾相接,由第一个向量的起点到最后一个向量的终点的向量即为这三个向量的和向量 d (图 7-7).这种法则称为多边形法则.

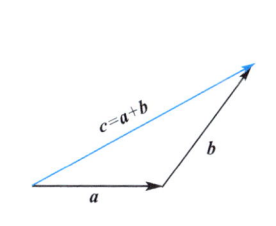

图 7-6

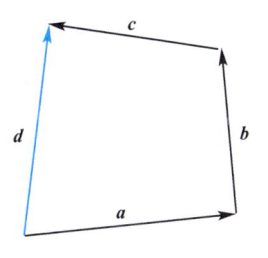

图 7-7

向量加法满足:

(1)交换律　$a+b=b+a$

(2)结合律　$(a+b)+c=a+(b+c)$ (图 7-8).

向量的减法 $a-b$ 可视为 $a+(-b)$,如图 7-9 所示.于是得向量的减法法则:从同一起点作 a,b 两向量,以 b 的终点为起点,以 a 的终点为终点的向量即为向量 $a-b$.

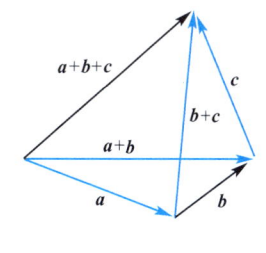

图 7-8

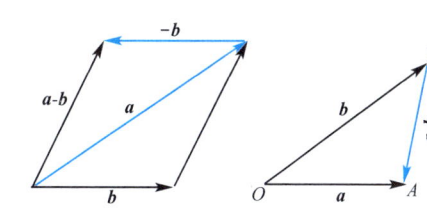

图 7-9

三、数与向量的乘法

向量 a 与数 λ 的乘积(记作 λa)仍是一个向量,其模等于 $|\lambda|$ 与 a 的模的乘积,即

$$|\lambda a|=|\lambda||a|$$

它平行于 a,即

$$\lambda a /\!/ a$$

当 $\lambda>0$ 时,λa 与 a 同向;当 $\lambda<0$ 时,λa 与 a 反向;当 $\lambda=0$ 或 $a=\mathbf{0}$ 时,规定 $\lambda a=\mathbf{0}$.

数与向量的乘法满足:

(1)结合律　$\lambda(\mu a)=(\lambda\mu)a=\mu(\lambda a)$ (λ,μ 为数);

(2)分配律　$(\lambda+\mu)a=\lambda a+\mu a$;　$\lambda(a+b)=\lambda a+\lambda b$.

设 a 是一个非零向量,与 a 同方向的单位向量记作 a^0,显然 $a=|a|a^0$,即任何非零向量都可表示为它的模与同向单位向量的乘积.同时,$a^0=\dfrac{a}{|a|}$,即向量的单位向量可由该向量除以它

的模得到.

【例 1】 证明三角形两边中点连线平行于第三边且等于第三边的一半.

证明 如图 7-10 所示,已知 D,E 分别是 $\triangle ABC$ 的边 AB 和 AC 的中点. 设 $\overrightarrow{AB}=\boldsymbol{a}$,$\overrightarrow{AC}=\boldsymbol{b}$,则 $\overrightarrow{BC}=\boldsymbol{b}-\boldsymbol{a}$. 又

$$\overrightarrow{AD}=\frac{1}{2}\overrightarrow{AB}=\frac{1}{2}\boldsymbol{a},\overrightarrow{AE}=\frac{1}{2}\overrightarrow{AC}=\frac{1}{2}\boldsymbol{b}$$

$$\overrightarrow{DE}=\overrightarrow{AE}-\overrightarrow{AD}=\frac{1}{2}\boldsymbol{b}-\frac{1}{2}\boldsymbol{a}=\frac{1}{2}(\boldsymbol{b}-\boldsymbol{a})$$

所以 $\overrightarrow{DE}=\frac{1}{2}\overrightarrow{BC}$,故 $\overrightarrow{DE}\mathbin{/\mkern-6mu/}\overrightarrow{BC}$,且 $|\overrightarrow{DE}|=\frac{1}{2}|\overrightarrow{BC}|$.

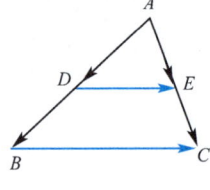

图 7-10

习题 7-2

▶ A 组

1. 若 $\boldsymbol{a},\boldsymbol{b}$ 均为非零向量,问它们分别具有什么特征时,下列各式成立?

(1) $|\boldsymbol{a}+\boldsymbol{b}|=|\boldsymbol{a}-\boldsymbol{b}|$

(2) $\dfrac{\boldsymbol{a}}{|\boldsymbol{a}|}=\dfrac{\boldsymbol{b}}{|\boldsymbol{b}|}$

(3) $|\boldsymbol{a}+\boldsymbol{b}|=|\boldsymbol{a}|+|\boldsymbol{b}|$

(4) $|\boldsymbol{a}+\boldsymbol{b}|=|\boldsymbol{a}|-|\boldsymbol{b}|$

(5) $|\boldsymbol{a}-\boldsymbol{b}|=|\boldsymbol{a}|+|\boldsymbol{b}|$

2. 设 $\boldsymbol{u}=\boldsymbol{a}-\boldsymbol{b}+2\boldsymbol{c},\boldsymbol{v}=-\boldsymbol{a}+3\boldsymbol{b}-\boldsymbol{c}$,试用 $\boldsymbol{a},\boldsymbol{b},\boldsymbol{c}$ 表示 $2\boldsymbol{u}-3\boldsymbol{v}$.

3. 设正六边形 $ABCDEF$,其中心为 O,则向量 $\overrightarrow{OA}$、$\overrightarrow{OB}$、$\overrightarrow{OC}$、$\overrightarrow{OD}$、$\overrightarrow{OE}$、$\overrightarrow{OF}$、$\overrightarrow{AB}$、$\overrightarrow{BC}$、$\overrightarrow{CD}$、$\overrightarrow{DE}$、$\overrightarrow{EF}$ 和 $\overrightarrow{FA}$ 中哪些向量相等,哪些向量互为负向量?

4. 在 $\triangle ABC$ 中,M 是 BC 的中点,N 是 CA 的中点,P 是 AB 的中点,试用 $\boldsymbol{a}=\overrightarrow{BC},\boldsymbol{b}=\overrightarrow{CA},\boldsymbol{c}=\overrightarrow{AB}$ 表示向量 $\overrightarrow{AM}$、$\overrightarrow{BN}$ 和 $\overrightarrow{CP}$.

▶ B 组

1. 设 $\boldsymbol{a}=2\boldsymbol{p}+3\boldsymbol{q}-\boldsymbol{r},\boldsymbol{b}=4\boldsymbol{p}-\boldsymbol{q}+3\boldsymbol{r},\boldsymbol{c}=3\boldsymbol{p}+\boldsymbol{q}+\boldsymbol{r}$,求 $\boldsymbol{a}+\boldsymbol{b}-2\boldsymbol{c}$.

2. 设 $\overrightarrow{AB}=\boldsymbol{p}+\boldsymbol{q},\overrightarrow{BC}=2\boldsymbol{p}+8\boldsymbol{q},\overrightarrow{CD}=3(\boldsymbol{p}-\boldsymbol{q})$,试证:$A,B,D$ 三点共线.

第三节 向量的坐标

一、向量的坐标

在给定的空间直角坐标系中,沿 x 轴、y 轴和 z 轴的正方向各取一单位向量,分别记为 $\boldsymbol{i}$,$\boldsymbol{j}$,$\boldsymbol{k}$,称它们为基本单位向量.

设点 $M(x,y,z)$,过点 M 分别作 x 轴、y 轴、z 轴的垂面,交 x 轴、y 轴、z 轴于 A,B 和 C,如图 7-11 所示. 显然,$\overrightarrow{OA}=x\boldsymbol{i}$,$\overrightarrow{OB}=y\boldsymbol{j}$,$\overrightarrow{OC}=z\boldsymbol{k}$. 于是

$$\overrightarrow{OM}=\overrightarrow{OP}+\overrightarrow{PM}=\overrightarrow{OA}+\overrightarrow{OB}+\overrightarrow{OC}$$
$$=x\boldsymbol{i}+y\boldsymbol{j}+z\boldsymbol{k} \tag{1}$$

上式表明,任一以原点为起点,$M(x,y,z)$ 为终点的向量 $\overrightarrow{OM}$ 都可表示为坐标与所对应的基本单位向量的乘积之和.这个表达式叫作向量 $\overrightarrow{OM}$ 的坐标表达式,简记为

$$\overrightarrow{OM} = \{x, y, z\} \qquad (2)$$

【例 1】 已知三点 $A(1,2,4),B(-2,3,1),C(2,5,0)$,分别写出 $\overrightarrow{OA}$、$\overrightarrow{OB}$、$\overrightarrow{OC}$ 的坐标表达式.

解 $\overrightarrow{OA} = \boldsymbol{i} + 2\boldsymbol{j} + 4\boldsymbol{k} = \{1, 2, 4\}$;
$\overrightarrow{OB} = -2\boldsymbol{i} + 3\boldsymbol{j} + \boldsymbol{k} = \{-2, 3, 1\}$;
$\overrightarrow{OC} = 2\boldsymbol{i} + 5\boldsymbol{j} = \{2, 5, 0\}$.

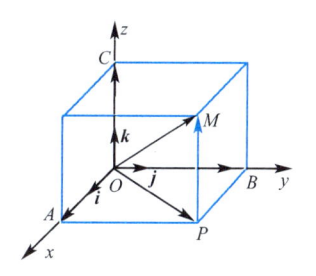

图 7-11

【例 2】 已知两点 $M_1(x_1, y_1, z_1), M_2(x_2, y_2, z_2)$,求向量 $\overrightarrow{M_1 M_2}$ 的坐标表达式.

解 如图 7-12 所示.

$$\begin{aligned}
\overrightarrow{M_1 M_2} &= \overrightarrow{OM_2} - \overrightarrow{OM_1} \\
&= \{x_2, y_2, z_2\} - \{x_1, y_1, z_1\} \\
&= \{x_2 - x_1, y_2 - y_1, z_2 - z_1\}
\end{aligned} \qquad (3)$$

由例 2 看出空间任意向量 $\overrightarrow{M_1 M_2}$ 也可以表示为如下形式:

$$\overrightarrow{M_1 M_2} = (x_2 - x_1)\boldsymbol{i} + (y_2 - y_1)\boldsymbol{j} + (z_2 - z_1)\boldsymbol{k}$$

若令 $\boldsymbol{a} = \overrightarrow{M_1 M_2}, a_x = x_2 - x_1, a_y = y_2 - y_1, a_z = z_2 - z_1$,则空间任意向量 $\boldsymbol{a}$ 可表示为

$$\boldsymbol{a} = a_x \boldsymbol{i} + a_y \boldsymbol{j} + a_z \boldsymbol{k}$$

其中 $\{a_x, a_y, a_z\}$ 称为向量 $\boldsymbol{a}$ 的坐标.

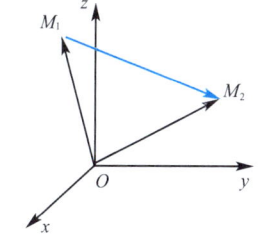

图 7-12

二、向量的线性运算的坐标表示

设 $\boldsymbol{a} = a_x \boldsymbol{i} + a_y \boldsymbol{j} + a_z \boldsymbol{k} = \{a_x, a_y, a_z\}, \boldsymbol{b} = b_x \boldsymbol{i} + b_y \boldsymbol{j} + b_z \boldsymbol{k} = \{b_x, b_y, b_z\}$,则

$$\begin{aligned}
\boldsymbol{a} + \boldsymbol{b} &= (a_x \boldsymbol{i} + a_y \boldsymbol{j} + a_z \boldsymbol{k}) + (b_x \boldsymbol{i} + b_y \boldsymbol{j} + b_z \boldsymbol{k}) \\
&= (a_x + b_x)\boldsymbol{i} + (a_y + b_y)\boldsymbol{j} + (a_z + b_z)\boldsymbol{k} \\
&= \{(a_x + b_x), (a_y + b_y), (a_z + b_z)\} \\
\boldsymbol{a} - \boldsymbol{b} &= (a_x \boldsymbol{i} + a_y \boldsymbol{j} + a_z \boldsymbol{k}) - (b_x \boldsymbol{i} + b_y \boldsymbol{j} + b_z \boldsymbol{k}) \\
&= (a_x - b_x)\boldsymbol{i} + (a_y - b_y)\boldsymbol{j} + (a_z - b_z)\boldsymbol{k} \\
&= \{(a_x - b_x), (a_y - b_y), (a_z - b_z)\} \\
\lambda \boldsymbol{a} &= \lambda a_x \boldsymbol{i} + \lambda a_y \boldsymbol{j} + \lambda a_z \boldsymbol{k} = \{\lambda a_x, \lambda a_y, \lambda a_z\} \quad (\lambda \text{ 是数})
\end{aligned}$$

【例 3】 设 $\boldsymbol{a} = 3\boldsymbol{i} + 4\boldsymbol{j} - \boldsymbol{k}, \boldsymbol{b} = \boldsymbol{i} - 2\boldsymbol{j} + 3\boldsymbol{k}$,求 $3\boldsymbol{a} - 2\boldsymbol{b}$.

解 $3\boldsymbol{a} - 2\boldsymbol{b} = 3(3\boldsymbol{i} + 4\boldsymbol{j} - \boldsymbol{k}) - 2(\boldsymbol{i} - 2\boldsymbol{j} + 3\boldsymbol{k}) = (9\boldsymbol{i} + 12\boldsymbol{j} - 3\boldsymbol{k}) - (2\boldsymbol{i} - 4\boldsymbol{j} + 6\boldsymbol{k})$
$= 7\boldsymbol{i} + 16\boldsymbol{j} - 9\boldsymbol{k}$

三、向量的模与方向余弦

向量的模可以用向量的坐标表示.设向量 $\boldsymbol{a} = \{a_x, a_y, a_z\}$,它是以原点为起点、$M(a_x, a_y, a_z)$ 为终点的向量(图 7-13),由两点间距离公式,得

$$|\boldsymbol{a}| = |\overrightarrow{OM}| = \sqrt{a_x^2 + a_y^2 + a_z^2} \qquad (4)$$

a^0 是与非零向量 a 同向的单位向量.

$$a^0 = \frac{a}{|a|} = \left\{ \frac{a_x}{\sqrt{a_x^2+a_y^2+a_z^2}}, \frac{a_y}{\sqrt{a_x^2+a_y^2+a_z^2}}, \frac{a_z}{\sqrt{a_x^2+a_y^2+a_z^2}} \right\}$$

注意 平行于非零向量 a 的单位向量有两个,即

$$\pm \left\{ \frac{a_x}{\sqrt{a_x^2+a_y^2+a_z^2}}, \frac{a_y}{\sqrt{a_x^2+a_y^2+a_z^2}}, \frac{a_z}{\sqrt{a_x^2+a_y^2+a_z^2}} \right\}$$

设非零向量 a 与 x 轴、y 轴、z 轴的正向间的夹角依次为 α, β, γ(规定 $0 \leq \alpha \leq \pi, 0 \leq \beta \leq \pi, 0 \leq \gamma \leq \pi$),称为向量 a 的方向角,它们的余弦 $\cos\alpha, \cos\beta, \cos\gamma$ 称为向量 a 的方向余弦.

一个非零向量当它的三个方向角确定时,则其方向也就确定了,当 $|a| \neq 0$ 时

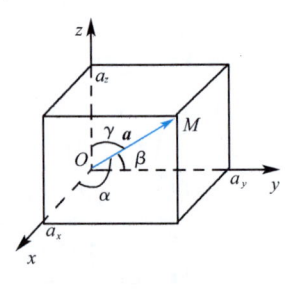

图 7-13

$$\cos\alpha = \frac{a_x}{|a|} = \frac{a_x}{\sqrt{a_x^2+a_y^2+a_z^2}}$$
$$\cos\beta = \frac{a_y}{|a|} = \frac{a_y}{\sqrt{a_x^2+a_y^2+a_z^2}} \tag{5}$$
$$\cos\gamma = \frac{a_z}{|a|} = \frac{a_z}{\sqrt{a_x^2+a_y^2+a_z^2}}$$

不难证明

$$\cos^2\alpha + \cos^2\beta + \cos^2\gamma = 1 \tag{6}$$

$$a^0 = \{\cos\alpha, \cos\beta, \cos\gamma\}$$

即方向余弦恰好构成了与向量同向的单位向量.

【**例 4**】 设 $a = \{2, -2\sqrt{2}, -2\}$,求 a 的模、方向余弦及方向角.

解 由公式(4)及(5)得

$$|a| = \sqrt{2^2 + (-2\sqrt{2})^2 + (-2)^2} = \sqrt{16} = 4$$

$$\cos\alpha = \frac{2}{4} = \frac{1}{2}, \cos\beta = \frac{-2\sqrt{2}}{4} = -\frac{\sqrt{2}}{2}, \cos\gamma = \frac{-2}{4} = -\frac{1}{2}$$

于是 $\alpha = 60°, \beta = 135°, \gamma = 120°$.

习题 7-3

▶ A 组

1. 已知点 $A(2,-1,3), B(0,1,-2), C(-3,-2,0)$.
   (1) 用坐标表示向量 $\overrightarrow{OA}, \overrightarrow{OB}, \overrightarrow{OC}, \overrightarrow{AB}, \overrightarrow{BC}, \overrightarrow{CA}$;
   (2) 计算 $2\overrightarrow{OA} - 3\overrightarrow{OB}$ 及 $\overrightarrow{AB} + \overrightarrow{BC} + \overrightarrow{CA}$.

2. 与坐标轴平行的向量,其坐标表达式有何特点?与坐标面平行的向量,其坐标表达式有何特点?

3. 已知 $\overrightarrow{AB} = \{4, -4, 7\}$ 且 B 点坐标为 $(2,1,7)$,求 A 点坐标.

4. 设向量 $a = \{3, 5, -1\}, b = \{2, 2, 3\}$,求:
   (1) $2a$　(2) $a - b$　(3) $2a + 3b$　(4) $|a|$　(5) $|a - b|$

▶ B 组

1. 已知 $A(2,1,3), B(4,2,0)$,求与 $\overrightarrow{AB}$ 同向的单位向量.
2. 求向量 $\boldsymbol{a}=\{1,\sqrt{2},-1\}$ 的方向余弦及方向角.
3. 小实验:以 $\boldsymbol{F}_1, \boldsymbol{F}_2$ 两个力拉动一物体(图 7-14),试画出合力 $\boldsymbol{F}$.

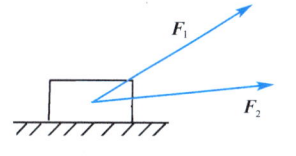

图 7-14

第四节　向量的数量积和向量积

一、向量的数量积

考虑恒力做功问题(图 7-15):设质点在恒力 $\boldsymbol{F}$ 的作用下,有位移 $\boldsymbol{s}=\overrightarrow{OA}$,力 $\boldsymbol{F}$ 所做的功为
$$W=|\boldsymbol{F}| \cdot |\overrightarrow{OA}|\cos\theta$$
其中,θ 是 $\boldsymbol{F}$ 与 $\boldsymbol{s}$ 的夹角.

两向量的这种运算结果是个数,在数学上称作数量积.

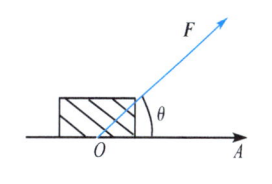

图 7-15

1. 数量积的定义

一般地,两向量 $\boldsymbol{a}, \boldsymbol{b}$ 的夹角是指它们的起点放在同一点时,两向量所夹的不大于 π 的角,通常记为 $(\widehat{\boldsymbol{a}, \boldsymbol{b}})$.

定义 1　设向量 $\boldsymbol{a}$ 和 $\boldsymbol{b}$ 的夹角为 θ,把 $|\boldsymbol{a}|, |\boldsymbol{b}|$ 与 $\cos\theta$ 的乘积叫作向量 $\boldsymbol{a}, \boldsymbol{b}$ 的数量积(或称点积),记作 $\boldsymbol{a} \cdot \boldsymbol{b}$,即

$$\boldsymbol{a} \cdot \boldsymbol{b} = |\boldsymbol{a}||\boldsymbol{b}|\cos\theta \tag{1}$$

特别地,当 $\boldsymbol{a}=\boldsymbol{b}$ 时,$\boldsymbol{a} \cdot \boldsymbol{a} = |\boldsymbol{a}||\boldsymbol{a}|\cos 0 = |\boldsymbol{a}|^2$.

根据数量积的定义,恒力 $\boldsymbol{F}$ 所做的功,是力 $\boldsymbol{F}$ 和位移 $\boldsymbol{s}$ 的数量积,即
$$W = \boldsymbol{F} \cdot \boldsymbol{s}$$

2. 数量积的运算规律

向量的数量积满足以下规律:

(1) 交换律　$\boldsymbol{a} \cdot \boldsymbol{b} = \boldsymbol{b} \cdot \boldsymbol{a}$;

(2) 分配律　$\boldsymbol{a} \cdot (\boldsymbol{b}+\boldsymbol{c}) = \boldsymbol{a} \cdot \boldsymbol{b} + \boldsymbol{a} \cdot \boldsymbol{c}$;

(3) 结合律　$\lambda(\boldsymbol{a} \cdot \boldsymbol{b}) = (\lambda \boldsymbol{a}) \cdot \boldsymbol{b} = \boldsymbol{a} \cdot (\lambda \boldsymbol{b})$ (λ 是数).

由数量积的定义,若两向量 $\boldsymbol{a}$ 与 $\boldsymbol{b}$ 互相垂直时,夹角 $\theta = \dfrac{\pi}{2}$,则
$$\boldsymbol{a} \cdot \boldsymbol{b} = |\boldsymbol{a}||\boldsymbol{b}|\cos\dfrac{\pi}{2} = 0$$

反之,若非零向量 $\boldsymbol{a}, \boldsymbol{b}$ 的数量积为零,即
$$\boldsymbol{a} \cdot \boldsymbol{b} = |\boldsymbol{a}||\boldsymbol{b}|\cos\theta = 0$$

由于 $|\boldsymbol{a}| \neq 0, |\boldsymbol{b}| \neq 0$,故 $\cos\theta = 0$,从而 $\theta = \dfrac{\pi}{2}$,即 $\boldsymbol{a} \perp \boldsymbol{b}$.因此有结论:

两非零向量 a 与 b 互相垂直的充要条件是：
$$a \cdot b = 0$$

【例1】 试证向量 $(b \cdot c)a - (a \cdot c)b$ 与 c 垂直.

证明 因为
$$c \cdot [(b \cdot c)a - (a \cdot c)b] = (b \cdot c)(c \cdot a) - (a \cdot c)(c \cdot b) = 0$$
所以向量 $(b \cdot c)a - (a \cdot c)b$ 与 c 垂直.

3. 数量积的坐标表达式

因为 i, j, k 三个基本单位向量互相垂直，所以
$$i \cdot j = j \cdot k = k \cdot i = 0, \ i \cdot i = j \cdot j = k \cdot k = 1$$
设 $a = a_x i + a_y j + a_z k, b = b_x i + b_y j + b_z k$，即
$$a = \{a_x, a_y, a_z\}, b = \{b_x, b_y, b_z\},$$
则 $a \cdot b = (a_x i + a_y j + a_z k) \cdot (b_x i + b_y j + b_z k)$
$$= a_x b_x i \cdot i + a_x b_y i \cdot j + a_x b_z i \cdot k + a_y b_x j \cdot i + a_y b_y j \cdot j + a_y b_z j \cdot k$$
$$\quad + a_z b_x k \cdot i + a_z b_y k \cdot j + a_z b_z k \cdot k$$
$$= a_x b_x + a_y b_y + a_z b_z \tag{2}$$

即两向量的数量积等于对应坐标乘积之和.

【例2】 设 $a = \{1, 0, -2\}, b = \{-3, 1, 1\}$，求 $a \cdot b$.

解 $a \cdot b = 1 \times (-3) + 0 \times 1 + (-2) \times 1 = -5$.

由数量积的定义可知，a, b 夹角的余弦为
$$\cos(\widehat{a, b}) = \frac{a \cdot b}{|a||b|} \quad (|a| \neq 0, |b| \neq 0) \tag{3}$$

再由向量的模的坐标表达式及式(2)，可得
$$\cos(\widehat{a, b}) = \frac{a_x b_x + a_y b_y + a_z b_z}{\sqrt{a_x^2 + a_y^2 + a_z^2} \cdot \sqrt{b_x^2 + b_y^2 + b_z^2}} \tag{4}$$

这就是两向量夹角余弦的坐标表示式，经常借助它来求两向量的夹角.

【例3】 已知三点 $A(1,1,1), B(2,2,1)$ 和 $C(2,1,2)$，求 $\overrightarrow{AB}$ 和 $\overrightarrow{AC}$ 的夹角.

解 $\overrightarrow{AB} = \{1, 1, 0\}, \overrightarrow{AC} = \{1, 0, 1\}, \overrightarrow{AB} \cdot \overrightarrow{AC} = 1$
$$|\overrightarrow{AB}| = \sqrt{1^2 + 1^2 + 0^2} = \sqrt{2}, |\overrightarrow{AC}| = \sqrt{1^2 + 0^2 + 1^2} = \sqrt{2}$$

由公式(4)，得
$$\cos(\widehat{\overrightarrow{AB}, \overrightarrow{AC}}) = \frac{1}{\sqrt{2} \times \sqrt{2}} = \frac{1}{2}$$

故 $(\widehat{\overrightarrow{AB}, \overrightarrow{AC}}) = \frac{\pi}{3}$.

二、向量的向量积

1. 向量积的定义

考虑力矩问题：设 O 为一定点，A 为力 F 的作用点，$\overrightarrow{OA} = r$，现求力 F 对于定点 O 的力矩(图7-16).

首先应明确,力矩是一个向量,其大小等于力乘以力臂(即点 O 到力 F 的作用线的距离 ρ),记力矩为 M,r 与 F 的夹角为 θ,则力臂
$$\rho=|r|\sin\theta$$
力矩的大小应为
$$|M|=|F|\rho=|F||r|\sin\theta$$
力矩 M 的方向垂直于 r 及 F,且 M 的指向遵循右手法则,即四指指向 r 弯向 F,这时拇指的指向即为 M 的指向.

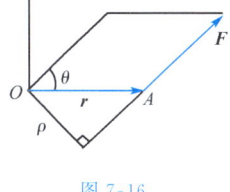

图 7-16

两向量的这种运算,就是向量的向量积运算.

定义 2 两向量 a 和 b 的向量积(或称叉积)是一个向量,记作
$$c=a\times b$$
它满足下列条件:

(1) $|c|=|a||b|\sin(\widehat{a,b})$ $(0\leqslant(\widehat{a,b})\leqslant\pi)$

即 $a\times b$ 的模等于以 a,b 为邻边的平行四边形的面积.

(2) $c\perp a, c\perp b$.

(3) a,b,c 成右手系.即如果 a,b,c 有共同的起点,四指指向 a 弯向 b,则拇指所指的方向即为 c 的方向(图 7-17).

根据向量积的定义,力 F 作用于点 A(图 7-16),对原点 O 的力矩为

图 7-17

$$M=r\times F$$

向量的向量积满足以下规律:

(1) 结合律 $(\lambda a)\times b=\lambda(a\times b)=a\times(\lambda b)$;

(2) 分配律 $a\times(b+c)=a\times b+a\times c, (b+c)\times a=b\times a+c\times a$.

注意 两向量的向量积一般不满足交换律,即
$$a\times b\neq b\times a(\text{除非 } a\times b=0)$$
一般地,有 $a\times b=-b\times a$.

由两向量的向量积定义可知,两非零向量 a 与 b 相互平行的充分必要条件是 $a\times b=0$.

特别地,$a\times a=0$.

2. 向量积的坐标表示式

设 $a=a_x i+a_y j+a_z k$,$b=b_x i+b_y j+b_z k$,则
$$\begin{aligned}a\times b &= (a_x i+a_y j+a_z k)\times(b_x i+b_y j+b_z k)\\ &= a_x b_x i\times i+a_x b_y i\times j+a_x b_z i\times k+a_y b_x j\times i+a_y b_y j\times j\\ &\quad +a_y b_z j\times k+a_z b_x k\times i+a_z b_y k\times j+a_z b_z k\times k\end{aligned}$$

由于
$$i\times i=j\times j=k\times k=0$$
$$i\times j=k, j\times i=-k, j\times k=i$$
$$k\times j=-i, i\times k=-j, k\times i=j$$

所以
$$a\times b=(a_y b_z-a_z b_y)i+(a_z b_x-a_x b_z)j+(a_x b_y-a_y b_x)k \tag{5}$$

由此可见,两向量平行的充要条件是
$$a_y b_z - a_z b_y = a_z b_x - a_x b_z = a_x b_y - a_y b_x = 0$$
即
$$\frac{a_x}{b_x} = \frac{a_y}{b_y} = \frac{a_z}{b_z} \tag{6}$$

向量 a 与 b 的向量积也可通过行列式求得,即

$$a \times b = \begin{vmatrix} i & j & k \\ a_x & a_y & a_z \\ b_x & b_y & b_z \end{vmatrix} = \begin{vmatrix} a_y & a_z \\ b_y & b_z \end{vmatrix} i - \begin{vmatrix} a_x & a_z \\ b_x & b_z \end{vmatrix} j + \begin{vmatrix} a_x & a_y \\ b_x & b_y \end{vmatrix} k \tag{7}$$

【例 4】 设 $a = \{2,5,7\}, b = \{1,2,4\}$,求 $a \times b$ 及 $|a \times b|$.

解 由式(5)得
$$a \times b = (5 \times 4 - 2 \times 7)i + (1 \times 7 - 2 \times 4)j + (2 \times 2 - 1 \times 5)k$$
$$= \{6, -1, -1\}$$
$$|a \times b| = \sqrt{6^2 + (-1)^2 + (-1)^2} = \sqrt{38}$$

【例 5】 已知三角形的顶点为 $A(1,2,3), B(3,4,5), C(2,4,7)$,求三角形的面积.

解 $\overrightarrow{AB} = \{2,2,2\}, \overrightarrow{AC} = \{1,2,4\}$,从而
$$\overrightarrow{AB} \times \overrightarrow{AC} = \{4, -6, 2\}, |\overrightarrow{AB} \times \overrightarrow{AC}| = \sqrt{56} = 2\sqrt{14}$$

因为 $|\overrightarrow{AB} \times \overrightarrow{AC}|$ 为以 $\overrightarrow{AB}, \overrightarrow{AC}$ 为邻边的平行四边形的面积,故 $\triangle ABC$ 的面积为
$$S = \frac{1}{2} |\overrightarrow{AB} \times \overrightarrow{AC}| = \sqrt{14}$$

【例 6】 求同时垂直于 $a = \{1, -1, 2\}$ 和 $b = \{2, -2, 2\}$ 的单位向量.

解 由向量积的定义知,向量 $c = a \times b$ 同时垂直于 a, b,故 $c^0 = \dfrac{c}{|c|} = \dfrac{a \times b}{|a \times b|}$ 是同时垂直于 a 和 b 的单位向量. 易求得

$$c = a \times b = \{2, 2, 0\}, |c| = |a \times b| = 2\sqrt{2}, c^0 = \left\{\frac{1}{\sqrt{2}}, \frac{1}{\sqrt{2}}, 0\right\}$$

显然,$-c^0 = \left\{-\dfrac{1}{\sqrt{2}}, -\dfrac{1}{\sqrt{2}}, 0\right\}$ 也是满足题意的向量,所以 $\pm\left\{\dfrac{1}{\sqrt{2}}, \dfrac{1}{\sqrt{2}}, 0\right\}$ 为所求.

习题 7-4

A 组

1. 从 $a \cdot b = c \cdot b, b \neq 0$ 能否推出 $a = c$?
2. 由 $a \cdot b = 0$ 能否得出 $a = 0$ 或 $b = 0$?
3. 由 $a \times b = 0$ 能否得出 $a = 0$ 或 $b = 0$?
4. 从 $a \times c = b \times c, c \neq 0$ 能否推出 $a = b$? 举例说明.
5. 一质点在力 F 的作用下,有位移 s,已知 $|F| = 3, |s| = 6, (\widehat{F, s}) = \dfrac{\pi}{3}$,求力 F 所做的功.
6. 已知 $a = \{1, 2, 3\}, b = \{2, 4, \lambda\}$,试求 λ 的值,使:
   (1) $a \perp b$ (2) $a // b$

7. 已知 $|a|=5$, $|b|=8$, a 与 b 的夹角为 $\frac{\pi}{3}$, 求 $|a+b|$ 和 $|a-b|$.

8. 试用向量证明:
(1) 三角形的余弦定理.
(2) 直径所对的圆周角是直角.

B 组

1. 设向量 $a=\{3,2,-1\}$, $b=\{1,-1,2\}$, 求:
(1) $a \cdot b$ (2) $5a \cdot 3b$ (3) $a \cdot i$; $a \cdot j$; $a \cdot k$ (4) $a \times b$
(5) $2a \times 7b$ (6) $7b \times 2a$ (7) $a \times (-b)$

2. 设点 $O(0,0,0)$, $A(10,5,10)$, $C(-2,1,3)$ 和 $D(0,-1,2)$, 求向量 $\overrightarrow{OA}$ 与 $\overrightarrow{CD}$ 的夹角 θ.

3. 求同时垂直于向量 $a=\{2,2,1\}$ 和向量 $b=\{4,5,3\}$ 的单位向量.

4. 设 $a=\{1,-3,1\}$, $b=\{2,-1,3\}$, 求以 a, b 为邻边的平行四边形的面积 A.

5. 设质量为 100 kg 的物体从点 $A(2,-1,1)$ 沿直线移动到点 $B(1,5,-4)$, 计算重力所做的功(长度单位为 m, 重力方向为 z 轴负方向).

6. 已知三角形的顶点是 $A(1,-1,2)$, $B(3,3,1)$ 和 $C(3,1,3)$, 求 △ABC 的面积.

7. 力 $F=\{3,1,2\}$ 作用于物体上的一点 $A(1,-1,2)$, 求力 F 对坐标原点 O 的力矩.

第五节 平面及其方程

在平面直角坐标系中,任何直线都对应着一个二元一次方程;反之,任何二元一次方程的图像都是直线.类似地,在空间解析几何中,任何一个平面都可以看作点的集合,而这些点的坐标都满足某个三元一次方程;反之,所有以某个三元一次方程的解为坐标的点都在同一个平面上.这时我们称方程是平面的方程,平面是方程的图形或轨迹.本节将讨论平面及其对应的方程.

一、平面的点法式方程

垂直于平面的任何非零向量称为该平面的法向量.容易知道,平面内任一向量都与其法向量垂直.

设在空间直角坐标系中,一平面 π 经过点 $M_0(x_0,y_0,z_0)$ 且有法向量 $n=\{A,B,C\}$,如图 7-18 所示.下面讨论平面 π 上的点的坐标所对应的方程,即求平面 π 的方程.

在平面 π 上任取一点 M,设其坐标为 $M(x,y,z)$,作向量 $\overrightarrow{M_0M}$,则向量 $\overrightarrow{M_0M}$ 在平面 π 内.因为向量 n 垂直于平面 π,因此
$$n \perp \overrightarrow{M_0M}$$
于是 $n \cdot \overrightarrow{M_0M}=0$.

又 $n=\{A,B,C\}$, $\overrightarrow{M_0M}=\{x-x_0,y-y_0,z-z_0\}$,故

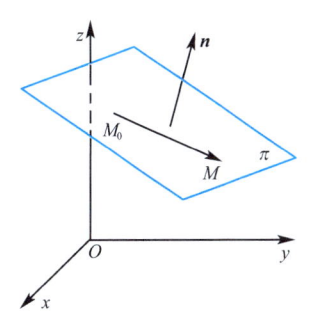

图 7-18

$$A(x-x_0)+B(y-y_0)+C(z-z_0)=0 \tag{1}$$

这就是平面 π 的方程. 这种形式的方程是由平面上一个点的坐标和平面的法向量确定的, 因此称之为平面的点法式方程.

注意 1 式(1)中的 A,B,C,x_0,y_0,z_0 均为已知数, 且 A,B,C 不全为零.

注意 2 平面的法向量不是唯一的, n 为平面的法向量, 则任一与 n 平行的非零向量 $\lambda n(\lambda \neq 0)$ 均为平面的法向量.

【**例 1**】 已知平面 π 过点 $M_0(2,-1,1)$, 法向量 $\mathbf{n}=\{3,2,-4\}$, 求平面 π 的方程.

解 根据平面的点法式方程(1), 所求平面方程为
$$3(x-2)+2(y+1)-4(z-1)=0$$
即
$$3x+2y-4z=0$$

【**例 2**】 已知一平面 π 过三点 $M_1(0,1,-1), M_2(1,1,3), M_3(-1,2,0)$, 求此平面的方程.

解 由于 M_1,M_2,M_3 都在平面 π 内, 因此 $\overrightarrow{M_1M_2}, \overrightarrow{M_1M_3}$ 也在平面 π 内, 设 n 为平面 π 的法向量, 则 $\mathbf{n} \perp \overrightarrow{M_1M_2}, \mathbf{n} \perp \overrightarrow{M_1M_3}$, 故可取
$$\mathbf{n}=\overrightarrow{M_1M_2}\times\overrightarrow{M_1M_3}$$
而
$$\overrightarrow{M_1M_2}=\{1,0,4\}, \overrightarrow{M_1M_3}=\{-1,1,1\}$$
所以
$$\overrightarrow{M_1M_2}\times\overrightarrow{M_1M_3}=\{-4,-5,1\}$$
即
$$\mathbf{n}=\{-4,-5,1\}$$
于是所求的平面方程为
$$-4(x-0)-5(y-1)+(z+1)=0$$
即
$$4x+5y-z-6=0$$

【**例 3**】 求过点 $P_0(3,0,5)$ 且平行于已知平面 $2x-8y+z-2=0$ 的平面方程.

解 由已知平面方程可知其法向量为
$$\mathbf{n}=\{2,-8,1\}$$
由于所求平面与已知平面平行, 故 n 也可作为所求平面的法向量, 代入点法式方程(1)得所求平面方程为
$$2(x-3)-8(y-0)+(z-5)=0$$
即
$$2x-8y+z-11=0$$

二、平面的一般方程

将式(1)展开得
$$Ax+By+Cz+(-Ax_0-By_0-Cz_0)=0$$

令 $D=-Ax_0-By_0-Cz_0$，则方程(1)可以化为
$$Ax+By+Cz+D=0 \qquad (2)$$
其中，A,B,C 不全为零且是常数。方程(2)称为平面的一般方程，向量 $\{A,B,C\}$ 为平面的法向量。

【例 4】 求过点 $M_1(a,0,0)$，$M_2(0,b,0)$，$M_3(0,0,c)$ 的平面方程，其中 a,b,c 不全为零。

解 设所求平面方程为
$$Ax+By+Cz+D=0 \qquad (3)$$
由于点 M_1,M_2,M_3 在平面上，故它们的坐标必满足方程(3)，即
$$\begin{cases} A\cdot a+D=0 \\ B\cdot b+D=0 \\ C\cdot c+D=0 \end{cases}$$
解之得
$$A=-\frac{D}{a},B=-\frac{D}{b},C=-\frac{D}{c}$$
将其代入式(3)，得所求方程为
$$-\frac{D}{a}x-\frac{D}{b}y-\frac{D}{c}z+D=0 \quad (D\neq 0)$$
即
$$\frac{x}{a}+\frac{y}{b}+\frac{z}{c}=1 \qquad (4)$$

其中，a,b,c 依次称为该平面在 x,y,z 轴上的截距，如图 7-19 所示，方程(4)称为平面的截距式方程。

下面讨论一般方程(2)中的 A,B,C,D 有某些为零时，平面位置的特殊性。

(1) 若 $D=0$，则方程(2)为 $Ax+By+Cz=0$。

显然 $x=0,y=0,z=0$ 满足方程，故此方程表示一个通过原点的平面，如图 7-20 所示。

(2) 若 $C=0$，则方程(2)为 $Ax+By+D=0$。

这个方程的法向量 $\boldsymbol{n}=\{A,B,0\}$，显然
$$\boldsymbol{n}\cdot\boldsymbol{k}=\{A,B,0\}\cdot\{0,0,1\}=0$$
即 $\boldsymbol{n}$ 与 z 轴垂直，故平面平行于 z 轴。如图 7-21 所示。

同理，若 $B=0$，方程 $Ax+Cz+D=0$ 表示平行于 y 轴的平面。

若 $A=0$，方程 $By+Cz+D=0$ 表示平行于 x 轴的平面。

(3) 若 $C=D=0$，方程 $Ax+By=0$ 表示过 z 轴的平面，如图 7-22 所示。

若 $B=D=0$，方程 $Ax+Cz=0$ 表示过 y 轴的平面；

若 $A=D=0$，方程 $By+Cz=0$ 表示过 x 轴的平面。

(4) 若 $A=B=0$，方程 $Cz+D=0$ 或 $z=-\frac{D}{C}(C\neq 0)$ 表示平行于 xOy 的平面，如图 7-23 所示；

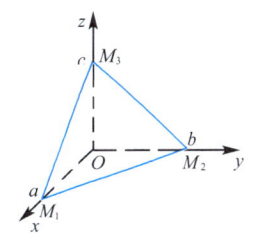

图 7-19

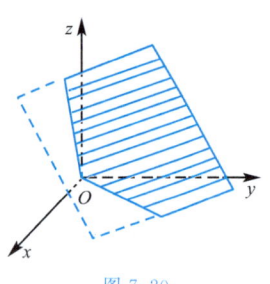

图 7-20 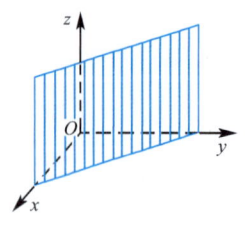　　　　图 7-21 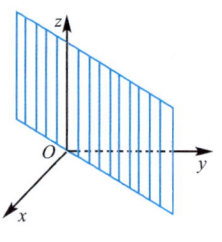　　　　图 7-22 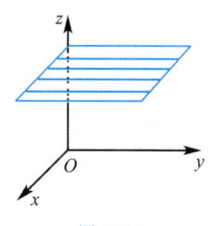　　　　图 7-23

若 $A=C=0$，方程 $By+D=0$ 或 $y=-\dfrac{D}{B}(B\neq 0)$ 表示平行于 xOz 的平面；

若 $B=C=0$，方程 $Ax+D=0$ 或 $x=-\dfrac{D}{A}(A\neq 0)$ 表示平行于 yOz 的平面.

特别地，$z=0$ 表示 xOy 平面，$y=0$ 表示 xOz 平面，$x=0$ 表示 yOz 平面.

【例 5】 求通过 z 轴和点 $M(2,-1,2)$ 的平面方程.

解 由于平面通过 z 轴，设其方程为
$$Ax+By=0$$
又平面过点 $M(2,-1,2)$，则
$$A\cdot 2+B\cdot(-1)=0$$
即 $2A=B$，取 $A=1,B=2$，于是所求平面方程为：$x+2y=0$.

三、两平面的夹角、平行与垂直的条件

两相交平面的夹角 θ 就是它们的法向量的夹角. 一般说来，两个平面的夹角有两个，它们互补，我们规定两平面的夹角是其中较小者.

设平面 $\pi_1:A_1x+B_1y+C_1z+D_1=0$，其法向量 $\boldsymbol{n}_1=\{A_1,B_1,C_1\}$；

$\pi_2:A_2x+B_2y+C_2z+D_2=0$，其法向量 $\boldsymbol{n}_2=\{A_2,B_2,C_2\}$；

那么平面 π_1 和 π_2 的夹角 θ（图 7-24）应是 $(\widehat{\boldsymbol{n}_1,\boldsymbol{n}_2})$ 或 $\pi-(\widehat{\boldsymbol{n}_1,\boldsymbol{n}_2})$ 两者中的较小者，因此 $\cos\theta=|\cos(\widehat{\boldsymbol{n}_1,\boldsymbol{n}_2})|$，即

$$\cos\theta=\dfrac{|A_1A_2+B_1B_2+C_1C_2|}{\sqrt{A_1^2+B_1^2+C_1^2}\sqrt{A_2^2+B_2^2+C_2^2}} \tag{5}$$

如果两平面平行，则它们的法向量平行，反之亦然. 由此可得两平面 π_1 和 π_2 平行的充要条件

$$\dfrac{A_1}{A_2}=\dfrac{B_1}{B_2}=\dfrac{C_1}{C_2} \tag{6}$$

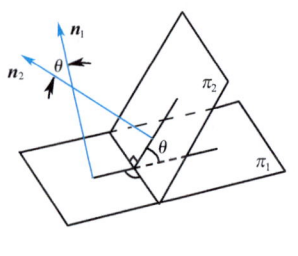

同理，如果两平面垂直，则其法向量互相垂直，反之亦然. 由此可得两平面 π_1 和 π_2 垂直的充要条件

$$A_1A_2+B_1B_2+C_1C_2=0 \tag{7}$$

图 7-24

设平面 $\pi:Ax+By+Cz+D=0$，点 $M(x_0,y_0,z_0)$，点 M 到平面 π 的距离为

$$d=\dfrac{|Ax_0+By_0+Cz_0+D|}{\sqrt{A^2+B^2+C^2}} \tag{8}$$

【例6】 求两平面 $x-y-11=0$ 和 $3x+8=0$ 的夹角.

解 设两平面的夹角为 θ,由式(5)得
$$\cos\theta=\frac{|1\times3+(-1)\times0+0\times0|}{\sqrt{1^2+(-1)^2+0^2}\times\sqrt{3^2+0^2+0^2}}=\frac{1}{\sqrt{2}}$$

故 $\theta=\frac{\pi}{4}$.

【例7】 一平面通过点 $M_1(1,1,1)$ 和点 $M_2(0,1,-1)$ 且垂直于平面 $x+y+z=0$,求其方程.

解 设所求平面的法向量为
$$\boldsymbol{n}=\{A,B,C\}$$

因为 M_1,M_2 在平面内,所以 $\overrightarrow{M_1M_2}=\{-1,0,-2\}$ 在平面上,因此 $\boldsymbol{n}\perp\overrightarrow{M_1M_2}$,故有
$$-A-2C=0 \tag{a}$$

又因为所求平面与已知平面垂直,因此其法向量互相垂直,故有
$$A+B+C=0 \tag{b}$$

由式(a)得 $A=-2C$,代入式(b)得 $B=C$,取 $C=-1$,得所求平面方程为
$$2(x-1)-(y-1)-(z-1)=0$$

即
$$2x-y-z=0$$

习题 7-5

▶ A 组

1. 分别检验下列各点是否在平面 $3x-5y+2z-17=0$ 上.
   $A(4,1,2)$ $B(2,-1,3)$ $C(7,1,2)$ $D(3,0,4)$

2. 求下列平面在各坐标轴上的截距,并写出它们的法向量.
   (1) $2x-3y-z+12=0$ (2) $5x+y-3z-15=0$
   (3) $x-y+z-1=0$ (4) $x+y+z-3=0$

3. 求满足下列条件的平面方程.
   (1) 过原点且法向量 $\boldsymbol{n}=\{1,2,3\}$
   (2) 过 $A(1,1,1)$ 与 z 轴垂直
   (3) 在 x,y,z 轴上的截距分别为 $a=2,b=-3,c=4$

4. 指出下列各平面位置的特殊性.
   (1) $2x-3y+20=0$ (2) $3x-2=0$ (3) $4y-7z=0$ (4) $x+2y-z=0$

5. 以下平面哪两个垂直,哪两个平行?
   (1) $2x+3y+4z+7=0$ (2) $4x+6y+8z+11=0$
   (3) $x+2y-2z=0$ (4) $3x+6y-6z+1=0$

6. 求过点 $(3,0,-5)$ 且平行于平面 $2x-8y+z-2=0$ 的平面方程.

7. 试求经过下列各组三点的平面方程.
   (1) $A(2,3,0)$ $B(-2,-3,4)$ $C(0,6,0)$
   (2) $A(4,2,1)$ $B(-1,-2,2)$ $C(0,4,-5)$

(3) $A(1,1,-1)$ $B(-2,-2,2)$ $C(1,-1,2)$

8. 已知平面过两点 $A(1,2,-1)$ 和 $B(-5,2,7)$ 且平行于 x 轴,求其方程.

9. 求点 $M(1,0,-3)$ 到平面 $x-2\sqrt{2}y+4z+1=0$ 的距离.

▶ B 组

1. 已知平面过点 $A(1,-1,1)$ 且垂直于两平面 $x-y+z=0$ 和 $2x+y+z+1=0$,求其方程.

2. 已知平面过两点 $A(1,1,1)$ 和 $B(2,2,2)$ 且与平面 $x+y-z=0$ 垂直,求其方程.

3. 已知平面过点 $A(5,-7,4)$ 且在各坐标轴上的截距相等,求其方程.

4. 一平面过点 $A(1,0,-1)$ 且平行于向量 $\boldsymbol{a}=\{2,1,1\}$ 和 $\boldsymbol{b}=\{1,-1,0\}$,求其方程.

5. 求三平面 $x+3y+z-1=0$, $2x-y-z=0$, $x-2y-2z+3=0$ 的交点.

6. 试求下列各平面的方程.

(1) 平行于 y 轴且过点 $A(1,-5,1)$ 和 $B(3,2,-2)$;

(2) 通过 x 轴和点 $A(4,-3,1)$;

(3) 平行于 xOz 面且过点 $A(3,2,-7)$.

7. 求两平面 $2x-3y+6z-12=0$ 和 $x+2y+2z-7=0$ 的夹角.

第六节 空间直线及其方程

一、空间直线的标准式方程

如果一个非零向量与已知直线平行,这个向量就叫作已知直线的方向向量. 显然一条直线的方向向量不是唯一的. 直线上任一非零向量都是该直线的方向向量.

设直线 L 过空间一点 $M_0(x_0,y_0,z_0)$,且有方向向量 $\boldsymbol{s}=\{m,n,p\}$,求此直线方程.

在直线 L 上任取一点 $M(x,y,z)$,则向量

$$\overrightarrow{M_0M}=\{x-x_0,y-y_0,z-z_0\}$$

且 $\overrightarrow{M_0M} /\!/ \boldsymbol{s}$,如图 7-25 所示,则有

$$\frac{x-x_0}{m}=\frac{y-y_0}{n}=\frac{z-z_0}{p} \qquad (1)$$

显然,直线 L 上任一点的坐标(包括 M_0)都满足方程(1),直线 L 外的点的坐标都不满足方程(1),故(1)为直线 L 的方程,称它为直线 L 的标准式方程或对称式方程,m,n,p 叫作直线的方向数.

【例 1】 求过点 $M_0(1,2,-3)$,且垂直于平面 $2x+3y-5z+8=0$ 的直线方程.

解 已知平面的法向量,可作为所求直线的方向向量,即

$$\boldsymbol{s}=\{2,3,-5\}$$

由式(1)可得直线方程为

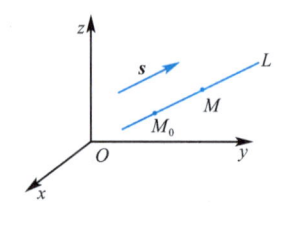

图 7-25

$$\frac{x-1}{2}=\frac{y-2}{3}=\frac{z+3}{-5}$$

【例2】 设直线经过两点 $M_1(1,-2,-3)$，$M_2(4,4,6)$，求其方程.

解 取 $\overrightarrow{M_1M_2}=\{3,6,9\}$ 为直线的方向向量，并选直线上一点 M_1，由式(1)得直线方程为

$$\frac{x-1}{3}=\frac{y+2}{6}=\frac{z+3}{9}$$

即

$$\frac{x-1}{1}=\frac{y+2}{2}=\frac{z+3}{3}$$

注意 (1)直线的方向向量不是唯一的，但同一条直线的所有方向向量互相平行；

(2)直线上点的坐标选取不是唯一的，因此直线方程也不是唯一的；

(3)直线的标准式方程中，方向数 m,n,p 可以有一个或两个为零，这时方程(1)应理解为当分母为零时，分子必为零.

例如，一直线过点 $M_1(0,1,-1)$，方向向量为 $s=\{-1,0,2\}$，则此直线的标准方程为

$$\frac{x}{-1}=\frac{y-1}{0}=\frac{z+1}{2}$$

即

$$\begin{cases} y-1=0 \\ \dfrac{x}{-1}=\dfrac{z+1}{2} \end{cases}$$

由例2知，过点 $M_1(x_1,y_1,z_1)$ 和 $M_2(x_2,y_2,z_2)$ 的直线方程为

$$\frac{x-x_1}{x_2-x_1}=\frac{y-y_1}{y_2-y_1}=\frac{z-z_1}{z_2-z_1} \tag{2}$$

称此方程为直线的两点式方程.

二、空间直线的参数方程

直线的标准方程 $\dfrac{x-x_0}{m}=\dfrac{y-y_0}{n}=\dfrac{z-z_0}{p}$ 中，当取直线上不同点时，代入上式比例相等，但比值不同. 若令

$$\frac{x-x_0}{m}=\frac{y-y_0}{n}=\frac{z-z_0}{p}=t$$

则有

$$\begin{cases} x=x_0+mt \\ y=y_0+nt \quad (t\text{ 为参数}) \\ z=z_0+pt \end{cases} \tag{3}$$

方程(3)称为直线的参数方程.

显然直线上任一点都对应唯一确定的 t 值. 反之，每取定一个 t 值，都得到一个确定的点. 在物理学中，用 t 表示时间，用 (x,y,z) 表示质点在时刻 t 的位置，则参数方程(3)就是质点(做匀速直线运动)的运动方程.

直线的标准式方程可化为参数方程. 反之，由直线的参数方程消去参数 t，即得标准式方程.

三、空间直线的一般式方程

空间直线 L 可以看作是过该直线的两个不重合的平面 π_1 和 π_2 的交线，如图 7-26 所示．

如果平面 π_1 的方程为 $A_1x+B_1y+C_1z+D_1=0$，π_2 的方程为 $A_2x+B_2y+C_2z+D_2=0$，那么空间直线 L 上的任一点，既在平面 π_1 上，又在平面 π_2 上，因此，直线 L 上的任一点的坐标都满足方程组

$$\begin{cases} A_1x+B_1y+C_1z+D_1=0 \\ A_2x+B_2y+C_2z+D_2=0 \end{cases} \quad (4)$$

反之，不在直线 L 上的点，不能同时在平面 π_1 和 π_2 上，即不在直线 L 上的点，不满足方程组(4)．方程组(4)是直线 L 的方程，称方程组(4)为直线 L 的一般式方程，其中，A_1,B_1,C_1 与 A_2,B_2,C_2 不成比例．

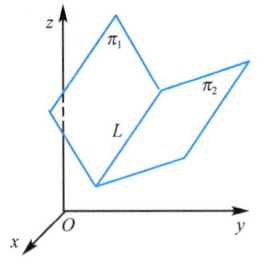

图 7-26

由于过直线 L 的平面有无穷多个，可以任取两个，将其联立，便得直线 L 的一般方程．因此，直线 L 的一般方程不是唯一的．

【例 3】 将直线的一般方程

$$\begin{cases} 2x-3y+z-5=0 \\ 3x+y-2z-4=0 \end{cases}$$

化为标准方程．

解 首先，求此直线上一个点的坐标，为此先选定该点的一个坐标值，例如，设 $z=1$，代入原方程组，得

$$\begin{cases} 2x-3y-4=0 \\ 3x+y-6=0 \end{cases}$$

解之，得 $x=2, y=0$．于是得该直线上一定点 $(2,0,1)$．

其次，确定直线的一个方向向量．由于直线 L 在两个平面上，所以 L 与两个平面的法向量 $\boldsymbol{n}_1, \boldsymbol{n}_2$ 都垂直．因此可以取 $\boldsymbol{n}_1 \times \boldsymbol{n}_2$ 为直线 L 的方向向量 $\boldsymbol{s}$：

$$\boldsymbol{s}=\{2,-3,1\}\times\{3,1,-2\}=\{5,7,11\}$$

于是得直线的标准方程为

$$\frac{x-2}{5}=\frac{y-0}{7}=\frac{z-1}{11}$$

四、两直线的夹角，平行与垂直的条件

两直线 L_1 和 L_2 的方向向量的夹角（通常指锐角）叫作两条直线的夹角，通常记为 φ．设 L_1 和 L_2 的方程分别为

$$L_1: \frac{x-x_1}{m_1}=\frac{y-y_1}{n_1}=\frac{z-z_1}{p_1}$$

$$L_2: \frac{x-x_2}{m_2}=\frac{y-y_2}{n_2}=\frac{z-z_2}{p_2}$$

它们的方向向量分别为

$$\boldsymbol{s}_1=\{m_1,n_1,p_1\}, \boldsymbol{s}_2=\{m_2,n_2,p_2\}$$

故它们的夹角 θ 若不大于 90°，则 $\varphi=\theta$；若 θ 大于 90°，则 $\varphi=\pi-\theta$，故 L_1 与 L_2 的夹角 φ 的余弦为

$$\cos\varphi=\frac{|m_1m_2+n_1n_2+p_1p_2|}{\sqrt{m_1^2+n_1^2+p_1^2}\cdot\sqrt{m_2^2+n_2^2+p_2^2}} \tag{5}$$

由此得两直线 L_1 与 L_2 平行的充要条件是

$$\frac{m_1}{m_2}=\frac{n_1}{n_2}=\frac{p_1}{p_2}$$

两直线 L_1 与 L_2 垂直的充要条件是

$$m_1m_2+n_1n_2+p_1p_2=0$$

【例4】 一直线通过点 $M_0(-3,2,5)$，且与平面 $x-4z-3=0$，$2x-y-5z-1=0$ 的交线平行，求该直线的方程．

解 由于所求直线与两平面的交线平行，故可取两平面交线的方向向量为所求直线的方向向量．即

$$\boldsymbol{s}=\{1,0,-4\}\times\{2,-1,-5\}=\{-4,-3,-1\}$$

故所求直线方程为

$$\frac{x+3}{-4}=\frac{y-2}{-3}=\frac{z-5}{-1}$$

即

$$\frac{x+3}{4}=\frac{y-2}{3}=\frac{z-5}{1}$$

五、直线与平面的夹角，平行与垂直的条件

直线 L 的方向向量与平面 π 的法向量所成锐角的余角叫作直线 L 与平面 π 所成的角，即若直线 L 的方向向量与平面 π 的法向量所成锐角为 θ，则直线 L 与平面 π 所成的角 $\varphi=\frac{\pi}{2}-\theta$，设直线方程 $\frac{x-x_1}{m}=\frac{y-y_1}{n}=\frac{z-z_1}{p}$，平面方程为 $A(x-x_2)+B(y-y_2)+C(z-z_2)=0$，直线的方向向量为 $\boldsymbol{s}=\{m,n,p\}$，平面的法向量为 $\boldsymbol{n}=\{A,B,C\}$，则

$$\sin\varphi=\cos\theta=\frac{|Am+Bn+Cp|}{\sqrt{A^2+B^2+C^2}\cdot\sqrt{m^2+n^2+p^2}}$$

直线 L 与平面 π 平行的充要条件是 $Am+Bn+Cp=0$，直线 L 与平面 π 垂直的充要条件是 $\frac{A}{m}=\frac{B}{n}=\frac{C}{p}$．

【例5】 试判定下列直线和平面的位置关系．

(1) $x=2y=4z$ 和 $4x+2y+z-1=0$；

(2) $\frac{x-1}{3}=\frac{y-2}{0}=\frac{z-3}{2}$ 和 $y-8=0$．

解 (1) 直线的方向向量 $\boldsymbol{s}=\left\{1,\frac{1}{2},\frac{1}{4}\right\}$，平面的法向量 $\boldsymbol{n}=\{4,2,1\}$，显然

$$1:4=\frac{1}{2}:2=\frac{1}{4}:1$$

故 $s \parallel n$, 所以, 直线与平面垂直.

(2) 直线的方向向量 $s = \{3, 0, 2\}$, 平面的法向量 $n = \{0, 1, 0\}$, 显然, $s \cdot n = 0$, 故 $s \perp n$, 所以, 直线与平面平行.

习题 7-6

▶ A 组

1. 分别检验点 $A(5, -2, -3)$、点 $B(8, 3, 1)$ 是否在直线 $\begin{cases} 5x - 3y - 31 = 0 \\ 3x + 4y + 7z + 14 = 0 \end{cases}$ 上.

2. 试写出各坐标轴的一般方程.

3. 试判别下列直线与平面的位置关系.

(1) $\dfrac{x+3}{-2} = \dfrac{y+4}{-7} = \dfrac{z}{2}$ 和 $4x - 2y - 3z + 2 = 0$

(2) $\dfrac{x}{3} = \dfrac{y}{-2} = \dfrac{z}{7}$ 和 $6x - 4y + 14z - 1 = 0$

(3) $\dfrac{x-2}{3} = \dfrac{y+2}{1} = \dfrac{z-3}{-4}$ 和 $x + y + z - 3 = 0$

4. 将直线方程 $\dfrac{x-1}{-5} = \dfrac{y-2}{1} = \dfrac{z-1}{3}$ 化为参数方程.

5. 求直线 $\begin{cases} x - y + z = 1 \\ 2x + y + z = 3 \end{cases}$ 的方向向量.

▶ B 组

1. 分别按下列条件求直线方程.

(1) 过点 $(4, 1, -3)$ 且平行于直线 $\dfrac{x+2}{2} = \dfrac{y}{3} = \dfrac{z-1}{-5}$;

(2) 经过两点 $A(3, -2, -1)$ 和 $B(5, 4, 5)$;

(3) 经过点 $A(2, -3, 4)$ 且与平面 $3x - y + 2z - 4 = 0$ 垂直;

(4) 过点 $(-1, 2, 1)$ 且平行于直线 $\begin{cases} x + y - 2z - 1 = 0 \\ x + 2y - z + 1 = 0 \end{cases}$.

2. 试求下列直线的标准方程和参数方程.

(1) $\begin{cases} x - y + z + 5 = 0 \\ 5x - 8y + 4z + 36 = 0 \end{cases}$
(2) $\begin{cases} x - 5y + 2z - 1 = 0 \\ z = 5y + 2 \end{cases}$

3. 下列各组直线哪些是相互平行的? 哪些是相互垂直的?

(1) $\begin{cases} x + 2y - z - 7 = 0 \\ -2x + y + z - 7 = 0 \end{cases}$ 与 $\begin{cases} 3x + 6y - 3z - 8 = 0 \\ 2x - y - z = 0 \end{cases}$

(2) $\begin{cases} x + 2y - 1 = 0 \\ 2y - z - 1 = 0 \end{cases}$ 与 $\begin{cases} x - y - 1 = 0 \\ x - 2z - 3 = 0 \end{cases}$

(3) $\begin{cases} 2x - y + 2z - 4 = 0 \\ x - y + 2z - 3 = 0 \end{cases}$ 与 $\begin{cases} 3x + y - z + 1 = 0 \\ x + 3y + z + 3 = 0 \end{cases}$

4. 分别求出满足下列条件的平面方程.

(1) 通过点 $(2,1,1)$ 且与直线 $\begin{cases} x+2y-z+1=0 \\ 2x+y-z=0 \end{cases}$ 垂直;

(2) 通过点 $(3,1,-2)$ 及直线 $\dfrac{x-4}{5}=\dfrac{y+3}{2}=\dfrac{z}{1}$;

(3) 通过直线 $\dfrac{x-2}{5}=\dfrac{y+1}{2}=\dfrac{z-2}{4}$ 且垂直于平面 $x+4y-3z+7=0$.

第七节　常见曲面的方程及图形

在实际问题中,常常会遇到各种曲面.如各种照明用具的反光镜、建筑物的棚顶曲面等.要想设计这些曲面,首先要了解这些曲面的性质和方程,根据实际问题的用途和需要来确定用哪种曲面.

一、曲面及其方程

与平面直角坐标系类似,空间任一曲面都可以看作点的集合.在空间直角坐标系中,如果曲面 S 上的任一点 $M(x,y,z)$ 的坐标满足三元方程 $F(x,y,z)=0$,而不在曲面 S 上的点的坐标都不满足该方程,那么就称该方程是曲面 S 的方程,而曲面 S 是该方程的图形或轨迹(图 7-27).

【例 1】　一平面垂直平分两点 $A(1,2,3)$ 和 $B(2,-1,4)$ 间的线段,求该平面的方程.

解　如图 7-28 所示,显然所求平面是与 A 及 B 等距离的点的轨迹.

在平面上任取一点 $M(x,y,z)$,则有
$$|MA|=|MB|$$
而
$$|MA|=\sqrt{(x-1)^2+(y-2)^2+(z-3)^2}$$
$$|MB|=\sqrt{(x-2)^2+(y+1)^2+(z-4)^2}$$
两边平方,化简得
$$2x-6y+2z-7=0$$
即为所求平面的方程.

此题也可视 $\overrightarrow{AB}$ 为所求平面的法向量,A,B 中点为平面上一点,根据点法式写出平面的点法式方程,请读者完成.

二、常见的曲面方程及其图形

1. 球面方程

空间一动点到一定点的距离等于常数,此动点的轨迹即为球面.定点叫作球心,常数叫作

球的半径.

设球心在点 $C(a,b,c)$,半径为 r,在球面上任取一点 $M(x,y,z)$,有 $|MC|=r$,即
$$\sqrt{(x-a)^2+(y-b)^2+(z-c)^2}=r$$
两边平方,得
$$(x-a)^2+(y-b)^2+(z-c)^2=r^2 \tag{1}$$
此方程即为所求的球面方程.

当 $a=b=c=0$,即球心在原点,半径仍为 r 时,式(1)可化为
$$x^2+y^2+z^2=r^2$$

将式(1)展开,整理得
$$x^2+y^2+z^2-2ax-2by-2cz+(a^2+b^2+c^2-r^2)=0$$
将 $D=-2a, E=-2b, F=-2c, G=a^2+b^2+c^2-r^2$,代入上式,得
$$x^2+y^2+z^2+Dx+Ey+Fz+G=0 \tag{2}$$
此方程为球面的一般方程.它具有以下性质:

(1) x^2, y^2, z^2 各项系数相等;

(2) x, y, z 交叉各项乘积系数为零.

(3) $D^2+E^2+F^2>4G$ 时表示球面.

【例 2】 下列方程表示什么曲面?

(1) $x^2+y^2+z^2-2x-4y-4=0$ (2) $x^2+y^2+z^2-2x-4y+5=0$

(3) $x^2+y^2+z^2-2x-4y+6=0$

解 将方程左端配方,整理得:

(1) $(x-1)^2+(y-2)^2+z^2=9$,表示以点 $C(1,2,0)$ 为球心,半径 $r=3$ 的球面;

(2) $(x-1)^2+(y-2)^2+z^2=0$,由于此方程只有唯一一组解:$x=1, y=2, z=0$,即它表示一点 $(1,2,0)$.

(3) $(x-1)^2+(y-2)^2+z^2=-1$,这时,空间任一点坐标都不满足方程,即没有几何图像,称之为虚球面.

2. 母线平行于坐标轴的柱面方程

设方程中不含某一坐标,如不含竖坐标 z,即
$$F(x,y)=0 \tag{3}$$

它在 xOy 坐标面上的图形是一条曲线 L.由于方程中不含 z,故在空间中一切与 L 上的点 $P(x,y,0)$ 有相同横纵坐标的点 $M(x,y,z)$ 的坐标均满足方程,也就是说,经过 L 上的任一点 P 而平行于 z 轴的直线上的一切点的坐标均满足方程.反之,如果 $M'(x',y',z')$ 与曲线 L 上的任何点都不具有相同的横纵坐标,则点 M' 的坐标必不满足方程(3).满足方程(3)的点的全体构成一曲面,它是由平行于 z 轴的直线沿 xOy 平面上的曲线 L 移动所形成的,这种曲面叫作柱面,如图 7-29 所示.曲线 L 叫作准线,形成柱面的直线叫作柱面的母线.因此方程(3)在空间的图像是母线平行于 z 轴的柱面.

同样地,方程 $F(y,z)=0$ 的图像是母线平行于 x 轴的柱面;方程 $F(x,z)=0$ 的图像是母线平行于 y 轴的柱面.

(1) 方程
$$\frac{x^2}{a^2}+\frac{y^2}{b^2}=1 \tag{4}$$

表示柱面,它的准线为 xOy 面上的椭圆,母线平行于 z 轴,称之为椭圆柱面(图 7-30).

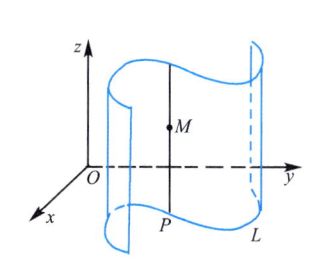

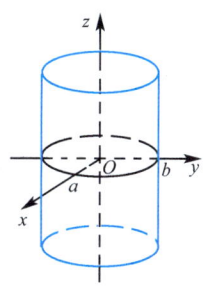

图 7-29

图 7-30

在方程(4)中,当 $a=b=r$,即 $x^2+y^2=r^2$ 时,它表示圆柱面.

(2)方程 $\dfrac{x^2}{a^2}-\dfrac{y^2}{b^2}=1$ 表示准线为 xOy 平面上的双曲线,母线平行于 z 轴的柱面,称之为双曲柱面(图 7-31).

(3)方程 $y^2=2Px$ 表示准线为 xOy 平面上的抛物线,母线平行于 z 轴的柱面,称之为抛物柱面(图 7-32).

3. 旋转曲面

旋转曲面是由一条平面曲线绕其平面上的一条直线旋转一周而成的. 这条定直线叫作该旋转曲面的旋转轴,简称为轴;这条平面曲线叫作旋转曲面的母线.

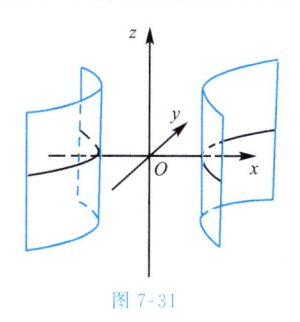

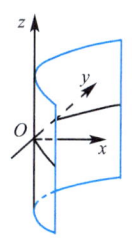

图 7-31

图 7-32

设在 yOz 平面上的曲线 C 的方程为 $F(y,z)=0$,把曲线 C 绕 z 轴旋转一周,就得到一个以 z 轴为轴的旋转曲面,如图 7-33 所示. 它的方程可以这样求得:

设 $M_1(0,y_1,z_1)$ 为曲线 C 上任一点,则有
$$F(y_1,z_1)=0$$

当曲线 C 旋转时,点 M_1 转到点 $M(x,y,z)$,这时 $z=z_1$,点 M 和 M_1 到 z 轴的距离相等,即

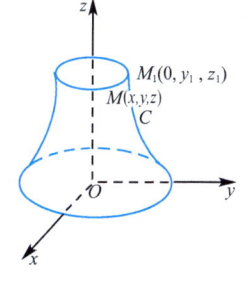

图 7-33

$$\sqrt{x^2+y^2}=|y_1|$$

把 $z_1=z$,$y_1=\pm\sqrt{x^2+y^2}$ 代入 $F(y_1,z_1)=0$,得
$$F(\pm\sqrt{x^2+y^2},z)=0$$

这就是所求的旋转曲面的方程.

同理,xOy 平面上的曲线 $F(x,y)=0$ 绕 y 轴旋转一周,所得旋转曲面方程为

$$F(\pm\sqrt{x^2+z^2}, y) = 0$$

xOz 平面上的曲线 $F(x,z)=0$ 绕 x 轴旋转一周,所得旋转曲面方程为

$$F(x, \pm\sqrt{y^2+z^2}) = 0$$

方程 $z=x^2+y^2$ 是 yOz 平面上的抛物线 $z=y^2$ 绕 z 轴旋转一周而成的旋转曲面,称为旋转抛物面.

4. 常见的二次曲面及其方程

(1) 椭球面

方程 $\dfrac{x^2}{a^2}+\dfrac{y^2}{b^2}+\dfrac{z^2}{c^2}=1$ 所表示的曲面叫作椭球面,如图 7-34 所示.

由方程可知,曲面关于三个坐标平面及原点均对称,且

$$\frac{x^2}{a^2} \leqslant 1, \frac{y^2}{b^2} \leqslant 1, \frac{z^2}{c^2} \leqslant 1$$

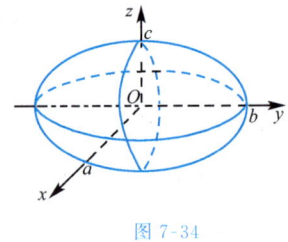

即

$$-a \leqslant x \leqslant a, -b \leqslant y \leqslant b, -c \leqslant z \leqslant c$$

图 7-34

用平面 $z=z_1(|z_1|<c)$ 去截椭球面时,所得的截线是一椭圆;同理用平面 $x=x_1(|x_1|<a)$ 或 $y=y_1(|y_1|<b)$ 分别去截椭球面时,所得的截线都是椭圆.当方程中的 $a=b=c=r$ 时,方程为 $x^2+y^2+z^2=r^2$,它是球面方程.

(2) 单叶双曲面

方程 $\dfrac{x^2}{a^2}+\dfrac{y^2}{b^2}-\dfrac{z^2}{c^2}=1$ 所表示的曲面叫作单叶双曲面,如图 7-35 所示.

由方程知,曲面关于坐标平面及原点均对称.如果用平面 $z=z_1$ 去截曲面时,所得截线为椭圆,由于 $\dfrac{x^2}{a^2\left(1+\dfrac{z_1^2}{c^2}\right)}+\dfrac{y^2}{b^2\left(1+\dfrac{z_1^2}{c^2}\right)}=1$,因此,随着 $|z_1|$ 的增大,所得截线的椭圆也增大.用平面 $x=x_1$ 或 $y=y_1$ 去截曲面时,所得截线是双曲线.

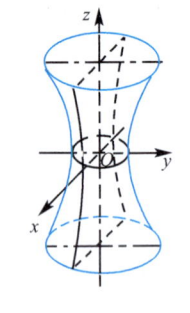

图 7-35

(3) 双叶双曲面

方程 $\dfrac{x^2}{a^2}-\dfrac{y^2}{b^2}+\dfrac{z^2}{c^2}=-1$ 所表示的曲面叫作双叶双曲面,如图 7-36(a) 所示.特别地,$x^2-y^2+z^2=0$ 所表示的曲面叫作圆锥面,如图 7-36(b) 所示.读者可用以上方法讨论其形状.

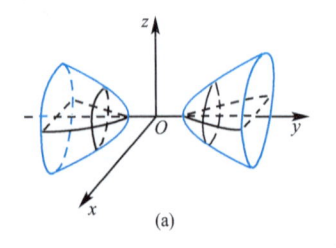

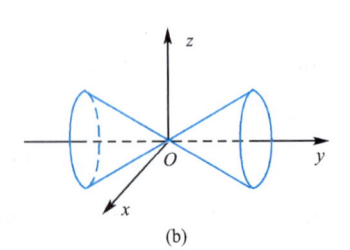

图 7-36

(4) 抛物面

(a) 椭圆抛物面

方程 $z = \dfrac{x^2}{2p} + \dfrac{y^2}{2q}$ $(p, q > 0)$ 所表示的曲面叫作椭圆抛物面(图 7-37).

(b) 双曲抛物面

方程 $z = -\dfrac{x^2}{2p} + \dfrac{y^2}{2q}$ $(p, q > 0)$ 所表示的曲面叫作双曲抛物面(图 7-38), 也叫马鞍面.

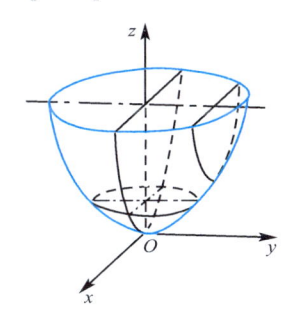

图 7-37

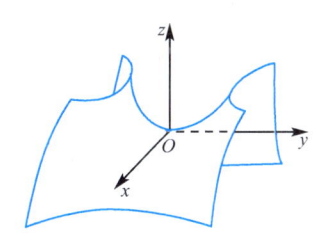

图 7-38

习题 7-7

A 组

1. 判别下列各点是否在球面 $x^2 + y^2 + z^2 + 2x - 3 = 0$ 上.

   $A(1, 0, 0)$ $B(1, -1, 1)$ $C(-1, 1, 2)$

2. 求下列球面的球心坐标和半径.

   (1) $x^2 + y^2 + z^2 - 6z - 7 = 0$ (2) $x^2 + y^2 + z^2 - 12x + 4y - 6z = 0$

   (3) $x^2 + y^2 + z^2 - 2x + 4y - 4z - 7 = 0$

3. 指出下列各方程表示哪种曲面, 并做出它们的图像.

   (1) $x^2 + y^2 + z^2 = 1$ (2) $x^2 + y^2 = 1$

   (3) $x^2 = 1$ (4) $\dfrac{x^2}{4} + \dfrac{y^2}{9} = 1$

   (5) $z = x^2 + y^2$ (6) $x^2 + 2y^2 + 3z^2 = 9$

B 组

1. 建立以 $C(3, -2, 5)$ 为球心, 半径 $r = 4$ 的球面方程.

2. 求球心在点 $C(-1, -3, 2)$, 且过点 $A(1, -1, 1)$ 的球面方程.

3. 说明下列旋转曲面是怎样形成的.

   (1) $\dfrac{x^2}{4} + \dfrac{y^2}{9} + \dfrac{z^2}{9} = 1$ (2) $x^2 - \dfrac{y^2}{4} + z^2 = 1$

   (3) $x^2 - y^2 - z^2 = 1$ (4) $(z - a)^2 = x^2 + y^2$

4. 将 xOz 平面上的抛物线 $z^2 = 5x$ 绕 x 轴旋转一周, 求所生成的旋转曲面方程.

第八节 应用与实践

一、飞机的速度

假设空气以每小时 32 千米的速度沿平行于 y 轴正向的方向流动. 一架飞机在 xOy 平面沿与 x 轴正向成 $\dfrac{\pi}{6}$ 的方向飞行. 若飞机相对于空气的速度是每小时 840 千米, 问飞机相对于地面的速度是多少?

解 如图 7-39 所示, 设 $\overrightarrow{OA}$ 为飞机相对于空气的速度, $\overrightarrow{AB}$ 为空气的流动速度, 那么 $\overrightarrow{OB}$ 就是飞机相对于地面的速度.

$$\overrightarrow{OA} = 840 \cdot \cos\dfrac{\pi}{6} \boldsymbol{i} + 840 \cdot \sin\dfrac{\pi}{6} \boldsymbol{j}$$
$$= 420\sqrt{3}\boldsymbol{i} + 420\boldsymbol{j}$$
$$\overrightarrow{AB} = 32\boldsymbol{j}$$

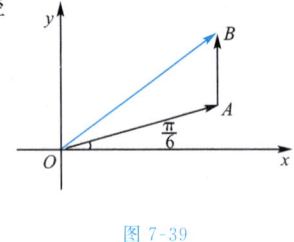

图 7-39

所以
$$\overrightarrow{OB} = 420\sqrt{3}\boldsymbol{i} + 452\boldsymbol{j}$$
$$|\overrightarrow{OB}| = \sqrt{(420\sqrt{3})^2 + (452)^2} \approx 856.45 \text{ km/h}$$

二、光线的反射

(1) 假设 xOy 平面是一面镜子, 有一束光线被它反射, 设 $\boldsymbol{a}$ 是入射光线上的单位向量, $\boldsymbol{b}$ 是反射光线上的单位向量. 证明当 $\boldsymbol{a} = a_1\boldsymbol{i} + a_2\boldsymbol{j} + a_3\boldsymbol{k}$ 时, $\boldsymbol{b} = a_1\boldsymbol{i} + a_2\boldsymbol{j} - a_3\boldsymbol{k}$.

(2) 假设空间直角坐标系的第一卦限的三个坐标面是三面镜子. 一束光线依次被它们反射, 则最终的反射光线平行入射光线.

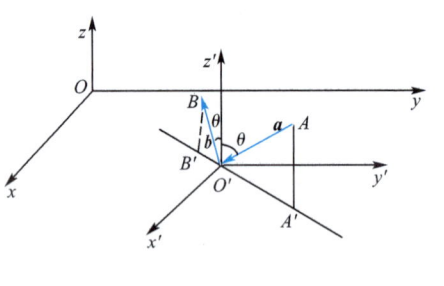

解 (1) 我们把原坐标系平移, 使坐标原点与入射点 O' 重合. $\overrightarrow{AO'} = \boldsymbol{a}, \overrightarrow{O'B} = \boldsymbol{b}$. 根据光线的反射原理, 入射角 (入射光线与法方向的夹角) 等于反射角, 如图 7-40 所示, $\angle AO'z' = \angle z'O'B$. 因为 $\boldsymbol{a}, \boldsymbol{b}$ 都是单位向量, 所以 $\overrightarrow{A'O'} = \overrightarrow{O'B'}$. 记 $\boldsymbol{b} = b_1\boldsymbol{i} + b_2\boldsymbol{j} + b_3\boldsymbol{k}$, 就有

$$a_1\boldsymbol{i} + a_2\boldsymbol{j} = \overrightarrow{A'O'} = \overrightarrow{O'B'} = b_1\boldsymbol{i} + b_2\boldsymbol{j}$$

图 7-40

所以 $a_1 = b_1, a_2 = b_2$, 而
$$a_3 = |\boldsymbol{a}|\cos\theta = -\cos\theta, b_3 = |\boldsymbol{b}|\cos\theta = \cos\theta$$

所以
$$b_3 = -a_3$$

（2）假设反射次序依次是光线先射到 xOy 平面，经反射后进入 xOz 平面，再反射进入 yOz 平面，最后再反射出来．

记 $\boldsymbol{a}=a_1\boldsymbol{i}+a_2\boldsymbol{j}+a_3\boldsymbol{k}$ 是最初入射光线上的单位向量．根据（1）的结论，$\boldsymbol{a}$ 的反射光线上的单位向量 $\boldsymbol{b}=a_1\boldsymbol{i}+a_2\boldsymbol{j}-a_3\boldsymbol{k}$；$\boldsymbol{b}$ 又是 xOz 平面入射光线上的单位向量，记 $\boldsymbol{c}$ 是 $\boldsymbol{b}$ 的反射光线上的单位向量，则 $\boldsymbol{c}=a_1\boldsymbol{i}-a_2\boldsymbol{j}-a_3\boldsymbol{k}$；$\boldsymbol{c}$ 又是 yOz 平面的入射光线上的单位向量，设 $\boldsymbol{d}$ 是 $\boldsymbol{c}$ 的反射光线上的单位向量，所以 $\boldsymbol{d}=-a_1\boldsymbol{i}-a_2\boldsymbol{j}-a_3\boldsymbol{k}$．因而 $\boldsymbol{a}$ 与 $\boldsymbol{d}$ 平行但方向相反．

这一结论与入射和反射的平面次序无关．

数学家 　　　　　　　　　　　高　斯

高斯（Gauss，1777—1855），德国著名数学家、物理学家、天文学家、几何学家、大地测量学家，毕业于 Carolinum 学院（现布伦瑞克工业大学）．高斯生于布伦瑞克，12 岁时，已经开始怀疑元素几何学中的基础证明．当他 16 岁时，预测在欧氏几何之外必然会产生一门完全不同的几何学，即非欧几里得几何学．他导出了二项式定理的一般形式，将其成功地运用在无穷级数，并发展了数学分析的理论．高斯被认为是世界上最重要的数学家之一，享有"数学王子"的美誉．

本章知识结构图

空间直角坐标系 — 空间两点间距离公式：$d=\sqrt{(x_2-x_1)^2+(y_2-y_1)^2+(z_2-z_1)^2}$

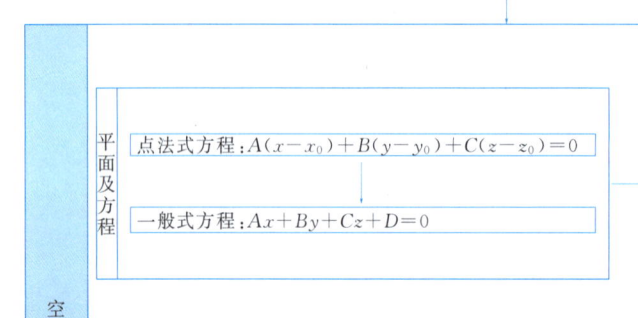

向量代数

- 向量的概念 —（坐标）→ 向量的坐标表示：$\boldsymbol{a}=a_x\boldsymbol{i}+a_y\boldsymbol{j}+a_z\boldsymbol{k}$

- 向量的线性运算
  - （1）向量的加法运算
  - （2）向量的数乘运算
  - （3）向量的模与方向余弦

  向量线性运算的坐标表达式
  - （1）$\boldsymbol{a}+\boldsymbol{b}=(a_x+b_x)\boldsymbol{i}+(a_y+b_y)\boldsymbol{j}+(a_z+b_z)\boldsymbol{k}$
  - （2）$\lambda\boldsymbol{a}=\lambda a_x\boldsymbol{i}+\lambda a_y\boldsymbol{j}+\lambda a_z\boldsymbol{k}$
  - （3）$|\boldsymbol{a}|=\sqrt{a_x^2+a_y^2+a_z^2}$；$\cos\alpha=\dfrac{a_x}{\sqrt{a_x^2+a_y^2+a_z^2}}$，$\alpha$ 为 $\boldsymbol{a}$ 与 x 轴正向夹角，其余类推

- 向量的数量积与向量积

  数量积与向量积的坐标表达式
  $\boldsymbol{a}\cdot\boldsymbol{b}=a_xb_x+a_yb_y+a_zb_z$
  $\boldsymbol{a}\times\boldsymbol{b}=(a_yb_z-a_zb_y)\boldsymbol{i}+(a_zb_x-a_xb_z)\boldsymbol{j}+(a_xb_y-a_yb_x)\boldsymbol{k}$

空间解析几何

- 平面及方程
  - 点法式方程：$A(x-x_0)+B(y-y_0)+C(z-z_0)=0$
  - 一般式方程：$Ax+By+Cz+D=0$

  两平面的位置关系
  - （1）两平面的法向量夹角余弦
    $\cos\theta=\dfrac{|A_1A_2+B_1B_2+C_1C_2|}{\sqrt{A_1^2+B_1^2+C_1^2}\sqrt{A_2^2+B_2^2+C_2^2}}$
  - （2）平行 $\Leftrightarrow \dfrac{A_1}{A_2}=\dfrac{B_1}{B_2}=\dfrac{C_1}{C_2}$
  - （3）垂直 $\Leftrightarrow A_1A_2+B_1B_2+C_1C_2=0$

- 空间直线方程
  - 标准方程：$\dfrac{x-x_0}{m}=\dfrac{y-y_0}{n}=\dfrac{z-z_0}{p}$
  - 参数方程：$\begin{cases}x=x_0+mt\\y=y_0+nt\\z=z_0+pt\end{cases}$（$t$ 为参数）
  - 一般方程：$\begin{cases}A_1x+B_1y+C_1z+D_1=0\\A_2x+B_2y+C_2z+D_2=0\end{cases}$

  两空间直线的位置关系
  - （1）夹角余弦
    $\cos\varphi=\dfrac{|m_1m_2+n_1n_2+p_1p_2|}{\sqrt{m_1^2+n_1^2+p_1^2}\sqrt{m_2^2+n_2^2+p_2^2}}$
  - （2）平行 $\Leftrightarrow \dfrac{m_1}{m_2}=\dfrac{n_1}{n_2}=\dfrac{p_1}{p_2}$
  - （3）垂直 $\Leftrightarrow m_1m_2+n_1n_2+p_1p_2=0$

- 常见曲面的方程及图像

第八章 多元函数微分法及其应用

前面研究的函数都是只有一个自变量的函数,称为一元函数,但自然科学和工程技术中所遇到的函数,往往依赖于两个或更多个自变量.与一元函数相对应,我们把自变量多于一个的函数称为多元函数.

多元函数及其微分法是一元函数及其微分法的推广和发展,它们有着许多类似之处,但有些地方也有着较大差别.由于二元及二元以上的多元函数有着相似的微分学性质,因此本章重点讨论二元函数的极限、连续等基本概念及其微分法.

第一节 多元函数

一、多元函数的概念

在许多自然现象和实际问题中,往往多因素相互制约,若用函数反映它们之间的联系便表现为存在多个自变量.

【例 1】 圆柱体的体积 V 与其底面半径 r、高 h 之间的关系为
$$V=\pi r^2 h$$
当变量 r,h 在一定范围内($r>0,h>0$)取一对定值(r,h)时,V 有确定的值与其对应,V 的值依赖于 r,h 两个变量.

【例 2】 一定量的理想气体,其体积 V、压强 P、热力学温度 T 之间具有下面的依赖关系
$$P=\frac{RT}{V} \quad (R \text{ 是常数})$$
这一问题中有三个变量 P,V,T,当 V 和 T 每取一组值时,按照上面的关系,就有一确定的压强值 P 与之对应.若考虑等温过程,即 T 保持不变,则 P 只随 V 的变化而变化,此时压强 P 是体积 V 的一元函数.

【例 3】 电流产生的热量 Q 与电压 U、电流强度 I 以及时间 t 之间的关系为
$$Q=IUt$$
这里 Q 随着 I,U,t 的变化而变化.

撇开上述各例的实际意义,仅从数量关系来研究,它们有共同的属性,由此可概括出多元函数的定义.

1. 二元函数的定义

定义 1 设有三个变量 x,y,z,如果变量 x,y 在某一范围 D 内任取一对值时,按照一定的

法则 f,变量 z 总有唯一确定的值与其对应,则称变量 z 是变量 x,y 的二元函数,记作 $z=f(x,y)$. x,y 称为自变量,z 称为因变量. 自变量 x,y 的取值范围 D 称为函数 $f(x,y)$ 的定义域.

二元函数 $z=f(x,y)$ 在点 (x_0,y_0) 处的函数值记为

$$f(x_0,y_0) \text{ 或 } z\Big|_{(x_0,y_0)} \text{ 或 } z\Big|_{\substack{x=x_0\\y=y_0}}$$

在生产、科技和管理等众多领域中,均有二元函数的例子.

生产函数 生产函数是微观经济学中广泛使用的一个概念,它表示在生产技术状况给定的条件下,生产要素的投入量与产品的产出量之间的依存关系. 在实际问题中,生产要素往往很多,但绝大多数情况下,重要的因素只有两种,即资本 K 和劳动 L,而产品只有一种. 因此,生产函数是一个二元函数,记为 $Q=f(K,L)$,其中 Q 为产品产量. 例如,棉花的生产函数为 $Q=\sqrt{KL}$.

20 世纪 30 年代,美国经济学家柯布-道格拉斯(Cobb-Douglas)根据历史统计资料研究得出,生产函数 $Q=AK^{\alpha}L^{1-\alpha}$,简称 C-D 函数.

【**例 4**】 某工厂的生产函数为 $f(K,L)=100K^{0.6}L^{0.4}$,试问:

(1)当 $K=1\,000, L=500$ 时,生产水平是多少?

(2)当 $K=2\,000, L=1\,000$ 时,生产水平是多少?

解 (1)当 $K=1\,000, L=500$ 时,生产水平为

$$f(1\,000,500)=100\times 1\,000^{0.6}\times 500^{0.4}$$
$$\approx 100\times 63.10\times 12.01=75\,783.1$$

(2)当 $K=2\,000, L=1\,000$ 时,生产水平为

$$f(2\,000,1\,000)=100\times 2\,000^{0.6}\times 1\,000^{0.4}$$
$$\approx 100\times 95.64\times 15.85=151\,589.4$$

2. 二元函数的定义域

与一元函数类似,讨论用解析式表示的二元函数时,其定义域 D 是使该解析式有确定的 z 值的那些自变量 (x,y) 所构成的点集. 一元函数的定义域一般来说是一个或几个区间,而二元函数的定义域通常则是由平面上一条或几条光滑曲线所围成的平面区域. 围成区域的曲线称为区域的边界,边界上的点称为边界点,包括边界在内的区域称为闭区域,不包括边界在内的区域称为开区域. 闭区域的直径指的是闭区域上任意两点连线的最大值.

常见的区域有矩形域: $D=\{(x,y)\,|\,a<x<b,c<y<d\}$ 及圆域: $D=\{(x,y)\,|\,(x-x_0)^2+(y-y_0)^2<\delta^2(\delta>0)\}$. 圆域一般又称作平面上点 $P_0(x_0,y_0)$ 的 δ 邻域,记作 $U(P_0,\delta)$,而不包含点 P_0 的邻域称为空心邻域,记为 $U(\mathring{P}_0,\delta)$.

如果区域 D 可以被包含在以原点为圆心的某一圆域内,则称 D 为有界闭区域,否则称为无界开区域.

【**例 5**】 求二元函数 $z=\ln(x+y)$ 的定义域.

解 自变量 x,y 所取的值必须满足不等式

$$x+y>0$$

即定义域 $D=\{(x,y)\,|\,x+y>0\}$.

点集 D 在 xOy 平面上表示一个在直线上方的半平面(不包含边界 $x+y=0$,如图 8-1 所示,此时 D 为无界开区域.

【例6】 求二元函数 $z=\sqrt{a^2-x^2-y^2}$ 的定义域 $(a>0)$.

解 要使函数有意义,x,y 应满足不等式
$$a^2-x^2-y^2\geqslant 0$$
于是,$D=\{(x,y)|x^2+y^2\leqslant a^2\}$.

这里 D 表示 xOy 平面上以原点为圆心,以 a 为半径的圆域,如图 8-2 所示,它是有界闭区域.

【例7】 求二元函数 $z=\ln(x^2+y^2-1)+\sqrt{9-x^2-y^2}$ 的定义域.

解 该函数由 $\ln(x^2+y^2-1)$ 与 $\sqrt{9-x^2-y^2}$ 两部分组成,所以要使函数 z 有意义,x,y 应同时满足
$$\begin{cases} x^2+y^2-1>0 \\ 9-x^2-y^2\geqslant 0 \end{cases}$$
即
$$1<x^2+y^2\leqslant 9$$
函数定义域为 $D=\{(x,y)|1<x^2+y^2\leqslant 9\}$.

点集 D 表示 xOy 平面上以原点为圆心,以 1 和 3 为半径的两个圆围成的圆环域,它包含边界曲线外圆 $x^2+y^2=9$,但不包含边界曲线内圆 $x^2+y^2=1$,如图 8-3 所示.

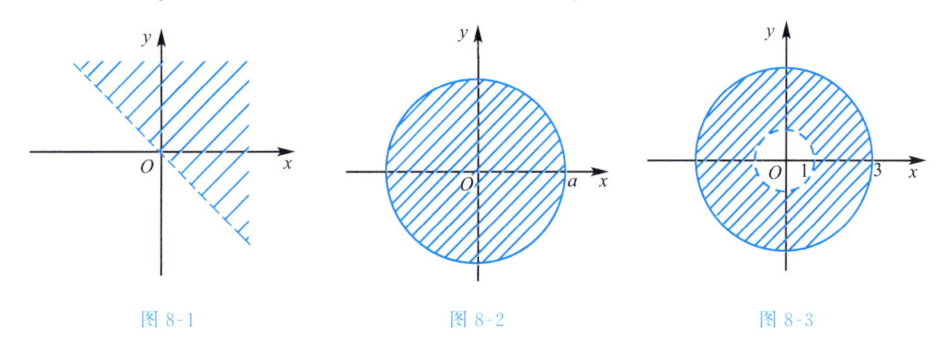

图 8-1   图 8-2   图 8-3

3. 二元函数的几何意义

一元函数一般表示平面上的一条曲线.二元函数 $z=f(x,y)$ 在空间直角坐标系中一般表示曲面.把自变量 x,y 及因变量 z 当作空间点的直角坐标,先在 xOy 平面内做出函数 $z=f(x,y)$ 的定义域 D,再过 D 中的任一点 $M(x,y)$ 作垂直于 xOy 平面的有向线段 MP,使 P 点的竖坐标为 $f(x,y)$.当 M 点在 D 中变动时,对应的 P 点的轨迹就是函数 $z=f(x,y)$ 的几何图形,它通常是一个曲面,而其定义域 D 就是此曲面在 xOy 平面上的投影.

例如,线性函数 $z=ax+by+c$ 的图形是一个平面;$z=\sqrt{x^2+y^2}$ 的图形是顶点在坐标原点,对称轴为 z 轴的圆锥面;方程 $x^2+y^2+z^2=a^2$ 的图形是以原点为球心,以 a 为半径的球面.由此方程可得到 $z=\pm\sqrt{a^2-x^2-y^2}$,这是一个多值函数.$z=\sqrt{a^2-x^2-y^2}$ 表示上半球面,$z=-\sqrt{a^2-x^2-y^2}$ 表示下半球面.

对于二元函数 $z=f(x,y)$,如无特殊说明,我们总假定它是单值的.如果遇到多值函数,则分别取其单值分支加以讨论.

上面关于二元函数及平面区域的概念可以推广到三元函数及空间区域上去.有三个自变量的函数就是三元函数,如 $u=f(x,y,z)$.三元函数的定义域通常是一空间区域.一般地,还可以定义 n 元函数 $u=f(x_1,x_2,\cdots,x_n)$,它的定义域是 n 维空间的区域.

二、二元函数的极限与连续性

1. 二元函数的极限

在一元函数中,我们曾讨论过当自变量趋向于某有限值 x_0 时函数的极限. 对于二元函数 $z=f(x,y)$,同样可以讨论点 (x,y) 趋向点 (x_0,y_0) 时,函数 $z=f(x,y)$ 的变化趋势. 由于在坐标面 xOy 上点 (x,y) 趋向点 (x_0,y_0) 的方式多种多样,因此,二元函数的情况要比一元函数复杂得多.

定义 2 对于二元函数 $z=f(x,y)$,如果点 (x,y) 以任意方式趋向点 (x_0,y_0) 时, $f(x,y)$ 总趋向于一个确定的常数 A,那么就称 A 是二元函数 $f(x,y)$ 当 $(x,y) \to (x_0,y_0)$ 时的极限,记为

$$\lim_{(x,y)\to(x_0,y_0)} f(x,y) = A \text{ 或 } \lim_{\substack{x\to x_0 \\ y\to y_0}} f(x,y) = A$$

二元函数的极限也有与一元函数的极限类似的四则运算法则.

【例 8】 求 $\lim\limits_{\substack{x\to 0 \\ y\to 0}} f(x,y)$,其中 $f(x,y)=\begin{cases} \dfrac{xy}{x^2+y^2}, & x^2+y^2\neq 0 \\ 0, & x^2+y^2=0 \end{cases}$.

解 沿路径 $y=kx$ 趋于 $(0,0)$ 时, $\lim\limits_{x\to 0} f(x,y) = \lim\limits_{x\to 0}\dfrac{kx^2}{(1+k^2)x^2} = \dfrac{k}{1+k^2}$,所以沿不同路径趋于 $(0,0)$ 时不能趋于一个确定的常数,故 $\lim\limits_{\substack{x\to 0 \\ y\to 0}} f(x,y)$ 不存在.

【例 9】 求 $\lim\limits_{\substack{x\to 0 \\ y\to 0}} f(x,y)$,其中 $f(x,y)=\begin{cases} \dfrac{x^2 y^2}{x^2+y^2}, & x^2+y^2\neq 0 \\ 0, & x^2+y^2=0 \end{cases}$.

解 $0 \leq \left|\dfrac{x^2 y^2}{x^2+y^2}\right| \leq \left|\dfrac{x^2 y^2}{2xy}\right| = \dfrac{1}{2}|xy|$,而 $\lim\limits_{\substack{x\to 0 \\ y\to 0}} \dfrac{1}{2}|xy| = 0$,由夹逼法则知 $\lim\limits_{\substack{x\to 0 \\ y\to 0}} f(x,y) = 0$.

2. 二元函数的连续性

定义 3 设函数 $z=f(x,y)$ 在点 $P_0(x_0,y_0)$ 的某邻域内有定义,如果

$$\lim_{\substack{x\to x_0 \\ y\to y_0}} f(x,y) = f(x_0,y_0)$$

则称二元函数 $z=f(x,y)$ 在点 $P_0(x_0,y_0)$ 处连续.

定义 4 设函数 $z=f(x,y)$ 在 $P_0(x_0,y_0)$ 的某邻域内有定义. 若在该邻域内自变量 x 在 x_0 处的增量为 Δx, y 在 y_0 处的增量为 Δy,其相应的函数的全增量为 $\Delta z = f(x_0+\Delta x, y_0+\Delta y) - f(x_0, y_0)$,且当 $\lim\limits_{\substack{\Delta x\to 0 \\ \Delta y\to 0}} \Delta z = \lim\limits_{\substack{\Delta x\to 0 \\ \Delta y\to 0}} [f(x_0+\Delta x, y_0+\Delta y) - f(x_0, y_0)] = 0$ 时,称 $f(x,y)$ 在 $P_0(x_0,y_0)$ 处连续.

定义 3 和定义 4 是相互等价的定义.

如果 $f(x,y)$ 在区域 D 内的每一点都连续,则称 $f(x,y)$ 在区域 D 内连续,或称 $f(x,y)$ 是 D 内的连续函数.

如果函数 $z=f(x,y)$ 在点 $P_0(x_0,y_0)$ 处不连续,则称 $P_0(x_0,y_0)$ 为函数 $f(x,y)$ 的不连续点或间断点.

同一元函数类似,二元连续函数的和、差、积、商(分母不等于零)及复合函数仍是连续函数. 由此还可得出"多元初等函数在其定义区域内连续"的结论.

习题 8-1

▶ A 组

1. 设 $f(u,v)=u^v$，求 $f(x,x^2)$ 及 $f(\frac{1}{y},x-y)$.

2. 已知函数 $f(x,y)=x^2+y^2-xy\tan\frac{x}{y}$，试求 $f(tx,ty)$.

3. 求下列函数的定义域，并画出定义域的图形.

   (1) $z=\ln(y^2-2x+1)$ (2) $z=\frac{1}{\sqrt{x+y}}+\frac{1}{\sqrt{x-y}}$

   (3) $f(x,y)=\frac{\sqrt{4x-y^2}}{\ln(1-x^2-y^2)}$ (4) $f(x,y)=\ln(y-x)+\frac{\sqrt{x}}{\sqrt{4-x^2-y^2}}$

4. 求下列函数的定义域.

   (1) $u=\frac{1}{\sqrt{x}}+\frac{1}{\sqrt{y}}+\frac{1}{\sqrt{z}}$

   (2) $u=\sqrt{R^2-x^2-y^2-z^2}+\frac{1}{\sqrt{x^2+y^2+z^2-r^2}}$ $(R>r>0)$

5. 求下列极限.

   (1) $\lim\limits_{\substack{x\to 0 \\ y\to 0}}\frac{2-\sqrt{xy+4}}{xy}$ (2) $\lim\limits_{\substack{x\to 0 \\ y\to 2}}\frac{\sin(xy)}{x}$

▶ B 组

1. 将一宽为 2 m 的长方形铁皮折起做成横断面为等腰梯形的水槽，设两端各折起 x m 且倾斜角为 θ，试将横断面面积 S 表示成 x 和 θ 的函数.

2. 我国林区原条材积的计算是由原条的中央直径 D（单位：cm）与材长 L（单位：m）确定的，其计算模型为 $V(D,L)=\dfrac{\frac{\pi}{4}D^2L}{10\,000}$，式中，$V$ 表示材积（单位：m^3），$\dfrac{1}{10\,000}$ 为单位核算系数. 试求：(1)中央直径为 22 cm，材长为 12 m 的原条材积；(2) $V(30,12)$.

3. 假定投资利率为 6%，按连续计息，则本利和 S 是本金 P 与存期 t（单位：年）的二元函数：

$$S=f(P,t)=Pe^{0.06t}$$

试求 $f(2\,000,20)$，并解释你的答案.

第二节 偏导数

一、偏导数的概念

在研究一元函数时，由讨论函数的变化率引入了导数的概念. 对于多元函数，我们也常常遇到研究它对某个自变量的变化率问题，这就产生了偏导数的概念.

例如,我们前面提到的,一定量的理想气体的压强 P,体积 V,热力学温度 T 三者之间的关系为

$$P = \frac{RT}{V} \quad (R \text{ 为常量})$$

当 T 不变时(等温过程),压强 P 关于体积 V 的变化率就是

$$\left(\frac{\mathrm{d}P}{\mathrm{d}V}\right)_{T=常量} = -\frac{RT}{V^2}$$

这里,我们将 P 关于 T 和 V 的二元函数 $P=P(T,V)$ 中的一个自变量 T 当作常数,而研究其关于另一个自变量 V 的变化率,这种形式的变化率称为二元函数的偏导数. 下面给出其定义.

1. 偏导数的定义

定义 1 设函数 $z=f(x,y)$ 在点 (x_0,y_0) 的某一邻域内有定义,当 y 固定在 y_0,而 x 在 x_0 处有改变量 Δx 时,相应地函数有改变量 $f(x_0+\Delta x, y_0) - f(x_0, y_0)$,称其为函数 z 对 x 的偏增量,记为 $\Delta_x z$. 如果极限

$$\lim_{\Delta x \to 0} \frac{\Delta_x z}{\Delta x} = \lim_{\Delta x \to 0} \frac{f(x_0+\Delta x, y_0) - f(x_0, y_0)}{\Delta x}$$

存在,则称此极限值为函数 $z=f(x,y)$ 在点 (x_0,y_0) 处对 x 的偏导数,记为

$$\left.\frac{\partial z}{\partial x}\right|_{\substack{x=x_0 \\ y=y_0}}, \text{或} \left.\frac{\partial f}{\partial x}\right|_{\substack{x=x_0 \\ y=y_0}}, \text{或} \left.z_x'\right|_{\substack{x=x_0 \\ y=y_0}}, \text{或} f_x'(x_0, y_0)$$

类似地,当 x 固定在 x_0,而 y 在 y_0 处有改变量 Δy,如果极限

$$\lim_{\Delta y \to 0} \frac{\Delta_y z}{\Delta y} = \lim_{\Delta y \to 0} \frac{f(x_0, y_0+\Delta y) - f(x_0, y_0)}{\Delta y}$$

存在,则称此极限为函数 $z=f(x,y)$ 在点 (x_0,y_0) 处对 y 的偏导数,记为

$$\left.\frac{\partial z}{\partial y}\right|_{\substack{x=x_0 \\ y=y_0}}, \text{或} \left.\frac{\partial f}{\partial y}\right|_{\substack{x=x_0 \\ y=y_0}}, \text{或} \left.z_y'\right|_{\substack{x=x_0 \\ y=y_0}}, \text{或} f_y'(x_0, y_0)$$

如果函数 $z=f(x,y)$ 在区域 D 内每一点 (x,y) 处对 x 的偏导数都存在,这个偏导数仍是 x,y 的函数,称为函数 $z=f(x,y)$ 对自变量 x 的偏导函数,简称偏导数,记为

$$\frac{\partial z}{\partial x}, \text{或} \frac{\partial f}{\partial x}, \text{或} z_x', \text{或} f_x'(x,y)$$

类似地,可以定义函数 $z=f(x,y)$ 对自变量 y 的偏导数,记为

$$\frac{\partial z}{\partial y}, \text{或} \frac{\partial f}{\partial y}, \text{或} z_y', \text{或} f_y'(x,y)$$

对偏导数记号 $\frac{\partial z}{\partial x}$ 和 $\frac{\partial z}{\partial y}$,不能理解为 ∂z 与 ∂x 或 ∂z 与 ∂y 的商. 它与一元函数的导数 $\frac{\mathrm{d}y}{\mathrm{d}x}$ 可看作两个微分 $\mathrm{d}y$ 与 $\mathrm{d}x$ 之商是不同的,这是一个整体记号.

偏导数的定义可以推广到二元以上的函数,此处不一一叙述.

2. 偏导数的求法

从偏导数的定义可以看出,偏导数的实质就是把一个自变量固定,而将二元函数 $z=f(x,y)$ 看成是只有一个自变量的一元函数的导数. 因此,求二元函数的偏导数,不需引进新的方法,只需用一元函数的微分法,把一个变量视为常数,而对另一个变量进行一元函数求导即可. 举例说明如下.

【**例 1**】 求函数 $z=x^2\sin 2y$ 在点 $\left(1, \frac{\pi}{8}\right)$ 处的两个偏导数.

解 把 y 看作常量,对 x 求导数得

$$\frac{\partial z}{\partial x} = 2x\sin 2y, \left.\frac{\partial z}{\partial x}\right|_{(1,\frac{\pi}{8})} = 2\sin\frac{\pi}{4} = \sqrt{2}$$

把 x 看作常量，对 y 求导数得

$$\frac{\partial z}{\partial y} = 2x^2\cos 2y, \frac{\partial z}{\partial y}\bigg|_{(1,\frac{\pi}{8})} = 2\cos\frac{\pi}{4} = \sqrt{2}$$

【例2】 求函数 $z = x^y$ 的偏导数 $z_x{}', z_y{}'$.

解 把 y 看作常量，对 x 求导数得

$$z_x{}' = yx^{y-1}$$

把 x 看作常量，对 y 求导数得

$$z_y{}' = x^y \ln x$$

【例3】 求函数 $z = \ln(1+x^2+y^2)$ 在点 $(1,2)$ 处的偏导数.

解 先求偏导数

$$\frac{\partial z}{\partial x} = \frac{2x}{1+x^2+y^2}, \frac{\partial z}{\partial y} = \frac{2y}{1+x^2+y^2}$$

所以

$$\frac{\partial z}{\partial x}\bigg|_{(1,2)} = \frac{1}{3}, \frac{\partial z}{\partial y}\bigg|_{(1,2)} = \frac{2}{3}$$

应当指出，根据偏导数的定义，偏导数 $\dfrac{\partial z}{\partial x}\bigg|_{(1,2)}$ 是将函数 $z = \ln(1+x^2+y^2)$ 中的 y 固定在 $y=2$ 处，而求一元函数 $z = \ln(1+x^2+2^2)$ 的导数在 $x=1$ 处的值. 因此，在求函数对某一变量在某一点处的偏导数时，一般地可先将函数中的其余变量用该点的相应坐标代入后再求导，这样有时会更方便.

【例4】 设 $f(x,y) = e^{\arctan\frac{y}{x}} \ln(x^2+y^2)$，求 $f'_x(1,0)$.

解 如果先求偏导数，$f'_x(x,y)$ 计算是比较复杂的，但是若先把函数中的 y 固定在 $y=0$，则有 $f(x,0) = 2\ln x$，从而

$$f'_x(x,0) = \frac{2}{x}, f'_x(1,0) = 2$$

二元函数偏导数的定义和求法可以类推到三元和三元以上的函数.

【例5】 在由 R_1, R_2 组成的一个并联电路中，若 $R_1 > R_2$，问改变哪一个电阻，才能使总电阻 R 的变化更大？

解 因 R_1, R_2 并联，所以 $\dfrac{1}{R} = \dfrac{1}{R_1} + \dfrac{1}{R_2}$，即 $R = \dfrac{R_1 R_2}{R_1+R_2}$. 经计算

$$\frac{\partial R}{\partial R_1} = \frac{R_2^2}{(R_1+R_2)^2}, \frac{\partial R}{\partial R_2} = \frac{R_1^2}{(R_1+R_2)^2}$$

因为 $R_1 > R_2$，所以 $\dfrac{\partial R}{\partial R_1} < \dfrac{\partial R}{\partial R_2}$. 因此，在并联电路中改变电阻值小的电阻 R_2 使总电阻 R 的变化更大. 这个结论与实验结果一致.

在一元函数中，函数在一点可导则在该点必连续，但对多元函数却完全有可能函数在一点是间断的，但它的各个偏导数皆存在. 所以可导必连续这一结论对多元函数不再成立.

3. 二元函数偏导数的几何意义（图8-4）

根据偏导数的定义，二元函数 $z = f(x,y)$ 在点 (x_0, y_0) 处对 x 的偏导数 $f'_x(x_0, y_0)$，就是一元函数 $z = f(x, y_0)$ 在 x_0 处的导数 $\dfrac{d}{dx}f(x,y_0)\bigg|_{x=x_0}$. 由导数的几何意义可知，$\dfrac{d}{dx}f(x,y_0)\bigg|_{x=x_0}$，即 $f_x{}'(x_0, y_0)$，是曲线 $\begin{cases} z=f(x,y) \\ y=y_0 \end{cases}$ 在点 $M_0(x_0, y_0, f(x_0, y_0))$ 处的切线对 Ox 轴的斜率，即

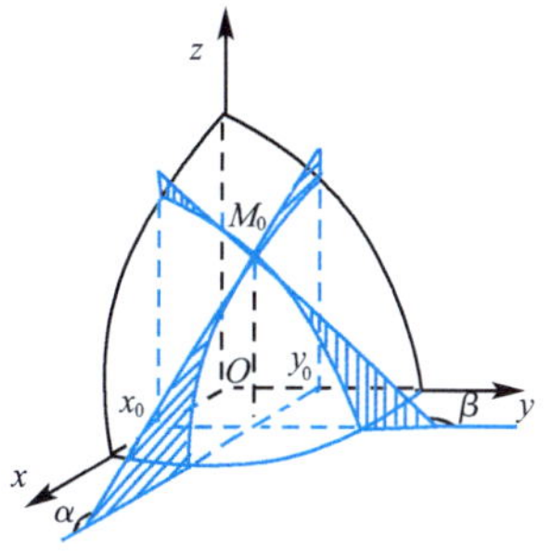

图 8-4

$$f_x'(x_0,y_0) = \frac{\mathrm{d}}{\mathrm{d}x}f(x,y_0)\bigg|_{x=x_0} = \tan\alpha$$

同理,偏导数 $f_y'(x_0,y_0)$ 是曲线 $\begin{cases} z=f(x,y) \\ x=x_0 \end{cases}$ 在 M_0 处的切线对 Oy 轴的斜率,即

$$f_y'(x_0,y_0) = \frac{\mathrm{d}}{\mathrm{d}y}f(x_0,y)\bigg|_{y=y_0} = \tan\beta$$

二、高阶偏导数

若二元函数 $z=f(x,y)$ 在区域 D 内的两个偏导数 $\frac{\partial z}{\partial x}, \frac{\partial z}{\partial y}$ 存在,则 $\frac{\partial z}{\partial x}, \frac{\partial z}{\partial y}$ 在 D 内仍是 x,y 的函数. 如果这两个函数 $\frac{\partial z}{\partial x}, \frac{\partial z}{\partial y}$ 的偏导数存在,则称它们是函数 $z=f(x,y)$ 的二阶偏导数. 按对变量的求导次序的不同有下列四个二阶偏导数,分别表示为

$$\frac{\partial}{\partial x}\left(\frac{\partial z}{\partial x}\right) = \frac{\partial^2 z}{\partial x^2} = f_{xx}''(x,y), \quad \frac{\partial}{\partial y}\left(\frac{\partial z}{\partial x}\right) = \frac{\partial^2 z}{\partial x \partial y} = f_{xy}''(x,y)$$

$$\frac{\partial}{\partial x}\left(\frac{\partial z}{\partial y}\right) = \frac{\partial^2 z}{\partial y \partial x} = f_{yx}''(x,y), \quad \frac{\partial}{\partial y}\left(\frac{\partial z}{\partial y}\right) = \frac{\partial^2 z}{\partial y^2} = f_{yy}''(x,y)$$

其中第二、第三两个偏导数称为混合偏导数. 它们求偏导数的先后次序不同,前者是先对 x 后对 y 求导,后者是先对 y 后对 x 求导. 类似地可以定义三阶、四阶、…、n 阶偏导数. 二阶及二阶以上的偏导数都称为高阶偏导数.

【例6】 设 $z = x^3y + 2xy^2 - 3y^3$,求其二阶偏导数.

解 $\frac{\partial z}{\partial x} = 3x^2y + 2y^2, \frac{\partial z}{\partial y} = x^3 + 4xy - 9y^2$

$\frac{\partial^2 z}{\partial x^2} = 6xy, \frac{\partial^2 z}{\partial x \partial y} = 3x^2 + 4y, \frac{\partial^2 z}{\partial y \partial x} = 3x^2 + 4y, \frac{\partial^2 z}{\partial y^2} = 4x - 18y$

从此例可以看出,函数的两个二阶混合偏导数相等,即 $\frac{\partial^2 z}{\partial x \partial y} = \frac{\partial^2 z}{\partial y \partial x}$. 这并非偶然,事实上,有下述定理:

定理1 如果函数 $z=f(x,y)$ 的两个二阶混合偏导数 $\frac{\partial^2 z}{\partial x \partial y}, \frac{\partial^2 z}{\partial y \partial x}$ 在区域 D 内连续,则在区域 D 内有 $\frac{\partial^2 z}{\partial x \partial y} = \frac{\partial^2 z}{\partial y \partial x}$.

证明从略.

这个定理告诉我们,二阶混合偏导数在连续的情况下与求导次序无关.

对三元以上的多元函数也可以类似地定义高阶偏导数,而且在偏导数连续时,混合偏导数也与求导的次序无关.

【例7】 设 $z = \arctan\frac{y}{x}$,求 $\frac{\partial^2 z}{\partial x^2}, \frac{\partial^2 z}{\partial x \partial y}, \frac{\partial^2 z}{\partial y^2}$.

解 $\frac{\partial z}{\partial x} = \frac{y \cdot \left(-\frac{1}{x^2}\right)}{1+\left(\frac{y}{x}\right)^2} = \frac{-y}{x^2+y^2}, \frac{\partial z}{\partial y} = \frac{\frac{1}{x}}{1+\left(\frac{y}{x}\right)^2} = \frac{x}{x^2+y^2}$

$\frac{\partial^2 z}{\partial x^2} = \frac{\partial}{\partial x}\left(-\frac{y}{x^2+y^2}\right) = \frac{2xy}{(x^2+y^2)^2}$

$$\frac{\partial^2 z}{\partial x \partial y} = \frac{\partial}{\partial y}\left(-\frac{y}{x^2+y^2}\right) = \frac{y^2-x^2}{(x^2+y^2)^2}$$

$$\frac{\partial^2 z}{\partial y^2} = \frac{\partial}{\partial y}\left(\frac{x}{x^2+y^2}\right) = \frac{-2xy}{(x^2+y^2)^2}$$

【例 8】 证明 $T(x,t) = e^{-ab^2 t}\sin bx$ 满足热传导方程 $\frac{\partial T}{\partial t} = a\frac{\partial^2 T}{\partial x^2}$,其中,$a$ 为正常数,b 为任意常数.

证明 因为

$$\frac{\partial T}{\partial t} = -ab^2 e^{-ab^2 t}\sin bx, \frac{\partial T}{\partial x} = b e^{-ab^2 t}\cos bx, \frac{\partial^2 T}{\partial x^2} = -b^2 e^{-ab^2 t}\sin bx$$

所以

$$a\frac{\partial^2 T}{\partial x^2} = -ab^2 e^{-ab^2 t}\sin bx = \frac{\partial T}{\partial t}$$

习题 8-2

A 组

1. 已知 $f(x,y) = xy^2$,由偏导数定义求 $f'_x(x_0, y_0)$ 及 $f'_y(x_0, y_0)$.

2. 求下列函数的偏导数.

   (1) $z = x^3 y - xy^3$　　　　　(2) $z = \sin\frac{y}{x}$

   (3) $z = \sqrt{\ln(xy)}$　　　　　(4) $z = (1+xy)^y$

3. 求下列函数的二阶偏导数.

   (1) $z = x^3 + y^3 - 3x^2 y^2$　　(2) $z = \frac{x-y}{x+y}$

   (3) $z = \cos^2(x+2y)$　　　　(4) $z = x^y$

B 组

1. 设 $f(x,y,z) = x^2 y + y^2 z + z^2 x$,求 $f''_{xx}(1,0,0), f''_{xy}(1,0,1), f''_{yz}(1,0,2), f'''_{xxy}(1,1,1)$.

2. 试证 $u = z\arctan\frac{x}{y}$ 满足拉普拉斯方程:$\frac{\partial^2 u}{\partial x^2} + \frac{\partial^2 u}{\partial y^2} + \frac{\partial^2 u}{\partial z^2} = 0$.

第三节　全微分及其应用

一、全微分的概念

我们知道,如果一元函数 $y = f(x)$ 在 $x = x_0$ 处的增量 $\Delta y = f(x_0 + \Delta x) - f(x_0)$ 可以表示为 $\Delta y = A\Delta x + \alpha$,其中 α 是 Δx 的高阶无穷小,则称 $A\Delta x$ 为函数 $y = f(x)$ 在 x_0 处的微分.

对二元函数的全微分有类似的定义:

定义 1 若函数 $z = f(x,y)$ 在点 (x_0, y_0) 处的全增量 $\Delta z = f(x_0 + \Delta x, y_0 + \Delta y) - f(x_0, y_0)$ 可以表示为

$$\Delta z = A\Delta x + B\Delta y + \alpha$$

其中,A,B 与 $\Delta x,\Delta y$ 无关,α 是 $\rho=\sqrt{(\Delta x)^2+(\Delta y)^2}$ 的高阶无穷小(即 $\lim\limits_{\rho\to 0}\dfrac{\alpha}{\rho}=0$,可记为 $o(\rho)$),则称函数 $z=f(x,y)$ 在点 (x_0,y_0) 处可微,且称 $A\Delta x+B\Delta y$ 为函数 $z=f(x,y)$ 在点 (x_0,y_0) 处的全微分,记作 dz,即

$$dz=A\Delta x+B\Delta y$$

【例 1】 验证 $f(x,y)=xy$ 在点 $(1,1)$ 处是否可微,若可微,求在该点的全微分 $dz|_{(1,1)}$.

解 $\Delta z=f(x_0+\Delta x,y_0+\Delta y)-f(x_0,y_0)=(1+\Delta x)(1+\Delta y)-1=\Delta x+\Delta y+\Delta x\Delta y$,而

$$\lim_{\substack{\Delta x\to 0\\ \Delta y\to 0}}\frac{\Delta x\Delta y}{\sqrt{(\Delta x)^2+(\Delta y)^2}}=0\ (0\leqslant\left|\frac{\Delta x\Delta y}{\sqrt{(\Delta x)^2+(\Delta y)^2}}\right|\leqslant\frac{1}{\sqrt{2}}\sqrt{\Delta x\Delta y}),$$

所以 $f(x,y)=xy$ 在点 $(1,1)$ 处可微,且 $dz|_{(1,1)}=\Delta x+\Delta y$.

如果函数 $z=f(x,y)$ 在区域 D 内处处可微,则称函数 $z=f(x,y)$ 在区域 D 内可微.

如果函数 $z=f(x,y)$ 在点 (x_0,y_0) 处可微,则函数在该点必连续;如果函数在点 (x_0,y_0) 处不连续,则函数在该点必不可微.

一元函数可微与可导是等价的,且 $dy=f'(x)dx$,那么二元函数在点 (x_0,y_0) 处可微与它在该点处的偏导数具有怎样的关系呢?

定理 1 (可微的必要条件)若函数 $z=f(x,y)$ 在点 (x_0,y_0) 处可微,则函数 $z=f(x,y)$ 在点 (x_0,y_0) 处的两个偏导数存在,且有

$$A=\frac{\partial z}{\partial x}\Big|_{(x_0,y_0)},B=\frac{\partial z}{\partial y}\Big|_{(x_0,y_0)}$$

证明从略.

由此定理可知,若函数 $z=f(x,y)$ 在点 (x_0,y_0) 处可微,则全微分为

$$dz=\frac{\partial z}{\partial x}\Big|_{(x_0,y_0)}\Delta x+\frac{\partial z}{\partial y}\Big|_{(x_0,y_0)}\Delta y$$

与一元函数一样,规定 $\Delta x=dx,\Delta y=dy$,则

$$dz=\frac{\partial z}{\partial x}\Big|_{(x_0,y_0)}dx+\frac{\partial z}{\partial y}\Big|_{(x_0,y_0)}dy$$

注意 有些二元函数在某点的偏导数存在但并不可微,二元函数偏导数存在仅是可微的必要条件,这是多元函数与一元函数的又一不同之处.

定理 2 (可微的充分条件)若函数 $z=f(x,y)$ 在点 (x_0,y_0) 的某邻域内偏导数连续,则函数 $z=f(x,y)$ 在该点一定可微.

证明从略.

【例 2】 求 $z=\sin(x^2+y^2)$ 的全微分.

解 先求偏导数

$$\frac{\partial z}{\partial x}=2x\cos(x^2+y^2),\frac{\partial z}{\partial y}=2y\cos(x^2+y^2)$$

于是全微分为

$$\begin{aligned}dz&=\frac{\partial z}{\partial x}dx+\frac{\partial z}{\partial y}dy\\&=2x\cos(x^2+y^2)dx+2y\cos(x^2+y^2)dy\\&=2\cos(x^2+y^2)(xdx+ydy)\end{aligned}$$

【例 3】 求 $z=x^2y^2$ 在点 $(2,-1)$ 处的全微分.

解 先求偏导数

$$\frac{\partial z}{\partial x}=2xy^2,\frac{\partial z}{\partial y}=2x^2y$$

$$\frac{\partial z}{\partial x}\Big|_{\substack{x=2\\ y=-1}}=2\times 2\times(-1)^2=4,\frac{\partial z}{\partial y}\Big|_{\substack{x=2\\ y=-1}}=2\times 2^2\times(-1)=-8$$

于是函数在点$(2,-1)$的全微分为
$$dz = 4dx - 8dy$$

二元以上函数的全微分类似于二元函数的全微分,例如,$u=u(x,y,z)$,则 $du = \dfrac{\partial u}{\partial x}dx + \dfrac{\partial u}{\partial y}dy + \dfrac{\partial u}{\partial z}dz$.

【例 4】 设 $u = xe^{xy+2z}$,求 u 的全微分.

解 $\dfrac{\partial u}{\partial x} = e^{xy+2z} + xe^{xy+2z} \cdot y = (1+xy)e^{xy+2z}$, $\dfrac{\partial u}{\partial y} = xe^{xy+2z} \cdot x = x^2 e^{xy+2z}$

$\dfrac{\partial u}{\partial z} = xe^{xy+2z} \cdot 2 = 2xe^{xy+2z}$

于是
$$\begin{aligned} du &= \dfrac{\partial u}{\partial x}dx + \dfrac{\partial u}{\partial y}dy + \dfrac{\partial u}{\partial z}dz \\ &= (1+xy)e^{xy+2z}dx + x^2 e^{xy+2z}dy + 2xe^{xy+2z}dz \\ &= e^{xy+2z}[(1+xy)dx + x^2 dy + 2x dz] \end{aligned}$$

二、全微分在近似计算中的应用

若函数 $z = f(x,y)$ 在点 (x,y) 处可微,则当 $|\Delta x|$ 与 $|\Delta y|$ 都较小时,其全微分 $dz = f_x'(x,y)dx + f_y'(x,y)dy = f_x'(x,y)\Delta x + f_y'(x,y)\Delta y$,而且其全增量 $\Delta z = f(x+\Delta x, y+\Delta y) - f(x,y)$ 与全微分 dz 之差是一个 $\rho = \sqrt{(\Delta x)^2 + (\Delta y)^2}$ 的高阶无穷小.因此,当 $|\Delta x|$,$|\Delta y|$ 均较小时,全增量可以近似地用全微分代替,于是有
$$f(x+\Delta x, y+\Delta y) - f(x,y) \approx f_x'(x,y)\Delta x + f_y'(x,y)\Delta y$$
或
$$f(x+\Delta x, y+\Delta y) \approx f(x,y) + f_x'(x,y)\Delta x + f_y'(x,y)\Delta y$$

【例 5】 利用全微分近似计算 $(0.98)^{2.03}$ 的值.

解 设函数 $z = f(x,y) = x^y$,取 $x=1, y=2, \Delta x = -0.02, \Delta y = 0.03$,则要计算的值就是函数 $z = x^y$ 在 $x+\Delta x = 0.98, y+\Delta y = 2.03$ 处的函数值 $f(0.98, 2.03)$.

由公式
$$f(x+\Delta x, y+\Delta y) \approx f(x,y) + f_x'(x,y)\Delta x + f_y'(x,y)\Delta y$$
得
$$\begin{aligned} f(0.98, 2.03) &= f(1-0.02, 2+0.03) \\ &\approx f(1,2) + f_x'(1,2) \cdot (-0.02) + f_y'(1,2) \cdot (0.03) \end{aligned}$$
而
$$f(1,2) = 1, f_x'(x,y) = yx^{y-1}, f_x'(1,2) = 2, f_y'(x,y) = x^y \ln x, f_y'(1,2) = 0$$
所以 $(0.98)^{2.03} \approx 1 + 2 \times (-0.02) + 0 \times 0.03 = 0.96$.

【例 6】 为制造轴承,需对 1 000 个半径为 4 mm,高为 10 mm 的圆柱体钢材镀厚度为 0.1 mm 的铬,问大约需多少铬?(已知铬的密度 $\rho = 7.1 \text{ g/cm}^3$)

解 圆柱体体积 $V = \pi r^2 h$,镀层的体积为
$$\Delta V \approx dV = \dfrac{\partial V}{\partial r}dr + \dfrac{\partial V}{\partial h}dh = 2\pi rh \Delta r + \pi r^2 \Delta h$$

将 $r=4, h=10, \Delta r=0.1, \Delta h=0.2$ 代入上式得
$$\Delta V \approx 2\pi \times 4 \times 10 \times 0.1 + \pi \times 4^2 \times 0.2 = 11.2\pi (\text{mm}^3) \approx 0.0352 (\text{cm}^3)$$
$$W = \Delta V \cdot \rho \times 1000 \approx 249.9(\text{g})$$

因此,大约需要 249.9 g 铬.

习题 8-3

A 组

1. 求函数 $z=\dfrac{y}{x}$ 当 $x=2, y=1, \Delta x=0.1, \Delta y=-0.2$ 时的全增量和全微分.

2. 求函数 $f(x,y)=\ln\sqrt{1+x^2+y^2}$ 在点 $(1,2)$ 处的全微分.

3. 求下列函数的全微分.

   (1) $z=\ln(x+y^2)$
   (2) $z=e^{\frac{y}{x}}$
   (3) $z=\sin(xy)+\cos^2(xy)$
   (4) $u=x^{yz}$

B 组

1. 计算 $\sqrt{(1.02)^3+(1.97)^3}$ 的近似值.

2. 计算 $(1.98)^{1.03}$ 的近似值. ($\ln 2 = 0.693$)

3. 一圆柱形的无盖容器,壁与底的厚度均为 0.1 cm,内高为 20 cm,半径为 4 cm,求容器外壳体积的近似值.

第四节 多元复合函数微分法

一、复合函数微分法

前面我们介绍了一元复合函数的求导法则,这一法则在求导中起着重要作用. 对于多元函数,情况也是如此. 下面我们先以二元函数为例,介绍多元复合函数的微分法.

设函数 $z=f(u,v)$,而 u,v 都是 x,y 的函数,$u=\varphi(x,y), v=\psi(x,y)$,于是 $z=f[\varphi(x,y), \psi(x,y)]$ 是 x,y 的函数,称函数 $z=f[\varphi(x,y), \psi(x,y)]$ 为 $z=f(u,v)$ 与 $u=\varphi(x,y), v=\psi(x,y)$ 的复合函数.

二元复合函数有如下的微分法则:

定理 1 设 $u=\varphi(x,y), v=\psi(x,y)$ 在点 (x,y) 处有偏导数,$z=f(u,v)$ 在相应点 (u,v) 有连续偏导数,则复合函数 $z=f[\varphi(x,y), \psi(x,y)]$ 在点 (x,y) 处有偏导数,且

$$\frac{\partial z}{\partial x} = \frac{\partial z}{\partial u}\frac{\partial u}{\partial x} + \frac{\partial z}{\partial v}\frac{\partial v}{\partial x}, \quad \frac{\partial z}{\partial y} = \frac{\partial z}{\partial u}\frac{\partial u}{\partial y} + \frac{\partial z}{\partial v}\frac{\partial v}{\partial y} \tag{1}$$

证明从略.

多元复合函数的求导法则可以叙述为:多元复合函数对某一自变量的偏导数,等于函数对各个中间变量的偏导数与这个中间变量对该自变量的偏导数的乘积之和. 这一法则也称为锁

链法则或链法则.

【例1】 设 $z=\ln(u^2+v), u=e^{x+y^2}, v=x^2+y$,求 $\dfrac{\partial z}{\partial x}, \dfrac{\partial z}{\partial y}$.

解 因为 $\dfrac{\partial u}{\partial x}=e^{x+y^2}, \dfrac{\partial v}{\partial x}=2x, \dfrac{\partial u}{\partial y}=2ye^{x+y^2}, \dfrac{\partial v}{\partial y}=1, \dfrac{\partial z}{\partial u}=\dfrac{2u}{u^2+v}, \dfrac{\partial z}{\partial v}=\dfrac{1}{u^2+v}$,所以

$$\dfrac{\partial z}{\partial x}=\dfrac{\partial z}{\partial u}\cdot\dfrac{\partial u}{\partial x}+\dfrac{\partial z}{\partial v}\cdot\dfrac{\partial v}{\partial x}$$

$$=\dfrac{2u}{u^2+v}\cdot e^{x+y^2}+\dfrac{1}{u^2+v}\cdot 2x$$

$$=\dfrac{2}{e^{2x+2y^2}+x^2+y}(e^{2x+2y^2}+x)$$

$$\dfrac{\partial z}{\partial y}=\dfrac{\partial z}{\partial u}\cdot\dfrac{\partial u}{\partial y}+\dfrac{\partial z}{\partial v}\cdot\dfrac{\partial v}{\partial y}$$

$$=\dfrac{2u}{u^2+v}\cdot 2ye^{x+y^2}+\dfrac{1}{u^2+v}\cdot 1$$

$$=\dfrac{1}{e^{2x+2y^2}+x^2+y}(4ye^{2x+2y^2}+1)$$

注意 求复合函数的偏导数时,最后要将中间变量都换成自变量.

有些复杂的或不易直接求解的多元函数求偏导问题,我们可以引进中间变量.

【例2】 求 $z=(x^2+y^2)^{xy}$ 的偏导数.

解 令 $u=x^2+y^2, v=xy$,则 $z=u^v$,因为

$$\dfrac{\partial u}{\partial x}=2x, \dfrac{\partial v}{\partial x}=y, \dfrac{\partial u}{\partial y}=2y, \dfrac{\partial v}{\partial y}=x, \dfrac{\partial z}{\partial u}=vu^{v-1}, \dfrac{\partial z}{\partial v}=u^v\ln u$$

所以

$$\dfrac{\partial z}{\partial x}=\dfrac{\partial z}{\partial u}\cdot\dfrac{\partial u}{\partial x}+\dfrac{\partial z}{\partial v}\cdot\dfrac{\partial v}{\partial x}=vu^{v-1}\cdot 2x+(u^v\ln u)y$$

$$=(x^2+y^2)^{xy}\left[\dfrac{2x^2y}{x^2+y^2}+y\ln(x^2+y^2)\right]$$

根据函数 $z=(x^2+y^2)^{xy}$ 关于 x, y 的对称性,可相应写出

$$\dfrac{\partial z}{\partial y}=(x^2+y^2)^{xy}\left[\dfrac{2xy^2}{x^2+y^2}+x\ln(x^2+y^2)\right]$$

多元复合函数的复合关系是多种多样的,但根据锁链法则,我们可以灵活地掌握复合函数求导法则.下面讨论几种情形.

1. 只有一个自变量

设 $z=f(u,v), u=\varphi(x), v=\psi(x)$,则复合函数 $z=f(\varphi(x),\psi(x))$ 的导数为

$$\dfrac{\mathrm{d}z}{\mathrm{d}x}=\dfrac{\partial z}{\partial u}\dfrac{\mathrm{d}u}{\mathrm{d}x}+\dfrac{\partial z}{\partial v}\dfrac{\mathrm{d}v}{\mathrm{d}x} \tag{2}$$

这里 $z=f(u,v)$ 是 u,v 的二元函数,而 u,v 都是 x 的一元函数,则 $z=f(\varphi(x),\psi(x))$ 是 x 的一元函数,这时复合函数对 x 的导数 $\dfrac{\mathrm{d}z}{\mathrm{d}x}$ 称为全导数.

【例3】 设 $z=e^{u-2v}, u=\sin x, v=x^2$,求全导数 $\dfrac{\mathrm{d}z}{\mathrm{d}x}$.

解 $\dfrac{\mathrm{d}z}{\mathrm{d}x}=\dfrac{\partial z}{\partial u}\dfrac{\mathrm{d}u}{\mathrm{d}x}+\dfrac{\partial z}{\partial v}\dfrac{\mathrm{d}v}{\mathrm{d}x}$

$$= e^{u-2v}\cos x + e^{u-2v}(-2)\cdot 2x$$
$$= e^{\sin x - 2x^2}(\cos x - 4x)$$

2. 中间变量和自变量多于两个的情形

若 $u=\varphi(x,y,z), v=\psi(x,y,z)$，则复合函数 $w=f(u,v)=f(\varphi(x,y,z),\psi(x,y,z))$ 的偏导数为

$$\frac{\partial w}{\partial x}=\frac{\partial w}{\partial u}\frac{\partial u}{\partial x}+\frac{\partial w}{\partial v}\frac{\partial v}{\partial x}$$
$$\frac{\partial w}{\partial y}=\frac{\partial w}{\partial u}\frac{\partial u}{\partial y}+\frac{\partial w}{\partial v}\frac{\partial v}{\partial y} \qquad (3)$$
$$\frac{\partial w}{\partial z}=\frac{\partial w}{\partial u}\frac{\partial u}{\partial z}+\frac{\partial w}{\partial v}\frac{\partial v}{\partial z}$$

若 $w=f(u,v,t)$，而 $u=u(x,y), v=v(x,y), t=t(x,y)$，则复合函数 $w=f(u(x,y),v(x,y),t(x,y))$ 的偏导数为

$$\frac{\partial w}{\partial x}=\frac{\partial w}{\partial u}\frac{\partial u}{\partial x}+\frac{\partial w}{\partial v}\frac{\partial v}{\partial x}+\frac{\partial w}{\partial t}\frac{\partial t}{\partial x}$$
$$\frac{\partial w}{\partial y}=\frac{\partial w}{\partial u}\frac{\partial u}{\partial y}+\frac{\partial w}{\partial v}\frac{\partial v}{\partial y}+\frac{\partial w}{\partial t}\frac{\partial t}{\partial y} \qquad (4)$$

【例 4】 设 $w=f(x^2,xy,xyz)$，求 $\frac{\partial w}{\partial x}, \frac{\partial w}{\partial y}, \frac{\partial w}{\partial z}$。

解 设 $u=x^2, v=xy, t=xyz$，则

$$\frac{\partial w}{\partial x}=\frac{\partial w}{\partial u}\frac{du}{dx}+\frac{\partial w}{\partial v}\frac{\partial v}{\partial x}+\frac{\partial w}{\partial t}\frac{\partial t}{\partial x}=2x\frac{\partial w}{\partial u}+y\frac{\partial w}{\partial v}+yz\frac{\partial w}{\partial t}$$

$$\frac{\partial w}{\partial y}=\frac{\partial w}{\partial u}\frac{\partial u}{\partial y}+\frac{\partial w}{\partial v}\frac{\partial v}{\partial y}+\frac{\partial w}{\partial t}\frac{\partial t}{\partial y}=x\frac{\partial w}{\partial v}+xz\frac{\partial w}{\partial t}$$

$$\frac{\partial w}{\partial z}=\frac{\partial w}{\partial u}\frac{\partial u}{\partial z}+\frac{\partial w}{\partial v}\frac{\partial v}{\partial z}+\frac{\partial w}{\partial t}\frac{\partial t}{\partial z}=xy\frac{\partial w}{\partial t}$$

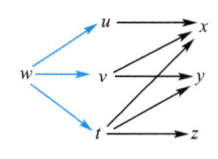

3. 特殊情形

若 $z=f(u,x,y), u=\varphi(x,y)$，则复合函数 $z=f(\varphi(x,y),x,y)$ 可看作 $v=x, t=y$ 的特殊情形，此时 x,y 既是自变量，同时又与 u 一起形成中间变量 u,x,y。因此

$$\frac{\partial v}{\partial x}=1, \frac{\partial t}{\partial x}=0, \frac{\partial v}{\partial y}=0, \frac{\partial t}{\partial y}=1$$

代入式(4)，得

$$\frac{\partial z}{\partial x}=\frac{\partial f}{\partial u}\frac{\partial u}{\partial x}+\frac{\partial f}{\partial x}, \frac{\partial z}{\partial y}=\frac{\partial f}{\partial u}\frac{\partial u}{\partial y}+\frac{\partial f}{\partial y} \qquad (5)$$

注意 在式(5)中 $\frac{\partial z}{\partial x}$（或 $\frac{\partial z}{\partial y}$）表示复合函数 $z=f(\varphi(x,y),x,y)$ 对自变量 x（或 y）的偏导数[此时把自变量 y（或 x）看作常数]；而 $\frac{\partial f}{\partial x}$（或 $\frac{\partial f}{\partial y}$）表示函数 $z=f(u,x,y)$ 对中间变量 x（或 y）的偏导数，此时 u,x,y 皆为中间变量。求 $\frac{\partial f}{\partial x}$（或 $\frac{\partial f}{\partial y}$）时，把中间变量 u,y（或 x）看作常数，所以 $\frac{\partial z}{\partial x}$（或 $\frac{\partial z}{\partial y}$）与 $\frac{\partial f}{\partial x}$（或 $\frac{\partial f}{\partial y}$）的意义是不同的，不可混淆。

【例 5】 设 $z = f(x, x\cos y)$,求 $\dfrac{\partial z}{\partial x}, \dfrac{\partial z}{\partial y}$.

解 设 $u = x\cos y$,则

$$\dfrac{\partial z}{\partial x} = \dfrac{\partial f}{\partial u}\dfrac{\partial u}{\partial x} + \dfrac{\partial f}{\partial x}\dfrac{\mathrm{d}x}{\mathrm{d}x} = \cos y \cdot \dfrac{\partial f}{\partial u} + \dfrac{\partial f}{\partial x}$$

$$\dfrac{\partial z}{\partial y} = \dfrac{\partial f}{\partial u}\dfrac{\partial u}{\partial y} = -x\sin y \dfrac{\partial f}{\partial u}$$

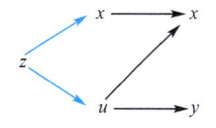

二、隐函数的微分法

在一元函数中,我们曾学习过隐函数的求导法则,但未给出一般的公式.现由多元复合函数的求导法则推导隐函数的求导公式.

设方程 $F(x,y) = 0$ 确定了隐函数 $y = f(x)$,将其代入方程,得

$$F(x, f(x)) = 0$$

两端对 x 求导,得

$$F'_x + F'_y \cdot \dfrac{\mathrm{d}y}{\mathrm{d}x} = 0$$

若 $F'_y \neq 0$,则有

$$\dfrac{\mathrm{d}y}{\mathrm{d}x} = -\dfrac{F'_x}{F'_y} \tag{6}$$

若方程 $F(x,y,z) = 0$ 确定了隐函数 $z = f(x,y)$,将 $z = f(x,y)$ 代入方程,得

$$F(x, y, f(x,y)) = 0$$

两端对 x, y 求偏导数,得

$$F'_x + F'_z \dfrac{\partial z}{\partial x} = 0,\ F'_y + F'_z \dfrac{\partial z}{\partial y} = 0$$

若 $F'_z \neq 0$,则有

$$\dfrac{\partial z}{\partial x} = -\dfrac{F'_x}{F'_z},\ \dfrac{\partial z}{\partial y} = -\dfrac{F'_y}{F'_z} \tag{7}$$

若方程组 $\begin{cases} F(x,y,z) = 0 \\ G(x,y,z) = 0 \end{cases}$ 确定了隐函数 $z = z(x), y = y(x)$,将 $y = y(x), z = z(x)$ 代入方程组 $\begin{cases} F(x, y(x), z(x)) = 0 \\ G(x, y(x), z(x)) = 0 \end{cases}$,两端对 x 求导得 $\begin{cases} F'_x + F'_y \cdot \dfrac{\mathrm{d}y}{\mathrm{d}x} + F'_z \cdot \dfrac{\mathrm{d}z}{\mathrm{d}x} = 0 \\ G'_x + G'_y \cdot \dfrac{\mathrm{d}y}{\mathrm{d}x} + G'_z \cdot \dfrac{\mathrm{d}z}{\mathrm{d}x} = 0 \end{cases}$,为关于 $\dfrac{\mathrm{d}y}{\mathrm{d}x}, \dfrac{\mathrm{d}z}{\mathrm{d}x}$ 的方程组.

当 $F'_y G'_z - F'_z G'_y \neq 0$ 时,$\dfrac{\mathrm{d}y}{\mathrm{d}x} = -\dfrac{F'_x G'_z - F'_z G'_x}{F'_y G'_z - F'_z G'_y},\ \dfrac{\mathrm{d}z}{\mathrm{d}x} = -\dfrac{F'_y G'_x - F'_x G'_y}{F'_y G'_z - F'_z G'_y}$.

【例 6】 设 $x^2 + y^2 = 1$,求 $\dfrac{\mathrm{d}y}{\mathrm{d}x}$.

解 因 $F(x,y) = x^2 + y^2 - 1, F'_x = 2x, F'_y = 2y$,由式(6)得

$$\dfrac{\mathrm{d}y}{\mathrm{d}x} = -\dfrac{F'_x}{F'_y} = -\dfrac{2x}{2y} = -\dfrac{x}{y}$$

【例 7】 设 $x^2+2y^2+3z^2=4x$，求 $\dfrac{\partial z}{\partial x},\dfrac{\partial z}{\partial y},\dfrac{\partial^2 z}{\partial x\partial y}$.

解 令 $F(x,y,z)=x^2+2y^2+3z^2-4x$，则 $F'_x=2x-4,F'_y=4y,F'_z=6z$，代入式(7)得

$$\frac{\partial z}{\partial x}=-\frac{F'_x}{F'_z}=-\frac{2x-4}{6z}=\frac{2-x}{3z},$$

$$\frac{\partial z}{\partial y}=-\frac{F'_y}{F'_z}=-\frac{4y}{6z}=-\frac{2y}{3z},$$

$$\frac{\partial^2 z}{\partial x\partial y}=\frac{\partial}{\partial y}\left(\frac{2-x}{3z}\right)=\frac{2-x}{3}\left(\frac{1}{z}\right)'_y$$

$$=\frac{2-x}{3}\left(-\frac{1}{z^2}\right)\frac{\partial z}{\partial y}=-\frac{2-x}{3z^2}\left(-\frac{2y}{3z}\right)$$

$$=\frac{2(2-x)y}{9z^3}.$$

【例 8】 已知 $\begin{cases} x^2+y^2+z^2=1 \\ xyz=\sin x \end{cases}$，求 $\dfrac{\mathrm{d}z}{\mathrm{d}x},\dfrac{\mathrm{d}y}{\mathrm{d}x}$.

解 方程两端对 x 求导数得 $\begin{cases} 2x+2yy'+2zz'=0 \\ yz-\cos x+xzy'+xyz'=0 \end{cases}$，解方程组得

$$\frac{\mathrm{d}y}{\mathrm{d}x}=-\frac{2x^2y-2yz^2+2z\cos x}{2xy^2-2xz^2}=\frac{-x^2y+yz^2-z\cos x}{xy^2-xz^2}$$

$$\frac{\mathrm{d}z}{\mathrm{d}x}=-\frac{2y^2z-2y\cos x-2x^2z}{2xy^2-2xz^2}=\frac{y\cos x+x^2z-y^2z}{xy^2-xz^2}$$

习题 8-4

A 组

1. 设 $z=u^2\ln v,u=2xy,v=x^2-y^2$，求 $\dfrac{\partial z}{\partial x},\dfrac{\partial z}{\partial y}$.

2. 设 $z=\dfrac{x}{y},x=\mathrm{e}^t,y=\mathrm{e}^{2t}-1$，求 $\dfrac{\mathrm{d}z}{\mathrm{d}t}$.

3. 求下列函数的一阶偏导数.
   (1) $z=f(\mathrm{e}^{xy},x^2+y^2)$
   (2) $w=f(x,xy,xyz)$

4. 设 $\ln\sqrt{x^2+y^2}=\arctan\dfrac{y}{x}$，求 $\dfrac{\mathrm{d}y}{\mathrm{d}x}$.

5. 设 $\mathrm{e}^x-x^2y+\sin y=0$，求 $\dfrac{\mathrm{d}y}{\mathrm{d}x}$.

B 组

1. 设 $u=\sin x+F(\sin y-\sin x)$，证明：$\dfrac{\partial u}{\partial x}\cos y+\dfrac{\partial u}{\partial y}\cos x=\cos x\cos y$.

2. 证明由方程 $F(cx-az,cy-bz)=0(a,b,c$ 为常数$)$ 所确定的隐函数 $z=z(x,y)$ 满足方程 $a\dfrac{\partial z}{\partial x}+b\dfrac{\partial z}{\partial y}=c$.

第五节 偏导数的应用

一、偏导数的几何应用

1. 空间曲线的切线和法平面

设空间曲线 L 的参数方程为

$$\begin{cases} x = x(t) \\ y = y(t) \\ z = z(t) \end{cases}$$

假定 $x(t), y(t), z(t)$ 均可导,$x'(t_0), y'(t_0), z'(t_0)$ 不同时为零,曲线上对应于 $t = t_0$ 及 $t = t_0 + \Delta t$ 的点分别为 $M_0(x_0, y_0, z_0)$ 和 $M(x_0 + \Delta x, y_0 + \Delta y, z_0 + \Delta z)$,如图 8-5 所示. 割线 $M_0 M$ 的方程为

$$\frac{x - x_0}{\Delta x} = \frac{y - y_0}{\Delta y} = \frac{z - z_0}{\Delta z}$$

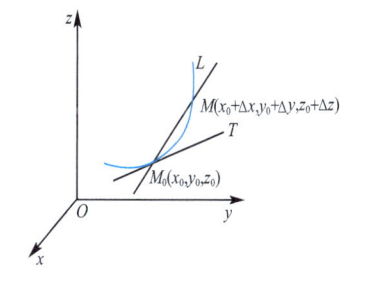

图 8-5

当 M 沿着曲线 L 趋近 M_0 时,割线的极限位置 $M_0 T$ 是 L 在 M_0 处的切线. 上式分母同除以 Δt,得

$$\frac{x - x_0}{\frac{\Delta x}{\Delta t}} = \frac{y - y_0}{\frac{\Delta y}{\Delta t}} = \frac{z - z_0}{\frac{\Delta z}{\Delta t}}$$

当 $\Delta t \to 0$(即 $M \to M_0$)时,对上式取极限,即得曲线在点 M_0 的切线方程

$$\frac{x - x_0}{x'(t_0)} = \frac{y - y_0}{y'(t_0)} = \frac{z - z_0}{z'(t_0)}$$

向量 $\boldsymbol{T} = \{x'(t_0), y'(t_0), z'(t_0)\}$ 是切线 $M_0 T$ 的方向向量,称为切线向量. 切线向量的方向余弦即为切线的方向余弦.

通过点 M_0 与切线垂直的平面称为曲线 L 在点 M_0 的法平面. 它是通过点 $M_0(x_0, y_0, z_0)$,以切线向量 $\boldsymbol{T}$ 为法向量的平面. 因此,法平面方程为

$$x'(t_0)(x - x_0) + y'(t_0)(y - y_0) + z'(t_0)(z - z_0) = 0$$

特别地,空间曲线由两个柱面的截线构成时,即求 $\begin{cases} y = f(x) \\ z = g(x) \end{cases}$ 在 (x_0, y_0, z_0) 处的切线和法平面方程. 这时对应的参数方程为 $\begin{cases} x = x \\ y = f(x) \\ z = g(x) \end{cases}$,切线向量为 $(1, f'(x_0), g'(x_0))$. 所以切线方程为 $\dfrac{x - x_0}{1} = \dfrac{y - y_0}{f'(x_0)} = \dfrac{z - z_0}{g'(x_0)}$,法平面方程为 $(x - x_0) + f'(x_0)(y - y_0) + g'(x_0)(z - z_0) = 0$.

【例 1】 求螺旋线 $x = \cos t, y = \sin t, z = t$ 在点 $(1, 0, 0)$ 的切线及法平面方程.

解 点 $(1, 0, 0)$ 对应的参数 $t = 0$.

因为 $x'(t) = -\sin t, y'(t) = \cos t, z'(t) = 1$,所以切线向量 $\boldsymbol{T} = \{x'(0), y'(0), z'(0)\} = \{0, 1, 1\}$,因此,曲线在点 $(1, 0, 0)$ 处的切线方程为

即
$$\frac{x-1}{0}=\frac{y-0}{1}=\frac{z-0}{1}$$
$$\begin{cases} x=1 \\ y=z \end{cases}$$

在点 $(1,0,0)$ 处的法平面方程为
$$0\times(x-1)+1\times(y-0)+1\times(z-0)=0$$
整理为
$$y+z=0$$

【例 2】 求曲线 $y=\sin x, z=\dfrac{x}{2}$ 上点 $\left(\pi,0,\dfrac{\pi}{2}\right)$ 处的切线和法平面方程.

解 把 x 看作参数,此时曲线的方程为
$$\begin{cases} x=x \\ y=\sin x \\ z=\dfrac{x}{2} \end{cases}$$

$$x'\Big|_{x=\pi}=1,\ y'\Big|_{x=\pi}=\cos x\Big|_{x=\pi}=-1,\ z'\Big|_{x=\pi}=\frac{1}{2}$$

在点 $\left(\pi,0,\dfrac{\pi}{2}\right)$ 处的切线方程为
$$\frac{x-\pi}{1}=\frac{y-0}{-1}=\frac{z-\dfrac{\pi}{2}}{\dfrac{1}{2}}$$

法平面方程为
$$(x-\pi)-(y-0)+\frac{1}{2}\left(z-\frac{\pi}{2}\right)=0$$
即
$$4x-4y+2z=5\pi$$

2. 曲面的切平面与法线

设曲面 S 的方程为 $F(x,y,z)=0$,$M_0(x_0,y_0,z_0)$ 是曲面上的一点,假定函数 $F(x,y,z)$ 的偏导数在该点连续且不同时为零,设 L 是曲面 S 上过点 M_0 的任意一条曲线,L 的方程为 $x=x(t), y=y(t), z=z(t)$,与点 M_0 相对应的参数为 t_0,则曲线 L 在 M_0 处的切线向量为 $\boldsymbol{T}=\{x'(t_0),y'(t_0),z'(t_0)\}$. 因 L 在 S 上,故有
$$F(x(t),y(t),z(t))\equiv 0$$
此恒等式左端为复合函数,在 $t=t_0$ 时的全导数为
$$\frac{\mathrm{d}F}{\mathrm{d}t}\Big|_{t=t_0}=F'_x(x_0,y_0,z_0)x'(t_0)+F'_y(x_0,y_0,z_0)y'(t_0)+F'_z(x_0,y_0,z_0)z'(t_0)=0$$
记 $\boldsymbol{n}=\{F'_x(x_0,y_0,z_0),F'_y(x_0,y_0,z_0),F'_z(x_0,y_0,z_0)\}$,则 $\boldsymbol{T}\cdot\boldsymbol{n}=0$,即 $\boldsymbol{n}$ 与 $\boldsymbol{T}$ 互相垂直. 由于曲线 L 是曲面上过 M_0 的任意一条曲线,所以在曲面 S 上所有过点 M_0 的曲线的切线都与同一向量 $\boldsymbol{n}$ 垂直,故这些切线位于同一个平面上. 这个平面称为曲面在 M_0 处的切平面. 向量 $\boldsymbol{n}$ 是切平面的法向量,称为曲面 S 在 M_0 处的法向量. 切平面方程为
$$F'_x(x_0,y_0,z_0)(x-x_0)+F'_y(x_0,y_0,z_0)(y-y_0)+F'_z(x_0,y_0,z_0)(z-z_0)=0$$
过点 M_0 与切平面垂直的直线,称为曲面 S 在 M_0 处的法线,其方程为
$$\frac{x-x_0}{F'_x(x_0,y_0,z_0)}=\frac{y-y_0}{F'_y(x_0,y_0,z_0)}=\frac{z-z_0}{F'_z(x_0,y_0,z_0)}$$

若曲面方程由 $z=f(x,y)$ 给出，则可令
$$F(x,y,z)=f(x,y)-z=0$$
于是
$$F'_x=f'_x, F'_y=f'_y, F'_z=-1$$
这时曲面在 $M_0(x_0,y_0,z_0)$ 处的切平面方程为
$$f'_x(x_0,y_0)(x-x_0)+f'_y(x_0,y_0)(y-y_0)-(z-z_0)=0$$
或
$$z-z_0=f'_x(x_0,y_0)(x-x_0)+f'_y(x_0,y_0)(y-y_0)$$

此方程右端恰好是函数 $z=f(x,y)$ 在点 (x_0,y_0) 的全微分，而左端是切平面上点 (x_0,y_0,z_0) 竖坐标的增量.因此，函数 $z=f(x,y)$ 在点 (x_0,y_0) 的全微分在几何上表示曲面 $z=f(x,y)$ 的切平面在点 $M_0(x_0,y_0,z_0)$ 处竖坐标的增量.

法线方程为
$$\frac{x-x_0}{f'_x(x_0,y_0)}=\frac{y-y_0}{f'_y(x_0,y_0)}=\frac{z-z_0}{-1}$$

【例 3】 求椭球面 $x^2+3y^2+2z^2=6$ 在点 $(1,1,1)$ 处的切平面方程和法线方程.

解 设 $F(x,y,z)=x^2+3y^2+2z^2-6$
$$F'_x(x,y,z)=2x, F'_y(x,y,z)=6y, F'_z(x,y,z)=4z$$
$$F'_x(1,1,1)=2, F'_y(1,1,1)=6, F'_z(1,1,1)=4$$
故在点 $(1,1,1)$ 处椭球面的切平面方程为
$$2(x-1)+6(y-1)+4(z-1)=0$$
即
$$x+3y+2z-6=0$$
法线方程为
$$\frac{x-1}{1}=\frac{y-1}{3}=\frac{z-1}{2}$$

【例 4】 求旋转抛物面 $z=x^2+y^2$ 在点 $(1,-1,2)$ 处的切平面方程和法线方程.

解 由 $z=f(x,y)=x^2+y^2$，得
$$f'_x(1,-1)=2x|_{(1,-1)}=2, f'_y(1,-1)=2y|_{(1,-1)}=-2$$
切平面方程为
$$z-2=2(x-1)-2(y+1)$$
即
$$2x-2y-z=2$$
法线方程为
$$\frac{x-1}{2}=\frac{y+1}{-2}=\frac{z-2}{-1}$$

二、多元函数极值

1. 二元函数的极值

先看两个例子.

【例 5】 曲面 $z=\sqrt{x^2+y^2}$ 在点 $(0,0)$ 有极小值 $z=0$（图 8-6）.

【例 6】 曲面 $z=4-4x^2-y^2$ 在点 $(0,0)$ 有极大值 $z=4$（图 8-7）.

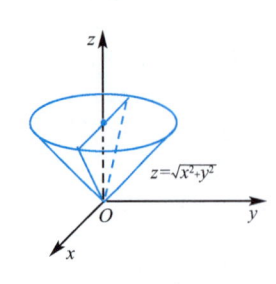

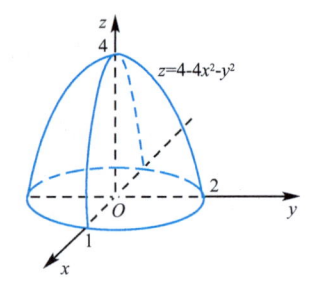

图 8-6

图 8-7

与一元函数极值类似,多元函数的极值也是相对于某个邻域而言的,是一个局部概念.

定义1 设函数 $z=f(x,y)$ 在点 (x_0,y_0) 的某个邻域内有定义,若对该邻域内任一点 (x,y) 都有

$$f(x,y) \leqslant f(x_0,y_0)(\text{或 } f(x,y) \geqslant f(x_0,y_0))$$

则称函数 $z=f(x,y)$ 在点 (x_0,y_0) 有极大(或极小)值 $f(x_0,y_0)$. 而称点 (x_0,y_0) 为函数 $z=f(x,y)$ 的极大(或极小)值点.极大值点与极小值点统称极值点.

三元及三元以上函数的极值可类似定义.

2. 极值的检验法

正如可用导数研究一元函数的极值一样,我们也可用偏导数来研究多元函数的极值.

(1)一阶偏导数检验

定理1 (必要条件)设函数 $z=f(x,y)$ 在点 (x_0,y_0) 处有极值,且在该点的偏导数存在,则必有 $f'_x(x_0,y_0)=0, f'_y(x_0,y_0)=0$.

证明 不妨设 $z=f(x,y)$ 在点 (x_0,y_0) 处有极大值,根据极值定义,对 (x_0,y_0) 的某一邻域内的任一点 (x,y),有

$$f(x,y) \leqslant f(x_0,y_0)$$

在 (x_0,y_0) 的邻域内,也有 $f(x,y_0) \leqslant f(x_0,y_0)$. 这表明一元函数 $f(x,y_0)$ 在 $x=x_0$ 处取得极大值,因此,有

$$f'_x(x_0,y_0)=0$$

同理可证 $f'_y(x_0,y_0)=0$. 与一元函数类似,使一阶偏导数 $f'_x(x,y)=0, f'_y(x,y)=0$ 的点 (x,y) 称为函数 $z=f(x,y)$ 的驻点.

由定理1及例5、例6可以看出:二元函数的极值点必然是驻点或一阶偏导数不存在的点.

那么如何检验驻点是否为极值点呢?

(2)二阶偏导数检验

定理2 (充分条件)设函数 $z=f(x,y)$ 在定义域内的一点 (x_0,y_0) 处有二阶连续偏导数,且 $f'_x(x_0,y_0)=0, f'_y(x_0,y_0)=0$.

记 $f''_{xx}(x_0,y_0)=A, f''_{xy}(x_0,y_0)=B, f''_{yy}(x_0,y_0)=C$, 则

(1) 当 $B^2-AC<0$ 且 $A>0$ 时,函数 $f(x,y)$ 在点 (x_0,y_0) 处有极小值 $f(x_0,y_0)$;

当 $B^2-AC<0$ 且 $A<0$ 时,函数 $f(x,y)$ 在点 (x_0,y_0) 处有极大值 $f(x_0,y_0)$;

(2) 当 $B^2-AC>0$ 时,函数 $f(x,y)$ 在点 (x_0,y_0) 处无极值;

(3) 当 $B^2-AC=0$ 时,函数 $f(x,y)$ 在点 (x_0,y_0) 处可能有极值,也可能无极值,需另做讨论.

证明从略.

综上可得,具有连续的二阶偏导数的函数 $z=f(x,y)$,其极值求法如下:

(1) 先求出偏导数 $f'_x, f'_y, f''_{xx}, f''_{xy}, f''_{yy}$;

(2) 解方程组 $\begin{cases} f'_x(x,y)=0 \\ f'_y(x,y)=0 \end{cases}$,求出定义域内全部驻点;

(3) 求出驻点处的二阶偏导数值:
$$A=f''_{xx}, B=f''_{xy}, C=f''_{yy}$$

定出 $\Delta=B^2-AC$ 的符号,并判断 $f(x)$ 是否有极值,如果有,求出其极值.

【例7】 求函数 $f(x,y)=x^3+y^3-3xy$ 的极值.

解 先求偏导数
$$f'_x(x,y)=3x^2-3y, f'_y(x,y)=3y^2-3x$$
$$f''_{xx}=6x, f''_{xy}=-3, f''_{yy}=6y$$

解方程组 $\begin{cases} 3x^2-3y=0 \\ 3y^2-3x=0 \end{cases}$,求得驻点为 $(0,0),(1,1)$.

在驻点 $(0,0)$ 处,$A=f''_{xx}(0,0)=0, B=f''_{xy}(0,0)=-3, C=f''_{yy}(0,0)=0, B^2-AC=9>0$,于是 $(0,0)$ 不是函数的极值点.

在驻点 $(1,1)$ 处,$A=f''_{xx}(1,1)=6, B=f''_{xy}(1,1)=-3, C=f''_{yy}(1,1)=6, B^2-AC=-27<0$,且 $A=6>0$,所以点 $(1,1)$ 是函数的极小值点,$f(1,1)=-1$ 为函数的极小值.

3. 最大值与最小值

如果函数 $z=f(x,y)$ 在有界闭区域 D 上连续,则函数在 D 上一定取得最大值和最小值. 实际问题中有许多最优化问题就是求目标函数的最大值或最小值.

如果函数的最大值或最小值在区域 D 的内部取得,则最大值点或最小值点必为驻点或一阶偏导数不存在的点. 因此,求出驻点的函数值、一阶偏导数不存在点处的函数值及边界上函数的最大值和最小值,其中,最大者便是函数在闭区域 D 上的最大值,最小者便是函数在闭区域 D 上的最小值. 具体问题中,常常通过分析可知函数的最大值或最小值存在,且在定义域内部取得,又知在定义域内只有唯一驻点,没有一阶偏导数不存在的点,于是可以肯定该驻点处的函数值便是函数的最大值或最小值.

【例8】 求函数 $f(x,y)=\sqrt{4-x^2-y^2}$ 在 $D:x^2+y^2\leqslant 1$ 上的最大值.

解 在 D 内 $(x^2+y^2<1)$,由
$$f'_x=\frac{-x}{\sqrt{4-x^2-y^2}}=0, f'_y=\frac{-y}{\sqrt{4-x^2-y^2}}=0$$

解得驻点为 $(0,0), f(0,0)=\sqrt{4}=2$.

在 D 的边界上 $(x^2+y^2=1)$
$$f(x,y)=\sqrt{4-x^2-y^2}\Big|_{x^2+y^2=1}=\sqrt{3}<2$$

故函数 $f(x,y)$ 在 $(0,0)$ 处有最大值 $f(0,0)=2$.

【例9】 要做一容积为 a 的无盖长方体铁皮容器,问如何设计最省材料?

解 所谓最省材料,即无盖长方形表面积最小.

设该容器的长、宽、高分别为 x, y, z,表面积为 S,则有
$$xyz=a$$

$$S = xy + 2xz + 2yz$$

消去 z，得表面积函数 $S = xy + \dfrac{2a}{y} + \dfrac{2a}{x}$，其定义域为 $x>0, y>0$. 令 $\begin{cases} S_x' = y - \dfrac{2a}{x^2} = 0 \\ S_y' = x - \dfrac{2a}{y^2} = 0 \end{cases}$，得驻点为 $(\sqrt[3]{2a}, \sqrt[3]{2a})$.

由于 D 为开区域，且该问题必有最小值存在，于是 $(\sqrt[3]{2a}, \sqrt[3]{2a})$ 必为 S 的最小值点，此时 $z = \dfrac{a}{xy} = \sqrt[3]{\dfrac{a}{4}}$，即长方体长、宽、高分别为 $\sqrt[3]{2a}, \sqrt[3]{2a}, \sqrt[3]{\dfrac{a}{4}}$ 时，容器所需铁皮最少，其面积为 $S(\sqrt[3]{2a}, \sqrt[3]{2a}, \sqrt[3]{\dfrac{a}{4}}) = 3\sqrt[3]{4a^2}$.

【例 10】 某公司每周生产 x 单位 A 产品和 y 单位 B 产品，其成本为
$$C(x,y) = x^2 + 2xy + 2y^2 + 1\,000$$
产品 A，B 的单位售价分别为 200 元和 300 元．假设两种产品均很畅销，试求使公司获得最大利润的这两种产品的生产水平及相应的最大利润．

解 依题意，公司的收益函数为
$$R(x,y) = 200x + 300y$$
因此，公司的利润函数为
$$\begin{aligned} P(x,y) &= R(x,y) - C(x,y) \\ &= 200x + 300y - x^2 - 2xy - 2y^2 - 1\,000 \end{aligned}$$

令 $\begin{cases} P_x'(x,y) = 200 - 2x - 2y = 0 \\ P_y'(x,y) = 300 - 2x - 4y = 0 \end{cases}$，得驻点为 $(50, 50)$.

利用二阶偏导数检验法，求二阶偏导数 $P_{xx}''(x,y) = -2, P_{xy}''(x,y) = -2, P_{yy}''(x,y) = -4$，显然二阶偏导数在驻点 $(50, 50)$ 的值为 $A = -2, B = -2, C = -4, B^2 - AC = -4 < 0, A = -2 < 0$. 由此可见，当产品 A，B 的周产量均为 50 个单位时，公司可获得最大利润，其最大利润为 $P(50, 50) = 11\,500$（元）．

三、条件极值

如果函数的自变量除了限定在定义域内以外，再没有其他限制，这种极值问题称为无条件极值．但在实际问题中，自变量经常会受到某些条件的约束，这种对自变量有约束条件的极值问题称为条件极值，或约束最优化．

条件极值问题的解法有两种，一是将条件极值转化为无条件极值，如例 9 就是求 $S = xy + 2xz + 2yz$ 在自变量满足约束条件 $xyz = a$ 时的条件极值．当我们从约束条件中解出 $z = \dfrac{a}{xy}$ 代入 S 中，得 $S = xy + \dfrac{2a}{y} + \dfrac{2a}{x}$，就变成了无条件极值，于是可以求解．但实际问题中的许多条件极值转化为无条件极值时，是很复杂甚至是不可能的．下面介绍求条件极值的另外一种更一般的方法——拉格朗日乘数法．

这一方法的思路是：把求条件极值问题转化为求无条件极值问题，看它应该满足什么样的条件．

设 (x,y) 是函数 $z = f(x,y)$ 在约束条件 $\varphi(x,y) = 0$ 下的条件极值问题的极值点，如果函

数 $f(x,y)$, $\varphi(x,y)$ 在点 (x,y) 的邻域内有连续偏导数且不全为 0(不妨设 $\varphi_y'(x,y)\neq 0$),则一元函数 $z=f(x,y(x))=z(x)$ 在点 x 的导数

$$\frac{dz}{dx}=0$$

由复合函数微分法,有

$$f_x'(x,y)+f_y'(x,y)\cdot\frac{dy}{dx}=0$$

由于 $y=y(x)$ 是由 $\varphi(x,y)=0$ 所确定的,所以 $\frac{dy}{dx}=-\frac{\varphi_x'(x,y)}{\varphi_y'(x,y)}$,代入上式,消去 $\frac{dy}{dx}$,得

$$f_x'(x,y)+f_y'(x,y)\left(-\frac{\varphi_x'(x,y)}{\varphi_y'(x,y)}\right)=0$$

即

$$f_x'(x,y)+\varphi_x'(x,y)\left(-\frac{f_y'(x,y)}{\varphi_y'(x,y)}\right)=0$$

令 $-\frac{f_y'(x,y)}{\varphi_y'(x,y)}=\lambda$,则有

$$\begin{cases} f_x'(x,y)+\lambda\varphi_x'(x,y)=0 \\ f_y'(x,y)+\lambda\varphi_y'(x,y)=0 \\ \varphi(x,y)=0 \end{cases} \quad (*)$$

称满足方程组 $(*)$ 的点 (x,y) 为可能极值点.

为便于记忆,并能容易地写出方程组 $(*)$,我们构造一个函数

$$L(x,y,\lambda)=f(x,y)+\lambda\varphi(x,y)$$

则方程组 $(*)$ 可以记为

$$\begin{cases} L_x'(x,y,\lambda)=f_x'(x,y)+\lambda\varphi_x'(x,y)=0 \\ L_y'(x,y,\lambda)=f_y'(x,y)+\lambda\varphi_y'(x,y)=0 \\ L_\lambda'(x,y,\lambda)=\varphi(x,y)=0 \end{cases}$$

于是,用拉格朗日乘数法求解约束最优化(条件极值)问题可归纳为以下步骤:

(1)构造拉格朗日函数

$$L(x,y,\lambda)=f(x,y)+\lambda\varphi(x,y)$$

λ 称为拉格朗日乘数.

(2)解方程组

$$\begin{cases} L_x'(x,y,\lambda)=f_x'(x,y)+\lambda\varphi_x'(x,y)=0 \\ L_y'(x,y,\lambda)=f_y'(x,y)+\lambda\varphi_y'(x,y)=0 \\ L_\lambda'(x,y,\lambda)=\varphi(x,y)=0 \end{cases}$$

得点 (x,y),为可能极值点.

(3)根据实际问题的性质,在可能极值点处求极值.

【例 11】 求平面上点 (x_0,y_0) 到直线 $Ax+By+C=0$ 的距离.

解 设点 (x_0,y_0) 到直线上动点 (x,y) 的距离为 d,则问题归结为求距离函数 $d^2=(x-x_0)^2+(y-y_0)^2=f(x,y)$ 在约束条件 $Ax+By+C=0$ 下的极小值.

构造拉格朗日函数

$$L(x,y,\lambda)=(x-x_0)^2+(y-y_0)^2+\lambda(Ax+By+C)$$

解方程组

$$\begin{cases} L_x'(x,y,\lambda) = 2(x-x_0) + \lambda A = 0 \\ L_y'(x,y,\lambda) = 2(y-y_0) + \lambda B = 0 \\ L_\lambda'(x,y,\lambda) = Ax + By + C = 0 \end{cases}$$

得 $x = x_0 - \dfrac{\lambda}{2} A, y = y_0 - \dfrac{\lambda}{2} B$，代入 $Ax + By + C = 0$，得

$$\lambda = \frac{2(Ax_0 + By_0 + C)}{A^2 + B^2}$$

由于最短距离是存在的，所以

$$d^2 = \left(\frac{\lambda}{2} A\right)^2 + \left(\frac{\lambda}{2} B\right)^2 = \left(\frac{\lambda}{2}\right)^2 (A^2 + B^2) = \frac{(Ax_0 + By_0 + C)^2}{(A^2 + B^2)^2}(A^2 + B^2)$$

所以

$$d = \frac{|Ax_0 + By_0 + C|}{\sqrt{A^2 + B^2}}$$

习题 8-5

A 组

1. 求曲线 $x = 1 - \cos t, y = t - \sin t, z = 4\sin\dfrac{t}{2}$，在点 $\left(1, \dfrac{\pi}{2} - 1, 2\sqrt{2}\right)$ 处的切线及法平面方程.

2. 求曲线 $x = t, y = t^2, z = t^3$ 上的点，使在该点的切线平行于平面 $x + 2y + z = 3$.

3. 求曲面 $z = x^2 - 2y^2$ 在点 $(2,1,2)$ 处的切平面与法线方程.

4. 求曲面 $e^z - z + xy = 2$ 在点 $(1,1,0)$ 处的切平面与法线方程.

5. 求函数 $f(x,y) = x^2 + y^2 - xy$ 的极值点和极值.

B 组

1. 求椭球面 $x^2 + 2y^2 + z^2 = 1$ 上平行于平面 $x - y + 2z = 0$ 的切平面方程，并求出切点坐标.

2. 在曲面 $z = xy$ 上求一点，使该点的切平面平行于 $x + 3y + z - 1 = 0$.

3. 求函数 $z = x^2 y(1-x-y)$ 在闭区域 $D: x \geq 0, y \geq 0, x+y \leq 4$ 上的最大值与最小值.

4. 求表面积为 a^2 且体积最大的长方体的体积.

5. 从斜边长为 l 的一切直角三角形中，求有最大周长的直角三角形.

*第六节 应用与实践

血管分支问题

高级动物的血管遍布全身，不同种类的动物其血管系统自然会有差异. 这里不讨论整个血

管系统的几何形状,而只研究动物血管分支处血管粗细与分支的规律.考虑的基本依据是:动物在长期的进化过程中,其血管结构可能达到最优,即心脏在完成血液循环过程中所消耗的能量最少.血管的分布,应使血液循环过程中所消耗的能量最少,同时又能满足生理需要.

1. 基本假设

(1)在血液循环过程中能量的消耗主要用于克服血液在血管中流动时所受到的阻力做功以及为血管壁提供营养.

(2)几何假设:较粗的血管在分支点只分成两条较细的血管,它们在同一平面内且分布对称,否则会增加血管总长度,使总能量消耗增加.

(3)力学假设:血管近似为刚性(实际上血管有弹性,这种近似对结果影响不大),血液的流动视为黏性流体在刚性管道内流动.

(4)生理假设:血管壁所需的营养随管壁内表面厚度的增加而增加,管壁厚度与管壁半径成正比,或为常数.

如图 8-8 所示,设血液从粗血管 A 经过一次分支向细血管中的 B 和 B' 供血. C 是血管的分支点,B 和 B' 关于 AC 对称. 又设 H 为 B,C 两点间的垂直距离;L 为 A,B 两点间的水平距离;r 为分岔前的血管半径;r_1 为分岔后的血管半径;f 为分岔前单位时间血流量;$\dfrac{f}{2}$ 为分岔后单位时间血流量;l 为 A,C 两点间距离;l_1 为 B,C 两点间距离.

由假设(3),根据流体力学定律:黏性物质在刚性管道内流动所受到的阻力与流量的平方成正比,与管道半径的四次方成反比.于是血液在粗细血管内所受到的阻力分别为 $\dfrac{kf^2}{r^4}$ 和 $\dfrac{k\left(\dfrac{f}{2}\right)^2}{r_1^4}$,其中 k 为比例常数.

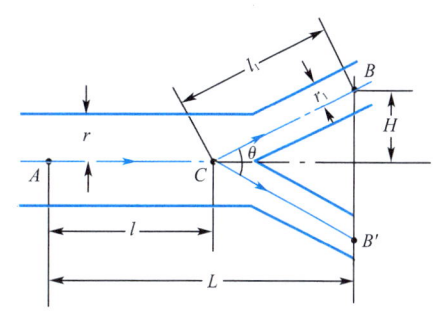

图 8-8

由假设(4),在单位长度的血管中,血液为管道壁提供营养所消耗的能量为 br^a,其中 b 为比例常数,$1 \leqslant a \leqslant 2$.

2. 模型建立及求解

根据以上分析,血液从 A 点流到 B 和 B' 点,用于克服阻力做功及为管壁提供营养所消耗的总能量为

$$C = \left(\dfrac{kf^2}{r^4} + br^a\right)l + \left[\dfrac{k\left(\dfrac{f}{2}\right)^2}{r_1^4} + br_1^a\right]2l_1 \tag{1}$$

设分支角度为 θ,根据图 8-8,有

$$l = L - \dfrac{H}{\tan\theta},\quad l_1 = \dfrac{H}{\sin\theta}$$

代入式(1)得

$$C(r, r_1, \theta) = \left(\dfrac{kf^2}{r^4} + br^a\right)\left(L - \dfrac{H}{\tan\theta}\right) + \left(\dfrac{kf^2}{4r_1^4} + br_1^a\right)\dfrac{2H}{\sin\theta} \tag{2}$$

要使总能量消耗 $C(r, r_1, \theta)$ 最小,应有

即
$$\frac{\partial C}{\partial r}=0, \frac{\partial C}{\partial r_1}=0, \frac{\partial C}{\partial \theta}=0$$

$$-\frac{4kf^2}{r^5}+abr^{a-1}=0 \tag{3}$$

$$-\frac{kf^2}{r_1^5}+abr_1^{a-1}=0 \tag{4}$$

$$\left(\frac{kf^2}{r^4}+br^a\right)-2\left(\frac{kf^2}{4r_1^4}+br_1^a\right)\cos\theta=0 \tag{5}$$

从式(3)、(4)、(5)可求得

$$\frac{r}{r_1}=4^{\frac{1}{a+4}} \tag{6}$$

$$\cos\theta=2\left(\frac{r}{r_1}\right)^{-4} \tag{7}$$

将式(6)代入式(7)得

$$\cos\theta=2^{\frac{a-4}{a+4}} \tag{8}$$

式(6)、式(7)就是在能量消耗最小原则下血管分支处几何形状的结果。取 $a=1$ 和 $a=2$ 可得 $\frac{r}{r_1}$ 和 θ 的大致范围为

$$1.26\leqslant\frac{r}{r_1}\leqslant 1.32, 37°\leqslant\theta\leqslant 49°$$

3. 模型检验

记动物大动脉和最细的毛细血管半径分别为 $r_{\max}$ 和 $r_{\min}$，设从大动脉到毛细血管共有 n 次分岔，将式(6)反复利用 n 次可得

$$\frac{r_{\max}}{r_{\min}}=4^{\frac{n}{a+4}} \tag{9}$$

$\frac{r_{\max}}{r_{\min}}$ 的实际数值可以测出，例如，对狗而言有

$$\frac{r_{\max}}{r_{\min}}\approx 1\,000\approx 4^5$$

由式(9)可知 $n\approx 5(a+4)$，因为 $1\leqslant a\leqslant 2$，故按此模型，狗的血管应有 25～30 次分岔，又因为当血管有 n 次分岔时血管总条数为 2^n，所以狗约有 $2^{25}\sim 2^{30}$ 条，即 $3\times 10^7\sim 1\times 10^9$ 条血管。

数学家　　　　　　　　　　拉格朗日

拉格朗日(Lagrange,1736—1813)全名为约瑟夫·路易斯·拉格朗日，法国著名数学家、物理学家。1736 年 1 月 25 日生于意大利都灵，1813 年 4 月 10 日卒于巴黎。他在数学、力学和天文学三个学科领域中都有历史性的贡献，其中尤以数学方面的成就最为突出。

第八章 多元函数微分法及其应用

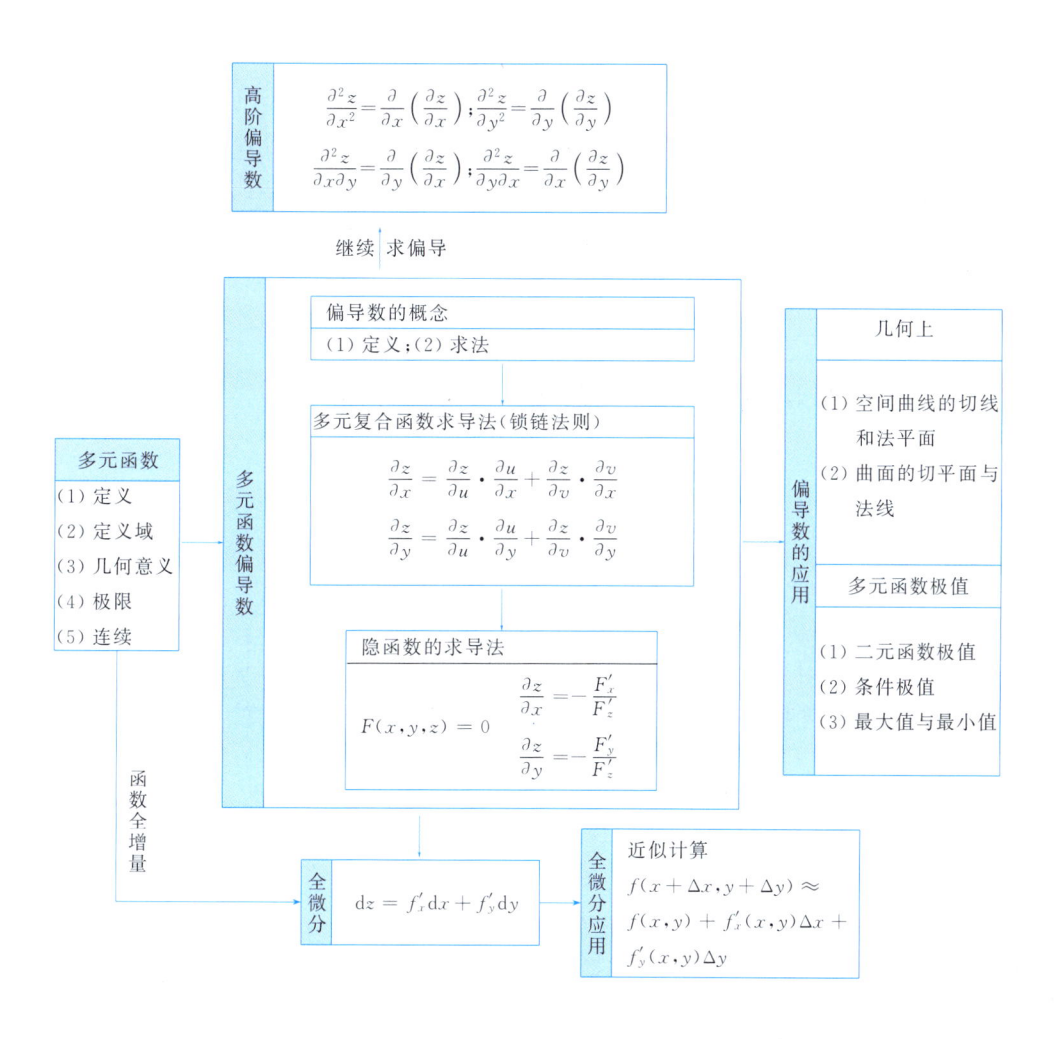

本章知识结构图

高阶偏导数
$$\frac{\partial^2 z}{\partial x^2}=\frac{\partial}{\partial x}\left(\frac{\partial z}{\partial x}\right);\ \frac{\partial^2 z}{\partial y^2}=\frac{\partial}{\partial y}\left(\frac{\partial z}{\partial y}\right)$$
$$\frac{\partial^2 z}{\partial x\partial y}=\frac{\partial}{\partial y}\left(\frac{\partial z}{\partial x}\right);\ \frac{\partial^2 z}{\partial y\partial x}=\frac{\partial}{\partial x}\left(\frac{\partial z}{\partial y}\right)$$

继续求偏导

多元函数
(1) 定义
(2) 定义域
(3) 几何意义
(4) 极限
(5) 连续

多元函数偏导数

- 偏导数的概念
  (1) 定义；(2) 求法

- 多元复合函数求导法（锁链法则）
  $$\frac{\partial z}{\partial x}=\frac{\partial z}{\partial u}\cdot\frac{\partial u}{\partial x}+\frac{\partial z}{\partial v}\cdot\frac{\partial v}{\partial x}$$
  $$\frac{\partial z}{\partial y}=\frac{\partial z}{\partial u}\cdot\frac{\partial u}{\partial y}+\frac{\partial z}{\partial v}\cdot\frac{\partial v}{\partial y}$$

- 隐函数的求导法
  $F(x,y,z)=0$
  $$\frac{\partial z}{\partial x}=-\frac{F'_x}{F'_z}$$
  $$\frac{\partial z}{\partial y}=-\frac{F'_y}{F'_z}$$

偏导数的应用

- 几何上
  (1) 空间曲线的切线和法平面
  (2) 曲面的切平面与法线

- 多元函数极值
  (1) 二元函数极值
  (2) 条件极值
  (3) 最大值与最小值

函数全增量

全微分 $\mathrm{d}z = f'_x \mathrm{d}x + f'_y \mathrm{d}y$

全微分应用 近似计算
$f(x+\Delta x, y+\Delta y)\approx f(x,y)+f'_x(x,y)\Delta x+f'_y(x,y)\Delta y$

第九章 二重积分

在一元函数定积分中我们知道,定积分是某种确定形式的和的极限,相关的是被积函数和积分区间.因而可以用来计算与一元函数有关的某些量.在很多实际问题中,往往需要计算与多元函数及平面区域有关的量.把定积分概念加以推广,当被积函数是二元函数,积分范围是平面区域时,这种积分就是二重积分.

第一节 二重积分的概念

一、两个实例

1. 曲顶柱体的体积

设有一个立体,它的底是 xOy 平面上的有界闭区域 D,它的侧面是以 D 的边界曲线为准线而母线平行 z 轴的柱面,它的顶部是定义在 D 上的二元函数 $z=f(x,y)$ 所表示的连续曲面,并设 $f(x,y) \geq 0$.这种柱体叫作曲顶柱体,如图 9-1 所示.

现在来求曲顶柱体的体积(图 9-2):把闭区域 D 任意分成 n 个小闭区域 $\sigma_1, \sigma_2, \cdots, \sigma_n$,它们的面积分别记作 $\Delta \sigma_k (k=1,2,\cdots,n)$,分别以这些小闭区域的边界曲线为准线,作母线平行于 z 轴的柱面,这些柱面把原来的曲顶柱体分为 n 个小曲顶柱体.在每个 σ_k 中任意取一点 $P_k(\xi_k, \eta_k)$,则以 $\Delta \sigma_k$ 为底、$f(\xi_k, \eta_k)$ 为高的小柱体的体积 $\Delta V_k \approx f(\xi_k, \eta_k) \Delta \sigma_k$,原来大曲顶柱体的体积 $V = \sum_{k=1}^{n} \Delta V_k \approx \sum_{k=1}^{n} f(\xi_k, \eta_k) \Delta \sigma_k$.当各小闭区域的直径中的最大值 $\lambda \to 0$ 时,和式的极限如果存在,此极限值就是所求曲顶柱体的体积,即 $V = \lim_{\lambda \to 0} \sum_{k=1}^{n} f(\xi_k, \eta_k) \Delta \sigma_k$.

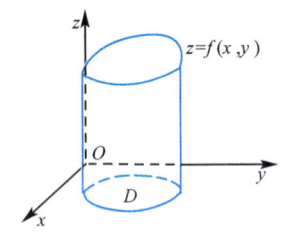

图 9-1

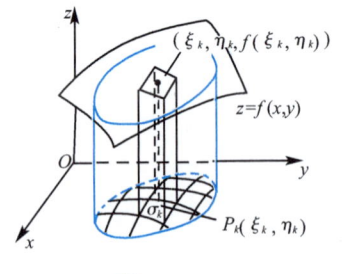

图 9-2

2. 平面薄板的质量

设有质量非均匀分布的平面薄板(图 9-3),在 xOy 面上所占的区域为 D,它的面密度为 $\rho(x,y)$,其中 $\rho(x,y)$ 在 D 上连续,求薄板的质量.

将区域 D 任意分成 n 个小闭区域 $\sigma_1, \sigma_2, \cdots, \sigma_n$,它们的面积分别记作 $\Delta \sigma_k (k=1,2,\cdots,n)$,

在 σ_k 上任意取一点 $P_k(\xi_k,\eta_k)$，该小闭区域对应的质量 $\Delta m_k \approx \rho(\xi_k,\eta_k)\Delta\sigma_k$，薄板的质量 $m \approx \sum_{k=1}^{n}\rho(\xi_k,\eta_k)\Delta\sigma_k$. 当各小闭区域的直径中的最大值 $\lambda \to 0$ 时，和式的极限如果存在，此极限值就是所求平面薄板的质量，即 $m = \lim_{\lambda \to 0}\sum_{k=1}^{n}\rho(\xi_k,\eta_k)\Delta\sigma_k$.

图 9-3

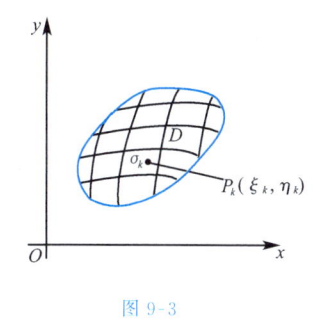

二、二重积分的定义

把上述体积问题以及许多类似的问题经过抽象，就形成了二重积分的概念.

定义 1 设 $z = f(x,y)$ 为有界闭区域 D 上的有界函数.
(1) 把区域 D 任意分成 n 个小闭区域 σ_k，其面积为 $\Delta\sigma_k(k=1,2,\cdots,n)$.
(2) 在每个小闭区域 σ_k 中任意取一点 $P_k(\xi_k,\eta_k)$.
(3) 作和 $\sum_{k=1}^{n}f(\xi_k,\eta_k)\Delta\sigma_k$.

无论 σ_k 怎样划分，$P_k(\xi_k,\eta_k)$ 怎样取，当各小闭区域的直径中的最大值 $\lambda \to 0$ 时，若和式的极限存在，则此极限值为函数 $f(x,y)$ 在区域 D 上的二重积分，记作 $\iint\limits_{D}f(x,y)\mathrm{d}\sigma$，即

$$\iint\limits_{D}f(x,y)\mathrm{d}\sigma = \lim_{\lambda \to 0}\sum_{k=1}^{n}f(\xi_k,\eta_k)\Delta\sigma_k$$

式中，x 与 y 称为积分变量；$f(x,y)$ 称为被积函数；D 称为积分区域；$\mathrm{d}\sigma$ 称为面积元素；$f(x,y)\mathrm{d}\sigma$ 称为被积表达式.

关于二重积分的几点说明：
(1) 如果被积函数 $f(x,y)$ 在闭区域 D 上的二重积分存在，则称 $f(x,y)$ 在 D 上可积. $f(x,y)$ 在闭区域 D 上连续时，$f(x,y)$ 在 D 上一定可积. 以后总假定 $f(x,y)$ 在 D 上连续.
(2) 二重积分与被积函数和积分区域有关，与积分变量的表示法无关. 即

$$\iint\limits_{D}f(x,y)\mathrm{d}x\mathrm{d}y = \iint\limits_{D}f(u,v)\mathrm{d}u\mathrm{d}v$$

(3) 二重积分 $\iint\limits_{D}f(x,y)\mathrm{d}\sigma$ 的几何意义是：当 $f(x,y) \geqslant 0$ 时，二重积分表示曲顶柱体的体积；当 $f(x,y) \leqslant 0$ 时，二重积分表示曲顶柱体的体积的负值；当 $f(x,y)$ 有正、有负时，二重积分等于这些部分区域上的柱体体积的代数和.

三、二重积分的性质

性质 1 被积函数的常数因子可以提到积分符号的外面去. 即

$$\iint\limits_{D}kf(x,y)\mathrm{d}\sigma = k\iint\limits_{D}f(x,y)\mathrm{d}\sigma$$

性质 2 有限个函数代数和的二重积分等于各函数的二重积分的代数和.

$$\iint\limits_{D}[f_1(x,y) \pm f_2(x,y)]\mathrm{d}\sigma = \iint\limits_{D}f_1(x,y)\mathrm{d}\sigma \pm \iint\limits_{D}f_2(x,y)\mathrm{d}\sigma$$

性质 3 如果把积分区域 D 分成两个闭子域 D_1 与 D_2，即 $D = D_1 + D_2$，则
$$\iint\limits_{D} f(x,y)\mathrm{d}\sigma = \iint\limits_{D_1} f(x,y)\mathrm{d}\sigma + \iint\limits_{D_2} f(x,y)\mathrm{d}\sigma$$

性质 4 如果在 D 上 $f(x,y) \leqslant \varphi(x,y)$，则 $\iint\limits_{D} f(x,y)\mathrm{d}\sigma \leqslant \iint\limits_{D} \varphi(x,y)\mathrm{d}\sigma$. 当且仅当 $f(x,y) \equiv \varphi(x,y)$ 时等号成立.

性质 5 如果在 D 上 $m \leqslant f(x,y) \leqslant M$（$m, M$ 为常数），则 $mS \leqslant \iint\limits_{D} f(x,y)\mathrm{d}\sigma \leqslant MS$. 式中，$S$ 是区域 D 的面积.

性质 6 （中值定理）如果函数 $f(x,y)$ 在闭区域 D 上连续，则在 D 上至少有一点 (ξ, η) 使得 $\iint\limits_{D} f(x,y)\mathrm{d}\sigma = f(\xi, \eta)S$.

性质 7 如果积分区域的面积为 S，则 $S = \iint\limits_{D} 1\mathrm{d}\sigma = \iint\limits_{D} \mathrm{d}\sigma$.

习题 9-1

A 组

1. 简述二重积分的定义.
2. 二重积分的几何意义是什么？
3. 二重积分有哪些主要性质？
4. 在二重积分的定义中，最大的子域直径趋近于 0 能否改成最大的子域面积趋近于 0？
5. 设有质量非均匀分布的平面薄板在 xOy 面上所占的区域 D 的面密度为 $\rho(x,y)$，其中 $\rho(x,y)$ 在 D 上连续，试用二重积分表示薄板的质量.
6. 利用二重积分的几何意义，说明下列等式.

(1) $\iint\limits_{D} k\mathrm{d}\sigma = kS$，其中 S 是区域 D 的面积；

(2) $\iint\limits_{D} \sqrt{R^2 - x^2 - y^2}\mathrm{d}\sigma = \frac{2}{3}\pi R^3$，$D$ 是以原点为中心，半径为 R 的圆形区域.

B 组

1. 比较下列二重积分大小.

(1) $\iint\limits_{D}(x+y)^2\mathrm{d}\sigma$ 与 $\iint\limits_{D}(x+y)^3\mathrm{d}\sigma$，其中 D 由 x 轴、y 轴及直线 $x+y=1$ 围成；

(2) $\iint\limits_{D}\ln(x+y)\mathrm{d}\sigma$ 与 $\iint\limits_{D}\ln^2(x+y)\mathrm{d}\sigma$，$D: 3 \leqslant x \leqslant 5, 0 \leqslant y \leqslant 1$.

2. 估计积分 $\iint\limits_{D}(x^2 + 4y^2 + 9)\mathrm{d}\sigma, D: x^2 + y^2 \leqslant 4$ 的值.

第二节　二重积分的计算

一、直角坐标系下二重积分的计算方法

设二重积分 $\iint\limits_{D} f(x,y)\mathrm{d}\sigma$ 的被积函数 $f(x,y)$ 在积分区域 D 上连续，且 $f(x,y)\geqslant 0$，积分区域（图 9-4）由不等式

$$y_1(x) \leqslant y \leqslant y_2(x), a \leqslant x \leqslant b$$

来表示.

用平行截面法求曲顶柱体的体积.

先求平行截面的面积. 如图 9-5 所示，在区间 $[a,b]$ 上用垂直于 x 轴的平面 $x=x_1$ 去截曲顶柱体，得一曲边梯形，曲边方程为 $\begin{cases} z=f(x,y) \\ x=x_1 \end{cases}$，把这一曲边梯形投影到 yOz 平面上，得一以区间 $[y_1(x_1), y_2(x_1)]$ 为底，$z=f(x_1,y)$ 为曲边的曲边梯形，它的面积为

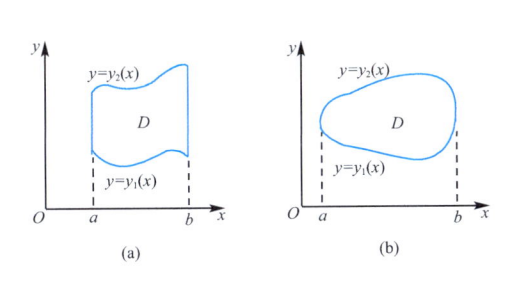

图 9-4

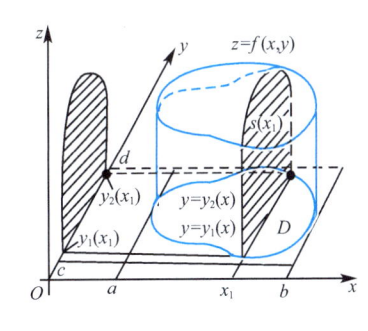

图 9-5

$$S(x_1) = \int_{y_1(x_1)}^{y_2(x_1)} f(x_1,y)\mathrm{d}y$$

对任意 $x \in [a,b]$ 得截面面积为

$$S(x) = \int_{y_1(x)}^{y_2(x)} f(x,y)\mathrm{d}y$$

按照已知平行截面面积求立体体积的公式，可知所求曲顶柱体的体积为

$$V = \int_a^b S(x)\mathrm{d}x = \int_a^b \left[\int_{y_1(x)}^{y_2(x)} f(x,y)\mathrm{d}y\right]\mathrm{d}x$$

根据二重积分的几何意义

$$V = \iint\limits_{D} f(x,y)\mathrm{d}\sigma$$

从而

$$\iint\limits_{D} f(x,y)\mathrm{d}\sigma = \int_a^b \left[\int_{y_1(x)}^{y_2(x)} f(x,y)\mathrm{d}y\right]\mathrm{d}x = \int_a^b \mathrm{d}x \int_{y_1(x)}^{y_2(x)} f(x,y)\mathrm{d}y$$

这就把二重积分化为先对 y,后对 x 的二次积分,也叫累次积分.显然在 $\int_{y_1(x)}^{y_2(x)} f(x,y)\mathrm{d}y$ 中把 x 看作常数.类似地,如果积分区域 D(图 9-6)由不等式

$$x_1(y) \leqslant x \leqslant x_2(y), c \leqslant y \leqslant d$$

来表示,则二重积分有下列计算公式

$$\iint_D f(x,y)\mathrm{d}\sigma = \int_c^d \left[\int_{x_1(y)}^{x_2(y)} f(x,y)\mathrm{d}x\right]\mathrm{d}y = \int_c^d \mathrm{d}y \int_{x_1(y)}^{x_2(y)} f(x,y)\mathrm{d}x$$

这是先对 x,后对 y 的二次积分.

如果 D 满足:用平行于 x 轴(y 轴)的直线与 D 的边界相交多于两点,我们可以把 D 分成几个满足上面两种类型的区域.

【例1】 求二重积分 $I = \iint_D \left(1 - \dfrac{x}{3} - \dfrac{y}{4}\right)\mathrm{d}\sigma$,其中 $D: -1 \leqslant x \leqslant 1, -2 \leqslant y \leqslant 2$(图 9-7).

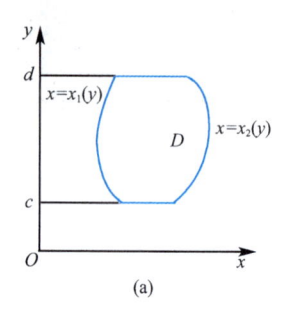

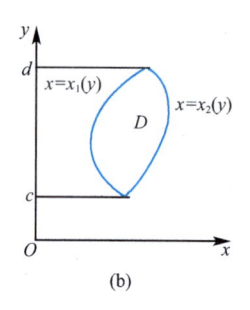

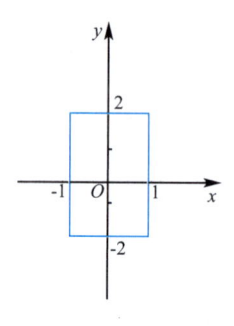

图 9-6

图 9-7

解法一 先对 x,后对 y 积分

$$I = \int_{-2}^{2} \mathrm{d}y \int_{-1}^{1} \left(1 - \frac{x}{3} - \frac{y}{4}\right)\mathrm{d}x = \int_{-2}^{2} \left(x - \frac{x^2}{6} - \frac{yx}{4}\right)\Big|_{-1}^{1} \mathrm{d}y$$

$$= \int_{-2}^{2} \left(2 - \frac{y}{2}\right)\mathrm{d}y = \left(2y - \frac{y^2}{4}\right)\Big|_{-2}^{2} = 8$$

解法二 先对 y,后对 x 积分

$$I = \int_{-1}^{1} \mathrm{d}x \int_{-2}^{2} \left(1 - \frac{x}{3} - \frac{y}{4}\right)\mathrm{d}y = \int_{-1}^{1} \left(y - \frac{xy}{3} - \frac{y^2}{8}\right)\Big|_{-2}^{2} \mathrm{d}x$$

$$= \int_{-1}^{1} \left(4 - \frac{4x}{3}\right)\mathrm{d}x = \left(4x - \frac{2}{3}x^2\right)\Big|_{-1}^{1} = 8$$

【例2】 计算 $\iint_D xy \mathrm{d}\sigma$,式中 D 是由抛物线 $y^2 = x$ 及直线 $y = x - 2$ 所围成的区域(图 9-8).

解 先画出积分区域 $D: -1 \leqslant y \leqslant 2, y^2 \leqslant x \leqslant y+2$.

$$\iint_D xy \mathrm{d}\sigma = \int_{-1}^{2} \mathrm{d}y \int_{y^2}^{y+2} xy \mathrm{d}x = \int_{-1}^{2} \left[\frac{1}{2}x^2 y\right]_{y^2}^{y+2} \mathrm{d}y$$

$$= \int_{-1}^{2} \frac{1}{2}\left[y(y+2)^2 - y^5\right]\mathrm{d}y$$

$$= \frac{1}{2}\int_{-1}^{2} (4y + 4y^2 + y^3 - y^5)\mathrm{d}y$$

$$= \frac{1}{2}\left[2y^2 + \frac{4}{3}y^3 + \frac{1}{4}y^4 - \frac{1}{6}y^6\right]_{-1}^{2} = \frac{45}{8}$$

这里是先对 x, 后对 y 积分. 想一想, 如果先对 y, 后对 x 积分, 怎样求?

【例 3】 确定 $I = \int_1^2 dx \int_{\frac{1}{x}}^x f(x,y) dy$ 的积分区域, 并更换积分的次序.

解 从 x 的积分上、下限知: $1 \leqslant x \leqslant 2$, 从 y 的积分上、下限知, D 的上、下边界曲线为: $y = x, y = \frac{1}{x}$, 做出这些曲线 (图 9-9). 如果更换积分次序: 先对 x, 后对 y 积分, 这时因为区域 D 的左侧边界曲线具有不同形式的方程, 所以应作辅助直线 BK 把区域 D 分成 D_1, D_2 两个区域:

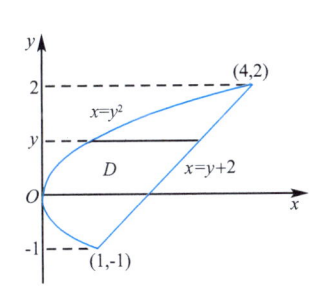

图 9-8

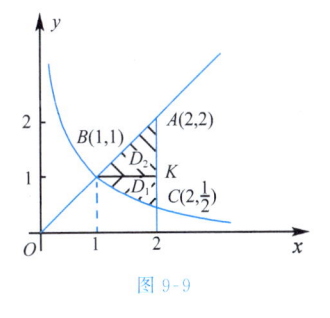

图 9-9

$$D_1: \frac{1}{2} \leqslant y \leqslant 1, \frac{1}{y} \leqslant x \leqslant 2$$
$$D_2: 1 \leqslant y \leqslant 2, y \leqslant x \leqslant 2$$

因此

$$I = \int_{\frac{1}{2}}^1 dy \int_{\frac{1}{y}}^2 f(x,y) dx + \int_1^2 dy \int_y^2 f(x,y) dx$$

二、极坐标系下二重积分的计算方法

有些二重积分, 其积分区域的边界曲线用极坐标方程来表示比较方便, 或被积函数用极坐标变量 r, θ 来表达比较简单, 这时, 我们就可考虑用极坐标来计算它.

首先看一下, 在极坐标系下如何确定点的位置. 先作一条水平的数轴称为极轴, 原点称为极点. 在平面上任取一点 P, 连接点 P 与极点 O, 与极点的线段的长度为极径, 用 r 表示. 这条线段与极轴正方向的夹角称为极角, 用 θ 表示, 如图 9-10 所示. 显然 (r, θ) 能确定点的位置, 称 r, θ 为点的极坐标. 不难看出点在平面直角坐标系的坐标 (x, y), 与极坐标系下的坐标 (r, θ) 有如下关系 $x = r\cos\theta, y = r\sin\theta, x^2 + y^2 = r^2, \frac{y}{x} = \tan\theta$.

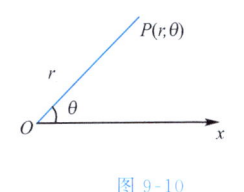

图 9-10

假定从极点 O 出发且穿过区域 D 内部的射线与 D 的边界曲线相交不多于两点 (图 9-11). 在坐标变换 $x = r\cos\theta, y = r\sin\theta$ 下, 用以极点为中心、r 等于常数的一族同心圆及从极点出发、θ 等于常数的一族射线, 把 D 分成 n 个小区域. 此时, 小区域的面积 $\Delta\sigma_k \approx r\Delta r\Delta\theta$, 所以面积元素 $d\sigma = r dr d\theta$, 而被积函数 $f(x, y) = f(r\cos\theta, r\sin\theta)$, 于是将

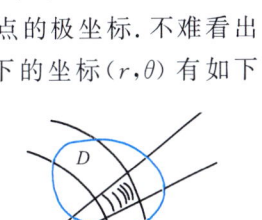

图 9-11

直角坐标系下的二重积分计算问题转换为极坐标系下的二重积分计算问题：
$$\iint_D f(x,y)\mathrm{d}x\mathrm{d}y = \iint_D f(r\cos\theta, r\sin\theta) r\mathrm{d}r\mathrm{d}\theta$$

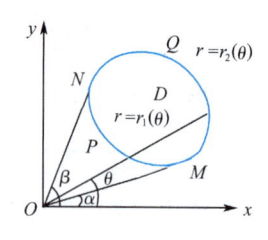

极坐标下二重积分化成二次积分的方法：

1. 极点在区域 D 之外（图 9-12）
$$D: \alpha \leqslant \theta \leqslant \beta, r_1(\theta) \leqslant r \leqslant r_2(\theta)$$
$$\iint_D f(r\cos\theta, r\sin\theta) r\mathrm{d}r\mathrm{d}\theta = \int_\alpha^\beta \mathrm{d}\theta \int_{r_1(\theta)}^{r_2(\theta)} f(r\cos\theta, r\sin\theta) r\mathrm{d}r$$

2. 极点在区域 D 之内（图 9-13）
$$D: 0 \leqslant \theta \leqslant 2\pi, 0 \leqslant r \leqslant r(\theta)$$
$$\iint_D f(r\cos\theta, r\sin\theta) r\mathrm{d}r\mathrm{d}\theta = \int_0^{2\pi} \mathrm{d}\theta \int_0^{r(\theta)} f(r\cos\theta, r\sin\theta) r\mathrm{d}r$$

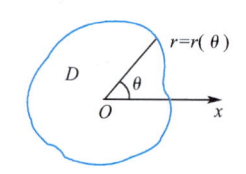

3. 极点在区域 D 的边界上（图 9-14）
$$D: \alpha \leqslant \theta \leqslant \beta, 0 \leqslant r \leqslant r(\theta)$$
$$\iint_D f(r\cos\theta, r\sin\theta) r\mathrm{d}r\mathrm{d}\theta = \int_\alpha^\beta \mathrm{d}\theta \int_0^{r(\theta)} f(r\cos\theta, r\sin\theta) r\mathrm{d}r$$

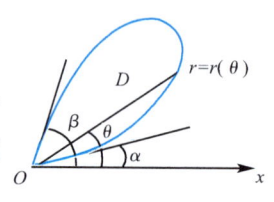

一般情况下，当二重积分的被积函数中自变量以 x^2+y^2，x^2-y^2，xy，$\dfrac{x}{y}$ 等形式出现时，以及积分区域为以原点为中心的圆域、扇形域，或过原点在坐标轴上的圆域，利用极坐标来计算往往会更加简便。

【例 4】 求 $I = \iint_D \sqrt{a^2-x^2-y^2}\mathrm{d}\sigma$，其中 D 是圆域 $x^2+y^2 \leqslant ax(a>0)$（图 9-15）。

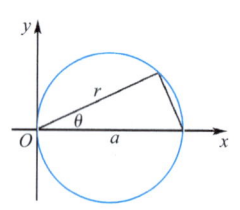

解 化为极坐标，以 $x = r\cos\theta, y = r\sin\theta, \mathrm{d}\sigma = r\mathrm{d}r\mathrm{d}\theta$ 代入，得区域 D 的边界方程是 $r = a\cos\theta$. 因此表示为 $-\dfrac{\pi}{2} \leqslant \theta \leqslant \dfrac{\pi}{2}$，$0 \leqslant r \leqslant a\cos\theta$.

$$I = \iint_D \sqrt{a^2-r^2} r\mathrm{d}r\mathrm{d}\theta = \int_{-\frac{\pi}{2}}^{\frac{\pi}{2}} \mathrm{d}\theta \int_0^{a\cos\theta} \sqrt{a^2-r^2} r\mathrm{d}r$$
$$= \int_{-\frac{\pi}{2}}^{\frac{\pi}{2}} \left[-\frac{1}{3}(a^2-r^2)^{\frac{3}{2}}\right]_0^{a\cos\theta} \mathrm{d}\theta$$
$$= \int_{-\frac{\pi}{2}}^{\frac{\pi}{2}} \frac{1}{3}[a^3 - a^3|\sin^3\theta|]\mathrm{d}\theta$$
$$= \frac{2}{3}\int_0^{\frac{\pi}{2}}(a^3 - a^3\sin^3\theta)\mathrm{d}\theta$$
$$= \frac{2}{3}a^3\int_0^{\frac{\pi}{2}}(1-\sin^3\theta)\mathrm{d}\theta = \frac{1}{9}a^3(3\pi-4)$$

【例 5】 求 $I = \iint_D (x^2+y^2)\mathrm{d}\sigma$，其中 $D: a^2 \leqslant x^2+y^2 \leqslant b^2$（图 9-16）。

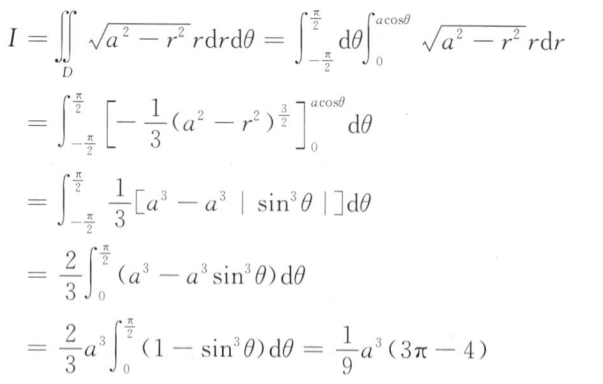

解 在极坐标系下区域 D 可表示为

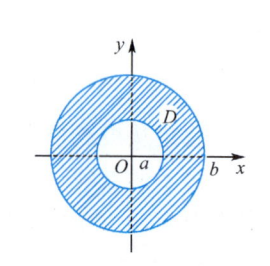

$$D:\begin{cases} 0 \leqslant \theta \leqslant 2\pi \\ a \leqslant r \leqslant b \end{cases}$$

$$I = \iint\limits_{D} r^2 r \mathrm{d}r \mathrm{d}\theta = \int_0^{2\pi} \mathrm{d}\theta \int_a^b r^3 \mathrm{d}r = \int_0^{2\pi} \frac{r^4}{4}\bigg|_a^b \mathrm{d}\theta = \frac{\pi}{2}(b^4 - a^4)$$

习题 9-2

A 组

1. 在直角坐标系下如何把二重积分化为二次积分?
2. 在直角坐标系和极坐标系下,面积元素各是什么?
3. 如何把直角坐标系下的二重积分化成极坐标系下的二重积分?
4. 填空题

(1) 设 $I = \int_0^1 \mathrm{d}x \int_{x^2}^{x} f(x,y)\mathrm{d}y$,交换积分顺序后,则 $I = $ _____;

(2) 设 $I = \int_{-1}^1 \mathrm{d}x \int_0^{\sqrt{1-x^2}} f(x,y)\mathrm{d}y$,交换积分顺序后,则 $I = $ _____;

(3) 设 $I = \int_0^2 \mathrm{d}x \int_x^{4-x} f(x,y)\mathrm{d}y$,交换积分顺序后,则 $I = $ _____;

(4) 设 D 是矩形域 $-1 \leqslant x \leqslant 1, 0 \leqslant y \leqslant 1$,则积分 $\iint\limits_{D} y\mathrm{e}^{xy} \mathrm{d}x\mathrm{d}y = $ _____.

5. 把二重积分 $\iint\limits_{D} f(x,y)\mathrm{d}\sigma$ 化为二次积分(两种次序都要). 其中 D 是

(1) $x^2 + y^2 \leqslant 1, x \geqslant 0, y \geqslant 0$ (2) $y \geqslant x^2, y \leqslant 4 - x^2$

6. 交换下列二重积分的积分次序.

(1) $\int_0^1 \mathrm{d}y \int_y^{\sqrt{y}} f(x,y) \mathrm{d}x$ (2) $\int_{-1}^1 \mathrm{d}x \int_{-1-x}^{x+1} f(x,y) \mathrm{d}y$

7. 计算下列二重积分.

(1) $\iint\limits_{D} (x^2 + y^2) \mathrm{d}\sigma, D: |x| \leqslant 1, |y| \leqslant 1$;

(2) $\iint\limits_{D} xy^2 \mathrm{d}\sigma$,积分区域 D 由 $y = x^2, y = x$ 所围成;

(3) $\iint\limits_{D} \cos(x+y) \mathrm{d}\sigma$,积分区域 D 由 $x = 0, y = \pi$ 及 $y = x$ 所围成;

(4) $\iint\limits_{D} (1+x)\sin y \mathrm{d}\sigma$,积分区域 D 是顶点分别为 $(0,0), (1,0), (1,2)$ 及 $(0,1)$ 的梯形区域.

8. 用极坐标计算下列二重积分.

(1) $\iint\limits_{D} \mathrm{e}^{-(x^2+y^2)} \mathrm{d}\sigma, D: x^2 + y^2 \leqslant 1$;

(2) $\iint\limits_{D} \sin\sqrt{x^2+y^2} \mathrm{d}\sigma, D: \pi^2 \leqslant x^2 + y^2 \leqslant 4\pi^2$;

(3) $\iint\limits_{D} \sqrt{x^2+y^2} \mathrm{d}\sigma, D$ 由以 a 为半径、原点为圆心的在第 I 象限的四分之一圆弧及以

$\left(\dfrac{a}{2},0\right)$ 为原心, a 为直径的上半圆弧与 y 轴所围成.

B 组

1. 用适当的坐标计算下列各题.

   (1) $\iint\limits_{D} \dfrac{x^2}{y^2} d\sigma$, D 由 $x=2, y=x$ 及 $xy=1$ 所围成;

   (2) $\iint\limits_{D} x^2 e^{xy} d\sigma$, $D: 0 \leqslant x \leqslant 1, 0 \leqslant y \leqslant 2$;

   (3) $\iint\limits_{D} (x^2+y^2) d\sigma$, D 由 $y=x, y=x+a, y=a$ 及 $y=3a(a>0)$ 所围成;

   (4) $\iint\limits_{D} \sqrt{x^2+y^2} d\sigma$, D 由 $x^2+y^2=kx(k>0)$ 所围成.

2. 计算以 xOy 面上的圆周 $x^2+y^2=x$ 围成的闭区域为底, 以曲面 $z=x^2+y^2$ 为顶的曲顶柱体的体积.

3. 设平面薄片所占的区域 D 由直线 $x+y=2, y=x$ 及 x 轴所围成, 它的面密度 $\rho(x,y)=x^2+y^2$, 求该薄片的质量.

第三节 二重积分的应用

一、二重积分在几何上的应用

1. 体积和平面图形的面积

在本章第一节中, 我们已经阐明了二重积分 $\iint\limits_{D} f(x,y) d\sigma (f(x,y) \geqslant 0)$ 的几何意义是曲顶柱体的体积, 所以体积的计算是二重积分的直接应用.

【例 1】 求球体 $x^2+y^2+z^2 \leqslant 4a^2$ 被圆柱面 $x^2+y^2=2ax(a>0)$ 所截得的(含在圆柱面内的部分)立体的体积(图 9-17).

解 由对称性, 所求体积等于第一卦限部分的体积乘以四倍. 这一部分是以 $z=\sqrt{4a^2-x^2-y^2}$ 为顶部, 而以半圆 $x^2+y^2 \leqslant 2ax$ 为底的曲顶柱体. 所以

$$V = 4\iint\limits_{D} \sqrt{4a^2-x^2-y^2} \, dxdy$$

采用极坐标系(图 9-18), 则 D 可表示为 $\begin{cases} 0 \leqslant \theta \leqslant \dfrac{\pi}{2} \\ 0 \leqslant r \leqslant 2a\cos\theta \end{cases}$

于是

$$V = 4\int_0^{\frac{\pi}{2}} d\theta \int_0^{2a\cos\theta} \sqrt{4a^2-r^2} \cdot r \, dr$$

$$= \frac{32}{3}a^3 \int_0^{\frac{\pi}{2}} (1-\sin^3\theta)\,d\theta = \frac{32}{3}a^3\left(\frac{\pi}{2} - \frac{2}{3}\right)$$

【例 2】 求曲线 $r = 2\sin\theta$ 与直线 $\theta = \frac{\pi}{6}$ 及 $\theta = \frac{\pi}{3}$ 所围成的平面图形的面积(图 9-19).

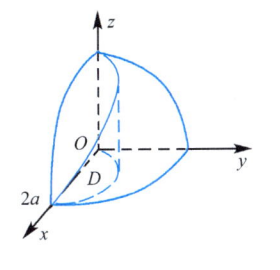

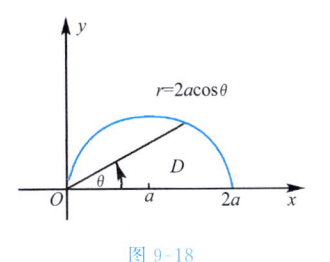

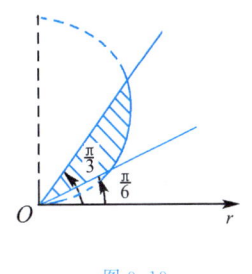

图 9-17

图 9-18

图 9-19

解 设所求图形的面积为 S,所占区域为 D,则 $S = \iint\limits_D d\sigma$. 采用极坐标系,则 D 可表示为 $\begin{cases} \frac{\pi}{6} \leqslant \theta \leqslant \frac{\pi}{3} \\ 0 \leqslant r \leqslant 2\sin\theta \end{cases}$,于是

$$S = \iint\limits_D d\sigma = \int_{\frac{\pi}{6}}^{\frac{\pi}{3}} d\theta \int_0^{2\sin\theta} r\,dr = \frac{1}{2}\int_{\frac{\pi}{6}}^{\frac{\pi}{3}} r^2 \Big|_0^{2\sin\theta} d\theta$$

$$= \int_{\frac{\pi}{6}}^{\frac{\pi}{3}} 2\sin^2\theta\,d\theta = \int_{\frac{\pi}{6}}^{\frac{\pi}{3}} (1-\cos 2\theta)\,d\theta$$

$$= \frac{\pi}{6}$$

2. 曲面的面积

设曲面 S 由方程 $z = f(x,y)$ 给出,D 为曲面 S 在 xOy 面上的投影区域,函数 $f(x,y)$ 在 D 上具有连续偏导数 $f_x(x,y)$ 和 $f_y(x,y)$,我们要计算曲面 S 的面积.

在闭区域 D 上任取一直径很小的闭区域 $d\sigma$(这小闭区域的面积也记作 $d\sigma$),在 $d\sigma$ 上取一点 $P(x,y)$,对应地曲面 S 上有一点 $M(x,y,f(x,y))$,点 M 在 xOy 面上的投影即点 P,点 M 处曲面 S 的切平面设为 T(图 9-20),以小闭区域 $d\sigma$ 的边界为准线作母线平行于 z 轴的柱面,这柱面在曲面 S 上截下一小片曲面,在切平面 T 上截下一小片平面,由于 $d\sigma$ 的直径很小,切平面 T 上的那一小片平面的面积 dA 可以近似代替相应的那一小片曲面的面积,设点 M 处曲面 S 上的法线(指向朝上)与 z 轴所成的角为 γ,则

$$d\sigma = dA \cdot \cos\gamma$$

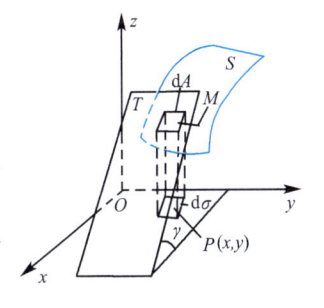

图 9-20

切平面的法向量 $\boldsymbol{n} = \{-f_x(x,y), -f_y(x,y), 1\}$,所以

$$\cos\gamma = \frac{1}{\sqrt{1+f_x^2(x,y)+f_y^2(x,y)}}$$

即

$$dA = \frac{d\sigma}{\cos\gamma} = \sqrt{1+f_x^2(x,y)+f_y^2(x,y)}\,d\sigma$$

这就是曲面 S 的面积元素,以它作为被积表达式在闭区域 D 上积分,得

$$A = \iint\limits_D \sqrt{1+f_x^2(x,y)+f_y^2(x,y)}\,d\sigma$$

上式也可写成

$$A = \iint_D \sqrt{1+\left(\frac{\partial z}{\partial x}\right)^2+\left(\frac{\partial z}{\partial y}\right)^2}\,\mathrm{d}x\mathrm{d}y$$

这就是计算曲面面积的公式.

设曲面的方程为 $x=g(y,z)$ 或 $y=h(z,x)$，可分别把曲面投影到 yOz 面上（投影区域记作 D_{yz}）或 zOx 面上（投影区域记作 D_{zx}），类似地可得

$$A = \iint_{D_{yz}} \sqrt{1+\left(\frac{\partial x}{\partial y}\right)^2+\left(\frac{\partial x}{\partial z}\right)^2}\,\mathrm{d}y\mathrm{d}z$$

或

$$A = \iint_{D_{zx}} \sqrt{1+\left(\frac{\partial y}{\partial x}\right)^2+\left(\frac{\partial y}{\partial z}\right)^2}\,\mathrm{d}x\mathrm{d}z$$

【例 3】 求球面的面积.

解 设球面方程为：$x^2+y^2+z^2=a^2$，由对称性，先考虑上半球面.

$$z = \sqrt{a^2-x^2-y^2}$$

$$z'_x = -\frac{x}{\sqrt{a^2-x^2-y^2}},\; z'_y = -\frac{y}{\sqrt{a^2-x^2-y^2}}$$

$$\sqrt{1+(z'_x)^2+(z'_y)^2} = \frac{a}{\sqrt{a^2-x^2-y^2}}$$

$$S = 2\iint_D \sqrt{1+(z'_x)^2+(z'_y)^2}\,\mathrm{d}\sigma = 2\iint_D \frac{a}{\sqrt{a^2-x^2-y^2}}\,\mathrm{d}\sigma$$

由于函数在区域 $D: x^2+y^2 \leqslant a^2$ 的边界上不连续，因此先考虑较小的区域 $D_1: x^2+y^2 \leqslant b_1^2$，$b_1 < a$.

$$\iint_{D_1} \frac{a}{\sqrt{a^2-x^2-y^2}}\,\mathrm{d}\sigma = a\int_0^{2\pi}\mathrm{d}\theta\int_0^{b_1}\frac{r\mathrm{d}r}{\sqrt{a^2-r^2}} = 2\pi a(a-\sqrt{a^2-b_1^2})$$

令 $b_1 \to a$ 则有

$$S = 2\lim_{b_1 \to a}\iint_{D_1}\frac{a}{\sqrt{a^2-x^2-y^2}}\,\mathrm{d}\sigma = 2\lim_{b_1 \to a}2\pi a(a-\sqrt{a^2-b_1^2}) = 4\pi a^2$$

二、平面薄片的重心

设 xOy 面有 n 个质点，分别位于 $(x_1,y_1),(x_2,y_2),\cdots,(x_n,y_n)$ 处，质量分别为 $m_1,m_2,\cdots,m_n$，由力学知道，该质点系的重心坐标为

$$\bar{x} = \frac{M_y}{m} = \frac{\sum\limits_{i=1}^n m_i x_i}{\sum\limits_{i=1}^n m_i},\; \bar{y} = \frac{M_x}{m} = \frac{\sum\limits_{i=1}^n m_i y_i}{\sum\limits_{i=1}^n m_i}$$

设有一平面薄板，占有 xOy 面的区域 D（图 9-21），在点 (x,y) 处的面密度为 $\rho(x,y)$，把区域 D 任意分成 n 个小块 σ_k，面积为 $\Delta\sigma_k$，在每一小块 σ_k 上任取一点 $P_k(\xi_k,\eta_k)$. 当 σ_k 的直径很小时，这个小块上各点的密度与 P_k 处的密度 $\rho(\xi_k,\eta_k)$ 相差很小.

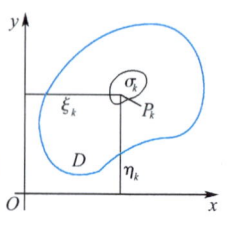

图 9-21

$$m_k \approx \rho(\xi_k, \eta_k)\Delta\sigma_k, m \approx \sum_{k=1}^{n}\rho(\xi_k, \eta_k)\Delta\sigma_k$$

$$M_x \approx \sum_{k=1}^{n}\eta_k\rho(\xi_k, \eta_k)\Delta\sigma_k, M_y \approx \sum_{k=1}^{n}\xi_k\rho(\xi_k, \eta_k)\Delta\sigma_k$$

当 $n \to \infty$ 而且 σ_k 中的最大直径 $\lambda \to 0$ 时,得到

$$m = \iint_D \rho(x,y)\mathrm{d}\sigma, M_x = \iint_D y\rho(x,y)\mathrm{d}\sigma, M_y = \iint_D x\rho(x,y)\mathrm{d}\sigma$$

$$\bar{x} = \frac{M_y}{m} = \frac{\iint_D x\rho(x,y)\mathrm{d}\sigma}{\iint_D \rho(x,y)\mathrm{d}\sigma}, \bar{y} = \frac{M_x}{m} = \frac{\iint_D y\rho(x,y)\mathrm{d}\sigma}{\iint_D \rho(x,y)\mathrm{d}\sigma}$$

如果物质分布是均匀的,ρ 是一个常数,则

$$\bar{x} = \frac{\iint_D x\mathrm{d}\sigma}{S}, \bar{y} = \frac{\iint_D y\mathrm{d}\sigma}{S}$$

其中 S 是区域 D 的面积. 把均匀薄板的重心称为该薄板所占平面图形的形心.

【**例 4**】 设有一等腰直角三角形薄板,已知其上任一点 (x,y) 处的密度与该点到直角顶点的距离的平方成正比,求薄板的重心.

解 建立坐标系如图 9-22 所示,设直角边长为 a,依题意 $\rho = k(x^2 + y^2)$,k 为比例常数.由密度函数知,物质分布与直线 $y = x$ 对称,即 $x_c = y_c$,由于斜边的方程为 $x + y = a$,从而得

$$m = \iint_D k(x^2 + y^2)\mathrm{d}\sigma$$
$$= k\int_0^a \mathrm{d}x \int_0^{a-x}(x^2 + y^2)\mathrm{d}y = \frac{1}{6}ka^4$$

$$M_y = \iint_D xk(x^2 + y^2)\mathrm{d}\sigma$$
$$= k\int_0^a x\mathrm{d}x\int_0^{a-x}(x^2 + y^2)\mathrm{d}y = \frac{1}{15}ka^5$$

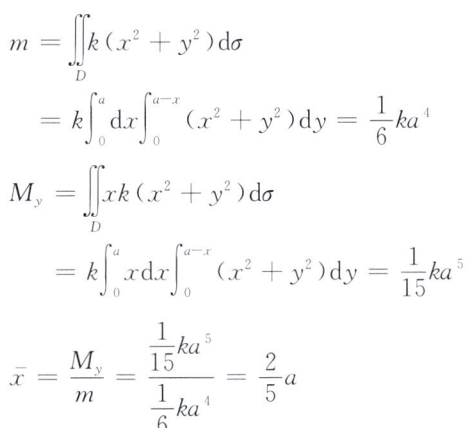

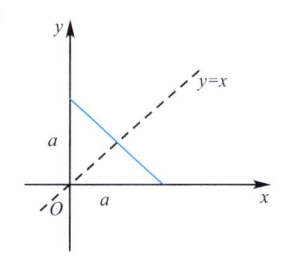

$$\bar{x} = \frac{M_y}{m} = \frac{\frac{1}{15}ka^5}{\frac{1}{6}ka^4} = \frac{2}{5}a$$

图 9-22

根据对称性可求得 $\bar{y} = \frac{2}{5}a$,则薄板的重心为 $\left(\frac{2}{5}a, \frac{2}{5}a\right)$.

三、平面薄板的转动惯量

由力学知道,质量为 m 的位于点 (x,y) 处的质点,对于 x 轴,y 轴,通过原点 O 而垂直于 xOy 平面的轴的转动惯量依次为

$$I_x = my^2, I_y = mx^2, I_O = m(x^2 + y^2)$$

设平面薄板占有 xOy 平面上的闭区域 D,其面密度为 $\rho(x,y)$,像上面处理重心那样,我们不难求出平面薄板对于坐标轴和原点 O 的转动惯量:

$$I_x \approx \sum_{k=1}^n \eta_k^2 \rho(\xi_k,\eta_k)\Delta\sigma_k, \quad I_y \approx \sum_{k=1}^n \xi_k^2 \rho(\xi_k,\eta_k)\Delta\sigma_k$$

$$I_O \approx \sum_{k=1}^n (\xi_k^2+\eta_k^2)\rho(\xi_k,\eta_k)\Delta\sigma_k$$

当 $n\to\infty$, 而且 σ_k 中的最大直径 $\lambda\to 0$ 时, 得到

$$I_x = \iint_D y^2\rho(x,y)\mathrm{d}\sigma, \quad I_y = \iint_D x^2\rho(x,y)\mathrm{d}\sigma$$

$$I_O = \iint_D (x^2+y^2)\rho(x,y)\mathrm{d}\sigma$$

【例 5】 设有一高为 h, 底边长为 $2b$ 的等腰三角形均匀薄板, 求它对底边的转动惯量.

解 建立坐标系如图 9-23 所示, 设密度为 ρ. 由于薄板关于它的高对称且为匀质, 所以所求的转动惯量为薄板 OPR 的转动惯量的两倍

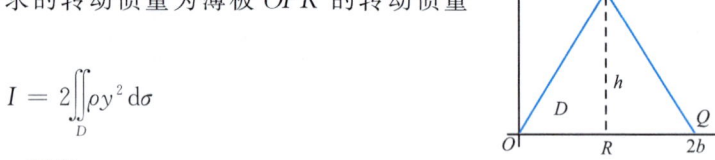

$$I = 2\iint_D \rho y^2 \mathrm{d}\sigma$$

直线 OP 的方程为 $y=\dfrac{h}{b}x$, 所以

$$I = 2\rho\int_0^b \mathrm{d}x \int_0^{\frac{h}{b}x} y^2 \mathrm{d}y = \frac{1}{6}\rho h^3 b$$

图 9-23

习题 9-3

A 组

1. 在极坐标系下区域 D 的面积公式是什么?
2. 曲面的面积元素是什么?
3. 若一个平面区域 D 的面密度为常数, 则形心的坐标用极坐标计算怎样表示?
4. 求下列曲面所围成的立体的体积.
   (1) $x=0, y=0, z=0, x+2y+z=1$
   (2) $z=\dfrac{1}{4}(x^2+y^2), x^2+y^2=8x, z=0$

B 组

1. 求球面 $x^2+y^2+z^2=a^2$ 含在圆柱面 $x^2+y^2=ax$ 内部的那部分面积.
2. 求锥面 $z=\sqrt{x^2+y^2}$ 被柱面 $z^2=2x$ 所割下部分的面积.
3. 平面 $\dfrac{x}{a}+\dfrac{y}{b}+\dfrac{z}{c}=1$ 被三坐标面所割出部分的面积.
4. 求由 $x=0, y=0, z=0, x=2, y=3, x+y+z=4$ 所围成的立体的体积.
5. 求由 $y=\sqrt{2px}, x=x_0$ 及 $y=0$ 所围成图形的重心.
6. 平面薄板所占的区域 D 由抛物线 $y=x^2$ 及直线 $y=x$ 所围成, 它在点 (x,y) 处的面密度为 $\rho(x,y)=x^2y$, 求重心.
7. 设有一密度为 ρ(常数)的半圆形薄板, 半径为 R, 求对它的一条直径的转动惯量.

*第四节　应用与实践

一、人口数量问题

某城市 2019 年的人口密度近似为 $p(r) = \dfrac{4}{20+r^2}$,其中 $p(r)$ 表示距市中心 r 公里处的人口密度,单位是 10 万人每平方公里,试求距市中心两公里区域内的人口数量.

分析　设距市中心两公里区域内的人口数量为 P,该问题与非均匀的平面薄板的质量问题类似.利用极坐标计算,得

$$P = \iint_D p(r) r \,\mathrm{d}r\mathrm{d}\theta = \iint_D \dfrac{4r}{20+r^2} \,\mathrm{d}r\mathrm{d}\theta = \int_0^{2\pi} \mathrm{d}\theta \int_0^2 \dfrac{4r}{20+r^2} \,\mathrm{d}r \approx 22.9(\text{万人})$$

即距市中心两公里区域内的人口数量为 22.9 万人.

二、火山喷发后高度变化问题

一火山的形状可以用曲面 $z = h \mathrm{e}^{\dfrac{-\sqrt{x^2+y^2}}{4h}}$ ($z > 0$,h 为火山的高度)来表示,在一次喷发中有体积为 V 的熔岩黏附在山上,使其具有和原来同样的形状,求火山高度变化的百分比.

分析　该问题使曲面问题具体化、形象化,实际上是计算曲顶柱体的体积,计算时火山底面理解为无穷大,设喷发后火山的高度为 h_1.利用极坐标计算,得

$$\text{火山原始体积} = \iint_D h \mathrm{e}^{\dfrac{-\sqrt{x^2+y^2}}{4h}} \,\mathrm{d}x\mathrm{d}y = \iint_D h \mathrm{e}^{-\dfrac{r}{4h}} r \,\mathrm{d}r\mathrm{d}\theta$$

$$= \int_0^{2\pi} \mathrm{d}\theta \int_0^{+\infty} h \mathrm{e}^{-\dfrac{r}{4h}} r \,\mathrm{d}r = 32\pi h^3$$

火山喷发后的体积 $= 32\pi h_1^3$.

由已知 $32\pi h_1^3 - 32\pi h^3 = V$ 得

$$h_1 = \sqrt[3]{\dfrac{V + 32\pi h^3}{32\pi}}$$

所以火山高度变化百分比为

$$\left(\sqrt[3]{\dfrac{V + 32\pi h^3}{32\pi h^3}} - 1 \right) \times 100\%$$

数学家　　　　　　　　　　　黎曼

黎曼(Riemann,1826—1866),德国著名的数学家,他在数学分析和微分几何方面做出过重要贡献,他开创了黎曼几何,给后来爱因斯坦的广义相对论提供了数学基础.1859 年,黎曼发表了关于质数分布的论文《论小于某给定值的素数的个数》,研究了黎曼 ζ 函数,给出了 ζ 函数的积分表示与它满足的函数方程,他指出素数的分布与黎曼 ζ 函数之间存在深刻联系.这一关联的核心就是 $J(x)$ 的积分表达式.1854 年,黎曼在格丁根大学发表的题为《论作为几何学基础的假设》的演说,创立了黎曼几何学.黎曼将曲面本身看作一个独立的几何实体,而不是仅仅把它看作欧几里得空间中的一个几何实体.1915 年,爱因斯坦运用黎曼几何和张量分析工具创立了新的引力理论——广义相对论.1866 年 7 月 20 日,他在第三次去意大利休养的途中因肺结核在塞拉斯卡去世.

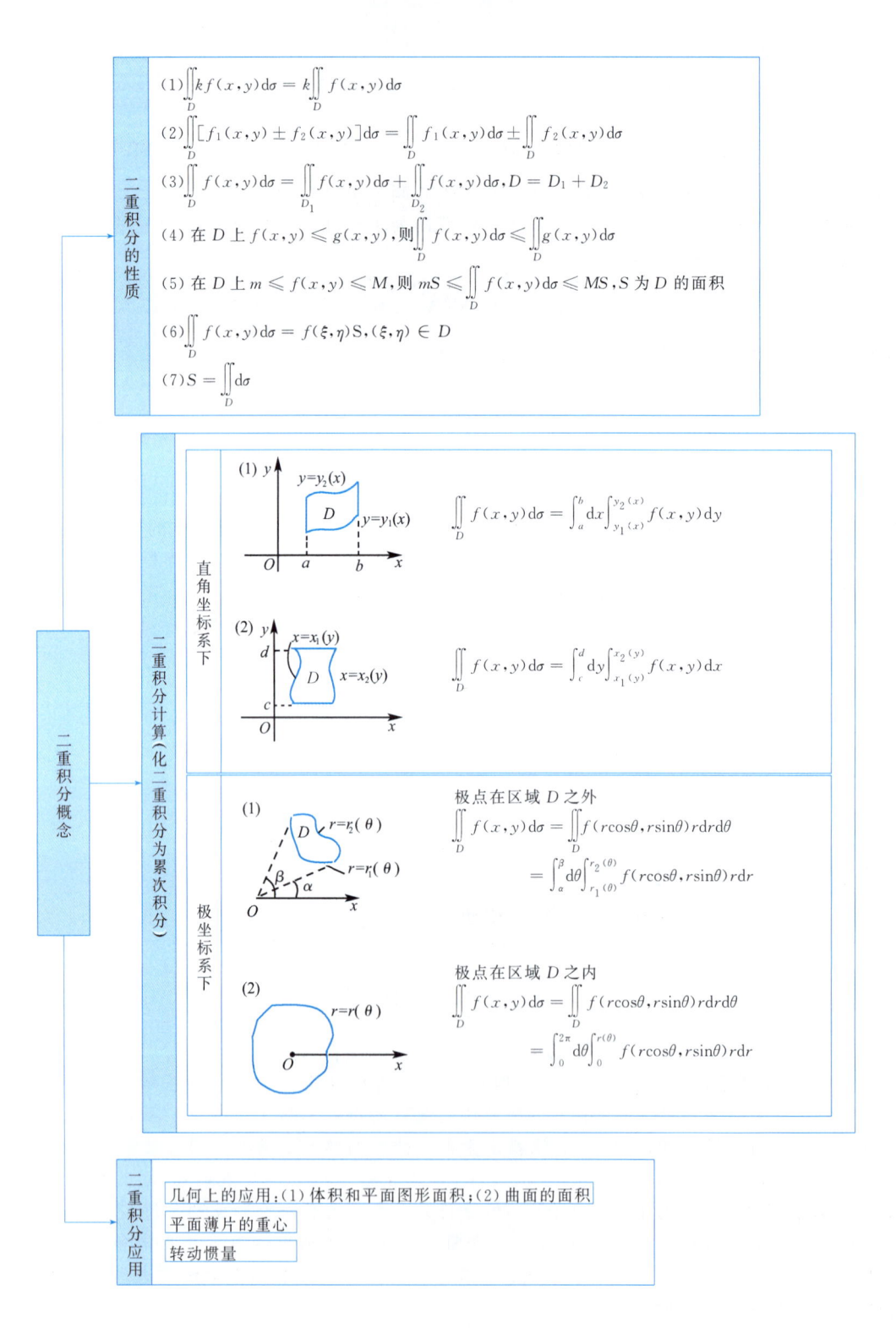

本章知识结构图

二重积分的性质

(1) $\iint\limits_D kf(x,y)\mathrm{d}\sigma = k\iint\limits_D f(x,y)\mathrm{d}\sigma$

(2) $\iint\limits_D [f_1(x,y) \pm f_2(x,y)]\mathrm{d}\sigma = \iint\limits_D f_1(x,y)\mathrm{d}\sigma \pm \iint\limits_D f_2(x,y)\mathrm{d}\sigma$

(3) $\iint\limits_D f(x,y)\mathrm{d}\sigma = \iint\limits_{D_1} f(x,y)\mathrm{d}\sigma + \iint\limits_{D_2} f(x,y)\mathrm{d}\sigma, D = D_1 + D_2$

(4) 在 D 上 $f(x,y) \leqslant g(x,y)$，则 $\iint\limits_D f(x,y)\mathrm{d}\sigma \leqslant \iint\limits_D g(x,y)\mathrm{d}\sigma$

(5) 在 D 上 $m \leqslant f(x,y) \leqslant M$，则 $mS \leqslant \iint\limits_D f(x,y)\mathrm{d}\sigma \leqslant MS, S$ 为 D 的面积

(6) $\iint\limits_D f(x,y)\mathrm{d}\sigma = f(\xi,\eta)S, (\xi,\eta) \in D$

(7) $S = \iint\limits_D \mathrm{d}\sigma$

二重积分计算（化二重积分为累次积分）

直角坐标系下：

(1) $y = y_2(x)$, $y = y_1(x)$

$\iint\limits_D f(x,y)\mathrm{d}\sigma = \int_a^b \mathrm{d}x \int_{y_1(x)}^{y_2(x)} f(x,y)\mathrm{d}y$

(2) $x = x_1(y)$, $x = x_2(y)$

$\iint\limits_D f(x,y)\mathrm{d}\sigma = \int_c^d \mathrm{d}y \int_{x_1(y)}^{x_2(y)} f(x,y)\mathrm{d}x$

极坐标系下：

(1) 极点在区域 D 之外

$\iint\limits_D f(x,y)\mathrm{d}\sigma = \iint\limits_D f(r\cos\theta, r\sin\theta) r \mathrm{d}r \mathrm{d}\theta$
$= \int_\alpha^\beta \mathrm{d}\theta \int_{r_1(\theta)}^{r_2(\theta)} f(r\cos\theta, r\sin\theta) r \mathrm{d}r$

(2) 极点在区域 D 之内

$\iint\limits_D f(x,y)\mathrm{d}\sigma = \iint\limits_D f(r\cos\theta, r\sin\theta) r \mathrm{d}r \mathrm{d}\theta$
$= \int_0^{2\pi} \mathrm{d}\theta \int_0^{r(\theta)} f(r\cos\theta, r\sin\theta) r \mathrm{d}r$

二重积分应用

几何上的应用：(1) 体积和平面图形面积；(2) 曲面的面积

平面薄片的重心

转动惯量

（二重积分概念）

第十章 常微分方程

常微分方程是高等数学的一个重要组成部分,利用它可以解决许多几何、力学以及物理等方面的问题.本章将介绍常微分方程的一些基本概念和常见的一些简单微分方程的解法.

第一节 微分方程的一般概念

一、微分方程的概念

1. 引例

利用函数关系,我们可以对客观事物的规律性进行研究,但在许多实际问题中,无法直接求得与问题有联系的那些量的函数关系,而只能借助于含有未知函数的等式求得.例如,大家在高中的学习中,经常会遇到这样的问题:已知 $f(x)$ 满足 $2f(x)+f\left(\dfrac{1}{x}\right)=x^2+\dfrac{3}{x}$,求 $f(x)$. 上式是一个含有未知函数的等式,即函数方程. 在此,借助于解代数方程的方法不难求得

$$f(x)=\dfrac{2}{3}x^2-x+\dfrac{2}{x}-\dfrac{1}{3x^2}$$

通常,我们把含有未知函数的等式叫作函数方程.

【例 1】 一平面曲线上任意一点 $P(x,y)$ 处的切线的斜率等于该点处横坐标的平方,且曲线过点 $A(1,1)$,求此曲线方程.

解 设所求的曲线方程为 $y=f(x)$,由导数的几何意义可知:曲线在点 $P(x,y)$ 处的切线的斜率 $k_P=\dfrac{\mathrm{d}y}{\mathrm{d}x}$,依题意 $f(x)$ 应满足方程

$$\dfrac{\mathrm{d}y}{\mathrm{d}x}=x^2 \tag{1}$$

且满足:当 $x=1$ 时,$y=1$. 此条件可写成

$$y\mid_{x=1}=1 \tag{2}$$

将式(1) 化为 $\mathrm{d}y=x^2\mathrm{d}x$,对两边积分可得 $y=\displaystyle\int x^2\mathrm{d}x$,即

$$y=\dfrac{1}{3}x^3+C \tag{3}$$

其中 C 是任意常数.将条件(2) 代入式(3),有 $1=\dfrac{1}{3}\times 1^3+C,C=\dfrac{2}{3}$. 故所求曲线方程为

$$y = \frac{1}{3}x^3 + \frac{2}{3} \tag{4}$$

【例2】 一质点做直线运动,已知加速度为 $a = 12t^2 - 3\sin t$,如果在初始时刻 $t = 0$ 时,物体的速度 $v_0 = 5$,物体的位移 $s_0 = -3$,试求:

(1) 速度 v 和时间 t 之间的函数关系;
(2) 位移 s 和时间 t 之间的函数关系.

解 (1) 由一阶导数的力学意义,可知:

$$v' = a = 12t^2 - 3\sin t \tag{5}$$

$$v = \int (12t^2 - 3\sin t)\,\mathrm{d}t = 4t^3 + 3\cos t + C_1 \tag{6}$$

当 $t = 0$ 时,$v_0 = 5$. 代入式(6),得 $C_1 = 2$,故

$$v = 4t^3 + 3\cos t + 2 \tag{7}$$

(2) 由一阶导数和二阶导数的力学意义,可知:

$$s'' = a = 12t^2 - 3\sin t \tag{8}$$

$$s' = v = 4t^3 + 3\cos t + C_1 \tag{9}$$

$$s = \int (4t^3 + 3\cos t + C_1)\,\mathrm{d}t = t^4 + 3\sin t + C_1 t + C_2 \tag{10}$$

当 $t = 0$ 时,$v_0 = 5, s_0 = -3$. 代入式(9)和(10),得 $C_1 = 2, C_2 = -3$,故

$$s = t^4 + 3\sin t + 2t - 3 \tag{11}$$

例1中的式(1)、例2中的式(5)(8)也是函数方程,但与之前不同的是,式中含有未知函数的导数,我们称这种方程为微分方程.

2. 微分方程的定义

定义 1 含有未知函数的导数(或微分)的方程叫作微分方程.

未知函数是一元函数的微分方程叫作常微分方程,未知函数为多元函数的微分方程叫作偏微分方程.本书中只介绍常微分方程的有关知识,故以后所述的微分方程即指常微分方程.

例如,$\dfrac{\mathrm{d}^2 y}{\mathrm{d}x^2} - 3\dfrac{\mathrm{d}y}{\mathrm{d}x} + 2y = 0$ 和 $\dfrac{\mathrm{d}^3 y}{\mathrm{d}x^3} + \left(\dfrac{\mathrm{d}y}{\mathrm{d}x}\right)^2 + y^4 = \mathrm{e}^x$ 都是微分方程.与式(1)不同的是它们分别出现了未知函数的二阶与三阶导数.

定义 2 微分方程中所含未知函数的导数的最高阶数叫作微分方程的阶.若一个微分方程的阶为 n,则称这个微分方程为 n 阶微分方程.

以上两个方程分别称为二阶微分方程和三阶微分方程.

二、微分方程的解

在例1中将式(1)中的未知函数 y 用已知函数 $y = \dfrac{1}{3}x^3 + \dfrac{2}{3}$ 代替,则式(1)两边成为恒等式,我们把 $y = \dfrac{1}{3}x^3 + \dfrac{2}{3}$ 叫作方程(1)的一个解.

定义 3 如果把一个函数 $y = f(x)$ 代入微分方程后,方程两边成为恒等式,那么就称这个函数为该微分方程的一个解.求微分方程的解的过程,叫作解微分方程.

在例1中,式(3)也是方程(1)的解,其含有一个任意常数 C,它是该方程的全部解的共同表达式,故称为该微分方程的通解.

又如 $y = C_1 \mathrm{e}^x + C_2 \mathrm{e}^{2x}$（$C_1, C_2$ 是任意常数）是方程 $\dfrac{\mathrm{d}^2 y}{\mathrm{d} x^2} - 3 \dfrac{\mathrm{d} y}{\mathrm{d} x} + 2 y = 0$ 的解，并且它含有两个独立的任意常数. 以后将知道，它是该方程的全部解的共同表达式，故也称为这个方程的通解.

定义 4 如果一个微分方程的解中含有独立的任意常数，并且任意常数的个数等于该微分方程的阶数，那么这个解叫作该微分方程的通解. 通解中的任意常数每取一组特定的值所得到的解，叫作该微分方程的一个特解.

注意 通解并不包含所有的解，即有些特解不能由通解中任意常数取定后确定. 这类特解称为奇解.

例 1 中，函数（3）和（4）都是微分方程的解；例 2 中，函数（6）（7）（10）（11）都是相应微分方程的解. 简单地说，所谓微分方程的解是指这样的函数，将它代入方程后，能使方程变为恒等式.

例 1 中，函数（3）是微分方程的通解，函数（4）是微分方程的特解；例 2 中，函数（6）（10）是相应微分方程的通解，函数（7）（11）是相应微分方程的特解. 通解中所含任意常数的个数与微分方程的阶数相等，特解中不含任意常数.

在例 1 中通过条件 $y\big|_{x=1} = 1$ 确定了通解 $y = \dfrac{1}{3} x^3 + C$ 中的常数 $C = \dfrac{2}{3}$，我们把条件 $y\big|_{x=1} = 1$ 叫作该方程的初始条件. 例 2 中，当 $t = 0$ 时，$v_0 = 5, s_0 = -3$ 都是相应微分方程的初始条件.

一般地，一阶微分方程的初始条件为：$y\big|_{x=x_0} = y_0$；二阶微分方程的初始条件为：$y\big|_{x=x_0} = y_0; y'\big|_{x=x_0} = y_0'$.

习题 10-1

A 组

1. 指出下列方程中，哪些是微分方程？并说出它们的阶数.

   (1) $y^2 - x^2 \sin y = 0$ (2) $x(y')^2 + y = 1$

   (3) $\dfrac{\mathrm{d}^2 y}{\mathrm{d} x^2} - y = 2x$ (4) $(\sin x)'' + 2(\sin x)' + 1 = 0$

   (5) $y^{(4)} + \mathrm{e}^y = x^2$ (6) $x \mathrm{d} x + y^2 \mathrm{d} y = 0$

   (7) $y'' - x^2 y = 1$ (8) $\dfrac{\mathrm{d} y}{\mathrm{d} x} = \dfrac{2y}{100 + x}$

2. 验证下列函数是否为所给方程的解.

   (1) $y'' + 4y = 0, y = 2\cos 2x - 5\sin 2x$；

   (2) $y'' + (y')^2 + 1 = 0, y = \ln \cos(x - a) + b$.

B 组

1. 验证 $y = C \mathrm{e}^{\frac{y}{x}}$ 是否为方程 $y^2 \mathrm{d} x + (x^2 - xy) \mathrm{d} y = 0$ 的解.

2. 验证函数 $y = (C_1 + C_2 x)\mathrm{e}^x + x + 2$ 是方程 $y'' - 2y' + y = x$ 的通解，并求出其满足初始条件 $y\big|_{x=0} = 4, y'\big|_{x=0} = 2$ 的一个特解.

3. 设曲线上任意一点 $P(x,y)$ 处的切线与直线 $y = \dfrac{\sqrt{3}}{3}x$ 所成的角是 $30°$，求该曲线所满足的微分方程.

第二节　一阶微分方程

一阶微分方程有许多种形式,这里我们只研究可化为下列形式的一阶微分方程
$$\frac{\mathrm{d}y}{\mathrm{d}x} = f(x,y)$$

一、可分离变量的微分方程

一般地,我们把形如
$$\frac{\mathrm{d}y}{\mathrm{d}x} = M(x)N(y) \tag{1}$$
或
$$M_1(x)N_1(y)\mathrm{d}x + M_2(x)N_2(y)\mathrm{d}y = 0 \tag{2}$$
的方程叫作可分离变量的一阶微分方程,简称可分离变量的微分方程.

对可分离变量的微分方程我们可采用"分离变量""两边积分"的方法求得它的解. 如对方程(1)可按下列步骤求解:

(1) 分离变量　当 $N(y) \neq 0$ 时,方程(1)可化为
$$\frac{\mathrm{d}y}{N(y)} = M(x)\mathrm{d}x$$

(2) 两边积分
$$\int \frac{\mathrm{d}y}{N(y)} = \int M(x)\mathrm{d}x$$

若 $G'(y) = \dfrac{1}{N(y)}, F'(x) = M(x)$,则可得方程(1)的通解
$$G(y) = F(x) + C \tag{3}$$
或化为显形式 $y = G^{-1}(F(x) + C)$ (若 $G(y)$ 有反函数).

讨论表 10-1 中的微分方程是否可分离变量.

表 10-1

微分方程	分离变量	是否可分离变量
$y' = 2xy$	$\dfrac{\mathrm{d}y}{y} = 2x\mathrm{d}x$	是
$3x^2 + 5x - y' = 0$	$\mathrm{d}y = (3x^2 + 5x)\mathrm{d}x$	是
$(x^2 + y^2)\mathrm{d}x - xy\mathrm{d}y = 0$	—	不是
$y' = 1 + x + y^2 + xy^2$	$\dfrac{\mathrm{d}y}{1 + y^2} = (1 + x)\mathrm{d}x$	是
$y' = 10^{x+y}$	$10^{-y}\mathrm{d}y = 10^x\mathrm{d}x$	是
$y' = \dfrac{x}{y} + \dfrac{y}{x}$	—	不是

【例1】 解微分方程 $\dfrac{dy}{dx} = 2x^3 y$.

解 当 $y \neq 0$ 时,用它去除式 $\dfrac{dy}{dx} = 2x^3 y$ 两端,即得等价的方程

$$\dfrac{dy}{y} = 2x^3 dx$$

将上式两端积分,得到

$$\int \dfrac{1}{y} dy = \int 2x^3 \, dx$$

积分后,得到

$$\ln|y| = \dfrac{1}{2} x^4 + C_1$$

从而有

$$|y| = e^{\frac{1}{2}x^4 + C_1} = e^{C_1} \cdot e^{\frac{1}{2}x^4}$$

即 $y = \pm e^{C_1} \cdot e^{\frac{1}{2}x^4}$,由于 $\pm e^{C_1}$ 仍是任意常数,可记作 C,于是,所给方程的通解为

$$y = C e^{\frac{1}{2}x^4}$$

为了方便起见,可将 $\ln|y|$ 写成 $\ln y$,但要明确最终结果中的 C 是可正可负的任意常数.

【例2】 求 $y' + xy = 0$ 的通解.

解 方程变形为 $\dfrac{dy}{dx} = -xy$,分离变量得

$$\dfrac{dy}{y} = -x dx \quad (y \neq 0)$$

两边积分得

$$\int \dfrac{dy}{y} = -\int x dx$$

积分后,得到

$$\ln|y| = -\dfrac{1}{2}x^2 + C_1$$

所以

$$|y| = e^{-\frac{1}{2}x^2 + C_1} = e^{C_1} e^{-\frac{1}{2}x^2}$$

即 $y = \pm e^{C_1} e^{-\frac{1}{2}x^2} = C e^{-\frac{1}{2}x^2} (C = \pm e^{C_1})$,所给方程通解为 $y = C e^{-\frac{1}{2}x^2}$($C$ 为任意常数).

【例3】 求方程 $y' = \ln x + y^2 \ln x$ 的通解.

解 原方程可化为 $\dfrac{dy}{dx} = (1 + y^2) \ln x$,它是可分离变量方程.

分离变量得

$$\dfrac{dy}{1+y^2} = \ln x \, dx$$

两边积分得

$$\int \dfrac{dy}{1+y^2} = \int \ln x \, dx$$

计算积分可得原方程的通解为 $\arctan y = x \ln x - x + C$,即 $y = \tan(x \ln x - x + C)$.

【例 4】 求方程 $dy = x(2ydx - xdy)$ 满足初始条件 $y|_{x=1} = 4$ 的特解.

解 将方程 $dy = x(2ydx - xdy)$ 变形为 $(1+x^2)dy = 2xydx$, 分离变量得

$$\frac{dy}{y} = \frac{2xdx}{1+x^2}$$

两边积分得

$$\int \frac{dy}{y} = \int \frac{2xdx}{1+x^2}$$

计算积分可得

$$\ln|y| = \ln|1+x^2| + C_1 \text{ 或 } \ln|y| = \ln|1+x^2| + \ln C_2$$

其中 C_2 为大于零的任意常数. 因此, 原方程的通解为 $y = C(1+x^2)$(C 为任意常数).

将条件 $y|_{x=1} = 4$ 代入上式得 $C = 2$. 故原方程满足初始条件 $y|_{x=1} = 4$ 的特解是

$$y = 2(1+x^2)$$

在两边积分时,出现了表达式 $\ln|y| = \varphi(x) + C_1$,为去掉对数可令 $C_1 = \ln C_2(C_2 > 0)$,此时有 $|y| = C_2 e^{\varphi(x)}$,即 $y = C e^{\varphi(x)}$,这里 C 仍取任意常数.

在解微分方程时,经常会遇到方程的通解为 $\ln|y| = \varphi(x) + C_1$ 的情况,可直接将其化为 $y = Ce^{\varphi(x)}$. 对此,以后不再加以说明.

在一些实际问题中遇到的微分方程可能不是可分离变量的微分方程,但可通过适当的变换将其化为可分离变量的微分方程. 形如 $\dfrac{dy}{dx} = f\left(\dfrac{y}{x}\right)$ 的方程若不是可分离变量微分方程,则可通过变换 $\dfrac{y}{x} = u$ 化为可分离变量的微分方程. 一般地,我们把方程

$$\frac{dy}{dx} = f\left(\frac{y}{x}\right) \tag{4}$$

叫作一阶齐次微分方程.

在方程(4)中作变换 $\dfrac{y}{x} = u$,则可得 $\dfrac{dy}{dx} = u + x\dfrac{du}{dx}$,此时方程(4)可化为

$$u + x\frac{du}{dx} = f(u)$$

该方程是可分离变量方程,因此可求其通解,进而可求得方程(4)的解.

【例 5】 一曲线上任一点 $P(x,y)$ 处的切线与直线 OP 所成的角为 $\dfrac{\pi}{4}$,且过点 $(1,0)$,求该曲线方程(图 10-1).

解 设曲线方程为 $y = y(x)$,由导数的几何意义可知: 曲线在点 $P(x,y)$ 处的切线的斜率为 $k = y'(x) = \tan\alpha$,而直线 OP 的斜率为 $k_{OP} = \dfrac{y}{x} = \tan\beta$,依题意可得 $\alpha = \beta + \dfrac{\pi}{4}$,因此可得

$$y' = \frac{1 + \dfrac{y}{x}}{1 - \dfrac{y}{x}}$$

此方程为一阶齐次方程. 可作变换 $\dfrac{y}{x} = u$,即 $y = xu$,此时 $y' = u + xu'$,将其代入上式得 $u + xu' = \dfrac{1+u}{1-u}$,即

$$\frac{\mathrm{d}u}{\mathrm{d}x} = \frac{1+u^2}{x(1-u)}$$

这是以 u 为未知函数的可分离变量方程,分离变量可得

$$\frac{1-u}{1+u^2}\mathrm{d}u = \frac{1}{x}\mathrm{d}x$$

两边积分可得其通解为

$$\arctan u - \frac{1}{2}\ln(1+u^2) = \ln|x| + C$$

回代 $u = \frac{y}{x}$ 可得原方程的通解为

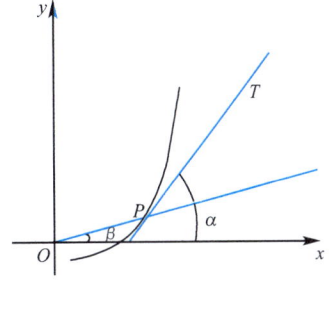

图 10-1

$$2\arctan\frac{y}{x} - \ln(x^2+y^2) = C$$

将初始条件 $y|_{x=1} = 0$ 代入上式可求出 $C = 0$,因此所求曲线方程为

$$2\arctan\frac{y}{x} - \ln(x^2+y^2) = 0$$

二、一阶线性微分方程

形如

$$y' + P(x)y = Q(x) \tag{5}$$

的方程叫作一阶线性微分方程,其中 $P(x), Q(x)$ 为已知函数. 线性体现在 y'、y 均为一次幂的形式.

当 $Q(x) \equiv 0$ 时,方程(5)即为

$$y' + P(x)y = 0 \tag{6}$$

称为一阶线性齐次微分方程. 相应的 $Q(x) \neq 0$ 时,方程(5)称为一阶线性非齐次微分方程.

不难看出,一阶线性齐次微分方程是可分离变量方程,分离变量得 $\frac{\mathrm{d}y}{y} = -P(x)\mathrm{d}x$,两边积分可得其通解为

$$y = C\mathrm{e}^{-\int P(x)\mathrm{d}x} \tag{7}$$

其中 C 是任意常数.

注意 在 $y = C\mathrm{e}^{-\int P(x)\mathrm{d}x}$ 中,$\int P(x)\mathrm{d}x$ 仅表示 $P(x)$ 的一个原函数. 在以后所给出的微分方程的通解公式中积分表达式均如此,不再说明.

为了求出方程(5)的通解,我们采用微分方程中常用的"常数变易法",即将式(7)中的常数 C 用函数 $C(x)$ 代替,并设 $y = C(x)\mathrm{e}^{-\int P(x)\mathrm{d}x}$ 是方程(5)的解,代入方程(5)可整理得 $C'(x)\mathrm{e}^{-\int P(x)\mathrm{d}x} = Q(x)$,即

$$C'(x) = \mathrm{e}^{\int P(x)\mathrm{d}x} Q(x)$$

两边积分得

$$C(x) = \int \mathrm{e}^{\int P(x)\mathrm{d}x} Q(x)\mathrm{d}x + C$$

将其代入 $y = C(x)\mathrm{e}^{-\int P(x)\mathrm{d}x}$ 便得方程(5)的通解为

$$y = e^{-\int P(x)dx}\left[\int e^{\int P(x)dx}Q(x)dx + C\right] \tag{8}$$

以上我们利用"常数变易法"解出了一阶线性非齐次微分方程的通解,但在具体解题中并不要求仅用此方法来求解一阶线性非齐次微分方程的通解. 方程(5)的通解可化为

$$y = Ce^{-\int P(x)dx} + e^{-\int P(x)dx}\int e^{\int P(x)dx}Q(x)dx \tag{9}$$

此式中,等号右端第一项 $y_1 = Ce^{-\int P(x)dx}$ 是一阶线性齐次微分方程的通解,而第二项 $y^* = e^{-\int P(x)dx}\int e^{\int P(x)dx}Q(x)dx$ 是一阶线性非齐次微分方程的一个特解(通解中 C 取 0). 这一结构正是所有线性非齐次微分方程的通解所具有的特点. 我们可按下列步骤求一阶线性非齐次微分方程的通解:

第一步:将方程化为一阶线性非齐次微分方程的标准形式;

第二步:求出方程中的 $P(x)$ 与 $Q(x)$;

第三步:计算积分 $y = e^{-\int P(x)dx}$;

第四步:计算积分 $\int Q(x)e^{\int P(x)dx}dx$;

第五步:由公式(9)写出原微分方程的通解.

【例 6】 求微分方程 $\dfrac{dy}{dx} - \dfrac{y}{x} = x^2$ 的通解.

解 因为 $P(x) = -\dfrac{1}{x}, Q(x) = x^2, y_1 = e^{-\int P(x)dx} = e^{\int \frac{1}{x}dx} = |x|$,计算积分

$$\int Q(x)e^{\int P(x)dx}dx = \int x^2 \frac{1}{|x|}dx = \begin{cases} \dfrac{1}{2}x^2 & x \geqslant 0 \\ -\dfrac{1}{2}x^2 & x < 0 \end{cases}$$

由公式(8),原方程的通解为

$$y = e^{-\int P(x)dx}\left[\int e^{\int P(x)dx}Q(x)dx + C\right] = \begin{cases} C_1 x + \dfrac{1}{2}x^3 & x \geqslant 0 \\ -C_2 x + \dfrac{1}{2}x^3 & x < 0 \end{cases}$$

即

$$y = Cx + \dfrac{1}{2}x^3$$

【例 7】 求方程 $(1+x^2)dy = (1+2xy+x^2)dx$ 满足初始条件 $y|_{x=0} = 1$ 的一个特解.

解 原方程可化为 $\dfrac{dy}{dx} - \dfrac{2x}{1+x^2}y = 1$,此方程为一阶线性微分方程,其中,$P(x) = -\dfrac{2x}{1+x^2}, Q(x) = 1, y_1 = e^{-\int P(x)dx} = e^{\int \frac{2x}{1+x^2}dx} = 1+x^2$,计算积分

$$\int Q(x)e^{\int P(x)dx}dx = \int \frac{1}{1+x^2}dx = \arctan x$$

所以原方程的通解为

$$y = C(1+x^2) + (1+x^2)\arctan x.$$

将初始条件 $y|_{x=0} = 1$ 代入上式可得 $C = 1$. 所以,所求特解为

$$y = (1+x^2)(1+\arctan x)$$

在利用公式(9)解一阶线性微分方程时,注意到 $e^{-\int P(x)dx}$ 与 $\int Q(x)e^{\int P(x)dx}dx$ 中的 $e^{\int P(x)dx}$ 互为倒数,可使计算更为简便.

【例 8】 一跳伞队员质量为 m,降落时空气的阻力与伞下降的速度成正比,设跳伞队员离开飞机时的速度为零.求伞下降的速度关于时间 t 的函数.

解 设跳伞队员离开飞机 t 秒时,其速度为 $v = v(t)$,则该时刻所受阻力 $f = -kv(t)$,此时重力为 $P = mg$. 由牛顿第二定律可知:$v = v(t)$ 满足微分方程 $m\dfrac{dv}{dt} = mg - kv$,且由跳伞队员离开飞机时的速度为零得 $v(0) = 0$,所以此问题化为求解下面的初值问题:

$$\begin{cases} \dfrac{dv}{dt} + \dfrac{k}{m}v = g \\ v\big|_{t=0} = 0 \end{cases}$$

方程 $\dfrac{dv}{dt} + \dfrac{k}{m}v = g$ 为一阶线性非齐次微分方程,其通解为 $v = Ce^{-\frac{k}{m}t} + \dfrac{mg}{k}$,将条件 $v\big|_{t=0} = 0$ 代入可得 $C = -\dfrac{mg}{k}$,故所求函数为

$$v = \dfrac{mg}{k}(1 - e^{-\frac{k}{m}t})$$

由此我们可分析出:队员离开飞机后,开始阶段是做加速运动,经过一段时间后逐渐趋近于匀速运动.

习题 10-2

A 组

1. 求下列微分方程的通解.

   (1) $\dfrac{dy}{dx} = \sqrt{xy}$ (2) $(1+e^x)y^2 y' = e^x$

   (3) $y' + y = 3x$ (4) $y'\tan x - y = 1$

   (5) $y\,dy = x\,dx$ (6) $\dfrac{dy}{dx} = y\ln y$

   (7) $\dfrac{dy}{dx} = e^{x-y}$ (8) $\dfrac{dy}{dx} = e^{2x-y}$

   (9) $y(1-x^2)dy + x(1+y^2)dx = 0$ (10) $\dfrac{dy}{dx} = \sqrt{\dfrac{1-y^2}{1-x^2}}$

2. 求下列微分方程满足初始条件的特解.

   (1) $\dfrac{dy}{dx} = -\dfrac{x}{y}$, $y\big|_{x=4} = 0$

   (2) $\sin y\cos x\,dy = \cos y\sin x\,dx$, $y\big|_{x=0} = \dfrac{\pi}{4}$

   (3) $y' - 2y = e^x - x$, $y\big|_{x=0} = \dfrac{5}{4}$

▶ B 组

1. 解下列微分方程.

(1) $dy + y\tan x \, dx = 0$
(2) $(1+x^2)dy - \sqrt{1-y^2}\,dx = 0$
(3) $xy' + 2y = e^{-x^2}$
(4) $(1+x^2)y' - 2xy = (1+x^2)^2$
(5) $y' + \dfrac{1-2x}{x^2}y = 1$

2. 用变量替换法解下列方程.

(1) $\dfrac{dy}{dx} = \tan\dfrac{y}{x} + \dfrac{y}{x}$
(2) $x\dfrac{dy}{dx} = y\ln\dfrac{y}{x}$
(3) $y' - (y-x)^2 = 1$ (提示：可设 $u = y - x$)
(4) $\dfrac{dy}{dx} = (x+y)^2$

3. 求下列微分方程满足初始条件的特解.

(1) $LR\dfrac{dU}{dt} + U = E, U\big|_{t=0} = U_0$
(2) $(1+x^2)dy = (1+xy)dx, y\big|_{x=1} = 0$

4. 一曲线上任意一点处切线的斜率等于自原点到该切点的连线的斜率的 2 倍，且曲线过点 $A\left(1, \dfrac{1}{3}\right)$，求该曲线的方程.

5. 质量为 m 的子弹以初速度 v_0 水平射出. 设介质阻力的水平分力与水平速度的 n 次方成正比 ($n > 1$)，求 t 秒时子弹的水平速度 v. 若 $n = 2, v_0 = 800$ 米/秒，且当 $t = \dfrac{1}{2}$ 秒时 $v = 700$ 米/秒，求 $t = 1$ 秒时子弹的水平速度.

第三节　几类特殊的高阶方程

上一节介绍了简单的一阶微分方程的解法，而我们把二阶以及二阶以上的微分方程叫作高阶微分方程.

本节将介绍几类特殊的高阶微分方程，这些方程在力学的应用方面经常出现，它们的解往往可以利用变量代换降阶的方法求得.

一、$y^{(n)} = f(x)$ 型

方程
$$y^{(n)} = f(x) \tag{1}$$
的解可通过逐次积分得到. 下面仅以一例加以说明.

【例 1】　解方程 $y''' = x + e^{2x}$.

解　对方程两边逐次积分：
$$y'' = \dfrac{1}{2}x^2 + \dfrac{1}{2}e^{2x} + C_1$$

$$y' = \frac{1}{6}x^3 + \frac{1}{4}e^{2x} + C_1 x + C_2$$

$$y = \frac{1}{24}x^4 + \frac{1}{8}e^{2x} + \frac{1}{2}C_1 x^2 + C_2 x + C_3$$

或

$$y = \frac{1}{24}x^4 + \frac{1}{8}e^{2x} + C_1' x^2 + C_2 x + C_3 \quad (C_1' = \frac{1}{2}C_1)$$

二、$y'' = f(x, y')$ 型

方程

$$y'' = f(x, y') \tag{2}$$

中不显含未知函数 y，此方程只要作变换 $y' = p(x)$，则 $y'' = p'$。将其代入式(2)可得

$$\frac{\mathrm{d}p}{\mathrm{d}x} = f(x, p)$$

此为以 $p(x)$ 为未知函数的一阶微分方程，若可求得其解为 $p = \varphi(x, C_1)$，即 $y' = \varphi(x, C_1)$，则原方程的通解为

$$y = \int \varphi(x, C_1) \mathrm{d}x + C_2$$

【例 2】 解方程 $y'' = \dfrac{2xy'}{1+x^2}$。

解 设 $y' = p(x)$，则 $y'' = p'$，将其代入方程后可得

$$p' = \frac{2xp}{1+x^2}$$

此方程为可分离变量方程，分离变量得

$$\frac{\mathrm{d}p}{p} = \frac{2x}{1+x^2}\mathrm{d}x$$

解得其通解为

$$p = C_1(1+x^2)$$

从而有 $y' = C_1(1+x^2)$，再积分可得原方程的通解为

$$y = C_1\left(x + \frac{1}{3}x^3\right) + C_2$$

三、$y'' = f(y, y')$ 型

方程

$$y'' = f(y, y') \tag{3}$$

中左端不显含 x，若作变换 $y' = p(y)$，则

$$y'' = \frac{\mathrm{d}p(y)}{\mathrm{d}x} = \frac{\mathrm{d}p}{\mathrm{d}y} \cdot \frac{\mathrm{d}y}{\mathrm{d}x} = \frac{\mathrm{d}p}{\mathrm{d}y} \cdot p$$

将其代入式(3)可得一阶微分方程

$$p\frac{\mathrm{d}p}{\mathrm{d}y} = f(y, p)$$

若可求得其通解 $p = \varphi(y, C_1)$，则由 $p = \dfrac{\mathrm{d}y}{\mathrm{d}x}$ 可得 $\dfrac{\mathrm{d}y}{\mathrm{d}x} = \varphi(y, C_1)$，即

$$\frac{dy}{\varphi(y, C_1)} = dx$$

因此原方程的通解为

$$\int \frac{dy}{\varphi(y, C_1)} = x + C_2$$

【例 3】 解方程 $2yy'' + (y')^2 = 0$，其中 $y > 0$.

解 令 $y' = p$，则 $y'' = p\dfrac{dp}{dy}$，代入方程后有

$$2yp\frac{dp}{dy} + p^2 = 0$$

或

$$p\left(2y\frac{dp}{dy} + p\right) = 0$$

由 $p = 0$ 得 $y' = 0$，此时可解得 $y = C$;

由 $2y\dfrac{dp}{dy} + p = 0$，可得 $\dfrac{dp}{p} = -\dfrac{dy}{2y}$，两边积分后有

$$\ln|p| = -\frac{1}{2}\ln|y| + C_1'$$

从而 $p = \dfrac{C_1}{\sqrt{y}}$.

因为 $p = \dfrac{dy}{dx}$，所以有 $\dfrac{dy}{dx} = \dfrac{C_1}{\sqrt{y}}$. 由此可解得 $\dfrac{2}{3}y^{\frac{3}{2}} = C_1 x + C_2$，即

$$y = (C_1' x + C_2')^{\frac{2}{3}}$$

因此，原方程的通解为 $y = C$ 以及 $y = (C_1' x + C_2')^{\frac{2}{3}}$.

注意 此方程的通解有两个表达式，且它们不可相互取代. 这时称 $y = C$ 为奇解.

习题 10-3

A 组

1. 解下列微分方程.

   (1) $y''' = e^x - \sin x$　　　　　(2) $xy'' - y' = 0$

   (3) $y'' - xe^x = 0$　　　　　　(4) $(y'')^2 - y' = 0$

2. 求下列微分方程满足初始条件的特解.

   (1) $y'' = x + \sin x, y|_{x=0} = 1, y'|_{x=0} = 1$

   (2) $y'' - (y')^2 = 0, y|_{x=0} = 1, y'|_{x=0} = -1$

B 组

解下列微分方程.

(1) $2yy'' - (y')^2 + 1 = 0$　　　　　(2) $xy'' = y'\ln y'$

(3) $(1+x^2)y'' = 2xy', y|_{x=0} = 1, y'|_{x=0} = 3$

第四节　二阶线性微分方程

在工程及物理问题中,遇到的高阶方程很多都是线性方程,或者可简化为线性方程.二阶线性方程的一般形式为

$$y'' + p(x)y' + q(x)y = f(x) \tag{1}$$

其中,$p(x),q(x)$ 及 $f(x)$ 是已知函数,$p(x),q(x)$ 叫作系数函数,$f(x)$ 叫作自由项.线性体现在 $y''、y'、y$ 均为一次幂.

当 $p(x),q(x)$ 为常数时,方程

$$y'' + py' + qy = f(x) \tag{2}$$

叫作二阶常系数线性微分方程.

一、线性方程解的结构定理

以下所述二阶线性微分方程的解的结构定理,是以常系数线性微分方程(2)为例,其所有结论,对方程(1)都成立.

在方程(2)中,若 $f(x) \equiv 0$,则方程

$$y'' + py' + qy = 0 \tag{3}$$

叫作二阶常系数线性齐次微分方程,相应的 $f(x) \neq 0$ 时,方程(2)叫作二阶常系数线性非齐次微分方程,以上两方程简称为线性齐次方程和线性非齐次方程.

定理 1　设 y_1,y_2 是线性齐次方程(3)的解,则 $y = C_1 y_1 + C_2 y_2$ 也是该方程的解,其中 C_1,C_2 为任意常数.

证明　因为 y_1,y_2 是方程(3)的解,所以有

$$y_1'' + py_1' + qy_1 = 0, \quad y_2'' + py_2' + qy_2 = 0$$

把 $y = C_1 y_1 + C_2 y_2$ 代入式(3)左端可得

$$(C_1 y_1 + C_2 y_2)'' + p(C_1 y_1 + C_2 y_2)' + q(C_1 y_1 + C_2 y_2)$$
$$= C_1(y_1'' + py_1' + qy_1) + C_2(y_2'' + py_2' + qy_2)$$
$$= C_1 \cdot 0 + C_2 \cdot 0 = 0$$

即 $y = C_1 y_1 + C_2 y_2$ 是线性齐次方程(3)的解.

定理1表明:若 y_1,y_2 是线性齐次方程的解,则它们的线性组合 $C_1 y_1 + C_2 y_2$ 也是该线性齐次方程的解.

推论　若 $y_1,y_2,\cdots,y_n$ 为线性齐次方程(3)的解,则 $\sum_{i=1}^{n}(C_i y_i)$ 也为方程(3)的解,$C_1,\cdots,C_n$ 为任意常数.

定理 2　若 y_1,y_2 是线性齐次方程(3)的两个线性无关解,即 $\dfrac{y_1}{y_2} \neq C$,则 $y = C_1 y_1 + C_2 y_2$ 就是这个方程的通解.

证明从略.

注意 y_1,y_2 线性无关的假设是必要的,它可保证 $y = C_1y_1 + C_2y_2$ 中这两个常数 C_1,C_2 是相互独立的,进而可保证 $y = C_1y_1 + C_2y_2$ 构成线性齐次微分方程的通解.

定理 2 表明:求线性齐次微分方程的通解,只要求得它的两个线性无关解即可.

定理 3 设 y^* 是线性非齐次方程(2)的解,y_0 是相对应的线性齐次方程(3)的解,则 $y = y_0 + y^*$ 也是方程(2)的解.

证明 因为 y^*,y_0 分别为方程(2),(3)的解,所以应有
$$(y^*)'' + p(y^*)' + qy^* = f(x)$$
$$y_0'' + py_0' + qy_0 = 0$$

将 $y = y_0 + y^*$ 代入式(2)左端有
$$(y_0 + y^*)'' + p(y_0 + y^*)' + q(y_0 + y^*)$$
$$= (y_0'' + py_0' + qy_0) + [(y^*)'' + p(y^*)' + qy^*]$$
$$= 0 + f(x) = f(x)$$

所以 $y = y_0 + y^*$ 是线性非齐次方程(2)的解.

推论 1 若 y_1,y_2 为线性非齐次方程(2)的两个解,则 $y_1 - y_2$ 为线性齐次方程(3)的解.

推论 2 若 $y_i, i = 1,2,\cdots,n$ 为线性非齐次方程 $y'' + py' + qy = f_i(x), i = 1,2,\cdots,n$ 的解,则 $\sum_{i=1}^{n} y_i$ 为 $y'' + py' + qy = \sum_{i=1}^{n} f_i(x)$ 的解.

由定理 2 与定理 3 不难得出下面的结论.

定理 4 设 y^* 是线性非齐次微分方程的一个特解,y_1,y_2 是相应的线性齐次方程的两个线性无关解,则
$$y = C_1y_1 + C_2y_2 + y^*$$
是线性非齐次方程的通解.

定理 4 表明:求线性非齐次方程的通解,只要求得相应的线性齐次方程的通解,再求出线性非齐次方程的一个特解即可.

【**例 1**】 验证 $y_1 = \sin x, y_2 = \cos x$ 是方程 $y'' + y = 0$ 的两个解,并写出方程的通解.

解 因为 $y_1' = \cos x, y_1'' = -\sin x$,所以 $y_1'' + y_1 = 0$,即 $y_1 = \sin x$ 是方程 $y'' + y = 0$ 的解.

同理可知:$y_2 = \cos x$ 也是该方程的一个解.又
$$\frac{y_1}{y_2} = \frac{\sin x}{\cos x} \neq 常数$$

所以 y_1 与 y_2 线性无关,由定理 2 可知
$$y = C_1\sin x + C_2\cos x$$
是 $y'' + y = 0$ 的通解(C_1,C_2 为任意常数).

【**例 2**】 验证 $y^* = e^{-2x}$ 是方程 $y'' + y = 5e^{-2x}$ 的一个特解,并求该方程的通解.

解 因为 $(y^*)' = -2e^{-2x}, (y^*)'' = 4e^{-2x}$,所以
$$(y^*)'' + y^* = 4e^{-2x} + e^{-2x} = 5e^{-2x}$$

即 $y^* = e^{-2x}$ 是方程 $y'' + y = 5e^{-2x}$ 的一个特解.

由于 $y'' + y = 5e^{-2x}$ 相应的齐次方程为 $y'' + y = 0$,由例 1 可知
$$y = C_1\sin x + C_2\cos x + e^{-2x}$$
是所求方程的通解.

二、二阶常系数线性齐次方程的通解

观察方程(3)的左端结构,以及指数函数的导数的特点,我们可设想方程(3)有形如 $y = e^{rx}$ 形式的解,将它代入方程(3)并整理可得

$$e^{rx}(r^2 + pr + q) = 0$$

因为 $e^{rx} \neq 0$,故必有

$$r^2 + pr + q = 0 \qquad (4)$$

由此可知,当 r 是一元二次方程(4)的根时,$y = e^{rx}$ 就是方程(3)的一个解.

我们称方程(4)是方程(3)的特征方程,它的根叫作方程(3)的特征根.

下面通过特征方程的根的不同情形,给出二阶常系数线性齐次微分方程的通解表达式.

1. 若 $p^2 - 4q > 0$,设 r_1, r_2 是方程(4)的两个实根,则 $r_1 \neq r_2$. 此时 $y_1 = e^{r_1 x}, y_2 = e^{r_2 x}$ 都是方程(3)的解,且 $\dfrac{y_1}{y_2} = e^{(r_1 - r_2)x} \neq C$,所以方程(3)的通解表达式为

$$y = C_1 e^{r_1 x} + C_2 e^{r_2 x}$$

C_1, C_2 为任意常数.

【例3】 求微分方程 $y'' - 3y' + 2y = 0$ 的通解.

解 所给方程的特征方程是 $r^2 - 3r + 2 = 0$,解得特征根为 $r_1 = 1, r_2 = 2$,所以,原微分方程的通解是

$$y = C_1 e^x + C_2 e^{2x} \quad (C_1, C_2 \text{ 为任意常数})$$

2. 若 $p^2 - 4q = 0$,设 $r_1 = r_2 = r$ 是方程(4)的根,即 r 是特征方程的重根.

此时 $y_1 = e^{rx}$ 是方程(3)的解. 为求其通解,可设 y_2 与 y_1 线性无关,即 $y_2 = C(x) y_1$ 也是方程(3)的一个解,将其代入方程(3)并整理可得

$$e^{rx}[C''(x) + (2r + p)C'(x) + (r^2 + pr + q)C(x)] = 0$$

因为 $e^{rx} \neq 0$,注意 r 是方程(4)的重根,故有 $r^2 + pr + q = 0, 2r + p = 0$,因此可得 $C''(x) = 0$.

取 $C(x) = x$,可知 $y_2 = x e^{rx}$ 也是方程(3)的解,且与 $y_1 = e^{rx}$ 线性无关. 此时方程(3)的通解表达式为

$$y = (C_1 + C_2 x) e^{rx}$$

【例4】 求方程 $y'' - 4y' + 4y = 0$ 满足初始条件 $y|_{x=0} = 1, y'|_{x=0} = 1$ 的一个特解.

解 所给方程的特征方程为 $r^2 - 4r + 4 = 0$,特征根为 $r_1 = r_2 = 2$,所以微分方程的通解为

$$y = (C_1 + C_2 x) e^{2x}$$

将 $y|_{x=0} = 1$ 代入得 $C_1 = 1$;对上式求导有

$$y' = (2C_1 + 2C_2 x + C_2) e^{2x}$$

将 $y'|_{x=0} = 1$ 代入得 $2C_1 + C_2 = 1, C_2 = -1$. 所以原微分方程的特解为

$$y = (1 - x) e^{2x}$$

3. 若 $p^2 - 4q < 0$,设 $r = \alpha + \beta i$ 是特征方程(4)的根,则 $\beta \neq 0$,此时,$y = e^{(\alpha + \beta i)x}$ 是方程(3)的解. 由欧拉公式 $e^{\theta i} = \cos\theta + i\sin\theta$,此解可化为

$$y = e^{\alpha x}(\cos\beta x + i\sin\beta x)$$

令 $y_1 = e^{\alpha x}\cos\beta x, y_2 = e^{\alpha x}\sin\beta x$，将 $y = y_1 + iy_2$ 代入方程(3)应有
$$(y_1'' + py_1' + qy_1) + i(y_2'' + py_2' + qy_2) = 0$$
因 y_1, y_2 是实函数，故 $y_1'' + py_1' + qy_1$ 与 $y_2'' + py_2' + qy_2$ 必都为实数，由复数的性质应有
$$y_1'' + py_1' + qy_1 = 0, y_2'' + py_2' + qy_2 = 0$$
以上说明，$y_1 = e^{\alpha x}\cos\beta x, y_2 = e^{\alpha x}\sin\beta x$ 都是线性齐次方程(3)的解，且 $\dfrac{y_2}{y_1} = \tan\beta x$，因 $\beta \neq 0$，所以 y_1 与 y_2 线性无关，从而可知，此时方程(3)的通解表达式为
$$y = e^{\alpha x}(C_1\cos\beta x + C_2\sin\beta x)$$

【例 5】 求方程 $y'' + 2y = 0$ 的通解．

解 特征方程为 $r^2 + 2 = 0$，特征根 $r = \pm\sqrt{2}i$，因 $\alpha = 0, \beta = \sqrt{2}$，故所给微分方程的通解为
$$y = C_1\cos\sqrt{2}x + C_2\sin\sqrt{2}x$$

根据上述讨论，求二阶常系数线性齐次方程通解的步骤如下：
第一步：写出对应的特征方程；
第二步：写出特征根；
第三步：由特征根的情况写出其通解．

三、二阶常系数线性非齐次微分方程的特解

由前面的讨论，二阶常系数线性齐次方程的通解已可求得，所以下面只要研究线性非齐次方程的一个特解求法即可．

1. 自由项 $f(x) = P_n(x)e^{\lambda x}$ 时特解的讨论

由于二阶常系数线性非齐次方程中的自由项 $f(x)$ 的不同，方程的特解的求法也不同．这里对 $f(x)$ 的最一般形式 $f(x) = P_n(x)e^{\lambda x}$ 加以讨论，给出求解方法，进而可得出几类常见的特殊类型自由项的特解求法．

不难想象，方程
$$y'' + py' + qy = P_n(x)e^{\lambda x} \tag{5}$$
的特解的形式仍然是多项式与指数函数 $e^{\lambda x}$ 的乘积．因此，我们假设 $y = Q(x)e^{\lambda x}$ 是方程(5)的解，将其代入方程(5)并化简整理可得
$$Q'' + (2\lambda + p)Q' + (\lambda^2 + p\lambda + q)Q = P_n(x) \tag{6}$$
上式为恒等式，左端必为 n 次多项式，因此可分下列三种情况来确定 $Q(x)$ 的次数及系数：

(1) 当 λ 不是特征方程 $r^2 + pr + q = 0$ 的根时，$Q(x)$ 必为 n 次多项式，此时可设
$$y^* = Q_n(x)e^{\lambda x}$$
为方程(5)的一个特解，$Q_n(x)$ 必满足方程(6)．将 $Q_n(x)$ 代入式(6)即可确定出 $Q_n(x)$ 的系数．

(2) 当 λ 是特征根，且为单根时，由于 $\lambda^2 + p\lambda + q = 0$，但 $2\lambda + p \neq 0$，所以 $Q'(x)$ 必为 n 次多项式，从而 $Q(x)$ 为 $n+1$ 次多项式．此时可设
$$y^* = xQ_n(x)e^{\lambda x}$$
为方程(5)的一个特解，将 $Q(x) = xQ_n(x)$ 代入式(6)即可确定 $Q_n(x)$ 的系数．

(3) 当 λ 是特征根，且是重根时，由于 $\lambda^2 + p\lambda + q = 0$ 且 $2\lambda + p = 0$，所以 $Q''(x)$ 必为 n 次

多项式,从而 $Q(x)$ 为 $n+2$ 次多项式. 此时可设
$$y^* = x^2 Q_n(x) e^{\lambda x}$$
为方程(5)的一个特解,将 $Q(x) = x^2 Q_n(x)$ 代入式(6)即可确定 $Q_n(x)$ 的系数.

有了以上的一般性讨论,对 λ 与 n 的不同取值,我们可求出自由项 $f(x)$ 为不同形式的微分方程的特解. 下面举例说明 $f(x)$ 的几种简单形式特解的求法.

当 $\lambda = 0$ 时,自由项 $f(x) = P_n(x)$. 此时方程(5)的特解可设为
$$y^* = \begin{cases} Q_n(x), & \lambda \text{ 不是特征根} \\ xQ_n(x), & \lambda \text{ 是单根} \\ x^2 Q_n(x), & \lambda \text{ 是重根} \end{cases}$$

【例6】 求方程 $y'' + 4y' + 3y = x - 2$ 的一个特解.

解 特征方程为 $r^2 + 4r + 3 = 0$,其特征根为 $r_1 = -1, r_2 = -3$. 由于 $\lambda = 0$ 不是特征根,且 $P_n(x) = x - 2$ 为一次多项式,故可设原方程的特解为
$$y = ax + b$$
将其代入原方程有
$$4a + 3ax + 3b = x - 2$$
比较两边系数得
$$\begin{cases} 3a = 1 \\ 4a + 3b = -2 \end{cases}$$
解得 $a = \dfrac{1}{3}, b = -\dfrac{10}{9}$. 于是所求方程的特解为
$$y^* = \frac{1}{3}x - \frac{10}{9}$$

注意 当 $\lambda = 0$ 时,将所设特解代入原方程即可.

当 $n = 0$ 时,自由项 $f(x) = A e^{\lambda x}$. 此时方程(5)的特解可设为
$$y^* = \begin{cases} a e^{\lambda x}, & \lambda \text{ 不是特征根} \\ ax e^{\lambda x}, & \lambda \text{ 是单根} \\ ax^2 e^{\lambda x}, & \lambda \text{ 是重根} \end{cases}$$

【例7】 求 $y'' + y' - 6y = 3e^{2x}$ 的一个特解.

解 特征方程为 $r^2 + r - 6 = 0$,其特征根为 $r_1 = 2, r_2 = -3$. 因 $\lambda = 2$ 是特征方程的单根,故设方程的特解为
$$y^* = ax e^{2x}$$
将 $Q(x) = ax$ 代入式(6)得 $5a = 3$,解得 $a = \dfrac{3}{5}$. 所以原方程的一个特解为
$$y^* = \frac{3}{5} x e^{2x}$$

【例8】 求 $y'' - 4y' + 4y = 3x e^{2x}$ 的通解.

解 特征方程为 $r^2 - 4r + 4 = 0$,特征根为 $r_1 = r_2 = 2$,于是相应的齐次方程的通解是
$$y = (C_1 + C_2 x) e^{2x}$$
由于 $\lambda = 2$ 是特征方程的重根,而 $P_n(x) = 3x$ 为一次多项式,故应设原方程的特解为

$$y^* = x^2(ax+b)e^{2x}$$

将 $Q(x) = x^2(ax+b) = ax^3 + bx^2$ 代入式(6),并注意此时 $r^2 + pr + q = 0, 2r + p = 0$,因此有

$$6ax + 2b = 3x$$

比较系数可得 $a = \dfrac{1}{2}, b = 0$. 故原方程的一个特解为

$$y^* = \dfrac{1}{2}x^3 e^{2x}$$

其通解是

$$y = (C_1 + C_2 x)e^{2x} + \dfrac{1}{2}x^3 e^{2x}$$

通过以上例子可得出二阶常系数线性非齐次微分方程的自由项 $f(x) = P_n(x)e^{\lambda x}$ 中,当 λ 为实数时,其特解的求解步骤如下:

第一步:写出特征方程,并求出特征根;

第二步:判明 λ 是否为特征根,据此设出特解 $y^* = Q(x)e^{\lambda x}$;

第三步:将多项式 $Q(x)$ 代入式(6)确定其系数($y^* = Q(x)$ 或 $y^* = Ae^{\lambda x}$ 时代入原方程即可);

第四步:写出原方程的特解.

2. 自由项 $f(x) = A\cos\beta x$ 或 $f(x) = A\sin\beta x$ 时的求解举例

当自由项为 $f(x) = A\cos\beta x$ 或 $f(x) = A\sin\beta x$ 时,不难想象,方程(2)的解的形式应为 $\cos\beta x$ 与 $\sin\beta x$ 的"线性"组合,故其特解可设为

$$y^* = a\cos\beta x + b\sin\beta x \quad (\beta i \text{ 不是特征根})$$

或

$$y^* = ax\cos\beta x + bx\sin\beta x \quad (\beta i \text{ 是特征根}) \quad (\text{其中 } a, b \text{ 为待定系数})$$

【例9】 求方程 $y'' - 2y' + 2y = \sin x$ 的一个特解.

解 特征方程为 $r^2 - 2r + 2 = 0$,其特征根为 $r = 1 \pm i$. 因 $\beta = 1, \beta i = i$ 不是特征方程的根,故可设方程的特解为

$$y^* = a\cos x + b\sin x$$

将其代入原方程可得

$$(a\cos x + b\sin x)'' - 2(a\cos x + b\sin x)' + 2(a\cos x + b\sin x) = \sin x$$

即

$$-a\cos x - b\sin x - 2(-a\sin x + b\cos x) + 2(a\cos x + b\sin x) = \sin x$$

整理可得

$$(a - 2b)\cos x + (2a + b)\sin x = \sin x$$

比较系数有 $\begin{cases} 2a + b = 1 \\ a - 2b = 0 \end{cases}$,解方程得 $a = \dfrac{2}{5}, b = \dfrac{1}{5}$. 因此原方程的特解为

$$y^* = \dfrac{2}{5}\cos x + \dfrac{1}{5}\sin x$$

【例10】 求方程 $y'' + \omega^2 y = \cos\omega x$ 的一个特解($\omega \neq 0$).

解 特征方程为 $r^2 + \omega^2 = 0$,特征根为 $r = \pm\omega i$. 因为 $\beta = \omega, \beta i$ 是特征方程的根,此时应

设特解为
$$y^* = ax\cos\omega x + bx\sin\omega x$$
将其代入原方程可得
$$(ax\cos\omega x + bx\sin\omega x)'' + \omega^2(ax\cos\omega x + bx\sin\omega x) = \cos\omega x$$
整理得
$$2\omega b\cos\omega x - 2\omega a\sin\omega x = \cos\omega x$$

比较系数有 $\begin{cases} 2\omega b = 1 \\ -2\omega a = 0 \end{cases}$,从而解得 $a=0, b=\dfrac{1}{2\omega}$.所以原方程的特解为
$$y^* = \dfrac{x}{2\omega}\sin\omega x$$

由以上两例可看到:当方程(3)的自由项 $f(x) = A\cos\beta x$ 或 $f(x) = A\sin\beta x$ 时,其特解求解步骤如下:

第一步:写出特征方程,并求出其特征根;

第二步:判明 $\lambda = \beta i$ 是否为特征根,若不是,则设特解为 $y^* = a\cos\beta x + b\sin\beta x$;若是,则设特解为 $y^* = ax\cos\beta x + bx\sin\beta x$(其中 a, b 为待定系数);

第三步:将所设特解代入原方程并化简整理为 $\cos\beta x$ 与 $\sin\beta x$ 的"线性"组合;

第四步:比较两端 $\cos\beta x$, $\sin\beta x$ 的系数,确定 a, b 的值;

第五步:写出原微分方程的特解.

习题 10-4

▶ A 组

1.解下列常系数线性齐次方程.
(1) $y'' - 9y = 0$
(2) $4y'' - 12y' + 9y = 0$
(3) $y'' + y' + y = 0$
(4) $y'' + 6y' + 9y = 0$

2.求下列微分方程的一个特解.
(1) $y'' - 2y' + y = x$
(2) $y'' - y' = 2$
(3) $y'' - 4y = 2e^x$
(4) $y'' + 2y' + y = e^{-x}$

▶ B 组

1.求下列方程满足初始条件的一个特解.
(1) $y'' - 4y' + 4y = 0, y|_{x=0} = 1, y'|_{x=0} = 1$
(2) $y'' + 2y' + 10y = 0, y|_{x=0} = 1, y'|_{x=0} = 2$

2.求下列方程的通解.
(1) $y'' + 3y' + 2y = 3xe^{-x}$
(2) $2y'' + 5y' = 5x^2 - 2x + 1$
(3) $y'' + y' + y = 2e^x$
(4) $\dfrac{d^2 s}{dt^2} + s = \sin t$

3.求下列微分方程满足初始条件的一个特解.
(1) $y'' - 3y' + 2y = 5, y|_{x=0} = 1, y'|_{x=0} = 2$
(2) $2y'' + y' - y = 2e^x, y|_{x=0} = 1, y'|_{x=0} = 3$

4. 求方程 $y''+2y'=x+e^{2x}$ 的通解.（提示：分别求出以 x 及 e^{2x} 为自由项的两个方程的特解 y_1 与 y_2，则 y_1+y_2 即是原方程的特解）

5. 一质点做直线运动，其加速度 $a=-4s+3\sin t$，且当 $t=0$ 时 $s=0, v=0$. 求该质点的运动方程.

*第五节　应用与实践

一、火箭高度问题

设地球质量为 M，万有引力常数为 G，地球半径为 R，今有一质量为 m 的火箭，由地面以速度 $V_0=\sqrt{\dfrac{2GM}{R}}$ 垂直向上发射，试求火箭高度 r 与时间 t 的关系.

解　如图 10-2 所示建立坐标系. 火箭所受的地心引力为

$$F=-\frac{GMm}{(R+r)^2}$$

由牛顿第二定律，得关系式

$$m\frac{d^2r}{dt^2}=-\frac{GMm}{(R+r)^2}$$

即

$$\frac{d^2r}{dt^2}=-\frac{GM}{(R+r)^2}$$

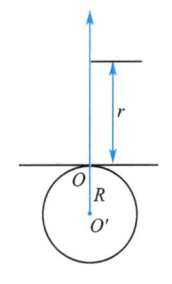

令 $\dfrac{dr}{dt}=V$，则有 $\dfrac{d^2r}{dt^2}=V\dfrac{dV}{dr}$（注：$\dfrac{d^2r}{dt^2}=\dfrac{dV}{dt}=\dfrac{dV}{dr}\cdot\dfrac{dr}{dt}$），则原方程化为

$$V\frac{dV}{dr}=-\frac{GM}{(R+r)^2}$$

图 10-2

两边积分得

$$\frac{1}{2}V^2=\frac{GM}{R+r}+C$$

将初始条件 $V(0)=\sqrt{\dfrac{2GM}{R}}, r(0)=0$ 代入上式得 $C=0$，于是

$$V^2=\left(\frac{dr}{dt}\right)^2=\frac{2GM}{R+r} \text{ 或 } \frac{dr}{dt}=\sqrt{\frac{2GM}{R+r}}$$

分离变量，两边积分得

$$\frac{2}{3}(R+r)^{3/2}=\sqrt{2GM}\,t+C_1$$

以初始条件 $r(0)=0$ 代入，得 $C_1=\dfrac{2}{3}R^{3/2}$

所以 r 与 t 的关系式为

$$\frac{2}{3}(R+r)^{3/2}=\sqrt{2GM}\,t+\frac{2}{3}R^{3/2}$$

二、扫雪时间问题

一个冬天的早晨开始下雪,整天不停且以恒定速率不断下降.一台扫雪机从上午 8 点开始在公路上扫雪,到 9 点前进了 2 千米,到 10 点前进了 3 千米.假定扫雪机每小时扫去积雪的体积为常数.问何时开始下雪?

1. 问题分析与建模

题目给我们提供的主要信息有:

(1) 雪以恒定的速率下降;
(2) 扫雪机每小时扫去积雪的体积为常数;
(3) 扫雪机从 8 点到 9 点前进了 2 千米,到 10 点前进了 3 千米.

下面将以上几句话用数学语言表达出来.

设 $h(t)$ 为开始下雪起到时刻 t 时积雪的深度,则由信息(1)得

$$\frac{\mathrm{d}h(t)}{\mathrm{d}t} = C \quad (C\text{ 为常数})$$

设 $x(t)$ 为扫雪机从下雪开始起到时刻 t 走过的距离,那么根据信息(2),我们得到 $\frac{\mathrm{d}x}{\mathrm{d}t} = \frac{k}{h}$,$k$ 为比例常数.

以 T 表示扫雪开始的时刻,则根据信息(3)有 $t = T$ 时,$x = 0$;$t = T + 1$ 时,$x = 2$;$t = T + 2$ 时,$x = 3$,于是我们可得问题的数学模型为:

$$\begin{cases} \dfrac{\mathrm{d}h(t)}{\mathrm{d}t} = C \\ \dfrac{\mathrm{d}x}{\mathrm{d}t} = \dfrac{k}{h} \\ x(T) = 0 \\ x(T+1) = 2 \\ x(T+2) = 3 \end{cases}$$

2. 模型求解

根据以上分析,只要找出 x 与 t 的函数关系,就可以利用 $x(T)$ 求出 T.根据 T 即可知道开始下雪的时间.

由 $\dfrac{\mathrm{d}h}{\mathrm{d}t} = C$ 得

$$h = Ct + C_1$$

因 $t = 0$ 时,$h = 0$,故 $C_1 = 0$,从而 $h = Ct$.

将 $h = Ct$ 代入 $\dfrac{\mathrm{d}x}{\mathrm{d}t} = \dfrac{k}{h}$,得

$$\frac{\mathrm{d}x}{\mathrm{d}t} = \frac{A}{t} \quad \left(A = \frac{k}{C} \text{ 为常数}\right)$$

由分离变量法得

$$x = A\ln t + B \quad (B \text{ 为任意常数})$$

将 $x(T) = 0$,$x(T+1) = 2$,$x(T+2) = 3$ 代入上式得

$$\begin{cases} 0 = A\ln T + B \\ 2 = A\ln(T+1) + B \\ 3 = A\ln(T+2) + B \end{cases}$$

从上面三式消去 A,B 得

$$\left(\frac{T+2}{T+1}\right)^2 = \frac{T+1}{T}, \text{即 } T^2 + T - 1 = 0$$

解此一元二次方程,得

$$T = \frac{\sqrt{5}-1}{2} = 0.618 \text{ 小时} \approx 37 \text{ 分 } 5 \text{ 秒}$$

因此,扫雪机开始工作时离开始下雪的时间为 37 分 5 秒,由于扫雪机是上午 8 点开始的,故下雪是从上午 7 点 22 分 55 秒开始的.

三、盐水稀释问题

设容器内有 100 kg 盐水,浓度为 10%(即含盐 10 kg),现在每分钟输入浓度为 1% 的盐水 6 kg,同时每分钟输出盐水 4 kg,试问:经过 50 分钟,容器内盐水浓度是多少?(假设变化过程中,任何时刻容器内盐水的浓度是均匀的)

1. 审题和量的分析

首先读题,明确题目给出的盐水稀释过程是:盐水浓度和盐水量因每分钟同时输入 1% 的盐水 6 kg 和输出 4 kg 盐水而不断变化,浓度不断变化就必有变化率,故需要用微分方程来求解.

此问题所涉及的主要量有:时间 t,时刻 t 容器内盐水的浓度为 $\rho(t)$,时刻 t 容器内盐水量为 $Q(t)$,时刻 t 容器内含盐量为 $X(t)$、含水量为 $H(t)$.

$$H(t) = Q(t) - X(t) \tag{1}$$

显然,$t = 0$ 时,有

$$\rho(0) = 10\% \tag{2}$$

由于容器内的盐水量、含盐量、含水量都在不断地变化,它们的变化率分别为 $K_Q(t),K_X(t),K_H(t)$.在整个变化过程中的任意时刻 t,关系式为

$$\rho(t) = \frac{X(t)}{Q(t)} \tag{3}$$

$$Q(t) = 100 + (6-4)t = 100 + 2t \tag{4}$$

在时刻 $t + \Delta t$,同样有关系式

$$\rho(t + \Delta t) = \frac{X(t + \Delta t)}{Q(t + \Delta t)} \tag{5}$$

$$Q(t + \Delta t) = 100 + 2(t + \Delta t) \tag{6}$$

2. 模型建立与求解

在模型建立过程中,我们将首先构建浓度 $\rho(t)$ 变化的微分方程.在时刻 $t + \Delta t$ 容器内盐水的含盐量为

$$\begin{aligned} X(t + \Delta t) &\approx X(t) + 0.06\Delta t - 4\rho(t)\Delta t \\ &= \rho(t)Q(t) + 0.06\Delta t - 4\rho(t)\Delta t \end{aligned} \tag{7}$$

将式(6)、(7)代入式(5)得

$$\rho(t+\Delta t) = \frac{\rho(t)Q(t)+0.06\Delta t-4\rho(t)\Delta t}{100+2(t+\Delta t)} \tag{8}$$

从而有
$$\rho(t+\Delta t)[100+2(t+\Delta t)] = \rho(t)Q(t)+0.06\Delta t-4\rho(t)\Delta t$$

即
$$[\rho(t+\Delta t)-\rho(t)][100+2(t+\Delta t)] = 0.06\Delta t-6\rho(t)\Delta t \tag{9}$$

对式(9)两边同除以 Δt,得
$$\frac{\rho(t+\Delta t)-\rho(t)}{\Delta t}[100+2(t+\Delta t)] = 0.06-6\rho(t) \tag{10}$$

式(10)两边在 $\Delta t \to 0$ 的过程中取极限,式(11)为所求问题的数学模型
$$\begin{cases} \dfrac{\mathrm{d}\rho}{\mathrm{d}t}(100+2t) = 0.06-6\rho(t) \\ \rho(0) = 10\% \end{cases} \tag{11}$$

利用分离变量法解微分方程(11)得
$$\rho(t) = 0.01+C(50+t)^{-3}$$

由初始条件得 $C = 0.09 \times 50^3$,故
$$\rho(t) = 0.01+0.09 \times 50^3 (50+t)^{-3}$$

于是经过50分钟,容器内盐水的浓度为
$$\rho(50) \approx 2.12\%$$

上述列微分方程的方法通常称为"小元素分析法"或"微元分析法".

数学家　　　　　　　　阿贝尔

阿贝尔(1802—1829),挪威数学家,在很多数学领域做出了开创性的工作.他最著名的一个成果是首次完整地给出了高于四次的一般代数方程没有一般形式的代数解的证明.这个问题是他那个时代最著名的未解决问题之一,悬疑达250多年.阿贝尔还研究过无穷级数,得到了一些判别准则以及关于幂级数求和的定理.这些工作使他成为分析学严格化的推动者.他也是椭圆函数领域的开拓者,阿贝尔函数的发现者.

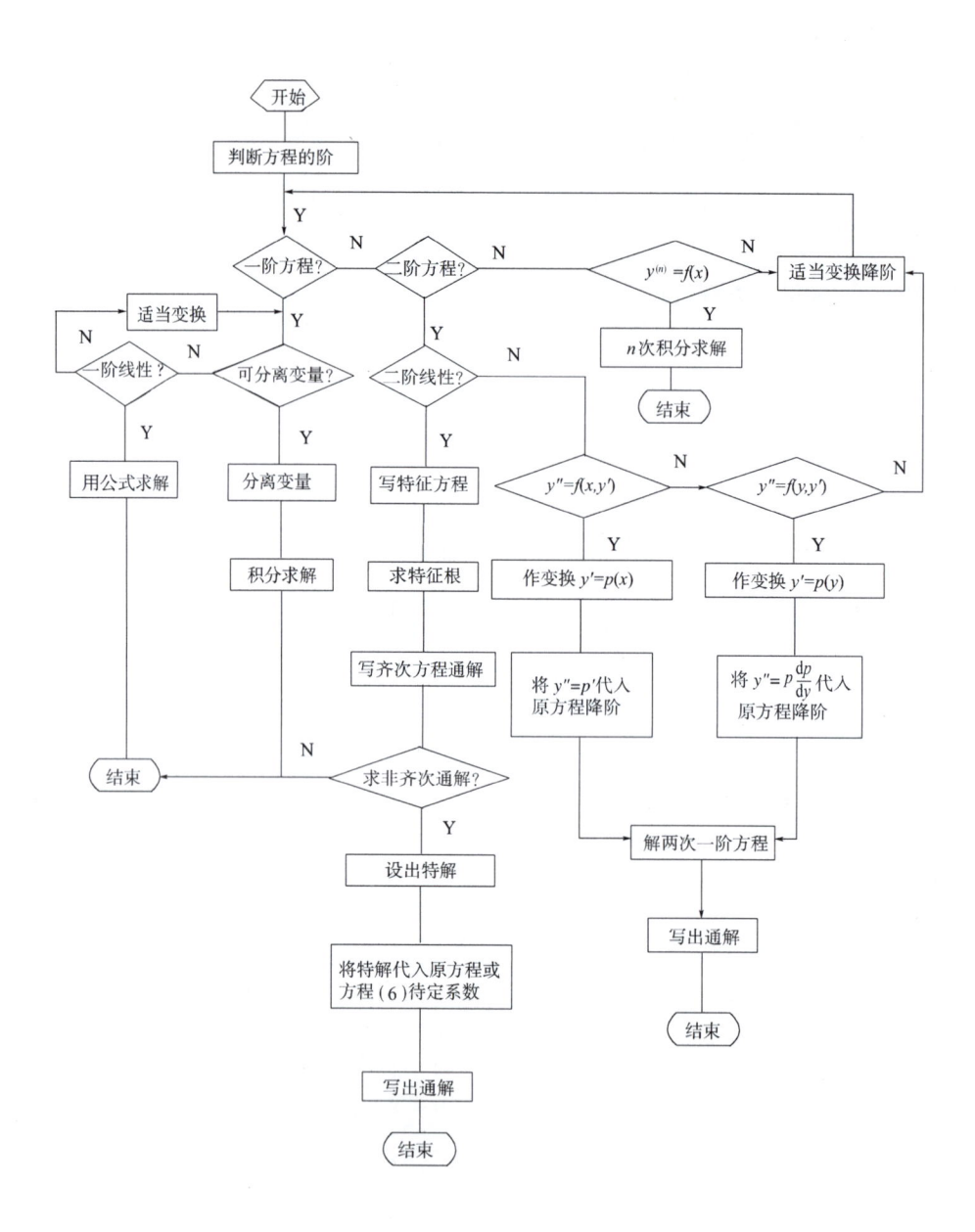

求微分方程通解流程图

```
开始
 ↓
判断方程的阶
 ↓
一阶方程? ──Y──→ 适当变换 ──→ 一阶线性? ──Y──→ 用公式求解 ──→ 结束
    │N                              │N
    ↓                               ↓
二阶方程? ──N──→ $y^{(n)}=f(x)$ ──Y──→ $n$次积分求解 ──→ 结束
    │Y                  │N
    ↓                   ↓
                  适当变换降阶 ──→ (回到判断方程的阶)

可分离变量? ──Y──→ 分离变量 ──→ 积分求解 ──→ 结束
    │N

二阶线性? ──Y──→ 写特征方程 ──→ 求特征根 ──→ 写齐次方程通解
    │N                                              ↓
    ↓                                      求非齐次通解?
$y''=f(x,y')$ ──Y──→ 作变换 $y'=p(x)$ ──→ 将 $y''=p'$ 代入原方程降阶
    │N                                              ↓ Y
$y''=f(y,y')$ ──Y──→ 作变换 $y'=p(y)$ ──→ 将 $y''=p\dfrac{dp}{dy}$ 代入原方程降阶
                                                    ↓
                                           解两次一阶方程 ──→ 写出通解 ──→ 结束

设出特解 ──→ 将特解代入原方程或方程(6)待定系数 ──→ 写出通解 ──→ 结束
```

第十章　常微分方程

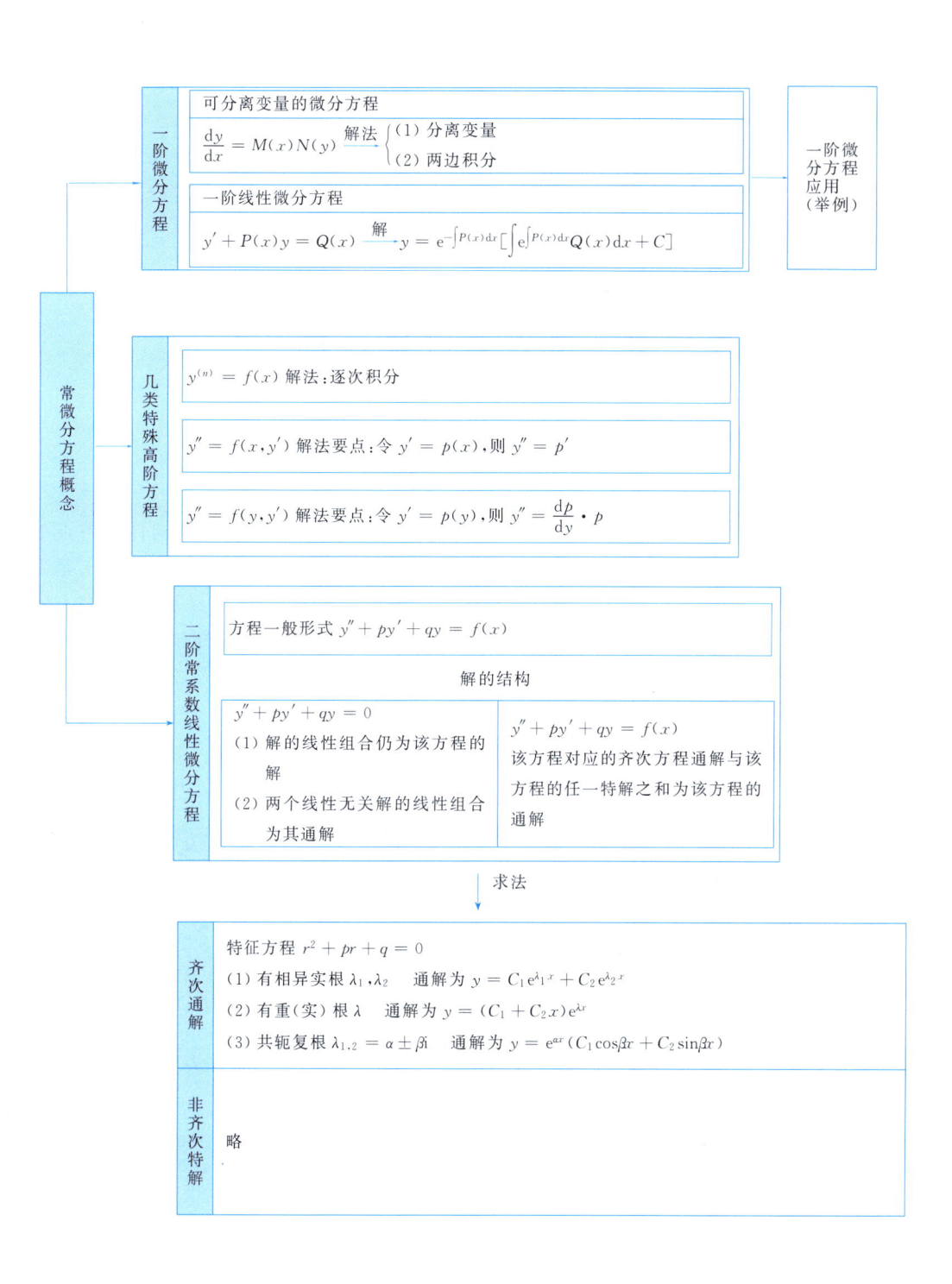

本章知识结构图

常微分方程概念

一阶微分方程
- 可分离变量的微分方程
  $$\frac{dy}{dx} = M(x)N(y) \xrightarrow{\text{解法}} \begin{cases} (1)\ 分离变量 \\ (2)\ 两边积分 \end{cases}$$
- 一阶线性微分方程
  $$y' + P(x)y = Q(x) \xrightarrow{\text{解}} y = e^{-\int P(x)dx}\left[\int e^{\int P(x)dx} Q(x)dx + C\right]$$

→ 一阶微分方程应用（举例）

几类特殊高阶方程
- $y^{(n)} = f(x)$　解法：逐次积分
- $y'' = f(x, y')$　解法要点：令 $y' = p(x)$，则 $y'' = p'$
- $y'' = f(y, y')$　解法要点：令 $y' = p(y)$，则 $y'' = \dfrac{dp}{dy} \cdot p$

二阶常系数线性微分方程

方程一般形式 $y'' + py' + qy = f(x)$

解的结构：

$y'' + py' + qy = 0$	$y'' + py' + qy = f(x)$
(1) 解的线性组合仍为该方程的解	该方程对应的齐次方程通解与该方程的任一特解之和为该方程的通解
(2) 两个线性无关解的线性组合为其通解	

↓ 求法

齐次通解
特征方程 $r^2 + pr + q = 0$
- (1) 有相异实根 λ_1, λ_2　通解为 $y = C_1 e^{\lambda_1 x} + C_2 e^{\lambda_2 x}$
- (2) 有重（实）根 λ　通解为 $y = (C_1 + C_2 x)e^{\lambda x}$
- (3) 共轭复根 $\lambda_{1,2} = \alpha \pm \beta i$　通解为 $y = e^{\alpha x}(C_1 \cos\beta x + C_2 \sin\beta x)$

非齐次特解
略

第十一章 曲线积分

上一章已经把积分概念从积分范围为数轴上一个区间的情形推广到为平面的一个闭区域的情形. 本章将把积分概念推广到积分范围为一段曲线弧的情形(这样推广后的积分称为曲线积分),并介绍曲线积分的基本概念与计算方法.

第一节 对弧长的曲线积分

一、对弧长的曲线积分的概念与性质

在设计曲线形构件时,为了合理使用材料,应根据构件各部分受力情况,把构件上各点处的粗细程度设计得不完全一样. 因此,可以认为这个构件的线密度(单位长度上的质量)是变量. 假定这个构件所占的位置是在 xOy 坐标平面内的一段曲线 L 上,它的端点是 A、B,在 L 上任意一点 (x,y) 处,它的线密度为 $\rho(x,y)$,现在要计算这个构件的质量 M(图 11-1).

类似于定积分,用 L 上的点 $M_1, M_2, \cdots, M_{n-1}$ 把 L 分成 n 个小段,取其中一小段构件 $\widehat{M_{i-1}M_i}$ 来分析,在线密度连续变化的前提下,只要这一小段很短,就可以用这一小段上任意一点 (ξ_i, η_i) 处的线密度 $\rho(\xi_i, \eta_i)$ 代替这小段上其他各点处的线密度,从而得到这一小段构件的质量的近似值为 $\rho(\xi_i, \eta_i)\Delta s_i$,其中 Δs_i 表示 $\widehat{M_{i-1}M_i}$ 的长度,于是整个曲线形构件的质量 $M \approx \sum_{i=1}^{n} \rho(\xi_i, \eta_i)\Delta s_i$.

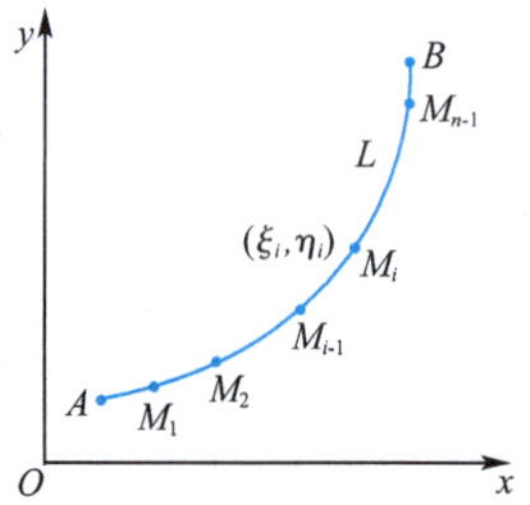

图 11-1

用 λ 表示 n 个小弧段的最大长度,为了计算 M 的精确度,取上式右边当 $\lambda \to 0$ 时的极限,从而得到

$$M = \lim_{\lambda \to 0} \sum_{i=1}^{n} \rho(\xi_i, \eta_i)\Delta s_i$$

对于这种和的极限,我们给出下面的定义.

定义 1 设 L 为 xOy 坐标平面内的一条光滑曲线弧,函数 $f(x,y)$ 在 L 上有界. 用 L 上的点 $M_0 = A, M_1, M_2, \cdots, M_{n-1}, M_n = B$ 把 L 分成 n 个小段. 设第 i 个小弧段的长为 Δs_i,(ξ_i, η_i) 是第 i 个小弧段上任意取定的一点 $(i=1,2,\cdots,n)$. 如果极限

$$\lim_{\lambda \to 0} \sum_{i=1}^{n} f(\xi_i, \eta_i)\Delta s_i$$

存在,这个极限值就称为函数 $f(x,y)$ 在曲线弧 L 上对弧长的曲线积分或第一类曲线积分,记

作 $\int_L f(x,y)\mathrm{d}s$,即

$$\int_L f(x,y)\mathrm{d}s = \lim_{\lambda \to 0}\sum_{i=1}^{n} f(\xi_i,\eta_i)\Delta s_i$$

其中,$f(x,y)$ 叫作被积函数,L 叫作积分弧段,$\mathrm{d}s$ 叫作弧微分.

由对弧长的曲线积分的定义可知,它有以下性质:

性质 1 $\int_L [f(x,y) \pm g(x,y)]\mathrm{d}s = \int_L f(x,y)\mathrm{d}s \pm \int_L g(x,y)\mathrm{d}s$

性质 2 $\int_L kf(x,y)\mathrm{d}s = k\int_L f(x,y)\mathrm{d}s$ (k 为常数)

性质 3 如果曲线 L 可分成两段光滑曲线弧 L_1 及 L_2(记作 $L = L_1 + L_2$),那么

$$\int_L f(x,y)\mathrm{d}s = \int_{L_1} f(x,y)\mathrm{d}s + \int_{L_2} f(x,y)\mathrm{d}s$$

如果 L 是闭曲线,那么函数 $f(x,y)$ 在闭曲线 L 上对弧长的积分记为 $\oint_L f(x,y)\mathrm{d}s$.

二、对弧长的曲线积分的计算方法

设 $f(x,y)$ 在曲线弧 L 上有定义且连续,L 的参数方程为

$$\begin{cases} x = \varphi(t) \\ y = \psi(t) \end{cases} (\alpha \leqslant t \leqslant \beta) \tag{1}$$

其中 $\varphi(t),\psi(t)$ 在 $[\alpha,\beta]$ 上具有一阶连续导数,且 $\varphi'^2(t) + \psi'^2(t) \neq 0$,则曲线积分 $\int_L f(x,y)\mathrm{d}s$ 存在.

对于弧微分 $\mathrm{d}s$,它几何上表示的是以 $\mathrm{d}x$、$\mathrm{d}y$ 为直角边的直角三角形的斜边的长(图 11-2),即

$$\mathrm{d}s = \sqrt{(\mathrm{d}x)^2 + (\mathrm{d}y)^2}$$

将式(1)代入,得

$$\mathrm{d}s = \sqrt{\varphi'^2(t) + \psi'^2(t)}\,\mathrm{d}t$$

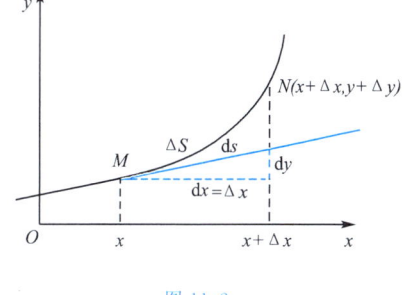

图 11-2

对 $\int_L f(x,y)\mathrm{d}s$ 进行变量替换,则得对弧长的曲线积分的
计算公式:

$$\int_L f(x,y)\mathrm{d}s = \int_\alpha^\beta f(\varphi(t),\psi(t))\sqrt{\varphi'^2(t) + \psi'^2(t)}\,\mathrm{d}t \tag{2}$$

特别地,当曲线 L 由方程 $y = \psi(x)(a \leqslant x \leqslant b)$ 给出时,可以把它看作特殊的参数方程 $x = x, y = \psi(x)(a \leqslant x \leqslant b)$,则得出

$$\int_L f(x,y)\mathrm{d}s = \int_a^b f(x,\psi(x))\sqrt{1 + \psi'^2(x)}\,\mathrm{d}x \tag{3}$$

类似地,当曲线 L 由方程 $x = \varphi(y)(c \leqslant y \leqslant d)$ 给出时,则有

$$\int_L f(x,y)\mathrm{d}s = \int_c^d f(\varphi(y),y)\sqrt{1 + \varphi'^2(y)}\,\mathrm{d}y \tag{4}$$

公式(2)可以推广到空间曲线弧 γ 由参数方程

给出的情形,这样就有

$$\int_\gamma f(x,y,z)\mathrm{d}s = \int_\alpha^\beta f(\varphi(t),\psi(t),\omega(t))\sqrt{\varphi'^2(t)+\psi'^2(t)+\omega'^2(t)}\mathrm{d}t \quad (\alpha<\beta) \tag{5}$$

$$\begin{cases} x=\varphi(t) \\ y=\psi(t) \quad (\alpha\leqslant t\leqslant\beta) \\ z=\omega(t) \end{cases}$$

【例 1】 计算 $\int_L \sqrt{y}\,\mathrm{d}s$,其中 L 是抛物线 $y=x^2$ 上点 $O(0,0)$ 与点 $B(1,1)$ 之间的一段弧(图 11-3).

解 曲线方程 $y=x^2(0\leqslant x\leqslant 1)$ 的参数方程为
$$x=x, y=y(x)=x^2(0\leqslant x\leqslant 1)$$
于是
$$\int_L \sqrt{y}\,\mathrm{d}s = \int_0^1 \sqrt{x^2}\sqrt{1+(x^2)'^2}\,\mathrm{d}x$$
$$= \int_0^1 x\sqrt{1+4x^2}\,\mathrm{d}x = \frac{1}{12}(1+4x^2)^{3/2}\Big|_0^1$$
$$= \frac{1}{12}(5\sqrt{5}-1)$$

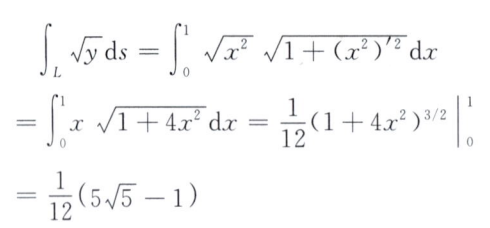

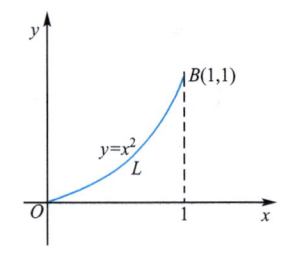

图 11-3

【例 2】 设曲线 L 是圆 $x^2+y^2=r^2$ 在第一象限内的部分,试计算 $\int_L xy\,\mathrm{d}s$(图 11-4).

解 L 的参数方程为
$$x=x(t)=r\cos t, y=y(t)=r\sin t \quad \left(0\leqslant t\leqslant \frac{\pi}{2}\right)$$
于是

图 11-4

$$\int_L xy\,\mathrm{d}s = \int_0^{\frac{\pi}{2}} r\cos t \cdot r\sin t \sqrt{(r\cos t)'^2+(r\sin t)'^2}\,\mathrm{d}t$$
$$= r^3\int_0^{\frac{\pi}{2}} \sin t\cos t\,\mathrm{d}t = \frac{1}{2}r^3 \sin^2 t\Big|_0^{\frac{\pi}{2}} = \frac{1}{2}r^3$$

【例 3】 计算曲线 $\int_\gamma (x^2+y^2+z^2)\mathrm{d}s$,其中 γ 为螺旋线 $x=a\cos t, y=a\sin t, z=kt$ 上 t 从 0 到 2π 的一段弧.

解 由公式(5)得
$$\int_\gamma (x^2+y^2+z^2)\mathrm{d}s$$
$$= \int_0^{2\pi} [(a\cos t)^2+(a\sin t)^2+(kt)^2] \cdot \sqrt{(-a\sin t)^2+(a\cos t)^2+k^2}\,\mathrm{d}t$$
$$= \int_0^{2\pi} (a^2+k^2t^2)\sqrt{a^2+k^2}\,\mathrm{d}t$$
$$= \sqrt{a^2+k^2}\left[a^2 t+\frac{k^2}{3}t^3\right]_0^{2\pi}$$
$$= \frac{2}{3}\pi\sqrt{a^2+k^2}(3a^2+4\pi^2 k^2)$$

习题 11-1

▶ A 组

1. 计算下列对弧长的曲线积分.

(1) $\int_L (x+y)\mathrm{d}s$,其中 L 为连接 $(1,0)$ 及 $(0,1)$ 两点的直线段;

(2) $\oint_L x\mathrm{d}s$,其中 L 为由直线 $y = x$ 及抛物线 $y = x^2$ 所围成的区域的整个边界;

(3) $\int_L y^2 \mathrm{d}s$,其中 L 为摆线的一拱: $x = a(t - \sin t), y = a(1 - \cos t)(0 \leqslant t \leqslant 2\pi)$;

(4) $\int_\gamma x^2 yz \mathrm{d}s$,其中 γ 为折线 $ABCD$,这里 A, B, C, D 依次为点 $(0,0,0)$、$(0,0,2)$、$(1,0,2)$、$(1,3,2)$.

2. 计算半径为 R,中心角为 2α 的圆弧 L 对它的对称轴的转动惯量 $I = \int_L y^2 \mathrm{d}s$(设线密度为 1).

▶ B 组

1. 填空题

(1) 设曲线积分 $\int_L |y| \mathrm{d}s, L: x^2 + y^2 = 1$ 的右半圆弧,则积分值为_____;

(2) 曲线积分 $\oint_L (x^2 + y^2)^{n/2} \mathrm{d}s (L: x^2 + y^2 = a^2)$ 的值为_____.

2. 计算 $\int_L e^{\sqrt{x^2+y^2}} \mathrm{d}s$,其中 L 是曲线 $\rho = a \left(0 \leqslant \theta \leqslant \dfrac{\pi}{4}\right)$ 的一段弧.

3. 求 $\oint_L \sqrt{x^2+y^2} \mathrm{d}s$,其中 L 为圆周 $x^2 + y^2 = ax$.

第二节 对坐标的曲线积分

一、对坐标的曲线积分的概念与性质

设一个质点在 xOy 坐标平面内,在变力 $\boldsymbol{F}(x,y) = P(x,y)\boldsymbol{i} + Q(x,y)\boldsymbol{j}$ 的作用下,从点 A 沿光滑曲线弧 L 移动到点 B,试求变力 $\boldsymbol{F}(x,y)$ 所做的功(图 11-5). 这里 $P(x,y)$ 和 $Q(x,y)$ 是力 $\boldsymbol{F}(x,y)$ 分别在 x 轴和 y 轴上的投影,且在 L 上连续.

我们知道,如果质点在常力 $\boldsymbol{F}$ 的作用下,沿直线从 A 运动到 B,那么力 $\boldsymbol{F}$ 所做的功就是

$$W = \boldsymbol{F} \cdot \overrightarrow{AB}$$

为了解决变力沿曲线做功的问题,我们可以用局部"以直代

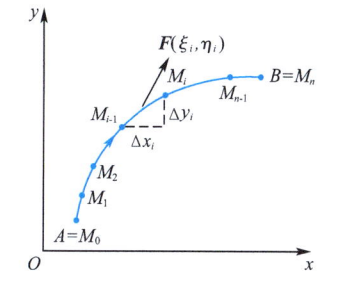

图 11-5

曲""以常代变"的方法来解决它.

先用曲线上的点 $M_1(x_1,y_1),M_2(x_2,y_2),\cdots,M_{n-1}(x_{n-1},y_{n-1})$ 把 L 分成 n 个小段,取其中一小段弧 $\widehat{M_{i-1}M_i}$ 来分析.由于 $\widehat{M_{i-1}M_i}$ 光滑而且很短,所以可以用它相应的有向弦段

$$\overrightarrow{M_{i-1}M_i} = (\Delta x_i)\boldsymbol{i} + (\Delta y_i)\boldsymbol{j}$$

来近似代替它,其中,$\Delta x_i = x_i - x_{i-1}, \Delta y_i = y_i - y_{i-1}$,又由于函数 $P(x,y)$、$Q(x,y)$ 在 L 上连续,可以用 $\overrightarrow{M_{i-1}M_i}$ 上任意取定一点 (ξ_i,η_i) 处的力

$$\boldsymbol{F}(\xi_i,\eta_i) = P(\xi_i,\eta_i)\boldsymbol{i} + Q(\xi_i,\eta_i)\boldsymbol{j}$$

来近似代替这个小弧段上各点处的力.这样,变力 $\boldsymbol{F}(x,y)$ 沿有向小弧段 $\widehat{M_{i-1}M_i}$ 所做的功 ΔW_i 可以认为近似地等于常力 $\boldsymbol{F}(\xi_i,\eta_i)$ 沿有向弦段 $\overrightarrow{M_{i-1}M_i}$ 所做的功

$$\Delta W_i \approx \boldsymbol{F}(\xi_i,\eta_i) \cdot \overrightarrow{M_{i-1}M_i}$$

即

$$\Delta W_i \approx P(\xi_i,\eta_i)\Delta x_i + Q(\xi_i,\eta_i)\Delta y_i$$

于是

$$W \approx \sum_{i=1}^n [P(\xi_i,\eta_i)\Delta x_i + Q(\xi_i,\eta_i)\Delta y_i]$$

用 λ 表示 n 个小弧段的最大长度,令 $\lambda \to 0$,取上述和的极限,所得到的极限就是变力 $\boldsymbol{F}$ 沿有向曲线弧所做的功,即

$$W = \lim_{\lambda \to 0} \sum_{i=1}^n [P(\xi_i,\eta_i)\Delta x_i + Q(\xi_i,\eta_i)\Delta y_i]$$

对于这种和的极限,我们给出下面的定义.

定义 1 设 L 为 xOy 平面内从点 A 到点 B 的一条有向光滑曲线弧,函数 $P(x,y),Q(x,y)$ 在 L 上有界.用 L 上的点 $A = M_0,M_1(x_1,y_1),M_2(x_2,y_2),\cdots,M_{n-1}(x_{n-1},y_{n-1}),M_n = B$ 把 L 分成 n 个有向小弧段

$$\widehat{M_{i-1}M_i}(i = 1,2,\cdots,n)$$

记 $\Delta x_i = x_i - x_{i-1}, \Delta y_i = y_i - y_{i-1}$,点 (ξ_i,η_i) 为 $\widehat{M_{i-1}M_i}$ 上任取的一点,如果当各小弧段长度的最大值 $\lambda \to 0$ 时,$\sum_{i=1}^n P(\xi_i,\eta_i)\Delta x_i$ 的极限总存在,则此极限叫作函数 $P(x,y)$ 在有向曲线弧 L 上对坐标 x 的曲线积分,记作 $\int_L P(x,y)\mathrm{d}x$.类似地,如果 $\lim_{\lambda \to 0} \sum_{i=1}^n Q(\xi_i,\eta_i)\Delta y_i$ 总存在,则此极限叫作函数 $Q(x,y)$ 在有向曲线弧 L 上对坐标 y 的曲线积分,记作 $\int_L Q(x,y)\mathrm{d}y$,即

$$\int_L P(x,y)\mathrm{d}x = \lim_{\lambda \to 0} \sum_{i=1}^n P(\xi_i,\eta_i)\Delta x_i$$

$$\int_L Q(x,y)\mathrm{d}y = \lim_{\lambda \to 0} \sum_{i=1}^n Q(\xi_i,\eta_i)\Delta y_i$$

$P(x,y),Q(x,y)$ 叫作被积函数,L 叫作积分弧段.

以上积分也称为第二类曲线积分.

当 $P(x,y)$、$Q(x,y)$ 在 L 上连续时,$\int_L P(x,y)\mathrm{d}x$ 及 $\int_L Q(x,y)\mathrm{d}y$ 一定存在,今后总假定 $P(x,y)$、$Q(x,y)$ 在 L 上连续.

应用上经常出现的是组合起来的对坐标的曲线积分

$$\int_L P(x,y)\mathrm{d}x + \int_L Q(x,y)\mathrm{d}y$$

上式常简写为

$$\int_L P(x,y)\mathrm{d}x + Q(x,y)\mathrm{d}y$$

例如,本节开始时讨论过的功可以表达成

$$W = \int_L P(x,y)\mathrm{d}x + \int_L Q(x,y)\mathrm{d}y$$

类似地,可以定义三元函数 $P(x,y,z)$、$Q(x,y,z)$、$R(x,y,z)$ 沿空间有向曲线 Γ 对坐标的曲线积分,即

$$\int_\Gamma P(x,y,z)\mathrm{d}x = \lim_{\lambda \to 0} \sum_{i=1}^n P(\xi_i,\eta_i,\zeta_i)\Delta x_i$$

$$\int_\Gamma Q(x,y,z)\mathrm{d}y = \lim_{\lambda \to 0} \sum_{i=1}^n Q(\xi_i,\eta_i,\zeta_i)\Delta y_i$$

$$\int_\Gamma R(x,y,z)\mathrm{d}z = \lim_{\lambda \to 0} \sum_{i=1}^n R(\xi_i,\eta_i,\zeta_i)\Delta z_i$$

以及它们的组合形式

$$\int_\Gamma P\mathrm{d}x + Q\mathrm{d}y + R\mathrm{d}z$$

其中 Γ 是空间光滑有向曲线,三元函数 P、Q、R 在 Γ 上连续.

当 L 或 Γ 是有向闭曲线时,仍在积分号上加一个圆圈.如 $\oint_L P(x,y)\mathrm{d}x$.

由上述对坐标的曲线积分的定义,可以导出对坐标的曲线积分的性质.

性质 1 如果曲线 L 可分成光滑曲线弧 L_1 和 L_2,那么

$$\int_L P\mathrm{d}x + Q\mathrm{d}y = \int_{L_1} P\mathrm{d}x + Q\mathrm{d}y + \int_{L_2} P\mathrm{d}x + Q\mathrm{d}y$$

此性质可以推广到 L 由 $L_1,L_2,\cdots,L_n$ 组成的情形.

性质 2 设 $-L$ 是与 L 方向相反的有向曲线弧,则

$$\int_{-L} P(x,y)\mathrm{d}x = -\int_L P(x,y)\mathrm{d}x$$

$$\int_{-L} Q(x,y)\mathrm{d}y = -\int_L Q(x,y)\mathrm{d}y$$

此性质表明,当积分弧段的方向改变时,对坐标的曲线积分要改变符号.因此关于对坐标的曲线积分,我们必须注意积分弧段的方向.

性质 3 如果封闭曲线 L、L_1、L_2 及它们的方向如图 11-6 所示,则

$$\oint_L P(x,y)\mathrm{d}x = \oint_{L_1} P(x,y)\mathrm{d}x + \oint_{L_2} P(x,y)\mathrm{d}x$$

这是因为

$$\int_{\widehat{AB}} P\mathrm{d}x + \int_{\widehat{BA}} P\mathrm{d}x = 0$$

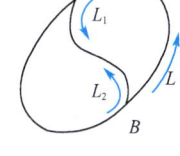

图 11-6

二、对坐标的曲线积分的计算方法

设有向曲线弧 L 的参数方程为: $x = \varphi(t)$, $y = \psi(t)$,又设 $t = \alpha$ 对应于 L 的起点, $t = \beta$ 对

应于 L 的终点(这里 α 不一定小于 β). 当 t 由 α 变到 β 时,点 $M(x,y)$ 描出有向曲线弧 L. 如果 $x=\varphi(t), y=\psi(t)$ 在闭区间 $[\alpha,\beta]$ 上具有一阶连续的导数,函数 $P(x,y)$、$Q(x,y)$ 在 L 上连续,则

$$\int_L P(x,y)dx + Q(x,y)dy$$
$$= \int_\alpha^\beta \left[P(\varphi(t),\psi(t))\varphi'(t) + Q(\varphi(t),\psi(t))\psi'(t) \right] dt \tag{1}$$

公式(1)表明对坐标的曲线积分亦可化为定积分来计算,只需将 $P(x,y)$、$Q(x,y)$ 中的 x、y、dx、dy 依次换为 $\varphi(t)$、$\psi(t)$、$\varphi'(t)dt$、$\psi'(t)dt$;起点对应的参数 $t=\alpha$ 作为积分的下限,终点对应的参数 $t=\beta$ 作为积分的上限.

特别地,当曲线 L 由方程 $y=\psi(x)(a\leqslant x\leqslant b)$ 给出时,可以把它看作特殊的参数方程 $x=x, y=\psi(x)(a\leqslant x\leqslant b)$,则式(1)变为

$$\int_L P(x,y)dx + Q(x,y)dy = \int_a^b \left[P(x,\psi(x)) + Q(x,\psi(x))\psi'(x) \right] dx \tag{2}$$

类似地,当曲线 L 由方程 $x=\varphi(y)(c\leqslant y\leqslant d)$ 给出时,式(1)变为

$$\int_L P(x,y)dx + Q(x,y)dy = \int_c^d \left[P(\varphi(y),y)\varphi'(y) + Q(\varphi(y),y) \right] dy \tag{3}$$

如果积分路径就是 x 轴,则 $y=0, dy=0$,从而对坐标的曲线积分就是普通的定积分,即

$$\int_L P(x,y)dx + Q(x,y)dy = \int_a^b P(x,0)dx = \int_a^b f(x)dx$$

公式(1)可推广到空间曲线 Γ 由参数方程

$$\begin{cases} x=\varphi(t) \\ y=\psi(t) \\ z=\omega(t) \end{cases}$$

给出的情形,这样便得到

$$\int_\Gamma P(x,y,z)dx + Q(x,y,z)dy + R(x,y,z)dz$$
$$= \int_\alpha^\beta \big[P(\varphi(t),\psi(t),\omega(t))\varphi'(t) + Q(\varphi(t),\psi(t),\omega(t))\psi'(t)$$
$$+ R(\varphi(t),\psi(t),\omega(t))\omega'(t) \big] dt$$

这里下限 α 对应于 Γ 的起点,上限 β 对应于 Γ 的终点.

【例1】 计算 $\int_L xy\,dx$,其中 L 为抛物线 $y^2=x$ 上从点 $A(1,-1)$ 到点 $B(1,1)$ 的一段弧(图 11-7).

解法一 选 x 为积分变量,由于 $y=\pm\sqrt{x}$ 不是单值对应,所以要把 L 分成 $\widehat{AO}$ 和 $\widehat{OB}$ 两部分,在 $\widehat{AO}$ 上,$y=-\sqrt{x}$,x 从 1 变到 0,在 $\widehat{OB}$ 上 $y=\sqrt{x}$,x 从 0 变到 1,因此

$$\int_L xy\,dx = \int_{\widehat{AO}} xy\,dx + \int_{\widehat{OB}} xy\,dx$$
$$= \int_1^0 x(-\sqrt{x})dx + \int_0^1 x\sqrt{x}\,dx$$

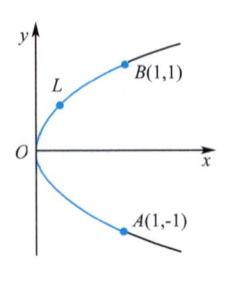

图 11-7

$$= 2\int_0^1 x^{3/2} dx$$
$$= \frac{4}{5}$$

解法二 选 y 为积分变量，$x = y^2$，y 从 -1 变到 1，因此

$$\int_L xy\,dx = \int_{-1}^1 y^2 \cdot y \cdot 2y\,dy$$
$$= 2\int_{-1}^1 y^4 dy$$
$$= \frac{4}{5}$$

【例 2】 计算 $\int_L x\,dy - y\,dx$，其中 L 为（图 11-8）：

(1) 半径为 a，圆心为原点，按逆时针方向绕行的上半圆周.
(2) 从点 $A(a,0)$ 沿 x 轴到点 $B(-a,0)$ 的直线段.

解 (1) L 的参数方程为
$$x = a\cos t, y = a\sin t (0 \leqslant t \leqslant \pi)$$

点 A 对应 $t = 0$，点 B 对应 $t = \pi$，因此

$$\int_L x\,dy - y\,dx = \int_0^\pi [a\cos t \cdot a\cos t - a\sin t(-a\sin t)]dt$$
$$= \int_0^\pi a^2 dt = \pi a^2$$

(2) 线段 AB 的方程是 $y = 0$，从而 $dy = 0$，x 由 a 变到 $-a$，所以
$$\int_L x\,dy - y\,dx = -\int_a^{-a} 0\,dx = 0$$

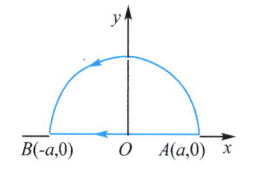

图 11-8

本例说明，虽然两个曲线积分的被积函数相同，起点和终点相同，但因沿不同路径，积分值并不相等. 若是对于积分 $\int_L 2xy\,dx + x^2 dy$，L 仍分别取上述两种路径，读者可以自己演算得知，曲线积分的值是相等的. 这个问题正是后面我们需要讨论的.

如果封闭曲线 L 所围成的区域 D 以及被积函数 $P(x,y)$、$Q(x,y)$ 满足一定条件，则对坐标的曲线积分又可以转化成二重积分来计算. 这就是下面将要介绍的格林公式.

三、格林（Green）公式

如果开区域 G 内的任意一条封闭曲线所围成的区域完全属于 G，则说 G 是单连通域. 形象地说，单连通域是没有"空洞"的区域，例如，如图 11-9(a) 或 11-9(b) 所示.

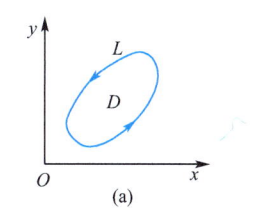

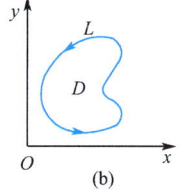

图 11-9

定理 1 设闭区域 D 既是 X-型又是 Y-型(即穿过区域 D 内部且平行坐标轴的直线与 D 的边界曲线 L 的交点恰好为两点),函数 $P(x,y),Q(x,y)$ 在区域 D 及其边界 L 上具有一阶连续偏导数,则有

$$\oint_L P\mathrm{d}x + Q\mathrm{d}y = \iint_D \left(\frac{\partial Q}{\partial x} - \frac{\partial P}{\partial y}\right)\mathrm{d}x\mathrm{d}y$$

其中边界曲线 L 取正向(逆时针方向).

【例 3】 计算 $\oint_L (3x+y)\mathrm{d}y - (x-y)\mathrm{d}x$,$L$ 是圆周 $(x-1)^2 + (y-4)^2 = 9$,L 取正向,如图 11-10 所示.

解 若将曲线积分化为定积分来计算,则过程比较麻烦,但用格林公式则很容易得出结果

$$\oint_L (3x+y)\mathrm{d}y - (x-y)\mathrm{d}x$$
$$= \iint_D \left[\frac{\partial}{\partial x}(3x+y) - \frac{\partial}{\partial y}(y-x)\right]\mathrm{d}x\mathrm{d}y$$
$$= 2\iint_D \mathrm{d}x\mathrm{d}y = 2 \times D \text{ 的面积} = 18\pi$$

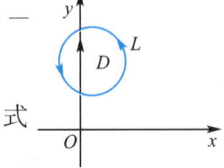

图 11-10

下面介绍格林公式的一个简单应用.

如果在公式中取 $P = -y, Q = x$,则

$$2\iint_D \mathrm{d}x\mathrm{d}y = \oint_L x\mathrm{d}y - y\mathrm{d}x$$

而左端是区域 D 的面积 S 的二倍,因此得

$$S = \frac{1}{2}\oint_L x\mathrm{d}y - y\mathrm{d}x$$

【例 4】 求椭圆 $x = a\cos t, y = b\sin t$ 所围成的图形的面积,如图 11-11 所示.

解 由上面公式有

$$S = \frac{1}{2}\oint_L x\mathrm{d}y - y\mathrm{d}x$$
$$= \frac{1}{2}\int_0^{2\pi} (ab\cos^2 t + ab\sin^2 t)\mathrm{d}t$$
$$= \frac{1}{2}ab\int_0^{2\pi} \mathrm{d}t = \pi ab$$

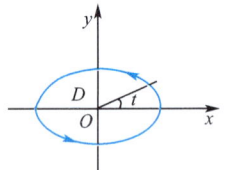

图 11-11

四、平面上曲线积分与路径无关的条件

在前面我们曾指出,曲线积分 $\int_L 2xy\mathrm{d}x + x^2\mathrm{d}y$ 沿两条不同路径(起点和终点都相同)的积分值是相等的,即积分与路径无关,而曲线积分 $\int_L x\mathrm{d}y - y\mathrm{d}x$ 沿不同路径的积分值则不同.那么,一般来说,函数 P,Q 满足什么条件时,积分

$$\int_{(x_0,y_0)}^{(x_1,y_1)} P\mathrm{d}x + Q\mathrm{d}y$$

与路径无关而只取决于始点 $M_0(x_0,y_0)$ 和终点 $M_1(x_1,y_1)$ 呢?

定理 2 设区域 G 是一个单连通域,函数 $P(x,y)$,$Q(x,y)$ 在 G 内具有一阶连续偏导数,则曲线积分 $\int_L P\mathrm{d}x+Q\mathrm{d}y$ 在 G 内与路径无关(或沿 G 内任意闭曲线积分为零)的充要条件是等式 $\dfrac{\partial P}{\partial y}=\dfrac{\partial Q}{\partial x}$ 在 G 内恒成立.

根据格林公式,条件显然是充分的,但条件的必要性在此我们不作证明.

例如,对于积分 $\int_L 2xy\mathrm{d}x+x^2\mathrm{d}y$,因为在整个 xOy 平面上恒有 $\dfrac{\partial Q}{\partial x}=\dfrac{\partial P}{\partial y}$ 成立,所以积分与路径无关;而对于积分 $\int_L x\mathrm{d}y-y\mathrm{d}x$,因为 $\dfrac{\partial Q}{\partial x}\neq\dfrac{\partial P}{\partial y}$,故积分与路径有关.

【例 5】 计算曲线积分
$$\int_L (x^2-y)\mathrm{d}x-(x+\sin^2 y)\mathrm{d}y$$
其中 L 是圆周 $y=\sqrt{2x-x^2}$ 上由点 $O(0,0)$ 到点 $A(1,1)$ 的一段弧,L 取正向.

解 此题直接沿 L 积分不易计算,但因
$$\frac{\partial P}{\partial y}=\frac{\partial Q}{\partial x}=-1$$
所以曲线积分与路径无关,故可选取便于计算的折线 OBA 进行计算,设 $B(1,0)$,且 OB 的方程为 $y=0$,有 $\mathrm{d}y=0$,BA 的方程为 $x=1$,有 $\mathrm{d}x=0$,于是

$$\int_L (x^2-y)\mathrm{d}x-(x+\sin^2 y)\mathrm{d}y$$
$$=\int_{OB}(x^2-y)\mathrm{d}x-(x+\sin^2 y)\mathrm{d}y+\int_{BA}(x^2-y)\mathrm{d}x-(x+\sin^2 y)\mathrm{d}y$$
$$=\int_0^1 x^2\mathrm{d}x-\int_0^1(1+\sin^2 y)\mathrm{d}y=\left.\frac{x^3}{3}\right|_0^1-\int_0^1\left(1+\frac{1-\cos 2y}{2}\right)\mathrm{d}y$$
$$=\frac{1}{3}-\left.\left(\frac{3}{2}y-\frac{\sin 2y}{4}\right)\right|_0^1=\frac{\sin 2}{4}-\frac{7}{6}$$

习题 11-2

A 组

1. 计算下列对坐标的曲线积分.

(1) $\int_L(x^2-y^2)\mathrm{d}x$,其中 L 是抛物线 $y=x^2$ 上从点 $(0,0)$ 到点 $(2,4)$ 的一段弧;

(2) $\oint_L \dfrac{(x+y)\mathrm{d}x-(x-y)\mathrm{d}y}{x^2+y^2}$,其中 L 为圆周 $x^2+y^2=a^2$(按逆时针方向绕行);

(3) $\oint_L \dfrac{\mathrm{d}x+\mathrm{d}y}{|x|+|y|}$,其中 L 为闭曲线 $|x|+|y|=1$,取逆时针方向;

(4) $\int_\Gamma y\mathrm{d}x+z\mathrm{d}y+x\mathrm{d}z$,其中 Γ 为曲线 $\begin{cases}x=a\cos t\\ y=a\sin t\\ z=bt\end{cases}$ 上从 $t=0$ 到 $t=2\pi$ 的一段弧.

2. 计算 $\int_L(x+y)\mathrm{d}x+(y-x)\mathrm{d}y$,其中 L 是

(1) 抛物线 $y^2 = x$ 上从点 $(1,1)$ 到点 $(4,2)$ 的一段弧；

(2) 先沿直线从点 $(1,1)$ 到点 $(1,2)$，然后再沿直线到点 $(4,2)$ 的折线.

3. 应用格林公式，计算下列曲线积分.

(1) $\oint_C xy^2 dy - x^2 y dx$，$C$ 为圆周 $x^2 + y^2 = a^2$ 的正向；

(2) $\oint_L (x^2 y \cos x + 2xy \sin x - y^2 e^x) dx + (x^2 \sin x - 2ye^x) dy$，其中 L 为以点 $(1,1)$，$(-1,1)$，$(-1,-1)$，$(1,-1)$ 为顶点的矩形的正向边界.

▶ B 组

1. 计算下列对坐标的曲线积分.

(1) $\int_L (2a - y) dx + x dy$，其中 L 为摆线 $x = a(t - \sin t)$，$y = a(1 - \cos t)$ 上由 $t_1 = 0$ 到 $t_2 = 2\pi$ 的一段弧；

(2) $\int_\Gamma x^2 dx + z dy - y dz$，其中 Γ 为螺旋线 $x = k\theta$，$y = a\cos\theta$，$z = a\sin\theta$ 上从 $\theta = 0$ 到 $\theta = \pi$ 的一段弧.

2. 应用格林公式，计算下列曲线积分.

(1) $\oint_L (2x - y + 4) dx + (5y + 3x - 6) dy$，其中 L 为三顶点分别为 $(0,0)$，$(3,0)$ 和 $(3,2)$ 的直角三角形的正向边界；

(2) $\oint_L (2xy - x^2) dx + (x + y^2) dy$，其中 L 为抛物线 $y = x^2$ 和 $y^2 = x$ 所围成的区域的正向边界.

3. 证明曲线积分 $\int_{(1,0)}^{(2,1)} (2xy - y^4 + 3) dx + (x^2 - 4xy^3) dy$ 与路径无关，并计算积分值.

*第三节 应用与实践

一、椭圆周长问题

我们熟知，半径为 r 的圆的周长为 $2\pi r$，现在设有椭圆 $\begin{cases} x = a\cos\theta \\ y = b\sin\theta \end{cases}$ $(0 \leqslant \theta \leqslant 2\pi, 0 < b \leqslant a)$. 如何计算椭圆的周长？

利用对弧长的曲线积分求椭圆的周长. 椭圆在第一象限的参数方程为

$$\begin{cases} x = a\cos\theta \\ y = b\sin\theta \end{cases} (0 \leqslant \theta \leqslant \frac{\pi}{2})$$

于是，$\begin{cases} x'_\theta = -a\sin\theta \\ y'_\theta = b\cos\theta \end{cases}$，椭圆的弧长元素为

$$ds = \sqrt{x'^2_\theta + y'^2_\theta} d\theta = \sqrt{a^2 \sin^2\theta + b^2 \cos^2\theta} d\theta$$

$$= \sqrt{a^2-(a^2-b^2)\cos^2\theta}\,d\theta$$
$$= a\sqrt{1-e^2\cos^2\theta}\,d\theta$$

其中 $e = \dfrac{1}{a}\sqrt{a^2-b^2}$ 表示椭圆的离心率. 椭圆在第一象限部分的长度为

$$s_1 = \int_0^{\frac{\pi}{2}} ds = a\int_0^{\frac{\pi}{2}} \sqrt{1-e^2\cos^2\theta}\,d\theta$$

根据对称性,椭圆周长

$$s = 4s_1 = 4a\int_0^{\frac{\pi}{2}} \sqrt{1-e^2\cos^2\theta}\,d\theta$$

这就是计算椭圆周长的公式.

二、变力做功问题

【例1】 设 z 轴与重力的方向一致,求质量为 m 的质点从位置 (x_1,y_1,z_1) 沿直线移到 (x_2,y_2,z_2) 时重力所做的功.

解 $\boldsymbol{F} = \{0,0,mg\}$,$g$ 为重力加速度,记 $d\boldsymbol{r} = \{dx,dy,dz\}$,$A(x_1,y_1,z_1)$,$B(x_2,y_2,z_2)$,则根据对坐标的曲线积分公式得

$$w = \int_{\widehat{AB}} \boldsymbol{F} \cdot d\boldsymbol{r} = \int_{z_1}^{z_2} mg\,dz$$
$$= mg(z_2 - z_1)$$

【例2】 一力场由沿横轴正方向的常力 $\boldsymbol{F}$ 所构成. 试求当一质量为 m 的质点沿圆周 $x^2 + y^2 = R^2$ 按逆时针方向移过位于第一象限的那一段弧时常力所做的功.

解 $\boldsymbol{F} = |\boldsymbol{F}|\boldsymbol{i} + 0 \cdot \boldsymbol{j}$,记 $d\boldsymbol{r} = \{dx,dy\}$,则功

$$w = \int_L \boldsymbol{F} \cdot d\boldsymbol{r} = \int_L |\boldsymbol{F}|\,dx$$
$$= |\boldsymbol{F}|\int_R^0 dx = -|\boldsymbol{F}| \cdot R$$

本章知识结构图

曲线积分
├─ 对弧长的曲线积分的概念
│   ├─ 物理应用：质量不均匀的曲线形构件的质量
│   ├─ 性质：
│   │   (1) $\int_L [f(x,y) \pm g(x,y)] ds = \int_L f(x,y) ds \pm \int_L g(x,y) ds$
│   │   (2) $\int_L k f(x,y) ds = k \int_L f(x,y) ds$
│   │   (3) $\int_L f(x,y) ds = \int_{L_1} f(x,y) ds + \int_{L_2} f(x,y) ds, L = L_1 + L_2$
│   └─ 计算方法：
│   (1) 如果曲线 L 方程为 $\begin{cases} x = \varphi(t) \\ y = \psi(t) \end{cases} (\alpha \leqslant t \leqslant \beta)$，那么
│ $\int_L f(x,y) ds = \int_\alpha^\beta f(\varphi(t), \psi(t)) \sqrt{\varphi'^2(t) + \psi'^2(t)} dt$
│   (2) 如果曲线 L 方程为 $y = \psi(x) (a \leqslant x \leqslant b)$，那么
│ $\int_L f(x,y) ds = \int_a^b f(x, \psi(x)) \sqrt{1 + \psi'^2(x)} dx$
│   (3) 如果曲线 L 方程为 $x = \varphi(y) (c \leqslant y \leqslant d)$，那么
│ $\int_L f(x,y) ds = \int_c^d f(\varphi(y), y) \sqrt{1 + \varphi'^2(y)} dy$
│
├─ 对坐标的曲线积分的概念
│   ├─ 物理应用：变力沿曲线所做的功
│   ├─ 性质：
│   │   (1) $\int_{-L} P(x,y) dx = -\int_L P(x,y) dx$
│   │   (2) $\oint_L P(x,y) dx = \oint_{L_1} P(x,y) dx + \oint_{L_2} P(x,y) dx$
│   │   (3) $\int_L P(x,y) dx = \int_{L_1} P(x,y) dx + \int_{L_2} P(x,y) dx + \cdots + \int_{L_n} P(x,y) dx$
│   │   (L 由 $L_1, L_2, \cdots, L_n$ 组成)
│   └─ 计算方法：
│   (1) 如果曲线 L 方程为 $\begin{cases} x = \varphi(t) \\ y = \psi(t) \end{cases}$，$t = \alpha$ 对应起点，$t = \beta$ 对应终点，那么
│ $\int_L P(x,y) dx + Q(x,y) dy$
│ $= \int_\alpha^\beta [P(\varphi(t), \psi(t)) \varphi'(t) + Q(\varphi(t), \psi(t)) \psi'(t)] dt$
│   (2) 如果曲线 L 方程为 $y = \psi(x) (a \leqslant x \leqslant b)$，那么
│ $\int_L P(x,y) dx + Q(x,y) dy = \int_a^b [P(x, \psi(x)) + Q(x, \psi(x)) \psi'(x)] dx$
│   (3) 如果曲线 L 方程为 $x = \varphi(y) (c \leqslant y \leqslant d)$，那么
│ $\int_L P(x,y) dx + Q(x,y) dy = \int_c^d [P(\varphi(y), y) \varphi'(y) + Q(\varphi(y), y)] dy$
│
├─ 格林公式：$\oint_L P dx + Q dy = \iint_D \left(\dfrac{\partial Q}{\partial x} - \dfrac{\partial P}{\partial y} \right) dx dy$
│
└─ 曲线积分与路径无关的条件：$\dfrac{\partial Q}{\partial x} = \dfrac{\partial P}{\partial y}$

第十二章 无穷级数

无穷级数是表示函数、研究函数性质以及进行数值计算的有力工具.本章主要讨论常数项级数的概念和性质、常数项级数审敛法、幂级数以及将函数展开成幂级数的方法和应用,最后介绍傅立叶(Fourier)级数.

第一节 常数项级数的概念和性质

一、常数项级数的基本概念

无论是在工程测量、科学实验,还是在数值计算中,随着精确度的提高都可能遇到类似 $2.375\,757\,5\cdots$ 这样的数据,该数据可用和式 $2+\dfrac{3}{10}+\dfrac{75}{10^3}+\dfrac{75}{10^5}+\cdots$ 来表示.

一般地,如果给定一个常数项数列 $u_1,u_2,u_3,\cdots,u_n,\cdots$,则和式 $u_1+u_2+u_3+\cdots+u_n+\cdots$ 称作常数项无穷级数,简称(数项)级数,记作 $\sum\limits_{n=1}^{\infty}u_n$,即

$$\sum_{n=1}^{\infty}u_n = u_1+u_2+u_3+\cdots+u_n+\cdots \tag{1}$$

其中,$u_1,u_2,\cdots,u_n,\cdots$ 分别叫作第一项,第二项,$\cdots$,第 n 项,$\cdots$,级数的第 n 项 u_n 叫作级数的一般项或通项.级数(1)的前 n 项和

$$S_n = u_1+u_2+\cdots+u_n = \sum_{k=1}^{n}u_k$$

称作级数(1)的部分和,当 n 依次取 $1,2,3,\cdots$ 时,就构成了一个新的数列 $\{S_n\}$

$$S_1 = u_1$$
$$S_2 = u_1+u_2$$
$$S_3 = u_1+u_2+u_3$$
$$\cdots$$
$$S_n = u_1+u_2+\cdots+u_n$$
$$\cdots$$

定义 1　如果无穷级数 $\sum\limits_{n=1}^{\infty}u_n$ 的部分和数列 $\{S_n\}$ 的极限为 S,即 $\lim\limits_{n\to\infty}S_n = S$,则称无穷级数 $\sum\limits_{n=1}^{\infty}u_n$ 收敛,极限 S 称作这个级数的和,记作

$$u_1 + u_2 + u_3 + \cdots + u_n + \cdots = \sum_{n=1}^{\infty} u_n = S$$

如果$\{S_n\}$没有极限,则称无穷级数发散.

由上述定义可知:级数$\sum_{n=1}^{\infty} u_n$的敛散问题可以转化为其部分和数列$\{S_n\}$当$n \to \infty$时,极限是否存在的问题. 显然,当级数收敛时,其部分和S_n是级数的和S的近似值,它们之间的差值$r_n = S - S_n = u_{n+1} + u_{n+2} + \cdots$叫作这个级数的余项,用部分和$S_n$代替级数和$S$所产生的误差(也称作截断误差)就是这个余项的绝对值$|r_n|$.

【例1】 无穷级数

$$\sum_{n=0}^{\infty} aq^n = a + aq + aq^2 + \cdots + aq^n + \cdots \quad (2)$$

叫作等比级数(又称作几何级数),其中,$a \neq 0$,q称作级数的公比. 试讨论级数(2)的敛散性.

解 (1)当$|q| \neq 1$时,部分和

$$S_n = a + aq + \cdots + aq^{n-1} = \frac{a - aq^n}{1-q} = \frac{a}{1-q}(1-q^n)$$

当$|q| < 1$时,由于$\lim_{n \to \infty} q^n = 0$,从而$\lim_{n \to \infty} S_n = \frac{a}{1-q}$,这时级数(2)收敛,其和是$\frac{a}{1-q}$.

当$|q| > 1$时,由于$\lim_{n \to \infty} q^n = \infty$,从而$\lim_{n \to \infty} S_n = \infty$,这时级数(2)发散.

(2)$|q| = 1$,则当$q = 1$时,$S_n = na \to \infty$(当$n \to \infty$时),因此级数(2)发散,当$q = -1$时,级数(2)为

$$a - a + a - a + \cdots + (-1)^{n-1}a + \cdots$$

$$S_n = \begin{cases} 0, & n \text{ 为奇数时} \\ a, & n \text{ 为偶数时} \end{cases}$$

显然$\{S_n\}$的极限不存在,级数(2)发散.

综上可得:如果级数(2)的公比q的绝对值$|q| < 1$,级数收敛,如果$|q| \geq 1$,则级数发散.

【例2】 判别无穷级数$\frac{1}{1 \cdot 2} + \frac{1}{2 \cdot 3} + \cdots + \frac{1}{n(n+1)} + \cdots$的敛散性.

解 由于

$$u_n = \frac{1}{n(n+1)} = \frac{1}{n} - \frac{1}{n+1}$$

因此

$$S_n = \frac{1}{1 \cdot 2} + \frac{1}{2 \cdot 3} + \cdots + \frac{1}{n(n+1)}$$
$$= \left(1 - \frac{1}{2}\right) + \left(\frac{1}{2} - \frac{1}{3}\right) + \cdots + \left(\frac{1}{n} - \frac{1}{n+1}\right)$$
$$= 1 - \frac{1}{n+1}$$

从而

$$\lim_{n \to \infty} S_n = \lim_{n \to \infty} \left(1 - \frac{1}{n+1}\right) = 1$$

所以级数收敛于1,即

$$\sum_{n=1}^{\infty} \frac{1}{n(n+1)} = 1$$

二、常数项级数的基本性质

根据无穷级数的敛散概念,可以得出级数的几个基本性质:

性质 1 若级数 $\sum_{n=1}^{\infty} u_n$ 收敛于 S,则它的各项同乘以一个常数 k 所得的级数 $\sum_{n=1}^{\infty} k u_n$ 也收敛,且其和为 kS.

性质 2 若级数 $\sum_{n=1}^{\infty} u_n$,$\sum_{n=1}^{\infty} v_n$ 分别收敛于 S,σ,则级数 $\sum_{n=1}^{\infty} (u_n \pm v_n)$ 也收敛,且其和为 $S \pm \sigma$.

性质 3 在一个级数中去掉、增加或改变有限项,级数的敛散性不变.

注意 如果级数收敛,其和可能改变.

性质 4 若级数 $\sum_{n=1}^{\infty} u_n$ 收敛,则对这个级数的项任意加括号所成的级数

$$(u_1 + \cdots + u_{n_1}) + (u_{n_1+1} + \cdots + u_{n_2}) + \cdots + (u_{n_{k-1}+1} + \cdots + u_{n_k}) + \cdots$$

仍然收敛,且其和不变.

性质 5 (级数收敛的必要条件) 若级数 $\sum_{n=1}^{\infty} u_n$ 收敛,则它的一般项 u_n 趋于零,即 $\lim_{n \to \infty} u_n = 0$.

性质 5 给出了级数收敛的必要条件,若不满足 $\lim_{n \to \infty} u_n = 0$,则级数一定发散,因此,可用性质 5 判定级数 $\sum_{n=1}^{\infty} u_n$ 发散,但是不能判定级数 $\sum_{n=1}^{\infty} u_n$ 收敛.

如对于调和级数 $1 + \frac{1}{2} + \frac{1}{3} + \cdots + \frac{1}{n} + \cdots$,显然 $\lim_{n \to \infty} \frac{1}{n} = 0$.

我们仅从几何意义上加以说明(图 12-1):

一方面,底边宽为 1,高为 $\frac{1}{n}$ 的小矩形面积为 $A_1 = 1 \times 1, A_2 = 1 \times \frac{1}{2}, A_3 = 1 \times \frac{1}{3}, \cdots, A_n = 1 \times \frac{1}{n}$,

$$S_n = A_1 + A_2 + \cdots + A_n = 1 + \frac{1}{2} + \frac{1}{3} + \cdots + \frac{1}{n}$$

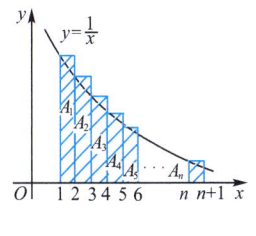

图 12-1

另一方面,从定积分的几何意义上看,由 $x = 1, x = n+1$ 及 $y = \frac{1}{x}$ 所围成的曲边梯形面积

$$S = \int_1^{n+1} \frac{1}{x} dx = \ln x \Big|_1^{n+1} = \ln(n+1)$$

且 $S_n > S, \lim_{n \to \infty} S_n > \lim_{n \to \infty} \ln(n+1) = +\infty$,则 $\lim_{n \to \infty} S_n$ 一定不存在.

由定义 1 知 $1 + \frac{1}{2} + \frac{1}{3} + \cdots + \frac{1}{n} + \cdots$ 是发散的.

【例 3】 判别级数 $\sum_{n=1}^{\infty} \frac{2 + (-1)^{n-1}}{3^n}$ 的敛散性,若收敛,求其和.

解 因为 $\sum_{n=1}^{\infty} \frac{2}{3^n}$ 是公比 $q = \frac{1}{3}$ 的等比级数,由例 1 可知,它是收敛的,且和为

$$\frac{\frac{2}{3}}{1-\frac{1}{3}}=1$$

而 $\sum_{n=1}^{\infty}\frac{(-1)^{n-1}}{3^n}$ 是公比 $q=-\frac{1}{3}$ 的等比级数且其和为

$$\frac{\frac{1}{3}}{1-\left(-\frac{1}{3}\right)}=\frac{1}{4}$$

所以由性质 2，可知级数

$$\sum_{n=1}^{\infty}\frac{2+(-1)^{n-1}}{3^n}=\sum_{n=1}^{\infty}\left[\frac{2}{3^n}+\frac{(-1)^{n-1}}{3^n}\right]$$

收敛，其和为

$$\sum_{n=1}^{\infty}\frac{2+(-1)^{n-1}}{3^n}=\sum_{n=1}^{\infty}\frac{2}{3^n}+\sum_{n=1}^{\infty}\frac{(-1)^{n-1}}{3^n}=1+\frac{1}{4}=\frac{5}{4}$$

【例 4】 判别级数 $\sum_{n=1}^{\infty}\sin\frac{n\pi}{2}$ 的敛散性．

解 因为级数

$$\sum_{n=1}^{\infty}\sin\frac{n\pi}{2}=1+0-1+0+1+0-1+0+\cdots$$

的通项 $u_n=\sin\frac{n\pi}{2}$，当 $n\to\infty$ 时，极限不存在，由级数收敛的必要条件可知，该级数发散．

习题 12-1

A 组

1. 将下列循环小数化成分数的形式．

   (1) $0.\dot{4}\dot{7}$
   (2) $3.2\dot{5}0\dot{8}$

2. 写出下列级数的前 5 项及第 10 项．

   (1) $\sum_{n=1}^{\infty}\frac{1}{(2n-1)\cdot 2^{2n-1}}$
   (2) $\sum_{n=1}^{\infty}(-1)^n\left[1-\frac{(n-1)^2}{n+1}\right]$

3. 写出下列级数的通项．

   (1) $\frac{2}{1}-\frac{3}{2}+\frac{4}{3}-\frac{5}{4}+\frac{6}{5}-\cdots$
   (2) $\frac{a^2}{3}-\frac{a^3}{5}+\frac{a^4}{7}-\frac{a^5}{9}+\cdots$
   (3) $\frac{\sqrt{x}}{2}+\frac{x}{2\cdot 4}+\frac{x\sqrt{x}}{2\cdot 4\cdot 6}+\frac{x^2}{2\cdot 4\cdot 6\cdot 8}+\cdots$

4. 用级数收敛的必要条件可否判定级数的收敛与发散？为什么？

5. 利用级数的基本性质，判别下列级数的敛散性．

   (1) $1+2+3+\cdots$
   (2) $\frac{1}{16}+\frac{1}{32}+\frac{1}{64}+\cdots$

6. 判别下列级数的敛散性，并求出收敛级数的和.

(1) $\sum_{n=1}^{\infty} \dfrac{1}{(2n-1)(2n+1)}$ (2) $\sum_{n=1}^{\infty} (-1)^n$

▶ B 组

1. 根据级数收敛和发散的定义及级数的基本性质，判别下列级数的敛散性，若收敛则求其和.

(1) $\sum_{n=1}^{\infty} n!$ (2) $\sum_{n=1}^{\infty} \ln \dfrac{n+1}{n}$ (3) $\sum_{n=1}^{\infty} \dfrac{2+(-1)^n}{2^n}$

(4) $\sum_{n=1}^{\infty} (-1)^n \cdot 2$ (5) $\sum_{n=1}^{\infty} \left(\dfrac{n+1}{n}\right)^n$ (6) $\sum_{n=1}^{\infty} \left[\dfrac{1}{2^n} + \dfrac{(-1)^n}{3^n}\right]$

2. 设级数 $\sum_{n=1}^{\infty} u_n = S$，常数 $k \neq 0$，试判别下列级数的敛散性.

(1) $k + \sum_{n=1}^{\infty} u_n$ (2) $\sum_{n=1}^{\infty} (u_n + k)$

课程思政

调和级数的结论提示我们做学问要有蜗牛精神，虽然走得慢，但是不放弃，继续往前走，相信总会看到希望；愚公精神，积微方能成著.

第二节　常数项级数审敛法

一、正项级数及其审敛法

设级数

$$u_1 + u_2 + \cdots + u_n + \cdots \tag{1}$$

若(1)中的项 $u_n \geqslant 0 (n=1,2,\cdots)$，则称此级数为正项级数.

显然，正项级数的部分和数列 $\{S_n\}$ 是一个单调递增数列，即

$$S_1 \leqslant S_2 \leqslant \cdots \leqslant S_n \leqslant \cdots$$

如果 $\{S_n\}$ 有界，根据单调有界数列必有极限的准则可知，$\lim\limits_{n\to\infty} S_n = S$. 因此，正项级数(1)收敛；反之，如果正项级数(1)收敛于 S，即 $\lim\limits_{n\to\infty} S_n = S$，根据有极限数列是有界数列的性质可知，数列 $\{S_n\}$ 有界.

定理 1　正项级数 $\sum_{n=1}^{\infty} u_n$ 收敛的充分必要条件是它的部分和数列 $\{S_n\}$ 有界.

定理 2　（比较审敛法）设 $\sum_{n=1}^{\infty} u_n$ 和 $\sum_{n=1}^{\infty} v_n$ 都是正项级数，且存在 $u_n \leqslant v_n (n=1,2,\cdots)$. 那么

(1) 若级数 $\sum_{n=1}^{\infty} v_n$ 收敛，则级数 $\sum_{n=1}^{\infty} u_n$ 也收敛；

(2) 若级数 $\sum_{n=1}^{\infty} u_n$ 发散，则级数 $\sum_{n=1}^{\infty} v_n$ 也发散.

【例1】 判别正项级数 $\sum\limits_{n=1}^{\infty} \dfrac{\sin\dfrac{\pi}{2n}}{2^n}$ 的敛散性.

解 由于该级数为正项级数,且部分和

$$S_n = \dfrac{1}{2} + \dfrac{\sin\dfrac{\pi}{4}}{4} + \dfrac{\sin\dfrac{\pi}{6}}{8} + \cdots + \dfrac{\sin\dfrac{\pi}{2n}}{2^n} < \dfrac{1}{2} + \dfrac{1}{4} + \dfrac{1}{8} + \cdots + \dfrac{1}{2^n} = \dfrac{\dfrac{1}{2} \times \left(1 - \dfrac{1}{2^n}\right)}{1 - \dfrac{1}{2}} < 1$$

即其部分和数列有界,所以正项级数 $\sum\limits_{n=1}^{\infty} \dfrac{\sin\dfrac{\pi}{2n}}{2^n}$ 收敛.

【例2】 讨论广义调和级数(又称 p 级数)

$$\sum_{n=1}^{\infty} \dfrac{1}{n^p} = 1 + \dfrac{1}{2^p} + \dfrac{1}{3^p} + \dfrac{1}{4^p} + \cdots + \dfrac{1}{n^p} + \cdots \quad (\text{其中常数 } p > 0)$$

的敛散性.

解 当 $p \leqslant 1$ 时,级数的各项不小于调和级数的对应项,即 $\dfrac{1}{n^p} \geqslant \dfrac{1}{n}$,而调和级数是发散的,因此,根据比较审敛法可知,当 $p \leqslant 1$ 时,级数 $\sum\limits_{n=1}^{\infty} \dfrac{1}{n^p}$ 发散.

当 $p > 1$ 时,

$$S_n = 1 + \dfrac{1}{2^p} + \cdots + \dfrac{1}{n^p} < 1 + \left(\dfrac{1}{2^p} + \dfrac{1}{3^p}\right) + \left(\dfrac{1}{4^p} + \dfrac{1}{5^p} + \dfrac{1}{6^p} + \dfrac{1}{7^p}\right) + \left(\dfrac{1}{8^p} + \cdots + \dfrac{1}{15^p}\right) + \cdots$$

$$< 1 + \left(\dfrac{1}{2^p} + \dfrac{1}{2^p}\right) + \left(\dfrac{1}{4^p} + \cdots + \dfrac{1}{4^p}\right) + \left(\dfrac{1}{8^p} + \cdots + \dfrac{1}{8^p}\right) + \cdots = 1 + \dfrac{1}{2^{p-1}} + \left(\dfrac{1}{2^{p-1}}\right)^2 + \cdots$$

$$= \dfrac{1}{1 - \dfrac{1}{2^{p-1}}} = \dfrac{2^{p-1}}{2^{p-1} - 1}$$

而 $p > 1$ 时,$\dfrac{1}{2^{p-1}} < 1$,所以 $\{S_n\}$ 有界,$\therefore p > 1$ 时,级数 $\sum\limits_{n=1}^{\infty} \dfrac{1}{n^p}$ 收敛.

综上所述:p 级数当 $p \leqslant 1$ 时发散,$p > 1$ 时收敛.

【例3】 用比较审敛法判别下列级数的敛散性.

(1) $\sum\limits_{n=1}^{\infty} \dfrac{1}{n^2 + n + 2}$ (2) $\sum\limits_{n=1}^{\infty} \dfrac{1}{\sqrt{n(n+1)}}$

解 (1) 由于 $\dfrac{1}{n^2 + n + 2} < \dfrac{1}{n^2} (n \in \mathbf{N})$,而级数 $\sum\limits_{n=1}^{\infty} \dfrac{1}{n^2}$(是 $p = 2 > 1$ 的 p 级数)收敛,所以级数 $\sum\limits_{n=1}^{\infty} \dfrac{1}{n^2 + n + 2}$ 也收敛.

(2) 由于 $\dfrac{1}{\sqrt{n(n+1)}} > \dfrac{1}{n+1}$. 因为级数 $\sum\limits_{n=1}^{\infty} \dfrac{1}{n+1} = \sum\limits_{n=2}^{\infty} \dfrac{1}{n} = -1 + \sum\limits_{n=1}^{\infty} \dfrac{1}{n}$ 发散,所以级数 $\sum\limits_{n=1}^{\infty} \dfrac{1}{\sqrt{n(n+1)}}$ 也发散.

当正项级数的通项中含有幂或阶乘因式时,常用下面的比值审敛法来判别其敛散性.

定理 3 （达朗贝尔比值审敛法）设有正项级数 $\sum\limits_{n=1}^{\infty} u_n$，若 $\lim\limits_{n\to\infty} \dfrac{u_{n+1}}{u_n} = l$，则

(1) 当 $l < 1$ 时，级数收敛；

(2) 当 $l > 1$ 时，级数发散；

(3) 当 $l = 1$ 时，级数的敛散性不能用此法判定．

【例 4】 判别下列级数的敛散性：

(1) $\sum\limits_{n=1}^{\infty} \dfrac{n}{2^{n-1}}$ (2) $\sum\limits_{n=1}^{\infty} \dfrac{n^n}{n!}$

解 (1) 因为 $\lim\limits_{n\to\infty} \dfrac{u_{n+1}}{u_n} = \lim\limits_{n\to\infty} \dfrac{n+1}{2^n} \cdot \dfrac{2^{n-1}}{n} = \lim\limits_{n\to\infty} \dfrac{n+1}{2n} = \dfrac{1}{2} < 1$，所以级数 $\sum\limits_{n=1}^{\infty} \dfrac{n}{2^{n-1}}$ 收敛．

(2) 因为 $\lim\limits_{n\to\infty} \dfrac{u_{n+1}}{u_n} = \lim\limits_{n\to\infty} \dfrac{(n+1)^{n+1}}{(n+1)!} \cdot \dfrac{n!}{n^n} = \lim\limits_{n\to\infty} \left(\dfrac{n+1}{n}\right)^n = e > 1$，所以级数 $\sum\limits_{n=1}^{\infty} \dfrac{n^n}{n!}$ 发散．

【例 5】 判别级数 $\sum\limits_{n=1}^{\infty} \dfrac{1}{(2n-1)\cdot 2n}$ 的敛散性．

解 $l = \lim\limits_{n\to\infty} \dfrac{u_{n+1}}{u_n} = \lim\limits_{n\to\infty} \dfrac{(2n-1)\cdot 2n}{(2n+1)(2n+2)} = 1$

这时 $l = 1$，比值审敛法失效，必须用其他的方法来判别此级数的敛散性．因为 $2n > 2n - 1 \geqslant n$，所以 $\dfrac{1}{(2n-1)\cdot 2n} < \dfrac{1}{n^2}$，而级数 $\sum\limits_{n=1}^{\infty} \dfrac{1}{n^2}$ 收敛．因此，由比较审敛法可知此级数收敛．

二、交错级数及其审敛法

级数 $\sum\limits_{n=1}^{\infty} (-1)^{n-1} u_n (u_n > 0)$ 称为交错级数，关于交错级数敛散性的判定，有下面的重要定理．

定理 4 （莱布尼茨审敛法）如果交错级数 $\sum\limits_{n=1}^{\infty} (-1)^{n-1} u_n$ 满足条件：

(1) $u_n \geqslant u_{n+1} (n = 1, 2, 3, \cdots)$

(2) $\lim\limits_{n\to\infty} u_n = 0$

则交错级数收敛，且其和 $S \leqslant u_1$，其余项的绝对值 $|r_n| \leqslant u_{n+1}$．例如，交错级数

$$1 - \dfrac{1}{2} + \dfrac{1}{3} - \dfrac{1}{4} + \cdots + (-1)^{n-1} \dfrac{1}{n} + \cdots$$

满足条件

(1) $u_n = \dfrac{1}{n} > \dfrac{1}{n+1} = u_{n+1} (n = 1, 2, \cdots)$

(2) $\lim\limits_{n\to\infty} u_n = \lim\limits_{n\to\infty} \dfrac{1}{n} = 0$

所以它是收敛的，且其和 $S < 1$．如果取前 n 项的和

$$S_n = 1 - \dfrac{1}{2} + \dfrac{1}{3} - \dfrac{1}{4} + \cdots + (-1)^{n-1} \dfrac{1}{n}$$

作为 S 的近似值，所产生的误差 $|r_n| \leqslant \dfrac{1}{n+1} (= u_{n+1})$．

【例6】 判别交错级数 $\sum_{n=1}^{\infty}(-1)^{n-1}\dfrac{n}{2^n}$ 的敛散性.

解 因为

$$u_n - u_{n+1} = \dfrac{n}{2^n} - \dfrac{n+1}{2^{n+1}} = \dfrac{n-1}{2^{n+1}} \geqslant 0$$

所以

$$u_n \geqslant u_{n+1} \quad (n=1,2,3,\cdots)$$

又因为

$$\lim_{n\to\infty} u_n = \lim_{n\to\infty} \dfrac{n}{2^n} = 0$$

所以,由莱布尼茨审敛法可知,交错级数 $\sum_{n=1}^{\infty}(-1)^{n-1}\dfrac{n}{2^n}$ 收敛.

【例7】 试利用交错级数

$$\sum_{n=1}^{\infty}(-1)^{n-1}\dfrac{1}{10^{n-1}} = 1 - \dfrac{1}{10} + \dfrac{1}{10^2} - \cdots + (-1)^{n-1}\dfrac{1}{10^{n-1}} + \cdots$$

计算 $\dfrac{10}{11}$ 的近似值,使其误差不超过 0.000 1.

解 因为 $\sum_{n=1}^{\infty}(-1)^{n-1}\dfrac{1}{10^{n-1}} = \dfrac{10}{11}$,所以如果用级数 $\sum_{n=1}^{\infty}(-1)^{(n-1)}\dfrac{1}{10^{n-1}}$ 的前 n 项作为 $\dfrac{10}{11}$ 的近似值,那么余项的绝对值 $|r_n|$ 就是误差值. 又因为该级数是满足莱布尼茨审敛法条件的交错级数,所以余项 r_n 也是交错级数,且有

$$|r_n| \leqslant u_{n+1}$$

因为级数 $\sum_{n=1}^{\infty}(-1)^{n-1}\dfrac{1}{10^{n-1}}$ 中

$$u_5 = \dfrac{1}{10^4} = 0.000\,1$$

所以,只要取前四项的和计算 $\dfrac{10}{11}$ 的近似值,即可以保证近似值的误差不超过 0.000 1.
所以

$$\dfrac{10}{11} \approx 1 - \dfrac{1}{10} + \dfrac{1}{10^2} - \dfrac{1}{10^3} = 0.909$$

三、绝对收敛与条件收敛

现在我们讨论一般的级数 $u_1 + u_2 + u_3 + \cdots + u_n + \cdots$,它的各项为任意实数,如果级数 $\sum_{n=1}^{\infty} u_n$ 的各项的绝对值所构成的正项级数 $\sum_{n=1}^{\infty}|u_n|$ 收敛,则称级数 $\sum_{n=1}^{\infty} u_n$ 绝对收敛;如果级数 $\sum_{n=1}^{\infty} u_n$ 收敛,而级数 $\sum_{n=1}^{\infty}|u_n|$ 发散,则称级数 $\sum_{n=1}^{\infty} u_n$ 条件收敛.

由 p 级数的收敛性可知,级数 $\sum_{n=1}^{\infty}(-1)^{n-1}\dfrac{1}{n^2}$ 是绝对收敛级数,而级数 $\sum_{n=1}^{\infty}(-1)^{n-1}\dfrac{1}{n}$ 则是条件收敛级数.

定理 5 如果级数 $\sum\limits_{n=1}^{\infty}|u_n|$ 收敛,则级数 $\sum\limits_{n=1}^{\infty} u_n$ 必定收敛.

定理 5 说明,对于一般的级数 $\sum\limits_{n=1}^{\infty} u_n$,如果用正项级数的审敛法来判定级数 $\sum\limits_{n=1}^{\infty}|u_n|$ 收敛,则此级数收敛,这就使得很多级数的敛散性判别问题,转化为正项级数的敛散性判别问题.

注意 如果级数 $\sum\limits_{n=1}^{\infty}|u_n|$ 发散,不能判定级数 $\sum\limits_{n=1}^{\infty} u_n$ 也发散.

【例 8】 判别级数 $\sum\limits_{n=1}^{\infty}\dfrac{\sin na}{n^2}$ 的敛散性.

解 因为 $\left|\dfrac{\sin na}{n^2}\right| \leqslant \dfrac{1}{n^2}$,而级数 $\sum\limits_{n=1}^{\infty}\dfrac{1}{n^2}$ 收敛,所以级数 $\sum\limits_{n=1}^{\infty}\left|\dfrac{\sin na}{n^2}\right|$ 也收敛,由定理 5 可知,级数 $\sum\limits_{n=1}^{\infty}\dfrac{\sin na}{n^2}$ 绝对收敛.

习题 12-2

A 组

1. 用比较审敛法判别下列级数的敛散性.

(1) $\dfrac{\cos^2\frac{\pi}{3}}{3} + \dfrac{\cos^2\frac{2\pi}{3}}{3^2} + \dfrac{\cos^2\frac{3\pi}{3}}{3^3} + \cdots$

(2) $\sum\limits_{n=2}^{\infty}\dfrac{n}{n^2-1}$

2. 用比值审敛法判别下列级数的敛散性.

(1) $\dfrac{3}{2} + \dfrac{4}{2^2} + \dfrac{5}{2^3} + \dfrac{6}{2^4} + \cdots$

(2) $1 + \dfrac{2!}{2^2} + \dfrac{3!}{3^2} + \dfrac{4!}{4^2} + \cdots$

3. 用莱布尼茨审敛法判别下列级数的敛散性.

(1) $\sum\limits_{n=1}^{\infty}\dfrac{(-1)^{n-1}}{n^4}$

(2) $\sum\limits_{n=1}^{\infty}\dfrac{(-1)^{n-1}}{\sqrt[3]{n}}$

B 组

1. 判别下列级数的敛散性.

(1) $\sum\limits_{n=1}^{\infty}\dfrac{1}{2n-1}$

(2) $\sum\limits_{n=2}^{\infty}\dfrac{n+2}{n(n+1)}$

(3) $\sum\limits_{n=1}^{\infty} 2^n \sin\dfrac{1}{3^n}$

(4) $\sum\limits_{n=1}^{\infty}\dfrac{3\cdot 5\cdot 7\cdot\cdots\cdot(2n+1)}{4\cdot 7\cdot 10\cdot\cdots\cdot(3n+1)}$

(5) $\sum\limits_{n=1}^{\infty}\left(\dfrac{n}{2n+1}\right)^n$

2. 判别下列级数收敛还是发散,如果收敛,指出是绝对收敛还是条件收敛.

(1) $\sum\limits_{n=1}^{\infty}(-1)^{n-1}\dfrac{1}{\sqrt{n}}$

(2) $\sum\limits_{n=1}^{\infty}(-1)^n\left(\dfrac{2}{3}\right)^n$

(3) $\sum\limits_{n=1}^{\infty}(-1)^{n-1}\dfrac{1}{\ln(n+1)}$

(4) $\sum\limits_{n=1}^{\infty}\dfrac{\sin\frac{n\pi}{2}}{\sqrt{n^3}}$

(5) $\sum_{n=1}^{\infty} (-1)^{n-1} \frac{1}{(2n-1)^2}$ (6) $\sum_{n=1}^{\infty} (-1)^{\frac{n(n-1)}{2}} \frac{1}{3^n}$

课程思政

比较审敛法告诉我们一个道理,在一个家庭中,长辈们品德高尚、正直善良、教子有方,那么他们对家人的影响都将是积极向上的,相应的晚辈们在他人眼中一般也会很好,具有上行下效的寓意.

第三节　幂级数

一、函数项级数的概念

设给定一个定义在实数集合 E 上的函数列
$$u_1(x), u_2(x), u_3(x), \cdots, u_n(x), \cdots$$
则由这个函数列构成的表达式
$$u_1(x) + u_2(x) + u_3(x) + \cdots + u_n(x) + \cdots \tag{1}$$
称作定义在实数集 E 上的函数项无穷级数,简称(函数项)级数.记作
$$\sum_{n=1}^{\infty} u_n(x)$$
对于每一个确定的值 $x_0 \in E$,函数项级数(1)成为常数项级数
$$u_1(x_0) + u_2(x_0) + u_3(x_0) + \cdots + u_n(x_0) + \cdots \tag{2}$$
如果数项级数(2)收敛,则称点 x_0 是函数项级数(1)的收敛点;如果数项级数(2)发散,则称点 x_0 是函数项级数(1)的发散点.函数项级数(1)的所有收敛点的集合称它的收敛域,所有发散点的集合称作它的发散域.

对于收敛域内的任意一点 x,函数项级数成为一个收敛的常数项级数,设它的和为 $S(x)$,这个对应法则,在收敛域上就定义了一个函数 $S(x)$,即
$$S(x) = u_1(x) + u_2(x) + u_3(x) + \cdots + u_n(x) + \cdots$$
把函数项级数(1)的前 n 项的和记作 $S_n(x)$,则在收敛域上有
$$\sum_{n=1}^{\infty} u_n(x) = \lim_{n \to \infty} S_n(x) = S(x)$$
$r_n(x) = S(x) - S_n(x)$ 称作函数项级数的余项,且 $\lim_{n \to \infty} r_n(x) = 0$

二、幂级数及其收敛性

各项都是幂函数 $a_n(x-x_0)^n (n=0,1,2,\cdots)$ 的函数项级数
$$\sum_{n=0}^{\infty} a_n(x-x_0)^n = a_0 + a_1(x-x_0) + a_2(x-x_0)^2 + \cdots + a_n(x-x_0)^n + \cdots \tag{3}$$
称作 $(x-x_0)$ 的幂级数,特别地,当 $x_0 = 0$ 时
$$\sum_{n=0}^{\infty} a_n x^n = a_0 + a_1 x + a_2 x^2 + \cdots + a_n x^n + \cdots \tag{4}$$

称作 x 的幂级数,其中常数 $a_0, a_1, a_2, \cdots, a_n, \cdots$ 叫作幂级数的系数.

对于一个给定的幂级数,如何来确定它的收敛域和发散域呢?考察幂级数

$$\sum_{n=0}^{\infty} x^n = 1 + x + x^2 + \cdots + x^n + \cdots$$

的敛散性.当 $|x| < 1$ 时,该级数收敛于 $\dfrac{1}{1-x}$;当 $|x| \geqslant 1$ 时,该级数发散.因此该幂级数的收敛域是开区间 $(-1, 1)$,即当 $x \in (-1, 1)$ 时

$$1 + x + x^2 + \cdots + x^n + \cdots = \frac{1}{1-x}$$

定理 1 (阿贝尔定理)如果幂级数 $\sum\limits_{n=0}^{\infty} a_n x^n$ 当 $x = x_0 (x_0 \neq 0)$ 时收敛,那么适合不等式 $|x| < |x_0|$ 的一切 x 使幂级数绝对收敛,反之,如果幂级数 $\sum\limits_{n=0}^{\infty} a_n x^n$ 当 $x = x_0$ 时发散,那么适合不等式 $|x| > |x_0|$ 的一切 x 使幂级数发散.

定理1表明,如果幂级数在 $x = x_0$ 处收敛,则对于开区间 $(-|x_0|, |x_0|)$ 内的任何 x 级数都收敛.如果幂级数在 $x = x_0$ 处发散,则对于闭区间 $[-|x_0|, |x_0|]$ 外的任何 x,幂级数都发散.

推论 如果幂级数 $\sum\limits_{n=0}^{\infty} a_n x^n$ 不是仅在 $x = 0$ 一点处收敛,也不是在整个数轴上都收敛,则必有一个完全确定的正数 R 存在,使得

(1) 当 $|x| < R$ 时,幂级数(4)绝对收敛;

(2) 当 $|x| > R$ 时,幂级数(4)发散;

(3) 当 $x = R$ 或 $x = -R$ 时,幂级数(4)可能收敛也可能发散.

正数 R 叫作幂级数(4)的收敛半径,由幂级数在 $x = \pm R$ 处的敛散性就可以决定它的收敛区间 $(-R, R), [-R, R), (-R, R], [-R, R]$.

如果幂级数(4)只在 $x = 0$ 处收敛,收敛区间只有一点 $x = 0$,规定这时收敛半径 $R = 0$.如果幂级数(4)对一切 x 都收敛,则规定收敛半径 $R = +\infty$,这时收敛区间是 $(-\infty, +\infty)$.

定理 2 如果幂级数的系数有

$$\lim_{n \to \infty} \left| \frac{a_{n+1}}{a_n} \right| = l$$

那么 $\sum\limits_{n=0}^{\infty} a_n x^n$ 的收敛半径

$$R = \begin{cases} \dfrac{1}{l}, & l \neq 0 \\ +\infty, & l = 0 \\ 0, & l = +\infty \end{cases}$$

【例 1】 求幂级数 $\sum\limits_{n=0}^{\infty} n! x^n$ 的收敛半径.

解 因为

$$l = \lim_{n \to \infty} \left| \frac{a_{n+1}}{a_n} \right| = \lim_{n \to \infty} \frac{(n+1)!}{n!} = \lim_{n \to \infty} (n+1) = +\infty$$

所以收敛半径 $R = 0$,即级数仅在 $x = 0$ 处收敛.

【例 2】 求幂级数

$$1 + x + \frac{1}{2!} x^2 + \cdots + \frac{1}{n!} x^n + \cdots$$

的收敛区间.

解 因为

$$l = \lim_{n\to\infty}\left|\frac{a_{n+1}}{a_n}\right| = \lim_{n\to\infty}\left|\frac{\frac{1}{(n+1)!}}{\frac{1}{n!}}\right| = \lim_{n\to\infty}\frac{1}{n+1} = 0$$

所以收敛半径 $R = +\infty$，收敛区间是 $(-\infty, +\infty)$.

【例 3】 求幂级数

$$x - \frac{x^2}{2} + \frac{x^3}{3} - \cdots + (-1)^{n-1}\frac{x^n}{n} + \cdots$$

的收敛半径与收敛区间.

解 因为

$$l = \lim_{n\to\infty}\left|\frac{a_{n+1}}{a_n}\right| = \lim_{n\to\infty}\frac{\frac{1}{n+1}}{\frac{1}{n}} = 1$$

所以收敛半径 $R = \frac{1}{l} = 1$.

对于端点 $x = 1$，级数成为交错级数

$$1 - \frac{1}{2} + \frac{1}{3} - \cdots + (-1)^{n-1}\frac{1}{n} + \cdots$$

级数收敛；

对于端点 $x = -1$，级数成为

$$-1 - \frac{1}{2} - \frac{1}{3} - \cdots - \frac{1}{n} - \cdots$$

级数发散. 因此，收敛区间是 $(-1, 1]$.

【例 4】 求幂级数 $\sum_{n=0}^{\infty}\frac{(2n)!}{(n!)^2}x^{2n}$ 的收敛半径.

解 因为该级数缺少奇次幂的项，定理 2 不能直接应用. 根据比值审敛法

$$\lim_{n\to\infty}\left|\frac{\frac{[2(n+1)]!}{[(n+1)!]^2}x^{2(n+1)}}{\frac{(2n)!}{(n!)^2}x^{2n}}\right| = 4|x|^2$$

当 $4|x|^2 < 1$，即 $|x| < \frac{1}{2}$ 时级数收敛，当 $4|x|^2 > 1$，即 $|x| > \frac{1}{2}$ 时级数发散，所以级数的收敛半径为 $R = \frac{1}{2}$.

【例 5】 求幂级数 $\sum_{n=0}^{\infty}(-1)^n\frac{(x-2)^n}{2^n}$ 的收敛区间.

解 运用正项级数的比值审敛法，因为

$$l = \lim_{n\to\infty}\left|\frac{(-1)^{n+1}\frac{(x-2)^{n+1}}{2^{n+1}}}{(-1)^n\frac{(x-2)^n}{2^n}}\right| = \frac{|x-2|}{2}$$

当 $l = \frac{|x-2|}{2} < 1$，即 $0 < x < 4$ 时，幂级数收敛. 而 $x = 0$ 时，幂级数成为 $\sum_{n=0}^{\infty}1$，它是发散的；

$x = 4$ 时,幂级数成为 $\sum\limits_{n=0}^{\infty}(-1)^n$,也是发散的. 因此幂级数 $\sum\limits_{n=0}^{\infty}(-1)^n\dfrac{(x-2)^n}{2^n}$ 的收敛区间是 $(0,4)$.

三、幂级数的运算

设幂级数 $\sum\limits_{n=0}^{\infty}a_n x^n$ 与 $\sum\limits_{n=0}^{\infty}b_n x^n$ 分别在 $(-R_1, R_1)$,$(-R_2, R_2)$ 内收敛,$R_1 > 0, R_2 > 0$. 它们的和函数分别为 $S_1(x)$ 与 $S_2(x)$,那么对于上述的幂级数可以进行如下运算:

1. 加法和减法

$$\sum_{n=0}^{\infty}a_n x^n \pm \sum_{n=0}^{\infty}b_n x^n = \sum_{n=0}^{\infty}(a_n \pm b_n)x^n = S_1(x) \pm S_2(x)$$

所得幂级数 $\sum\limits_{n=0}^{\infty}(a_n \pm b_n)x^n$ 仍收敛,且收敛半径是 R_1 与 R_2 中较小的一个.

2. 乘法

$$\sum_{n=0}^{\infty}a_n x^n \cdot \sum_{n=0}^{\infty}b_n x^n = a_0 b_0 + (a_0 b_1 + a_1 b_0)x + (a_0 b_2 + a_1 b_1 + a_2 b_0)x^2 + \cdots$$
$$+ (a_0 b_n + a_1 b_{n-1} + \cdots + a_n b_0)x^n + \cdots$$
$$= S_1(x) \cdot S_2(x)$$

乘积所得的幂级数仍收敛,且收敛半径是 R_1 与 R_2 中较小的一个.

3. 逐项求导

若幂级数 $\sum\limits_{n=0}^{\infty}a_n x^n$ 的收敛半径为 R,则在 $(-R, R)$ 内和函数 $S(x)$ 可导,且有

$$S'(x) = \left(\sum_{n=0}^{\infty}a_n x^n\right)' = \sum_{n=0}^{\infty}(a_n x^n)' = \sum_{n=0}^{\infty}a_n n x^{n-1}$$

求导后所得幂级数的收敛半径仍不变,但在收敛区间端点处的收敛性可能改变. 因此,幂级数在其收敛区间内具有任意阶导数.

4. 逐项积分

设幂级数 $\sum\limits_{n=0}^{\infty}a_n x^n$ 的收敛半径为 R,则和函数 $S(x)$ 在该区间内可积. 且有

$$\int_0^x S(x)\mathrm{d}x = \int_0^x \left(\sum_{n=0}^{\infty}a_n x^n\right)\mathrm{d}x = \sum_{n=0}^{\infty}\int_0^x a_n x^n \mathrm{d}x = \sum_{n=0}^{\infty}\dfrac{a_n}{n+1}x^{n+1}$$

积分后所得幂级数仍收敛,且收敛半径不变,但在收敛区间端点处的敛散性可能改变.

【例 6】 求幂级数 $\sum\limits_{n=1}^{\infty}n x^{n-1}$ 的和函数.

解 显然,所给幂级数的收敛半径 $R = 1$,收敛区间为 $(-1, 1)$,因为幂级数 $\sum\limits_{n=1}^{\infty}x^n$ 与幂级数 $\sum\limits_{n=1}^{\infty}n x^{n-1}$ 有相同的收敛区间,且在收敛区间 $(-1, 1)$ 内,幂级数 $\sum\limits_{n=1}^{\infty}x^n = \dfrac{x}{1-x}$,而 $n x^{n-1} = (x^n)'$,所以

$$\sum_{n=1}^{\infty} nx^{n-1} = \sum_{n=1}^{\infty} (x^n)' = \left(\sum_{n=1}^{\infty} x^n\right)' = \left(\frac{x}{1-x}\right)' = \frac{1}{(1-x)^2}$$

习题 12-3

A 组

1. 求下列级数的收敛半径.

(1) $\sum_{n=0}^{\infty} nx^n$ 　　　　　　　　　　(2) $\sum_{n=0}^{\infty} \frac{x^n}{n!}$

2. 求下列级数的收敛区间.

(1) $\sum_{n=0}^{\infty} \frac{x^n}{2^n n^2}$ 　　　　　　　　　(2) $\sum_{n=0}^{\infty} \frac{2n+1}{n!} x^n$

(3) $\sum_{n=0}^{\infty} n! x^n$ 　　　　　　　　　(4) $\sum_{n=1}^{\infty} \frac{x^n}{n(n+1)}$

B 组

1. 求下列级数的收敛区间.

(1) $\sum_{n=0}^{\infty} (-1)^{n-1} \frac{x^{2n+1}}{2n+1}$ 　　(2) $\sum_{n=1}^{\infty} \frac{x^n}{n \cdot 3^n}$ 　　(3) $\sum_{n=1}^{\infty} \frac{2n-1}{2^n} x^{2n-2}$

2. 求下列幂级数的和函数，并指出收敛区间.

(1) $\sum_{n=0}^{\infty} (n+1) x^n$ 　　　　　　　　(2) $\sum_{n=1}^{\infty} (-1)^{n-1} \frac{x^n}{n}$

第四节　函数展开成幂级数

前面讨论了幂级数的收敛域及其和函数的性质，本节将讨论相反的问题，即函数 $f(x)$ 可以用幂级数表示的条件及其展开式.

一、泰勒(Taylor)公式

若函数 $f(x)$ 在点 x_0 的某一邻域内具有直到 $(n+1)$ 阶的导数，则在该邻域内的任意点 x，有

$$f(x) = f(x_0) + f'(x_0)(x-x_0) + \frac{f''(x_0)}{2!}(x-x_0)^2 + \cdots + \frac{f^{(n)}(x_0)}{n!}(x-x_0)^n + R_n(x) \tag{1}$$

其中，$R_n(x) = \frac{f^{(n+1)}(\xi)}{(n+1)!}(x-x_0)^{n+1}$，$\xi$ 是 x 与 x_0 之间的某个值，公式(1)称作泰勒(Taylor)公式. 这时在该邻域内 $f(x)$ 可以用 n 次多项式

$$p_n(x) = f(x_0) + f'(x_0)(x-x_0) + \frac{f''(x_0)}{2!}(x-x_0)^2 + \cdots + \frac{f^{(n)}(x_0)}{n!}(x-x_0)^n \tag{2}$$

近似表示,并且误差等于余项的绝对值 $|R_n(x)|$.

定义 1　如果 $f(x)$ 在点 x_0 的某邻域内具有任意阶导数 $f'(x), f''(x), \cdots, f^{(n)}(x), \cdots$,则称级数

$$f(x_0) + f'(x_0)(x - x_0) + \frac{f''(x_0)}{2!}(x - x_0)^2 + \cdots + \frac{f^{(n)}(x_0)}{n!}(x - x_0)^n + \cdots \tag{3}$$

为函数 $f(x)$ 在 $x = x_0$ 处的泰勒级数.

关于 $f(x)$ 的泰勒级数在什么条件下收敛于 $f(x)$ 的问题,有如下定理.

定理 1　如果函数 $f(x)$ 在点 x_0 的某一邻域 $U(x_0)$ 内具有任意阶导数,那么 $f(x)$ 在该邻域内的泰勒级数收敛于 $f(x)$ 的充分必要条件是 $f(x)$ 的泰勒公式的余项 $R_n(x)$ 满足:

$$\lim_{n \to \infty} R_n(x) = 0 \quad (x \in U(x_0))$$

在式(3)中取 $x_0 = 0$,得

$$f(0) + f'(0)x + \frac{f''(0)}{2!}x^2 + \cdots + \frac{f^{(n)}(0)}{n!}x^n + \cdots \tag{4}$$

级数(4)称作函数 $f(x)$ 的麦克劳林(Maclaurin)级数.

将函数 $f(x)$ 展开成 $x - x_0$ 的幂级数或 x 的幂级数,就是用 $f(x)$ 的泰勒级数或麦克劳林级数表示 $f(x)$.

二、利用麦克劳林级数将函数展开成幂级数

利用麦克劳林公式将函数 $f(x)$ 展开成 x 的幂级数的方法称作直接展开法,其一般步骤如下:

(1)求出 $f(x)$ 的各阶导数 $f'(x), f''(x), \cdots, f^{(n)}(x), \cdots$.

(2)求函数及各阶导数在 $x = 0$ 处的值:

$$f(0), f'(0), f''(0), \cdots, f^{(n)}(0), \cdots$$

(3)写出幂级数

$$f(0) + f'(0)x + \frac{f''(0)}{2!}x^2 + \cdots + \frac{f^{(n)}(0)}{n!}x^n + \cdots$$

并求出收敛区间 $(-R, R)$.

(4)讨论当 $x \in (-R, R)$ 时,余项 $R_n(x)$ 的极限

$$\lim_{n \to \infty} R_n(x) = \lim_{n \to \infty} \frac{f^{(n+1)}(\xi)}{(n+1)!} x^{n+1} \quad (\xi \text{ 在 } 0 \text{ 与 } x \text{ 之间})$$

是否为零. 如果为零,则函数 $f(x)$ 在区间 $(-R, R)$ 内的幂级数的展开式为

$$f(x) = f(0) + f'(0)x + \frac{f''(0)}{2!}x^2 + \cdots + \frac{f^{(n)}(0)}{n!}x^n + \cdots \quad x \in (-R, R)$$

【例 1】　将函数 $f(x) = e^x$ 展开成 x 的幂级数.

解　由 $f^{(n)}(x) = e^x (n = 1, 2, 3, \cdots)$,可得到

$$f(0) = f'(0) = f''(0) = \cdots = f^{(n)}(0) = 1$$

于是,得到幂级数

$$1 + x + \frac{1}{2!}x^2 + \cdots + \frac{1}{n!}x^n + \cdots \tag{5}$$

其收敛区间为 $(-\infty, +\infty)$,且

$$R_n(x) = \frac{e^\xi}{(n+1)!}x^{n+1} \quad (\xi \text{ 在 } 0 \text{ 与 } x \text{ 之间})$$

所以 $e^\xi < e^{|x|}$,因而有

$$|R_n(x)| = \frac{e^\xi}{(n+1)!}|x|^{n+1} < \frac{e^{|x|}}{(n+1)!}|x|^{n+1}$$

对于任一确定的 x 值,$e^{|x|}$ 是一个确定的常数,而级数(5)是绝对收敛的,由级数收敛的必要条件可知

$$\lim_{n \to \infty} \frac{|x|^{n+1}}{(n+1)!} = 0$$

所以

$$\lim_{n \to \infty} e^{|x|} \frac{|x|^{n+1}}{(n+1)!} = 0$$

由此可得

$$\lim_{n \to \infty} R_n(x) = 0$$

这表明级数(5)的确收敛于 $f(x) = e^x$,所以

$$e^x = 1 + x + \frac{1}{2!}x^2 + \cdots + \frac{1}{n!}x^n + \cdots \quad (-\infty < x < +\infty)$$

【例 2】 将函数 $f(x) = \sin x$ 展开成 x 的幂级数.

解 由 $f^{(n)}(x) = \sin\left(x + \frac{n\pi}{2}\right)(n=1,2,3,\cdots)$ 可得

$$f(0) = 0, f'(0) = 1, f''(0) = 0, f'''(0) = -1, \cdots$$
$$f^{(2n)}(0) = 0, f^{(2n+1)}(0) = (-1)^n$$

于是可以得到幂级数

$$x - \frac{1}{3!}x^3 + \frac{1}{5!}x^5 - \cdots + (-1)^n \frac{x^{2n+1}}{(2n+1)!} + \cdots$$

且它的收敛区间为 $(-\infty, +\infty)$. 因为

$$|R_n(x)| = \frac{\left|\sin\left[\xi + \frac{(n+1)}{2}\pi\right]\right|}{(n+1)!}|x^{n+1}| \leqslant \frac{|x|^{n+1}}{(n+1)!} \to 0 \quad (n \to \infty)$$

$(\xi \text{ 在 } 0 \text{ 与 } x \text{ 之间})$

所以 $f(x) = \sin x$ 的幂级数展开式为

$$\sin x = x - \frac{1}{3!}x^3 + \frac{1}{5!}x^5 - \cdots + (-1)^n \frac{x^{2n+1}}{(2n+1)!} + \cdots \quad (-\infty < x < +\infty)$$

虽然运用麦克劳林公式将函数展开成幂级数的方法的步骤明确,但是运算常常过于烦琐.因此可以利用一些已知函数的幂级数展开式,通过幂级数的运算求得另外一些函数的幂级数展开式.这种求函数的幂级数展开式的方法称作间接展开法.

【例 3】 将函数 $f(x) = \ln(1+x)$ 展开成 x 的幂级数.

解 因为 $[\ln(1+x)]' = \frac{1}{1+x}$,所以 $\ln(1+x) = \int_0^x \frac{1}{1+x}dx$.

而

$$\frac{1}{1+x} = 1 - x + x^2 - \cdots + (-1)^n x^n + \cdots \quad (-1 < x < 1)$$

将上式两边同时积分可得

$$\ln(1+x) = x - \frac{1}{2}x^2 + \frac{1}{3}x^3 - \cdots + (-1)^n \frac{x^{n+1}}{n+1} + \cdots$$

因为幂级数逐项积分以后收敛半径不变,所以上式中右端级数的收敛半径仍为 $R=1$,而当 $x=-1$ 时,该级数发散,当 $x=1$ 时,该级数收敛,故收敛区间为 $(-1,1]$.

【例 4】 将函数 $f(x) = \sin x$ 展开成 $\left(x - \frac{\pi}{4}\right)$ 的幂级数.

解 设 $y = x - \frac{\pi}{4}$,则原来的问题就转化为将函数 $\sin\left(\frac{\pi}{4} + y\right)$ 展开成 y 的幂级数,于是有

$$\sin x = \sin\left(\frac{\pi}{4} + y\right) = \sin\frac{\pi}{4}\cos y + \cos\frac{\pi}{4}\sin y$$

而

$$\cos y = (\sin y)' = \left[y - \frac{1}{3!}y^3 + \frac{1}{5!}y^5 - \cdots + (-1)^n \frac{y^{(2n+1)}}{(2n+1)!} + \cdots\right]'$$

$$= 1 - \frac{1}{2!}y^2 + \frac{1}{4!}y^4 - \cdots + (-1)^n \frac{y^{2n}}{2n!} + \cdots \qquad y \in (-\infty, +\infty)$$

$$\sin x = \frac{\sqrt{2}}{2}\left[1 - \frac{1}{2!}y^2 + \frac{1}{4!}y^4 - \cdots + (-1)^n \frac{y^{2n}}{(2n)!} + \cdots\right] +$$

$$\frac{\sqrt{2}}{2}\left[y - \frac{1}{3!}y^3 + \frac{1}{5!}y^5 - \cdots + (-1)^n \frac{y^{2n+1}}{(2n+1)!} + \cdots\right]$$

$$= \frac{\sqrt{2}}{2}\left[1 + \left(x - \frac{\pi}{4}\right) - \frac{1}{2!}\left(x - \frac{\pi}{4}\right)^2 - \frac{1}{3!}\left(x - \frac{\pi}{4}\right)^3 + \cdots + \right.$$

$$\left. (-1)^n \frac{1}{(2n)!}\left(x - \frac{\pi}{4}\right)^{2n} + (-1)^n \frac{1}{(2n+1)!}\left(x - \frac{\pi}{4}\right)^{2n+1} + \cdots\right]$$

$$x \in (-\infty, +\infty)$$

由例 3、例 4 可看出,利用一些已知函数的幂级数展开式将函数展开成幂级数较直接展开法容易得多.下列五个基本展开式可作为公式,在函数展开成幂级数时直接运用.

(1) $e^x = \sum_{n=0}^{\infty} \frac{x^n}{n!}$ \qquad $x \in (-\infty, +\infty)$

(2) $\sin x = \sum_{n=0}^{\infty} (-1)^n \frac{x^{2n+1}}{(2n+1)!}$ \qquad $x \in (-\infty, +\infty)$

(3) $\cos x = \sum_{n=0}^{\infty} (-1)^n \frac{x^{2n}}{(2n)!}$ \qquad $x \in (-\infty, +\infty)$

(4) $\ln(1+x) = \sum_{n=0}^{\infty} (-1)^n \frac{x^{n+1}}{n+1}$ \qquad $x \in (-1, 1]$

(5) $(1+x)^\alpha = \sum_{n=0}^{\infty} \frac{\alpha \cdot (\alpha-1) \cdots \cdot (\alpha-n+1)}{n!} x^n$ \qquad $x \in (-1, 1)$

三、函数幂级数展开式的应用

利用函数的幂级数展开式,可以在其收敛区间上按精确度要求进行近似计算.

【例 5】 计算 $\sqrt[5]{240}$ 的近似值,使误差不超过 0.000 1.

这里我们不加讨论地给出 $(1+x)^m$ 的展开式

$$(1+x)^m = 1 + mx + \frac{m(m-1)}{2!}x^2 + \cdots + \frac{m(m-1)\cdots(m-n+1)}{n!}x^n + \cdots$$
$$(-1 < x < 1)$$

解 因为
$$\sqrt[5]{240} = \sqrt[5]{243-3} = 3 \times \left(1 - \frac{1}{3^4}\right)^{\frac{1}{5}}$$

所以在二项展开式中取 $m = \frac{1}{5}, x = -\frac{1}{3^4}$,即得

$$\sqrt[5]{240} = 3 \times \left(1 - \frac{1}{5} \cdot \frac{1}{3^4} - \frac{1 \cdot 4}{5^2 \cdot 2!} \cdot \frac{1}{3^8} - \frac{1 \cdot 4 \cdot 9}{5^3 \cdot 3!} \cdot \frac{1}{3^{12}} - \cdots\right)$$

因为该级数收敛很快,若取前两项的和作为 $\sqrt[5]{240}$ 的近似值,其误差为

$$|r_2| = 3 \times \left(\frac{1 \cdot 4}{5^2 \cdot 2!} \cdot \frac{1}{3^8} + \frac{1 \cdot 4 \cdot 9}{5^3 \cdot 3!} \cdot \frac{1}{3^{12}} + \frac{1 \cdot 4 \cdot 9 \cdot 14}{5^4 \cdot 4!} \cdot \frac{1}{3^{16}} + \cdots\right)$$
$$< 3 \cdot \frac{1 \cdot 4}{5^2 \cdot 2!} \cdot \frac{1}{3^8} \times \left[1 + \frac{1}{81} + \left(\frac{1}{81}\right)^2 + \cdots\right]$$
$$= \frac{6}{25} \cdot \frac{1}{3^8} \cdot \frac{1}{1 - \frac{1}{81}} = \frac{1}{25 \cdot 27 \cdot 40} < \frac{1}{20\,000}$$

即误差不超过 0.000 1. 于是取前两项的和作为近似值

$$\sqrt[5]{240} \approx 3 \times \left(1 - \frac{1}{5} \cdot \frac{1}{3^4}\right) \approx 2.9926$$

【**例 6**】 计算定积分 $\int_0^1 \frac{\sin x}{x} dx$ 的近似值,要求误差不超过 0.000 1.

解 由于 $\lim\limits_{x \to 0} \frac{\sin x}{x} = 1$,因此所给积分不是广义积分. 如果定义被积函数在 $x=0$ 处的值为 1,则它在积分区间 $[0,1]$ 上连续,展开被积函数就有

$$\frac{\sin x}{x} = 1 - \frac{x^2}{3!} + \frac{x^4}{5!} - \frac{x^6}{7!} + \cdots \quad (-\infty < x < \infty)$$

在区间 $[0,1]$ 上逐项积分得

$$\int_0^1 \frac{\sin x}{x} dx = 1 - \frac{1}{3 \cdot 3!} + \frac{1}{5 \cdot 5!} - \frac{1}{7 \cdot 7!} + \cdots$$

因为第四项
$$\frac{1}{7 \cdot 7!} < \frac{1}{30\,000}$$

所以取前三项的和作为积分的近似值

$$\int_0^1 \frac{\sin x}{x} dx \approx 1 - \frac{1}{3 \cdot 3!} + \frac{1}{5 \cdot 5!} \approx 0.9461$$

习题 12-4

▶ **A 组**

1. 利用间接展开法将下列函数展开成 x 的幂级数.
   (1) $a^x (a > 0$ 且 $a \neq 1)$ (2) $\ln(2-x)$ (3) $\sin^2 x$

2.利用函数的幂级数展开式,求下列各数的近似值(精确到 10^{-4}).

(1) $\ln 2$ (2) $\sqrt[3]{e}$ (3) $\sqrt[9]{510}$ (4) $\cos 10°$

B 组

1.将下列函数展开成 x 的幂级数.

(1) $(1+x)\ln(1+x)$ (2) $\sin\dfrac{x}{2}$ (3) $\dfrac{1}{\sqrt{1+x^2}}$ (4) $\ln(a+x)(a>0)$

2.将函数 $f(x)=\cos x$ 展开成 $\left(x+\dfrac{\pi}{3}\right)$ 的幂级数.

3.将函数 $f(x)=\dfrac{1}{x}$ 展开成 $(x-3)$ 的幂级数.

4.利用被积函数的幂级数展开式求下列各定积分的近似值(精确到 10^{-4}).

(1) $\displaystyle\int_0^{0.5}\dfrac{1}{1+x^4}\mathrm{d}x$ (2) $\displaystyle\int_0^1\cos\sqrt{x}\,\mathrm{d}x$

第五节　傅立叶级数

一、三角级数与三角函数系

在自然界和工程技术中,周期运动现象有很多,周期函数则反映了客观世界中的周期运动.
正弦函数是一种常见而简单的周期函数,例如,描述简谐振动的函数
$$y=A\sin(\omega t+\varphi)$$
就是一个以 $T=\dfrac{2\pi}{\omega}$ 为周期的正弦函数,其中,y 表示动点的位置,t 表示时间,A 为振幅,ω 为角频率,φ 为初相角.

一个比较复杂的周期运动可以展开成许多不同频率的简谐振动的叠加,得到函数项级数
$$f(t)=A_0+\sum_{n=1}^{\infty}A_n\sin(n\omega t+\varphi_n) \tag{1}$$

其中,$A_0,A_n,\varphi_n(n=1,2,3,\cdots)$ 都是常数.

在电工学上,这种展开称作谐波分析,其中常数项 A_0 称作 $f(t)$ 的直流分量,而 $A_1\sin(\omega t+\varphi_1)$ 称作一次谐波(又称作基波),$A_2\sin(2\omega t+\varphi_2)$,$A_3\sin(3\omega t+\varphi_3)$,… 依次称作二次谐波,三次谐波,…

$$A_n\sin(n\omega t+\varphi_n)=A_n\sin\varphi_n\cos n\omega t+A_n\cos\varphi_n\sin n\omega t$$

令 $\dfrac{a_0}{2}=A_0,a_n=A_n\sin\varphi_n,b_n=A_n\cos\varphi_n,\omega t=x$,式(1)右端的级数就可以改写为

$$\dfrac{a_0}{2}+\sum_{n=1}^{\infty}(a_n\cos nx+b_n\sin nx) \tag{2}$$

级数(2)称作三角级数,其中 $a_0,a_n,b_n(n=1,2,3,\cdots)$ 都是常数,称作三角级数的系数.

为了讨论三角级数(2)的收敛问题,以及给定周期为 2π 的周期函数如何展开成三角级数(2),这里直接给出三角函数系的正交性.

函数列
$$1,\cos x,\sin x,\cos 2x,\sin 2x,\cdots,\cos nx,\sin nx,\cdots \tag{3}$$

称作三角函数系.三角函数系(3)中任何两个不同的函数的乘积在区间 $[-\pi,\pi]$ 上的积分等于零.即

$$\int_{-\pi}^{\pi}\cos nx\,\mathrm{d}x = 0 \quad (n=1,2,3,\cdots)$$

$$\int_{-\pi}^{\pi}\sin nx\,\mathrm{d}x = 0 \quad (n=1,2,3,\cdots)$$

$$\int_{-\pi}^{\pi}\sin kx\cos nx\,\mathrm{d}x = 0 \quad (k,n=1,2,3,\cdots)$$

$$\int_{-\pi}^{\pi}\cos kx\cos nx\,\mathrm{d}x = 0 \quad (k,n=1,2,3,\cdots,k\neq n)$$

$$\int_{-\pi}^{\pi}\sin kx\sin nx\,\mathrm{d}x = 0 \quad (k,n=1,2,3,\cdots,k\neq n)$$

任何两个相同函数的乘积在区间 $[-\pi,\pi]$ 上的积分不等于零,即

$$\int_{-\pi}^{\pi}\mathrm{d}x = 2\pi,\int_{-\pi}^{\pi}\sin^2 nx\,\mathrm{d}x = \pi,\int_{-\pi}^{\pi}\cos^2 nx\,\mathrm{d}x = \pi \quad (n=1,2,3,\cdots)$$

称此特性为三角函数系的正交性.

二、周期为 2π 的函数展开成傅立叶级数

设 $f(x)$ 是周期为 2π 的周期函数,且能展开成三角级数

$$f(x) = \frac{a_0}{2} + \sum_{n=1}^{\infty}(a_n\cos nx + b_n\sin nx) \tag{2}'$$

那么,系数 $a_0,a_1,b_1,\cdots$ 如何确定?假设式(2)′可以逐项积分.

对式(2)′在 $[-\pi,\pi]$ 上逐项积分

$$\int_{-\pi}^{\pi}f(x)\mathrm{d}x = \int_{-\pi}^{\pi}\frac{a_0}{2}\mathrm{d}x + \sum_{n=1}^{\infty}\left(a_n\int_{-\pi}^{\pi}\cos nx\,\mathrm{d}x + b_n\int_{-\pi}^{\pi}\sin nx\,\mathrm{d}x\right)$$

根据三角函数系的正交性,等式右端除第一项之外,其余各项都是零,所以

$$\int_{-\pi}^{\pi}f(x)\mathrm{d}x = \frac{a_0}{2}\cdot 2\pi$$

于是得

$$a_0 = \frac{1}{\pi}\int_{-\pi}^{\pi}f(x)\mathrm{d}x$$

用 $\cos kx$ 乘式(2)′的两端,再在 $[-\pi,\pi]$ 上逐项积分可得

$$\int_{-\pi}^{\pi}\cos kx\,f(x)\mathrm{d}x = \frac{a_0}{2}\int_{-\pi}^{\pi}\cos kx\,\mathrm{d}x + \sum_{n=1}^{\infty}\left(a_n\int_{-\pi}^{\pi}\cos nx\cos kx\,\mathrm{d}x + b_n\int_{-\pi}^{\pi}\sin nx\cos kx\,\mathrm{d}x\right)$$

根据三角函数系的正交性,等式右端除 $n=k$ 的一项外,其余各项均为零,所以

$$\int_{-\pi}^{\pi}f(x)\cos kx\,\mathrm{d}x = a_k\int_{-\pi}^{\pi}\cos^2 kx\,\mathrm{d}x = a_k\pi$$

于是得

$$a_k = \frac{1}{\pi}\int_{-\pi}^{\pi} f(x)\cos kx \, dx \quad (k=1,2,3,\cdots)$$

同理,用 $\sin kx$ 乘式(2)′的两端,再在 $[-\pi,\pi]$ 上逐项积分,可得

$$b_k = \frac{1}{\pi}\int_{-\pi}^{\pi} f(x)\sin kx \, dx \quad (k=1,2,3,\cdots)$$

由于当 $n=0$ 时,a_n 的表达式正好给出 a_0,因此,已得结果可以合并写成

$$\left.\begin{array}{l} a_n = \dfrac{1}{\pi}\int_{-\pi}^{\pi} f(x)\cos nx \, dx \quad (n=0,1,2,3,\cdots) \\ b_n = \dfrac{1}{\pi}\int_{-\pi}^{\pi} f(x)\sin nx \, dx \quad (n=1,2,3,\cdots) \end{array}\right\} \tag{4}$$

系数 $a_0, a_1, b_1, \cdots$ 称作函数 $f(x)$ 的傅立叶(Fourier)系数,由傅立叶系数(4)确定的三角级数

$$\frac{a_0}{2} + \sum_{n=1}^{\infty}(a_n\cos nx + b_n\sin nx) \tag{5}$$

称作函数 $f(x)$ 的傅立叶级数.

(1) 若 $f(x)$ 为奇函数,则它的傅立叶系数为

$$a_n = 0 \quad (n=0,1,2,\cdots)$$
$$b_n = \frac{2}{\pi}\int_0^{\pi} f(x)\sin nx \, dx \quad (n=1,2,3,\cdots)$$

傅立叶级数成为只含有正弦项的正弦级数

$$\sum_{n=1}^{\infty} b_n \sin nx \tag{6}$$

(2) 若 $f(x)$ 为偶函数,则它的傅立叶系数为

$$a_n = \frac{2}{\pi}\int_0^{\pi} f(x)\cos nx \, dx \quad (n=0,1,2,\cdots)$$
$$b_n = 0 \quad (n=1,2,3,\cdots)$$

傅立叶级数成为只含有常数项和余弦项的余弦级数

$$\frac{a_0}{2} + \sum_{n=1}^{\infty} a_n \cos nx \tag{7}$$

函数 $f(x)$ 的傅立叶级数是否一定收敛?如果收敛,是否一定收敛于函数 $f(x)$?对此有下面的定理.

定理 1 [收敛定理,狄利克雷(Dirichlet)充分条件] 设 $f(x)$ 是周期为 2π 的周期函数,如果它能满足:

在一个周期内连续或只有有限个第一类间断点,并且至多只有有限个极值点,则 $f(x)$ 的傅立叶级数收敛,并且

(1) 当 x 是 $f(x)$ 的连续点时,级数收敛于 $f(x)$;

(2) 当 x 是 $f(x)$ 的间断点时,级数收敛于 $\dfrac{1}{2}[f(x-0)+f(x+0)]$.

【例 1】 设 $f(x)$ 是周期为 2π 的周期函数,它在 $(-\pi,\pi)$ 上的表达式为 $f(x)=x$,将 $f(x)$ 展开成傅立叶级数.

解 所给函数 $f(x)$ 满足收敛定理的条件.

除了不连续点 $x=(2k+1)\pi(k=0,\pm 1,\pm 2,\cdots)$ 外,$f(x)$ 是周期为 2π 的奇函数,由正弦级数(6)可知,$f(x)$ 的傅立叶系数为

$$a_n = 0 \quad (n = 0, 1, 2, \cdots)$$

$$b_n = \frac{2}{\pi}\int_0^\pi f(x)\sin nx\,\mathrm{d}x = \frac{2}{\pi}\int_0^\pi x\sin nx\,\mathrm{d}x$$

$$= \frac{2}{\pi}\left[-\frac{x\cos nx}{n} + \frac{\sin nx}{n^2}\right]_0^\pi$$

$$= -\frac{2}{n}\cos n\pi$$

$$= \frac{2}{n}(-1)^{n+1} \quad (n = 1, 2, 3, \cdots)$$

将求得的 b_n 代入正弦级数(6)得到 $f(x)$ 的傅立叶级数展开式为

$$f(x) = 2\left(\sin x - \frac{1}{2}\sin 2x + \frac{1}{3}\sin 3x - \cdots + \frac{(-1)^{n+1}}{n}\sin nx + \cdots\right)$$

$$(-\infty < x < +\infty, x \neq (2k+1)\pi, k \in \mathbf{Z})$$

$f(x)$ 的傅立叶级数在不连续点 $x = (2k+1)\pi$ 处收敛于

$$\frac{f[(2k+1)\pi - 0] + f[(2k+1)\pi + 0]}{2} = \frac{\pi + (-\pi)}{2} = 0$$

在连续点 $x[x \neq (2k+1)\pi]$ 处收敛于 $f(x)$,和函数的图像如图 12-2 所示.

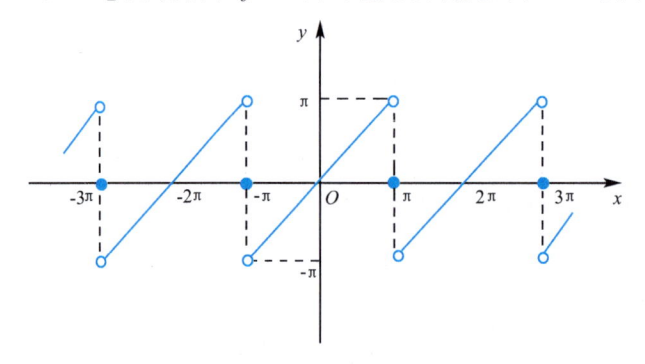

图 12-2

【例2】 将周期函数 $u(t) = \left|\sin\dfrac{t}{2}\right|$ 展开成傅立叶级数.

解 函数 $u(t)$ 满足收敛定理的条件,它在整个数轴上连续(图12-3),因此 $u(t)$ 的傅立叶级数处处收敛于 $u(t)$.

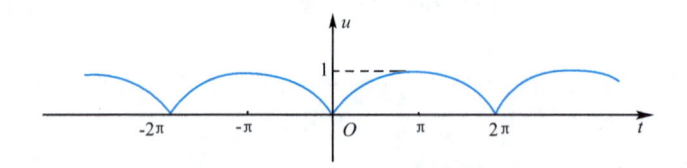

图 12-3

因为 $u(t)$ 是周期为 2π 的偶函数,由余弦级数(7)可知,$u(t)$ 的傅立叶系数为

$$a_n = \frac{2}{\pi}\int_0^\pi u(t)\cos nt\,\mathrm{d}t = \frac{2}{\pi}\int_0^\pi \sin\frac{t}{2}\cos nt\,\mathrm{d}t$$

$$= \frac{1}{\pi}\int_0^\pi\left[\sin\left(n+\frac{1}{2}\right)t - \sin\left(n-\frac{1}{2}\right)t\right]\mathrm{d}t$$

$$= \frac{1}{\pi}\left[-\frac{\cos\left(n+\frac{1}{2}\right)t}{n+\frac{1}{2}} + \frac{\cos\left(n-\frac{1}{2}\right)t}{n-\frac{1}{2}}\right]_0^\pi$$

$$= \frac{1}{\pi}\left(\frac{1}{n+\frac{1}{2}} - \frac{1}{n-\frac{1}{2}}\right)$$

$$= -\frac{4}{(4n^2-1)\pi} \quad (n=0,1,2,\cdots)$$

$$b_n = 0 \quad (n=1,2,\cdots)$$

将求得的 a_n 代入余弦级数(7)，得 $u(t)$ 的傅立叶级数展开式为

$$u(t) = \frac{4}{\pi}\left(\frac{1}{2} - \frac{1}{3}\cos t - \frac{1}{15}\cos 2t - \frac{1}{35}\cos 3t - \cdots - \frac{1}{4n^2-1}\cos nt - \cdots\right)$$

$$(-\infty < t < +\infty)$$

三、函数展开成正弦级数或余弦级数

在实际应用中，有时还需要把定义在区间 $[0,\pi]$ 上的函数 $f(x)$ 展开成正弦级数或余弦级数，简称奇展开或偶展开.

这类展开问题可以按如下的方法进行：设函数 $f(x)$ 定义在区间 $[0,\pi]$ 上，并且满足收敛定理条件. 在开区间 $(-\pi,0)$ 内补充函数 $f(x)$ 的定义，得到定义在 $(-\pi,\pi]$ 上的函数 $F(x)$，使它在 $(-\pi,\pi)$ 上成为奇函数(偶函数)，按这种方式拓展函数的定义域的过程称作奇延拓(偶延拓)，然后将奇延拓(偶延拓)后的函数展开成傅立叶级数，这个级数必定是正弦级数(余弦级数). 再限制 x 在 $(0,\pi]$ 上，此时 $F(x) \equiv f(x)$，这样便得到 $f(x)$ 的正弦级数(余弦级数)展开式.

【**例3**】 将函数 $f(x) = x+1, x \in [0,\pi]$ 分别展开成正弦级数、余弦级数.

解 函数 $f(x)$ 满足收敛定理的条件.

(1) 奇展开：由正弦级数(6)得傅立叶系数为

$$b_n = \frac{2}{\pi}\int_0^\pi f(x)\sin nx\,\mathrm{d}x = \frac{2}{\pi}\int_0^\pi (x+1)\sin nx\,\mathrm{d}x$$

$$= \frac{2}{\pi}\left[-\frac{x\cos nx}{n} + \frac{\sin nx}{n^2} - \frac{\cos nx}{n}\right]_0^\pi$$

$$= \frac{2}{n\pi}(1 - \pi\cos n\pi - \cos n\pi)$$

$$= \begin{cases} \dfrac{2}{\pi}\cdot\dfrac{\pi+2}{n} & (n=1,3,5,\cdots) \\ -\dfrac{2}{n} & (n=2,4,6,\cdots) \end{cases}$$

代入正弦级数(6)，得

$$x+1 = \frac{2}{\pi}\left[(\pi+2)\sin x - \frac{\pi}{2}\sin 2x + \frac{1}{3}(\pi+2)\sin 3x - \frac{\pi}{4}\sin 4x + \cdots\right] \quad (0 < x < \pi)$$

在端点 $x=0$ 及 $x=\pi$ 处，级数的和为零，级数不收敛于函数 $f(x)$. 和函数图像如图12-4所示.

(2) 偶展开：由余弦级数(7)得傅立叶系数为

$$a_n = \frac{2}{\pi}\int_0^\pi (x+1)\cos nx \, dx$$

$$= \frac{2}{\pi}\left[\frac{x\sin nx}{n} + \frac{\cos nx}{n^2} + \frac{\sin nx}{n}\right]_0^\pi$$

$$= \frac{2}{n^2\pi}(\cos n\pi - 1)$$

$$= \begin{cases} 0, & (n=2,4,6,\cdots) \\ -\dfrac{4}{n^2\pi}, & (n=1,3,5,\cdots) \end{cases}$$

$$a_0 = \frac{2}{\pi}\int_0^\pi (x+1)dx = \frac{2}{\pi}\left(\frac{x^2}{2}+x\right)\bigg|_0^\pi = \pi+2$$

代入余弦级数(7)得

$$x+1 = \frac{\pi}{2} + 1 - \frac{4}{\pi}\left(\cos x + \frac{1}{3^2}\cos 3x + \frac{1}{5^2}\cos 5x + \cdots\right) \quad (0 \leqslant x \leqslant \pi)$$

和函数图像如图 12-5 所示.

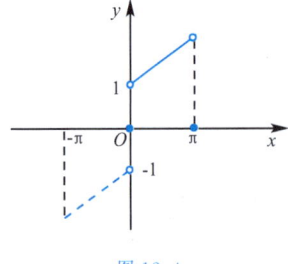

图 12-4

图 12-5

四、周期为 $2l$ 的函数的傅立叶级数

对于周期为 $2l$ 的函数的傅立叶级数,利用前面对周期为 2π 的函数的傅立叶级数讨论的结果,经过自变量的变量代换$\left(\text{令 } x = \dfrac{l}{\pi}t\right)$,可得如下结论:

设周期为 $2l$ 的周期函数 $f(x)$ 满足收敛定理的条件,则它的傅立叶级数展开式为

$$f(x) = \frac{a_0}{2} + \sum_{n=1}^{\infty}\left(a_n\cos\frac{n\pi x}{l} + b_n\sin\frac{n\pi x}{l}\right) \tag{8}$$

其中系数 a_n, b_n 为

$$\left.\begin{aligned} a_n &= \frac{1}{l}\int_{-l}^{l} f(x)\cos\frac{n\pi x}{l}dx \quad (n=0,1,2,\cdots) \\ b_n &= \frac{1}{l}\int_{-l}^{l} f(x)\sin\frac{n\pi x}{l}dx \quad (n=1,2,3,\cdots) \end{aligned}\right\} \tag{9}$$

当 $f(x)$ 为奇函数时

$$f(x) = \sum_{n=1}^{\infty} b_n\sin\frac{n\pi x}{l} \tag{10}$$

其中系数 b_n 为

$$b_n = \frac{2}{l}\int_0^l f(x)\sin\frac{n\pi x}{l}dx \quad (n=1,2,3,\cdots) \tag{11}$$

当 $f(x)$ 为偶函数时

$$f(x) = \frac{a_0}{2} + \sum_{n=1}^{\infty} a_n \cos \frac{n\pi x}{l} \qquad (12)$$

其中系数 a_n 为

$$a_n = \frac{2}{l} \int_0^l f(x) \cos \frac{n\pi x}{l} dx \quad (n = 0, 1, 2, 3, \cdots) \qquad (13)$$

【例 4】 设 $f(x)$ 是周期为 6 的周期函数,它在 $[-3,3]$ 上的表达式为

$$f(x) = \begin{cases} 0, & -3 \leqslant x < 0 \\ c, & 0 \leqslant x < 3 \end{cases} \quad (\text{常数 } c \neq 0)$$

将 $f(x)$ 展开成傅立叶级数.

解 函数满足收敛定理条件,且 $l = 3$. 由式(9)得傅立叶系数为

$$a_n = \frac{1}{3} \int_0^3 c \cos \frac{n\pi x}{3} dx = \left[\frac{c}{n\pi} \sin \frac{n\pi x}{3} \right]_0^3 = 0 \quad (n \neq 0)$$

$$a_0 = \frac{1}{3} \int_0^3 c \, dx = c$$

$$b_n = \frac{1}{3} \int_0^3 c \sin \frac{n\pi x}{3} dx = \left[-\frac{c}{n\pi} \cos \frac{n\pi x}{3} \right]_0^3$$

$$= \frac{c}{n\pi}(1 - \cos n\pi)$$

$$= \begin{cases} \frac{2c}{n\pi}, & n = 1, 3, 5, \cdots \\ 0, & n = 2, 4, 6, \cdots \end{cases}$$

将求得的系数 a_n, b_n 代入式(8)得

$$f(x) = \frac{c}{2} + \frac{2c}{\pi} \left(\sin \frac{\pi x}{3} + \frac{1}{3} \sin \frac{3\pi x}{3} + \frac{1}{5} \sin \frac{5\pi x}{3} + \cdots \right)$$

$$(-\infty < x < +\infty;$$

$$x \neq 0, \pm 3, \pm 6, \cdots;$$

$$\text{在 } x = 0, \pm 3, \pm 6, \cdots \text{ 处收敛于 } \frac{c}{2})$$

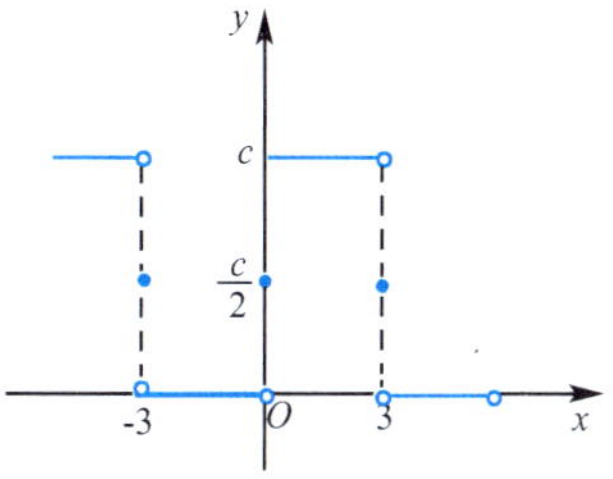

和函数的图像如图 12-6 所示.

图 12-6

习题 12-5

1. 设 $f(x)$ 是周期为 2π 的周期函数,它在 $[-\pi, \pi)$ 上的表达式为

(1) $f(x) = \begin{cases} -1, & -\pi \leqslant x < 0 \\ 1, & 0 \leqslant x < \pi \end{cases}$ \qquad (2) $f(x) = \begin{cases} -\pi, & -\pi \leqslant x < 0 \\ x, & 0 \leqslant x < \pi \end{cases}$

(3) $f(x) = 2\sin \frac{x}{3}$ \qquad\qquad (4) $f(x) = 3x^2 + 1$

将 $f(x)$ 展开成傅立叶级数.

2. 将函数 $f(x) = x$ 在区间 $[0, \pi]$ 上分别展开成正弦级数和余弦级数.

3. 设 $f(x)$ 是周期为 6 的周期函数,它在区间 $[-3, 3)$ 内的表达式为

$$f(x) = \begin{cases} 2x+1, & -3 \leqslant x < 0 \\ 1, & 0 \leqslant x < 3 \end{cases}$$

将 $f(x)$ 展开成傅立叶级数.

第六节 应用与实践

一、脉冲电压问题

设以 $2l(l>0)$ 为周期的脉冲电压的脉冲波形状如图 12-7 所示,其中 t 为时间.

(1) 将脉冲电压 $f(t)$ 在 $[-l,l]$ 上展开成以 $2l$ 为周期的傅立叶级数;

(2) 将脉冲电压 $f(t)$ 在 $[0,2l]$ 上展开成以 $2l$ 为周期的傅立叶级数;

(3)(1) 和(2) 的傅立叶级数相同吗?为什么?做出级数的和函数 $s(t)$ 的图像.

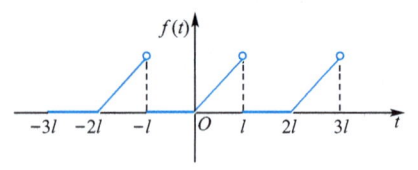

图 12-7

解 (1) 因为 $f(t)$ 在 $[-l,l]$ 上的表达式为

$$f(t) = \begin{cases} 0, & -l \leqslant t \leqslant 0 \\ t, & 0 < t < l \end{cases}$$

它满足收敛定理,故

$$a_0 = \frac{1}{l}\int_{-l}^{l} f(t)\mathrm{d}t = \frac{1}{l}\int_{0}^{l} t\mathrm{d}t = \frac{l}{2}$$

$$a_n = \frac{1}{l}\int_{-l}^{l} f(t)\cos\frac{n\pi t}{l}\mathrm{d}t = \frac{1}{l}\int_{0}^{l} t\cos\frac{n\pi t}{l}\mathrm{d}t$$

$$= \frac{1}{n^2\pi^2}(\cos n\pi - 1), \quad (n=1,2,\cdots)$$

$$b_n = \frac{1}{l}\int_{-l}^{l} f(t)\sin\frac{n\pi t}{l}\mathrm{d}t = \frac{1}{l}\int_{0}^{l} t\sin\frac{n\pi t}{l}\mathrm{d}t$$

$$= \frac{1}{l}\left(-\frac{l}{n\pi}\right)(l\cos n\pi) = \frac{l}{n\pi}(-1)^{n+1}$$

所以,在 $t \in (-l,l)$ 内下面的等式成立,并由周期性知

$$f(t) = \frac{l}{4} - \sum_{n=1}^{\infty}\frac{2l}{(2n-1)^2\pi^2}\cos\frac{(2n-1)\pi}{l}t + \frac{l}{\pi}\sum_{n=1}^{\infty}\frac{(-1)^{n+1}}{n}\sin\frac{n\pi t}{l}$$

$$[t \neq (2k+1)l, k=0,\pm 1,\pm 2,\cdots]$$

(2) 因为 $f(t)$ 在 $[0,2l]$ 上的表达式为

$$f(t) = \begin{cases} t, & 0 \leqslant t < l \\ 0, & l \leqslant t \leqslant 2l \end{cases}$$

它满足收敛定理,故

$$a_0 = \frac{1}{l}\int_{0}^{2l} f(t)\mathrm{d}t = \frac{1}{l}\int_{0}^{l} t\mathrm{d}t = \frac{l}{2}$$

$$a_n = \frac{1}{l}\int_0^{2l} f(t)\cos\frac{n\pi t}{l}dt = \frac{1}{l}\int_0^l t\cos\frac{n\pi t}{l}dt$$
$$= \frac{l}{n^2\pi^2}(\cos n\pi - 1), \quad (n=1,2,\cdots)$$
$$b_n = \frac{1}{l}\int_0^{2l} f(t)\sin\frac{n\pi t}{l}dt = \frac{1}{l}\int_0^l t\sin\frac{n\pi t}{l}dt$$
$$= \frac{l}{n\pi}(-1)^{n+1}, \quad (n=1,2,\cdots)$$

所以,在 $t \in (0,2l)$ 内下面的等式成立,由 $f(t)$ 的周期性知

$$f(t) = \frac{l}{4} - \sum_{n=1}^{\infty}\frac{2l}{(2n-1)^2\pi^2}\cos\frac{(2n-1)\pi}{l}t + \frac{l}{\pi}\sum_{n=1}^{\infty}\frac{(-1)^{n+1}}{n}\sin\frac{n\pi t}{l}$$
$$[t \neq (2k+1)l, k=0,\pm 1,\pm 2,\cdots]$$

(3)(1) 和 (2) 的傅立叶级数是相同的,因为(1)与(2)是同一个周期函数 $f(t)$ 在相同的周期 $2l$ 上的展开式. 其和函数 $s(t)$ 的图像如图 12-8 所示.

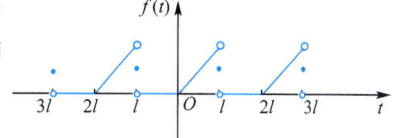

图 12-8

本章知识结构图

常用级数敛散性

(1) 几何级数 $\sum\limits_{n=0}^{\infty} aq^n$ $\begin{cases} |q| < 1 \text{ 收敛} \\ |q| \geqslant 1 \text{ 发散} \end{cases}$

(2) p 级数 $\sum\limits_{\substack{n=1 \\ (p>0)}}^{\infty} \dfrac{1}{n^p}$ $\begin{cases} p \leqslant 1 \text{ 发散} \\ p > 1 \text{ 收敛} \end{cases}$

常数项级数 — 数项级数基本性质

(1) $\sum\limits_{n=1}^{\infty} u_n \to s$,则 $\sum\limits_{n=1}^{\infty} ku_n \to ks$(用"$\to$"表示"收敛于")

(2) $\sum\limits_{n=1}^{\infty} u_n \to s, \sum\limits_{n=1}^{\infty} v_n \to \alpha$,则 $\sum\limits_{n=1}^{\infty} (u_n \pm v_n) \to s \pm \alpha$

(3) 去掉、增加、改变有限项,级数的敛散性不变(其和可能改变)

(4) 若 $\sum\limits_{n=1}^{\infty} u_n$ 收敛,则对这个级数的项任意加括号,敛散性不变

(5) 若 $\sum\limits_{n=1}^{\infty} u_n$ 收敛,则 $\lim\limits_{n\to\infty} u_n = 0$

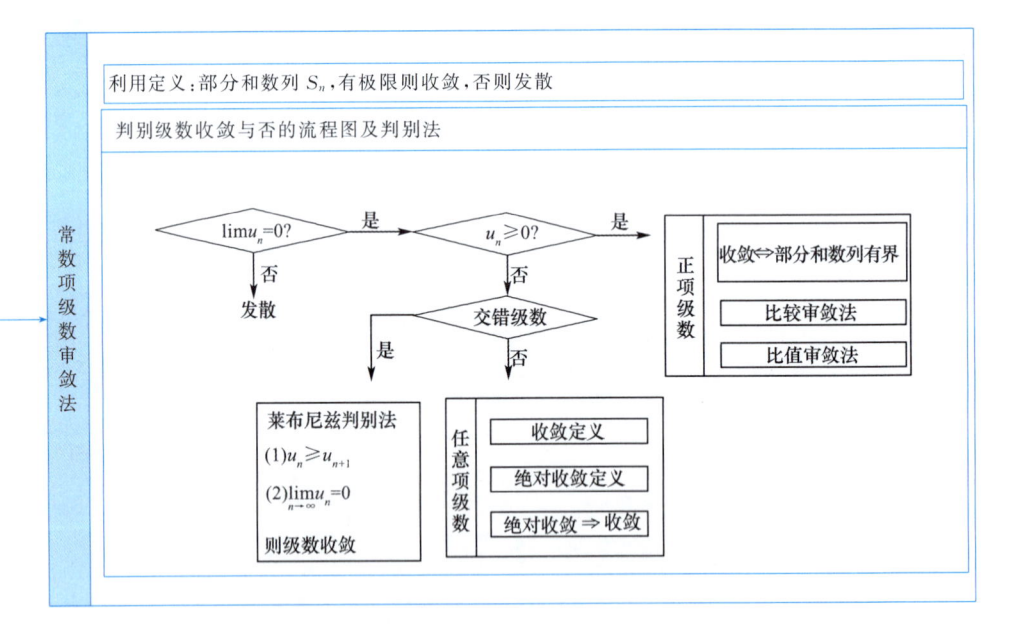

常数项级数审敛法

利用定义:部分和数列 S_n,有极限则收敛,否则发散

判别级数收敛与否的流程图及判别法

- $\lim u_n = 0$?
  - 否 → 发散
  - 是 → $u_n \geqslant 0$?
    - 是 → 正项级数:收敛 ⇔ 部分和数列有界;比较审敛法;比值审敛法
    - 否 → 交错级数?
      - 是 → 莱布尼兹判别法 (1) $u_n \geqslant u_{n+1}$ (2) $\lim\limits_{n\to\infty} u_n = 0$ 则级数收敛
      - 否 → 任意项级数:收敛定义;绝对收敛定义;绝对收敛 ⇒ 收敛

第十二章 无穷级数

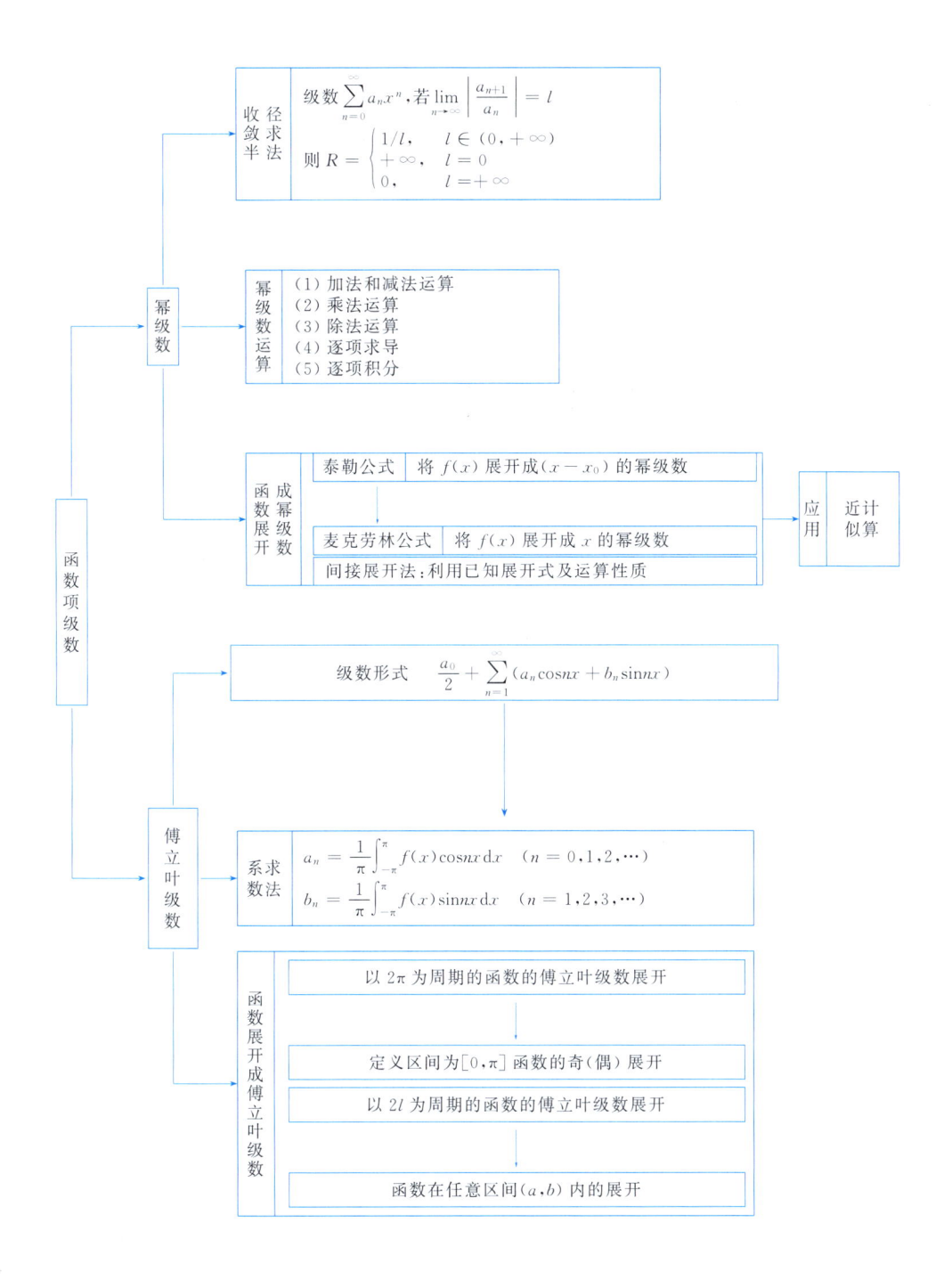

```
                                ┌─ 收敛半径求法: 级数 $\sum_{n=0}^{\infty} a_n x^n$，若 $\lim_{n \to \infty} \left| \frac{a_{n+1}}{a_n} \right| = l$
                                │                则 $R = \begin{cases} 1/l, & l \in (0, +\infty) \\ +\infty, & l = 0 \\ 0, & l = +\infty \end{cases}$
                                │
                                │
                                ├─ 幂级数运算:
                                │    (1) 加法和减法运算
                                │    (2) 乘法运算
             ┌─ 幂级数 ──────────┤    (3) 除法运算
             │                  │    (4) 逐项求导
             │                  │    (5) 逐项积分
             │                  │
             │                  │                   ┌─ 泰勒公式: 将 $f(x)$ 展开成 $(x - x_0)$ 的幂级数
             │                  └─ 函数成幂级数展开 ─┤                                                    ─── 应用 ── 近似计算
             │                                      ├─ 麦克劳林公式: 将 $f(x)$ 展开成 $x$ 的幂级数
函数项级数 ──┤                                      └─ 间接展开法: 利用已知展开式及运算性质
             │
             │                  ┌─ 级数形式: $\frac{a_0}{2} + \sum_{n=1}^{\infty} (a_n \cos nx + b_n \sin nx)$
             │                  │
             │                  │
             │                  ├─ 系数求法:
             │                  │    $a_n = \frac{1}{\pi} \int_{-\pi}^{\pi} f(x) \cos nx \, dx$  $(n = 0, 1, 2, \cdots)$
             └─ 傅立叶级数 ─────┤    $b_n = \frac{1}{\pi} \int_{-\pi}^{\pi} f(x) \sin nx \, dx$  $(n = 1, 2, 3, \cdots)$
                                │
                                │                          ┌─ 以 $2\pi$ 为周期的函数的傅立叶级数展开
                                │                          │
                                └─ 函数展开成傅立叶级数 ───┤─ 定义区间为 $[0, \pi]$ 函数的奇(偶)展开
                                                           │
                                                           ├─ 以 $2l$ 为周期的函数的傅立叶级数展开
                                                           │
                                                           └─ 函数在任意区间 $(a, b)$ 内的展开
```

附 录

附录 I　积 分 表

（一）含有 $ax+b$ 的积分

1. $\int \dfrac{\mathrm{d}x}{ax+b} = \dfrac{1}{a}\ln|ax+b| + C$

2. $\int (ax+b)^\mu \mathrm{d}x = \dfrac{1}{a(\mu+1)}(ax+b)^{\mu+1} + C \quad (\mu \neq -1)$

3. $\int \dfrac{x}{ax+b}\mathrm{d}x = \dfrac{1}{a^2}(ax+b-b\ln|ax+b|) + C$

4. $\int \dfrac{x^2}{ax+b}\mathrm{d}x = \dfrac{1}{a^3}\left[\dfrac{1}{2}(ax+b)^2 - 2b(ax+b) + b^2\ln|ax+b|\right] + C$

5. $\int \dfrac{\mathrm{d}x}{x(ax+b)} = -\dfrac{1}{b}\ln\left|\dfrac{ax+b}{x}\right| + C$

6. $\int \dfrac{\mathrm{d}x}{x^2(ax+b)} = -\dfrac{1}{bx} + \dfrac{a}{b^2}\ln\left|\dfrac{ax+b}{x}\right| + C$

7. $\int \dfrac{x\mathrm{d}x}{(ax+b)^2} = \dfrac{1}{a^2}\left(\ln|ax+b| + \dfrac{b}{ax+b}\right) + C$

8. $\int \dfrac{x^2\mathrm{d}x}{(ax+b)^2} = \dfrac{1}{a^3}\left(ax+b - 2b\ln|ax+b| - \dfrac{b^2}{ax+b}\right) + C$

9. $\int \dfrac{\mathrm{d}x}{x(ax+b)^2} = \dfrac{1}{b(ax+b)} - \dfrac{1}{b^2}\ln\left|\dfrac{ax+b}{x}\right| + C$

（二）含有 $\sqrt{ax+b}$ 的积分

10. $\int \sqrt{ax+b}\,\mathrm{d}x = \dfrac{2}{3a}\sqrt{(ax+b)^3} + C$

11. $\int x\sqrt{ax+b}\,\mathrm{d}x = \dfrac{2}{15a^2}(3ax-2b)\sqrt{(ax+b)^3} + C$

12. $\int x^2\sqrt{ax+b}\,\mathrm{d}x = \dfrac{2}{105a^3}(15a^2x^2 - 12abx + 8b^2)\sqrt{(ax+b)^3} + C$

13. $\int \dfrac{x}{\sqrt{ax+b}}\mathrm{d}x = \dfrac{2}{3a^2}(ax-2b)\sqrt{ax+b} + C$

14. $\int \dfrac{x^2}{\sqrt{ax+b}}\mathrm{d}x = \dfrac{2}{15a^3}(3a^2x^2 - 4abx + 8b^2)\sqrt{ax+b} + C$

15. $\int \dfrac{\mathrm{d}x}{x\sqrt{ax+b}} = \begin{cases} \dfrac{1}{\sqrt{b}}\ln\left|\dfrac{\sqrt{ax+b}-\sqrt{b}}{\sqrt{ax+b}+\sqrt{b}}\right| + C & (b>0) \\ \dfrac{2}{\sqrt{-b}}\arctan\sqrt{\dfrac{ax+b}{-b}} + C & (b<0) \end{cases}$

16. $\int \dfrac{\mathrm{d}x}{x^2 \sqrt{ax+b}} = -\dfrac{\sqrt{ax+b}}{bx} - \dfrac{a}{2b} \int \dfrac{\mathrm{d}x}{x\sqrt{ax+b}}$

17. $\int \dfrac{\sqrt{ax+b}}{x} \mathrm{d}x = 2\sqrt{ax+b} + b \int \dfrac{\mathrm{d}x}{x\sqrt{ax+b}}$

18. $\int \dfrac{\sqrt{ax+b}}{x^2} \mathrm{d}x = -\dfrac{\sqrt{ax+b}}{x} + \dfrac{a}{2} \int \dfrac{\mathrm{d}x}{x\sqrt{ax+b}}$

（三）含有 $x^2 \pm a^2$ 的积分

19. $\int \dfrac{\mathrm{d}x}{x^2 + a^2} = \dfrac{1}{a} \arctan \dfrac{x}{a} + C$

20. $\int \dfrac{\mathrm{d}x}{(x^2 + a^2)^n} = \dfrac{x}{2(n-1)a^2 (x^2+a^2)^{n-1}} + \dfrac{2n-3}{2(n-1)a^2} \int \dfrac{\mathrm{d}x}{(x^2+a^2)^{n-1}}$

21. $\int \dfrac{\mathrm{d}x}{x^2 - a^2} = \dfrac{1}{2a} \ln \left| \dfrac{x-a}{x+a} \right| + C$

（四）含有 $ax^2 + b\ (a>0)$ 的积分

22. $\int \dfrac{\mathrm{d}x}{ax^2+b} = \begin{cases} \dfrac{1}{\sqrt{ab}} \arctan \sqrt{\dfrac{a}{b}} x + C & (b>0) \\ \dfrac{1}{2\sqrt{-ab}} \ln \left| \dfrac{\sqrt{a}x - \sqrt{-b}}{\sqrt{a}x + \sqrt{-b}} \right| + C & (b<0) \end{cases}$

23. $\int \dfrac{x}{ax^2+b} \mathrm{d}x = \dfrac{1}{2a} \ln |ax^2+b| + C$

24. $\int \dfrac{x^2}{ax^2+b} \mathrm{d}x = \dfrac{x}{a} - \dfrac{b}{a} \int \dfrac{\mathrm{d}x}{ax^2+b}$

25. $\int \dfrac{\mathrm{d}x}{x(ax^2+b)} = \dfrac{1}{2b} \ln \dfrac{x^2}{|ax^2+b|} + C$

26. $\int \dfrac{\mathrm{d}x}{x^2(ax^2+b)} = -\dfrac{1}{bx} - \dfrac{a}{b} \int \dfrac{\mathrm{d}x}{ax^2+b}$

27. $\int \dfrac{\mathrm{d}x}{(ax^2+b)^2} = \dfrac{x}{2b(ax^2+b)} + \dfrac{1}{2b} \int \dfrac{\mathrm{d}x}{ax^2+b}$

（五）含有 $ax^2 + bx + c\ (a>0)$ 的积分

28. $\int \dfrac{\mathrm{d}x}{ax^2+bx+c} = \begin{cases} \dfrac{2}{\sqrt{4ac-b^2}} \arctan \dfrac{2ax+b}{\sqrt{4ac-b^2}} + C & (b^2<4ac) \\ \dfrac{1}{\sqrt{b^2-4ac}} \ln \left| \dfrac{2ax+b-\sqrt{b^2-4ac}}{2ax+b+\sqrt{b^2-4ac}} \right| + C & (b^2>4ac) \end{cases}$

29. $\int \dfrac{x}{ax^2+bx+c} \mathrm{d}x = \dfrac{1}{2a} \ln |ax^2+bx+c| - \dfrac{b}{2a} \int \dfrac{\mathrm{d}x}{ax^2+bx+c}$

（六）含有 $\sqrt{x^2+a^2}\ (a>0)$ 的积分

30. $\int \dfrac{\mathrm{d}x}{\sqrt{x^2+a^2}} = \ln(x + \sqrt{x^2+a^2}) + C$

31. $\int \dfrac{\mathrm{d}x}{\sqrt{(x^2+a^2)^3}} = \dfrac{x}{a^2 \sqrt{x^2+a^2}} + C$

32. $\int \dfrac{x}{\sqrt{x^2+a^2}} \mathrm{d}x = \sqrt{x^2+a^2} + C$

33. $\int \dfrac{x}{\sqrt{(x^2+a^2)^3}} \mathrm{d}x = -\dfrac{1}{\sqrt{x^2+a^2}} + C$

34. $\int \dfrac{x^2}{\sqrt{x^2+a^2}} \mathrm{d}x = \dfrac{x}{2} \sqrt{x^2+a^2} - \dfrac{a^2}{2} \ln(x + \sqrt{x^2+a^2}) + C$

273

35. $\int \dfrac{x^2}{\sqrt{(x^2+a^2)^3}} dx = -\dfrac{x}{\sqrt{x^2+a^2}} + \ln(x+\sqrt{x^2+a^2}) + C$

36. $\int \dfrac{dx}{x\sqrt{x^2+a^2}} = \dfrac{1}{a}\ln\dfrac{\sqrt{x^2+a^2}-a}{|x|} + C$

37. $\int \dfrac{dx}{x^2\sqrt{x^2+a^2}} = -\dfrac{\sqrt{x^2+a^2}}{a^2 x} + C$

38. $\int \sqrt{x^2+a^2}\, dx = \dfrac{x}{2}\sqrt{x^2+a^2} + \dfrac{a^2}{2}\ln(x+\sqrt{x^2+a^2}) + C$

39. $\int \sqrt{(x^2+a^2)^3}\, dx = \dfrac{x}{8}(2x^2+5a^2)\sqrt{x^2+a^2} + \dfrac{3a^4}{8}\ln(x+\sqrt{x^2+a^2}) + C$

40. $\int x\sqrt{x^2+a^2}\, dx = \dfrac{1}{3}\sqrt{(x^2+a^2)^3} + C$

41. $\int x^2\sqrt{x^2+a^2}\, dx = \dfrac{x}{8}(2x^2+a^2)\sqrt{x^2+a^2} - \dfrac{a^4}{8}\ln(x+\sqrt{x^2+a^2}) + C$

42. $\int \dfrac{\sqrt{x^2+a^2}}{x}\, dx = \sqrt{x^2+a^2} + a\ln\dfrac{\sqrt{x^2+a^2}-a}{|x|} + C$

43. $\int \dfrac{\sqrt{x^2+a^2}}{x^2}\, dx = -\dfrac{\sqrt{x^2+a^2}}{x} + \ln(x+\sqrt{x^2+a^2}) + C$

（七）含有 $\sqrt{x^2-a^2}\ (a>0)$ 的积分

44. $\int \dfrac{dx}{\sqrt{x^2-a^2}} = \ln|x+\sqrt{x^2-a^2}| + C$

45. $\int \dfrac{dx}{\sqrt{(x^2-a^2)^3}} = -\dfrac{x}{a^2\sqrt{x^2-a^2}} + C$

46. $\int \dfrac{x}{\sqrt{x^2-a^2}}\, dx = \sqrt{x^2-a^2} + C$

47. $\int \dfrac{x}{\sqrt{(x^2-a^2)^3}}\, dx = -\dfrac{1}{\sqrt{x^2-a^2}} + C$

48. $\int \dfrac{x^2}{\sqrt{x^2-a^2}}\, dx = \dfrac{x}{2}\sqrt{x^2-a^2} + \dfrac{a^2}{2}\ln|x+\sqrt{x^2-a^2}| + C$

49. $\int \dfrac{x^2}{\sqrt{(x^2-a^2)^3}}\, dx = -\dfrac{x}{\sqrt{x^2-a^2}} + \ln|x+\sqrt{x^2-a^2}| + C$

50. $\int \dfrac{dx}{x\sqrt{x^2-a^2}} = \dfrac{1}{a}\arccos\dfrac{a}{|x|} + C$

51. $\int \dfrac{dx}{x^2\sqrt{x^2-a^2}} = \dfrac{\sqrt{x^2-a^2}}{a^2 x} + C$

52. $\int \sqrt{x^2-a^2}\, dx = \dfrac{x}{2}\sqrt{x^2-a^2} - \dfrac{a^2}{2}\ln|x+\sqrt{x^2-a^2}| + C$

53. $\int \sqrt{(x^2-a^2)^3}\, dx = \dfrac{x}{8}(2x^2-5a^2)\sqrt{x^2-a^2} + \dfrac{3a^4}{8}\ln|x+\sqrt{x^2-a^2}| + C$

54. $\int x\sqrt{x^2-a^2}\, dx = \dfrac{1}{3}\sqrt{(x^2-a^2)^3} + C$

55. $\int x^2\sqrt{x^2-a^2}\, dx = \dfrac{x}{8}(2x^2-a^2)\sqrt{x^2-a^2} - \dfrac{a^4}{8}\ln|x+\sqrt{x^2-a^2}| + C$

56. $\int \dfrac{\sqrt{x^2-a^2}}{x}\, dx = \sqrt{x^2-a^2} - a\arccos\dfrac{a}{|x|} + C$

57. $\int \dfrac{\sqrt{x^2-a^2}}{x^2}\, dx = -\dfrac{\sqrt{x^2-a^2}}{x} + \ln|x+\sqrt{x^2-a^2}| + C$

（八）含有 $\sqrt{a^2-x^2}\ (a>0)$ 的积分

58. $\int \dfrac{dx}{\sqrt{a^2-x^2}} = \arcsin\dfrac{x}{a} + C$

59. $\int \dfrac{\mathrm{d}x}{\sqrt{(a^2-x^2)^3}} = \dfrac{x}{a^2\sqrt{a^2-x^2}} + C$

60. $\int \dfrac{x}{\sqrt{a^2-x^2}}\mathrm{d}x = -\sqrt{a^2-x^2} + C$

61. $\int \dfrac{x}{\sqrt{(a^2-x^2)^3}}\mathrm{d}x = \dfrac{1}{\sqrt{a^2-x^2}} + C$

62. $\int \dfrac{x^2}{\sqrt{a^2-x^2}}\mathrm{d}x = -\dfrac{x}{2}\sqrt{a^2-x^2} + \dfrac{a^2}{2}\arcsin\dfrac{x}{a} + C$

63. $\int \dfrac{x^2}{\sqrt{(a^2-x^2)^3}}\mathrm{d}x = \dfrac{x}{\sqrt{a^2-x^2}} - \arcsin\dfrac{x}{a} + C$

64. $\int \dfrac{\mathrm{d}x}{x\sqrt{a^2-x^2}} = \dfrac{1}{a}\ln\dfrac{a-\sqrt{a^2-x^2}}{|x|} + C$

65. $\int \dfrac{\mathrm{d}x}{x^2\sqrt{a^2-x^2}} = -\dfrac{\sqrt{a^2-x^2}}{a^2 x} + C$

66. $\int \sqrt{a^2-x^2}\,\mathrm{d}x = \dfrac{x}{2}\sqrt{a^2-x^2} + \dfrac{a^2}{2}\arcsin\dfrac{x}{a} + C$

67. $\int \sqrt{(a^2-x^2)^3}\,\mathrm{d}x = \dfrac{x}{8}(5a^2-2x^2)\sqrt{a^2-x^2} + \dfrac{3a^4}{8}\arcsin\dfrac{x}{a} + C$

68. $\int x\sqrt{a^2-x^2}\,\mathrm{d}x = -\dfrac{1}{3}\sqrt{(a^2-x^2)^3} + C$

69. $\int x^2\sqrt{a^2-x^2}\,\mathrm{d}x = \dfrac{x}{8}(2x^2-a^2)\sqrt{a^2-x^2} + \dfrac{a^4}{8}\arcsin\dfrac{x}{a} + C$

70. $\int \dfrac{\sqrt{a^2-x^2}}{x}\mathrm{d}x = \sqrt{a^2-x^2} + a\ln\dfrac{a-\sqrt{a^2-x^2}}{|x|} + C$

71. $\int \dfrac{\sqrt{a^2-x^2}}{x^2}\mathrm{d}x = -\dfrac{\sqrt{a^2-x^2}}{x} - \arcsin\dfrac{x}{a} + C$

(九) 含有 $\sqrt{\pm ax^2+bx+c}\,(a>0)$ 的积分

72. $\int \dfrac{\mathrm{d}x}{\sqrt{ax^2+bx+c}} = \dfrac{1}{\sqrt{a}}\ln\left|2ax+b+2\sqrt{a}\sqrt{ax^2+bx+c}\right| + C$

73. $\int \sqrt{ax^2+bx+c}\,\mathrm{d}x = \dfrac{2ax+b}{4a}\sqrt{ax^2+bx+c} +$
$\qquad\qquad \dfrac{4ac-b^2}{8\sqrt{a^3}}\ln\left|2ax+b+2\sqrt{a}\sqrt{ax^2+bx+c}\right| + C$

74. $\int \dfrac{x}{\sqrt{ax^2+bx+c}}\mathrm{d}x = \dfrac{1}{a}\sqrt{ax^2+bx+c} -$
$\qquad\qquad \dfrac{b}{2\sqrt{a^3}}\ln\left|2ax+b+2\sqrt{a}\sqrt{ax^2+bx+c}\right| + C$

75. $\int \dfrac{\mathrm{d}x}{\sqrt{c+bx-ax^2}} = \dfrac{1}{\sqrt{a}}\arcsin\dfrac{2ax-b}{\sqrt{b^2+4ac}} + C$

76. $\int \sqrt{c+bx-ax^2}\,\mathrm{d}x = \dfrac{2ax-b}{4a}\sqrt{c+bx-ax^2} + \dfrac{b^2+4ac}{8\sqrt{a^3}}\arcsin\dfrac{2ax-b}{\sqrt{b^2+4ac}} + C$

77. $\int \dfrac{x}{\sqrt{c+bx-ax^2}}\mathrm{d}x = -\dfrac{1}{a}\sqrt{c+bx-ax^2} + \dfrac{b}{2\sqrt{a^3}}\arcsin\dfrac{2ax-b}{\sqrt{b^2+4ac}} + C$

(十) 含有 $\sqrt{\dfrac{a\pm x}{b\pm x}}$ 或 $\sqrt{(x-a)(b-x)}$ 的积分

78. $\int \sqrt{\dfrac{x+a}{x+b}}\,\mathrm{d}x = \sqrt{(x+a)(x+b)} + (a-b)\ln(\sqrt{x+a}+\sqrt{x+b}) + C$

79. $\int \sqrt{\dfrac{a-x}{b-x}}\,\mathrm{d}x = -\sqrt{(a-x)(b-x)} + (b-a)\ln(\sqrt{a-x}+\sqrt{b-x}) + C$

80. $\int \sqrt{\dfrac{b-x}{x-a}} dx = \sqrt{(x-a)(b-x)} + (b-a)\arcsin \dfrac{\sqrt{x-a}}{\sqrt{b-a}} + C \quad (a < b)$

81. $\int \sqrt{\dfrac{x-a}{b-x}} dx = \sqrt{(x-a)(b-x)} + (b-a)\arcsin \dfrac{\sqrt{x-a}}{\sqrt{b-a}} + C \quad (a < b)$

82. $\int \dfrac{dx}{\sqrt{(x-a)(b-x)}} = 2\arcsin \sqrt{\dfrac{x-a}{b-a}} + C \quad (a < b)$

（十一）含有三角函数的积分

83. $\int \sin x\, dx = -\cos x + C$

84. $\int \cos x\, dx = \sin x + C$

85. $\int \tan x\, dx = -\ln|\cos x| + C$

86. $\int \cot x\, dx = \ln|\sin x| + C$

87. $\int \sec x\, dx = \ln|\sec x + \tan x| + C = \ln\left|\tan\left(\dfrac{\pi}{4} + \dfrac{x}{2}\right)\right| + C$

88. $\int \csc x\, dx = \ln|\csc x - \cot x| + C = \ln\left|\tan\dfrac{x}{2}\right| + C$

89. $\int \sec^2 x\, dx = \tan x + C$

90. $\int \csc^2 x\, dx = -\cot x + C$

91. $\int \sec x \tan x\, dx = \sec x + C$

92. $\int \csc x \cot x\, dx = -\csc x + C$

93. $\int \sin^2 x\, dx = \dfrac{x}{2} - \dfrac{1}{4}\sin 2x + C$

94. $\int \cos^2 x\, dx = \dfrac{x}{2} + \dfrac{1}{4}\sin 2x + C$

95. $\int \sin^n x\, dx = -\dfrac{1}{n}\sin^{n-1} x \cos x + \dfrac{n-1}{n}\int \sin^{n-2} x\, dx$

96. $\int \cos^n x\, dx = \dfrac{1}{n}\cos^{n-1} x \sin x + \dfrac{n-1}{n}\int \cos^{n-2} x\, dx$

97. $\int \dfrac{dx}{\sin^n x} = -\dfrac{1}{n-1}\dfrac{\cos x}{\sin^{n-1} x} + \dfrac{n-2}{n-1}\int \dfrac{dx}{\sin^{n-2} x}$

98. $\int \dfrac{dx}{\cos^n x} = \dfrac{1}{n-1}\dfrac{\sin x}{\cos^{n-1} x} + \dfrac{n-2}{n-1}\int \dfrac{dx}{\cos^{n-2} x}$

99. $\int \cos^m x \sin^n x\, dx = \dfrac{1}{m+n}\cos^{m-1} x \sin^{n+1} x + \dfrac{m-1}{m+n}\int \cos^{m-2} x \sin^n x\, dx$

$\qquad = -\dfrac{1}{m+n}\cos^{m+1} x \sin^{n-1} x + \dfrac{n-1}{m+n}\int \cos^m x \sin^{n-2} x\, dx$

100. $\int \sin ax \cos bx\, dx = -\dfrac{1}{2(a+b)}\cos(a+b)x - \dfrac{1}{2(a-b)}\cos(a-b)x + C \quad (a^2 \neq b^2)$

101. $\int \sin ax \sin bx\, dx = -\dfrac{1}{2(a+b)}\sin(a+b)x + \dfrac{1}{2(a-b)}\sin(a-b)x + C \quad (a^2 \neq b^2)$

102. $\int \cos ax \cos bx\, dx = \dfrac{1}{2(a+b)}\sin(a+b)x + \dfrac{1}{2(a-b)}\sin(a-b)x + C \quad (a^2 \neq b^2)$

103. $\int \dfrac{dx}{a + b\sin x} = \dfrac{2}{\sqrt{a^2 - b^2}}\arctan \dfrac{a\tan\dfrac{x}{2} + b}{\sqrt{a^2 - b^2}} + C \quad (a^2 > b^2)$

104. $\int \dfrac{\mathrm{d}x}{a+b\sin x} = \dfrac{1}{\sqrt{b^2-a^2}} \ln \left| \dfrac{a\tan \dfrac{x}{2}+b-\sqrt{b^2-a^2}}{a\tan \dfrac{x}{2}+b+\sqrt{b^2-a^2}} \right| + C \quad (a^2 < b^2)$

105. $\int \dfrac{\mathrm{d}x}{a+b\cos x} = \dfrac{2}{a+b}\sqrt{\dfrac{a+b}{a-b}} \arctan\left(\sqrt{\dfrac{a-b}{a+b}}\tan\dfrac{x}{2}\right) + C \quad (a^2 > b^2)$

106. $\int \dfrac{\mathrm{d}x}{a+b\cos x} = \dfrac{1}{a+b}\sqrt{\dfrac{a+b}{b-a}} \ln \left| \dfrac{\tan\dfrac{x}{2}+\sqrt{\dfrac{a+b}{b-a}}}{\tan\dfrac{x}{2}-\sqrt{\dfrac{a+b}{b-a}}} \right| + C \quad (a^2 < b^2)$

107. $\int \dfrac{\mathrm{d}x}{a^2\cos^2 x + b^2\sin^2 x} = \dfrac{1}{ab}\arctan\left(\dfrac{b}{a}\tan x\right) + C$

108. $\int \dfrac{\mathrm{d}x}{a^2\cos^2 x - b^2\sin^2 x} = \dfrac{1}{2ab}\ln\left|\dfrac{b\tan x + a}{b\tan x - a}\right| + C$

109. $\int x\sin ax\,\mathrm{d}x = \dfrac{1}{a^2}\sin ax - \dfrac{1}{a}x\cos ax + C$

110. $\int x^2\sin ax\,\mathrm{d}x = -\dfrac{1}{a}x^2\cos ax + \dfrac{2}{a^2}x\sin ax + \dfrac{2}{a^3}\cos ax + C$

111. $\int x\cos ax\,\mathrm{d}x = \dfrac{1}{a}\cos ax + \dfrac{1}{a}x\sin ax + C$

112. $\int x^2\cos ax\,\mathrm{d}x = \dfrac{1}{a}x^2\sin ax + \dfrac{2}{a^2}x\cos ax - \dfrac{2}{a^3}\sin ax + C$

（十二）含有反三角函数的积分（其中 $a > 0$）

113. $\int \arcsin\dfrac{x}{a}\,\mathrm{d}x = x\arcsin\dfrac{x}{a} + \sqrt{a^2-x^2} + C$

114. $\int x\arcsin\dfrac{x}{a}\,\mathrm{d}x = \left(\dfrac{x^2}{2}-\dfrac{a^2}{4}\right)\arcsin\dfrac{x}{a} + \dfrac{x}{4}\sqrt{a^2-x^2} + C$

115. $\int x^2\arcsin\dfrac{x}{a}\,\mathrm{d}x = \dfrac{x^3}{3}\arcsin\dfrac{x}{a} + \dfrac{1}{9}(x^2+2a^2)\sqrt{a^2-x^2} + C$

116. $\int \arccos\dfrac{x}{a}\,\mathrm{d}x = x\arccos\dfrac{x}{a} - \sqrt{a^2-x^2} + C$

117. $\int x\arccos\dfrac{x}{a}\,\mathrm{d}x = \left(\dfrac{x^2}{2}-\dfrac{a^2}{4}\right)\arccos\dfrac{x}{a} - \dfrac{x}{4}\sqrt{a^2-x^2} + C$

118. $\int x^2\arccos\dfrac{x}{a}\,\mathrm{d}x = \dfrac{x^3}{3}\arccos\dfrac{x}{a} - \dfrac{1}{9}(x^2+2a^2)\sqrt{a^2-x^2} + C$

119. $\int \arctan\dfrac{x}{a}\,\mathrm{d}x = x\arctan\dfrac{x}{a} - \dfrac{a}{2}\ln(a^2+x^2) + C$

120. $\int x\arctan\dfrac{x}{a}\,\mathrm{d}x = \dfrac{1}{2}(a^2+x^2)\arctan\dfrac{x}{a} - \dfrac{ax}{2} + C$

121. $\int x^2\arctan\dfrac{x}{a}\,\mathrm{d}x = \dfrac{x^3}{3}\arctan\dfrac{x}{a} - \dfrac{a}{6}x^2 + \dfrac{a^3}{6}\ln(a^2+x^2) + C$

（十三）含有指数函数的积分

122. $\int a^x\,\mathrm{d}x = \dfrac{1}{\ln a}a^x + C$

123. $\int \mathrm{e}^{ax}\,\mathrm{d}x = \dfrac{1}{a}\mathrm{e}^{ax} + C$

124. $\int x\mathrm{e}^{ax}\,\mathrm{d}x = \dfrac{1}{a^2}(ax-1)\mathrm{e}^{ax} + C$

125. $\int x^n\mathrm{e}^{ax}\,\mathrm{d}x = \dfrac{1}{a}x^n\mathrm{e}^{ax} - \dfrac{n}{a}\int x^{n-1}\mathrm{e}^{ax}\,\mathrm{d}x$

126. $\int xa^x\,\mathrm{d}x = \dfrac{x}{\ln a}a^x - \dfrac{x}{(\ln a)^2}a^x + C$

127. $\int x^n a^x \mathrm{d}x = \dfrac{1}{\ln a} x^n a^x - \dfrac{n}{\ln a} \int x^{n-1} a^x \mathrm{d}x$

128. $\int \mathrm{e}^{ax} \sin bx \, \mathrm{d}x = \dfrac{1}{a^2+b^2} \mathrm{e}^{ax} (a\sin bx - b\cos bx) + C$

129. $\int \mathrm{e}^{ax} \cos bx \, \mathrm{d}x = \dfrac{1}{a^2+b^2} \mathrm{e}^{ax} (b\sin bx + a\cos bx) + C$

130. $\int \mathrm{e}^{ax} \sin^n bx \, \mathrm{d}x = \dfrac{1}{a^2+b^2 n^2} \mathrm{e}^{ax} \sin^{n-1} bx (a\sin bx - nb\cos bx) + \dfrac{n(n-1)b^2}{a^2+b^2 n^2} \int \mathrm{e}^{ax} \sin^{n-2} bx \, \mathrm{d}x$

131. $\int \mathrm{e}^{ax} \cos^n bx \, \mathrm{d}x = \dfrac{1}{a^2+b^2 n^2} \mathrm{e}^{ax} \cos^{n-1} bx (a\cos bx + nb\sin bx) + \dfrac{n(n-1)b^2}{a^2+b^2 n^2} \int \mathrm{e}^{ax} \cos^{n-2} bx \, \mathrm{d}x$

（十四）含有对数函数的积分

132. $\int \ln x \, \mathrm{d}x = x \ln x - x + C$

133. $\int \dfrac{\mathrm{d}x}{x \ln x} = \ln |\ln x| + C$

134. $\int x^n \ln x \, \mathrm{d}x = \dfrac{x^{n+1}}{n+1} \left(\ln x - \dfrac{1}{n+1} \right) + C$

135. $\int (\ln x)^n \, \mathrm{d}x = x(\ln x)^n - n \int (\ln x)^{n-1} \mathrm{d}x$

136. $\int x^m (\ln x)^n \, \mathrm{d}x = \dfrac{x^{m+1}}{m+1} (\ln x)^n - \dfrac{n}{m+1} \int x^m (\ln x)^{n-1} \mathrm{d}x$

附录Ⅱ　初等数学常用公式

一、代数

1. $|x+y| \leqslant |x| + |y|$

2. $|x| - |y| \leqslant |x-y| \leqslant |x| + |y|$

3. $\sqrt{x^2} = |x| = \begin{cases} x, & x \geqslant 0 \\ -x, & x < 0 \end{cases}$

4. 若 $|x| \leqslant a$，则 $-a \leqslant x \leqslant a$

5. 若 $|x| \geqslant b, b > 0$，则 $x \geqslant b$ 或 $x \leqslant -b$

6. 设 $ax^2 + bx + c = 0$ 的判别式为 Δ　（只就 $a>0$ 的情形讨论）

(1) 当 $\Delta > 0$ 时，方程有两不等的实根 $x_1, x_2 (x_1 < x_2)$

$\begin{cases} ax^2 + bx + c > 0 \text{ 的解集为 } \{x | x > x_2\} \cup \{x | x < x_1\} \\ ax^2 + bx + c < 0 \text{ 的解集为 } \{x | x_1 < x < x_2\} \end{cases}$

(2) 当 $\Delta = 0$ 时，方程有两个相等实根 $x_1 = x_2$，

$ax^2 + bx + c > 0$ 的解集为 $\{x | x \in \mathbf{R} \text{ 且 } x \neq x_1\}$

$ax^2 + bx + c < 0$ 的解集为 $\varnothing$

(3) 当 $\Delta < 0$ 时，方程无实根

$ax^2 + bx + c > 0$ 的解集为 $\mathbf{R}$

$ax^2 + bx + c < 0$ 的解集为 $\varnothing$

7. $a^m \cdot a^n = a^{m+n}$

8. $a^m \div a^n = a^{m-n}$

9. $(a^m)^n = a^{m \cdot n}$

10. $\sqrt[n]{a^m} = a^{\frac{m}{n}}$（公式 7～10 中 $a > 0, m, n$ 均为任意实数）

11. $\log_a M \cdot N = \log_a M + \log_a N$

12. $\log_a \dfrac{M}{N} = \log_a M - \log_a N$

13. $\log_a M^n = n\log_a M$

14. $\log_a \sqrt[n]{M} = \dfrac{1}{n}\log_a M$ （公式 11～14 中，$M>0, N>0$）

15. $x = a^{\log_a x}$ （$x>0$）

16. $1+2+3+\cdots+n = \dfrac{1}{2}n(n+1)$

17. $1^2+2^2+3^2+\cdots+n^2 = \dfrac{1}{6}n(n+1)(2n+1)$

18. $a+(a+d)+(a+2d)+\cdots+[a+(n-1)d] = na+\dfrac{n(n-1)}{2}d$

19. $a+aq+aq^2+\cdots+aq^{n-1} = \dfrac{a(1-q^n)}{1-q}$ （$q\neq 1$）

20. $a^2-b^2 = (a-b)(a+b)$

21. $a^3 \pm b^3 = (a \pm b)(a^2 \mp ab + b^2)$

22. $(a+b)^2 = a^2+2ab+b^2$

23. $(a\pm b)^3 = a^3 \pm 3a^2 b+3ab^2 \pm b^3$

二、三角

24. $\sin(\alpha \pm \beta) = \sin\alpha\cos\beta \pm \cos\alpha\sin\beta$

25. $\cos(\alpha \pm \beta) = \cos\alpha\cos\beta \mp \sin\alpha\sin\beta$

26. $\operatorname{tg}(\alpha \pm \beta) = \dfrac{\operatorname{tg}\alpha \pm \operatorname{tg}\beta}{1 \mp \operatorname{tg}\alpha \operatorname{tg}\beta}$

27. $\sin 2\alpha = 2\sin\alpha\cos\alpha$

28. $\cos 2\alpha = \cos^2\alpha - \sin^2\alpha = 2\cos^2\alpha - 1 = 1 - 2\sin^2\alpha$

29. $\sin\alpha\cos\beta = \dfrac{1}{2}[\sin(\alpha+\beta)+\sin(\alpha-\beta)]$

30. $\cos\alpha\cos\beta = \dfrac{1}{2}[\cos(\alpha+\beta)+\cos(\alpha-\beta)]$

31. $\sin\alpha\sin\beta = -\dfrac{1}{2}[\cos(\alpha+\beta)-\cos(\alpha-\beta)]$

三、几何

32. 三角形的面积 $= \dfrac{1}{2} \times$ 底 $\times$ 高

33. 圆弧长 $l = R\theta$ （θ 为弧度）

34. 圆扇形面积 $S = \dfrac{1}{2}R^2\theta = \dfrac{1}{2}Rl$ （θ 为圆心角的弧度，l 为 θ 对应的圆弧长）

35. 球的体积 $V = \dfrac{4}{3}\pi R^3$

36. 球的表面积 $S = 4\pi R^2$

37. 圆锥的体积 $V = \dfrac{1}{3}\pi R^2 H$

38. 圆锥的侧面积 $S = \pi Rl$

附录Ⅲ 数学建模简介

数学作为一门重要的基础学科和一种精确的科学语言，是人类文明的一个重要组成部分，在工程技术、其他科学以及各行各业中发挥着愈来愈重要的作用，并在很多情况下起着举足轻重、甚至是决定性的影响.数学技术已成为高技术的一个极为重要的组成部分和思想库,"高技术本质上是一种数学技术"的观点已为愈来愈多的人们所认同. 在这样的形势下，如何加强数学教育、搞好数学教学改革，成了人们普遍关心的问题. 如果将数学教学仅仅看成是知识的传授，那么即使包罗再多的定理和公式，仍免不了沦为一堆僵死的教条，难以发挥作用；而掌握了数学的思想方法和精神实质，就可以由不多的几个公式演绎出千变万化的生动结论，显示出无穷无尽的威力.许多在实际工作中成功地应用了数学、并且取得相当突出成绩的数学系毕业生都有这样的体会:在工作中真正需要用到的具体的数学分支学科,具体的数学定理、公式和结论,其实并不很多,学校里学过的一大堆数学知识大多数都似乎没有派上什么用处,有的甚至已经淡忘;但所受过的数学训练,所领会的数学思想和精神,却无时无刻不在发挥着积极的作用,成为取得成功的最重要的因素.由此可见,数学教育应该是学习知识、提高能力和培养素质的统一体,数学教育本质上是一种素质教育.因此,数学教学必须更自觉地贯彻素质教育的精神,使学生不但学到许多重要的数学概念、方法和结论,而且领会到数学的精神实质和思想方法,掌握数学这门学科的精髓,使数学成为他们手中得心应手的武器,终生受用不尽.要做到这一点,应该从多方面进行努力和探索,而数学建模竞赛正是适应了这方面要求的一个积极有效的措施.这是因为,数学科学在本质上是革命的,是不断创新、发展的,可是传统的数学教学过程却往往与此背道而驰.从一些基本的概念或定义出发,以简练的方式合乎逻辑地推演出所要求的结论,固然可以使学生在较短的时间内按部就班地学到尽可能多的内容,并且体会到一种丝丝入扣、天衣无缝的美感,但是,过分强调就可能使学生误认为数学这样的完美无缺、无懈可击是与生俱来、天经地义的,从而使思想处于一种僵化状态,在生动活泼的现实世界面前变得束手无策、一筹莫展.这样,培养创新精神,加强素质教育,必然是一句空话.而组织学生参加数学建模竞赛,他们就要面对一些理论上或应用中的实际问题.这些问题没有现成的答案,没有固定的求解方法,没有指定的参考书,没有规定的数学工具与手段,而且也没有已经成型的数学问题,从建立数学模型开始就要求学会自己进行思考和研究.这就可能让学生亲口尝一尝梨子的滋味,亲身去体验一下数学的创造与发现过程,培养他们的创造精神、意识和能力,取得在课堂里和书本上所无法代替的宝贵经验.同时,这一切又都是以一个小组的形式进行的,对培养同学的团队意识和协作精神必将大有裨益.因此,对当前的大学数学教学改革来说,数学建模竞赛绝不是一项锦上添花的活动,而恰恰具有雪中送炭的性质.数学建模竞赛能够得到愈来愈多同学的欢迎,一直方兴未艾,不断向前发展,原因就在这儿.

数学模型(Mathematical Model)是指运用适当的数学工具来描述和揭示现实原型的各种因素形式以及数量关系的一种数学结构.建立数学模型解决现实问题的过程,称作数学建模.

马克思曾经说过:"一门科学只有成功地运用数学时,才算达到了完善的地步".随着电子计算机的普及,从自然科学到社会科学,从工程技术到经济活动,无处不渗透着数学.而数量经济学、数学生态学等边缘学科的产生与发展,更加说明了数学建模的重要作用.没有数学建模,就不会有科学的评价与预测;没有数学建模,许多现实问题将难以甚至无法解决;没有数学建模,理论研究无法推进,应用研究无法进行.数学建模需要活跃的思维、广博的知识以及一定的数学基础,需要专门的训练.

1985年,美国工业与应用数学学会教育委员会主席 Fusaro 针对大学生普特南(纯数学)竞赛,发起组织了大学生数学建模竞赛.建模竞赛在美国迅速普及并扩展到国外.我国清华大学等学校先后派代表队参赛,并取得了优异成绩.1992年起,我国开始由中国工业与应用数学学会组织自己的建模竞赛,并得到原国家教委的重视,现已由中国工业与应用数学学会同国家教育部联合主办,在每年九月下旬举行一次竞赛.

数学建模竞赛采取通讯竞赛方式,全国统一竞赛题目.大学生以队为单位参赛,每队三人,专业不限(研究生不得参加).每队设一名指导教师,从事竞赛的辅导和参赛的组织工作,但在竞赛期间,应回避参赛队员,不得进行指导或参与讨论.竞赛期间,参赛队员可以使用各种图书资料、计算机和软件,但不得与队外任何人讨论.竞赛题密封后于赛前寄送指导教师,指导教师按时启封发给参赛队员,参赛队在规定时间(连续72小时)内完成答卷,并准时交卷.

数学建模竞赛的目的,在于激励学生学习数学的积极性,提高学生建立数学模型和运用计算机技术解决问题的综合能力,鼓励学生参加课外科技活动,开拓知识面,培养创造精神.由于竞赛题目取自农业生产、商贸经济、军事、教育、医疗卫生等方方面面尚未解决的实际问题,因此竞赛既有挑战性、趣味性,又具有实际意义.

数学建模竞赛题目新颖而复杂,对选手的知识领域、思维方法、合作精神、健康状况,简言之,对选手的综合素质有较高的要求.但许多问题,貌似高深,其最终解决方法却可能很初等,关键在于建立什么样的数学模型,即要求参赛选手具有很强的理论联系实际的能力.事实上,学习的最终目的是为了应用,因此,数学建模教学与竞赛对于改进高校教学方法,改革高校数学教学内容,具有积极的引导作用.

数学模型作为一门课程进入我国高校十余年来,发展非常迅速.目前,不仅许多院校的数学、应用数学、计算数学等数学类专业将它列为必修或限定选修课程,而且一些工科、经济管理、师范院校也将它列为选修课,普遍受到学生们的欢迎.

通过学习数学建模,同学们不仅能够加深对所学数学知识的理解,更能初步形成将所学数学知识与其他知识结合起来解决实际问题的能力,培养同学们理论联系实际、活学活用的优良学风.数学建模教学以知识和技能传授为手段,以能力和素质培养为目的,对于同学们健康成长,形成合理的知识与能力结构大有裨益.